信息科学与技术丛书

精通 ASP.NET 4.0

杨云 刘君 编著

机械工业出版社

本书采用知识讲述+代码示例的方式,全面讲述了ASP.NET 4.0 的各个方面。主要内容包括:ASP.NET 4.0 的开发环境、体系结构、各种控件、页面主题/皮肤、配置以及站点国际化。还详细介绍了如何开发电子商务交易系统和博客系统。全书力求帮助读者迅速掌握ASP.NET 4.0 程序的设计方法,应用ASP.NET 完成编程任务。

本书适合网站开发人员及相关专业师生阅读。

本书代码可在http://www.cmpbook.com 免费下载。

图书在版编目(CIP)数据

精通ASP.NET 4.0 / 杨云,刘君编著. —北京:机械工业出版社,2013.1
(信息科学与技术丛书)
ISBN 978-7-111-41437-7

Ⅰ. ①精… Ⅱ. ①杨… ②刘… Ⅲ. ①网页制作工具—程序设计
Ⅳ. ①TP393.092

中国版本图书馆CIP 数据核字(2013)第026060 号

机械工业出版社(北京市百万庄大街22 号 邮政编码100037)
策划编辑:车 忱
责任编辑:车 忱
责任印制:乔 宇
三河市国英印务有限公司印刷
2013 年3 月第1 版·第1 次印刷
184mm×260mm · 27.5 印张 · 682 千字
0001—3500 册
标准书号:ISBN 978-7-111-41437-7
定价:69.00 元

凡购本书,如有缺页、倒页、脱页,由本社发行部调换

电话服务	网络服务
社服务中心:(010) 88361066	教材 网:http://www.cmpedu.com
销 售 一 部:(010) 68326294	机工官网:http://www.cmpbook.com
销 售 二 部:(010) 88379649	机工官博:http://weibo.com/cmp1952
读者购书热线:(010) 88379203	封面无防伪标均为盗版

出 版 说 明

随着信息科学与技术的迅速发展,人类每时每刻都会面对层出不穷的新技术和新概念。毫无疑问,在节奏越来越快的工作和生活中,人们需要通过阅读和学习大量信息丰富、具备实践指导意义的图书来获取新知识和新技能,从而不断提高自身素质,紧跟信息化时代发展的步伐。

众所周知,在计算机硬件方面,高性价比的解决方案和新型技术的应用一直备受青睐;在软件技术方面,随着计算机软件的规模和复杂性与日俱增,软件技术不断地受到挑战,人们一直在为寻求更先进的软件技术而奋斗不止。目前,计算机和互联网在社会生活中日益普及,掌握计算机网络技术和理论已成为大众的文化需求。由于信息科学与技术在电工、电子、通信、工业控制、智能建筑、工业产品设计与制造等专业领域中已经得到充分、广泛的应用,所以这些专业领域中的研究人员和工程技术人员越来越迫切需要汲取自身领域信息化所带来的新理念和新方法。

针对人们了解和掌握新知识、新技能的热切期待,以及由此促成的人们对语言简洁、内容充实、融合实践经验的图书迫切需要的现状,机械工业出版社适时推出了"信息科学与技术丛书"。这套丛书涉及计算机软件、硬件、网络和工程应用等内容,注重理论与实践的结合,内容实用、层次分明、语言流畅,是信息科学与技术领域专业人员不可或缺的参考书。

目前,信息科学与技术的发展可谓一日千里,机械工业出版社欢迎从事信息技术方面工作的科研人员、工程技术人员积极参与我们的工作,为推进我国的信息化建设作出贡献。

机械工业出版社

前　　言

　　读者在学习本书前应该明确，不管技术如何更新换代都是为了满足市场的需要。在当前的开发领域，仍然采用服务器端编程模型进行实际的 Web 开发，事实证明这才是真正能为用户提供丰富体验的技术。

　　在当前软件需求日趋复杂的大趋势下，开发人员应该把更多的精力投入到改善设计和完善用户体验上。ASP.NET 作为微软主力开发技术经历了好几个版本，微软在不断总结和听取反馈后发布了 ASP.NET 4.0。

　　ASP.NET 4.0 继承了 ASP.NET 一贯的编程模式、代码设计、实现方法和语法模型。变化最大的就是 ASP.NET 4.0 简化了开发过程，给予设计人员更多思考软件设计的时间。

　　请读者注意的是，ASP.NET 4.0 比 ASP.NET 2.0/3.5 开发的项目减少了 20%～30%的人工编码量，更多的代码由 IDE 自动生成。ASP.NET 4.0 新增加的数十个控件基本涵盖了开发人员以前经常需要手动开发的功能，如图形控件、用户登录、用户创建、用户管理、WebPart 和数据源控件等。

　　ASP.NET 4.0 和之前的版本相比更加兼容 XHTML 标准，控件的呈现结果将根据客户端的设备不同而呈现不同的内容并支持 W3C 标准。

　　ASP.NET 4.0 包含网站管理工具，使网站管理人员可以使用基于 Web 的界面管理站点。ASP.NET 4.0 还增强了缓存管理等功能。

　　本书共 15 章，主要面向使用 C# 4.0 开发 ASP.NET 4.0 应用的开发人员，深入讲解了 ASP.NET 4.0 的运行原理、控件使用、C# 4.0 基础知识和时尚的图形控件技术，力争使读者通过学习能掌握如何使用 VS2010 开发基于 ASP.NET 4.0 的应用。

　　本书对于比较重要的理论知识点都安排有相应的短小实例代码进行讲解。读者可以按照书中的示范编写代码来巩固知识点。

　　本书对于知识点都采取引领的方法，使读者能够一步步理解知识点，增加学习的兴趣。在本书第 14 和 15 章安排了两个流行的实例讲解，在实例的讲解中都采用了精讲的方法，力求用足够的篇幅将本书的知识点进行串接，更好地帮助读者梳理所学知识。

　　本书的读者不要求必须有 ASP.NET 2.0/3.5 的知识，本书既适合 ASP.NET 4.0 的初学者和 ASP.NET 2.0/3.5 开发人员进行技术升级，也可作为大中专院校相关专业教材使用。

　　致谢——
　　感谢母亲对我无微不至的照顾和支持。

杨　云
2012.05

目 录

出版说明
前言
第1章 .NET 简介 ·· 1
  1.1 .NET Framework 4.0 在.NET
     技术体系中的位置 ····················· 1
  1.2 .NET 4.0 各部分的功能 ············ 2
  1.3 .NET 4.0 的组件 ·························· 3
    1.3.1 Windows Presentaion
      Foundation ····························· 3
    1.3.2 Windows Communication
      Foundation ····························· 5
    1.3.3 Workflow Foundation ········· 5
  1.4 搭建.NET 4.0 的开发环境 ········ 6
    1.4.1 在 Windows XP/2008/Win7 上
      搭建开发环境 ····················· 6
    1.4.2 相关工具 ····························· 9

第2章 Visual Studio.NET 2010
    开发环境 ······································ 12
  2.1 安装 VS2010 ······························ 12
  2.2 创建和打开 Web 站点 ············ 12
  2.3 使用内置的 ASP.NET
    Deployment Server ···················· 14
  2.4 迁移现有的 VS2005/VS2008
    Web 站点 ·································· 15
  2.5 编辑 Web 站点 ·························· 18
  2.6 使用服务器控件 ······················ 21
  2.7 创建事件处理程序 ·················· 22
  2.8 验证 HTML 源码的可用性 ······ 23
  2.9 使用 Visual Studio 的
    Intellisense ································ 25
    2.9.1 列出对象成员 ···················· 25
    2.9.2 显示方法参数信息 ············ 26
    2.9.3 快速信息 ···························· 26
    2.9.4 自动完成 ···························· 26
    2.9.5 C#相关的智能感知 ············ 27
  2.10 对重构的支持 ························ 29
  2.11 调试和测试 ···························· 31
  2.12 页面与代码的组织 ················ 32
  2.13 ASP.NET 4.0 应用程序
    文件夹 ···································· 35
  2.14 ASP.NET 4.0 的预编译 ·········· 39

第3章 ASP.NET 4.0 体系结构 ········ 43
  3.1 代码模型 ·································· 43
  3.2 代码的结构 ······························ 44
  3.3 编译模型 ·································· 45
  3.4 扩展性与管道技术 ·················· 46
  3.5 缓存技术 ·································· 47

第4章 ASP.NET 4.0 网络服务 ········ 50
  4.1 网络服务（Web Service）
    基础 ·· 50
    4.1.1 Web Service 的概念 ·········· 50
    4.1.2 Web Service 的基础技术 ··· 50
    4.1.3 Web Service 的软件支持 ··· 51
    4.1.4 Web Service 的编码模型 ··· 51
    4.1.5 使用 Visual Studio 2010
      开发 Web Service ··············· 52
  4.2 Web Service 的演进方向 ········ 54
  4.3 基于接口的服务约定 ·············· 55
  4.4 更多的 XSD/WSDL 改进 ········ 57
  4.5 更好的互操作性 ······················ 57
  4.6 为 Windows Communication
    Foundation 做好准备 ··············· 59

第5章 ASP.NET 4.0 功能增强控件 ……… 61
5.1 图表控件 …………………… 61
5.2 数据源控件 ………………… 64
- 5.2.1 SqlDataSource 数据源控件 …… 65
- 5.2.2 XmlDataSource 数据源控件 …… 68
- 5.2.3 ObjectDataSource 数据源控件 … 71
- 5.2.4 AccessDataSource 数据源控件 … 71
- 5.2.5 SiteMapDataSource 数据源控件 … 72

5.3 GridView 控件 ……………… 72
- 5.3.1 使用 GridView 显示数据 ……… 72
- 5.3.2 使用自定义数据列 …………… 77
- 5.3.3 使用模板列 …………………… 80
- 5.3.4 删除数据 ……………………… 82
- 5.3.5 控件参数 ……………………… 86
- 5.3.6 利用数据源控件缓存数据 …… 88

5.4 DetailsView 控件 …………… 88
- 5.4.1 使用 DetailsView 显示、编辑和删除数据 ………………… 89
- 5.4.2 插入新记录 …………………… 92
- 5.4.3 使用模板 ……………………… 92
- 5.4.4 同时使用 GridView 和 DetailsView ……………………… 96

5.5 TreeView 控件 ……………… 97
- 5.5.1 使用静态数据 ………………… 97
- 5.5.2 使用动态数据 ………………… 98
- 5.5.3 通过数据库填充控件 ………… 99

5.6 Login 控件 ………………… 101
5.7 PasswordRecovery 控件 …… 102
5.8 LoginStatus 和 LoginName 控件 ………………………… 103
- 5.8.1 LoginStatus 控件 …………… 103
- 5.8.2 LoginName 控件 …………… 104

5.9 LoginView 控件 …………… 104
5.10 CreateUserWizard 控件 … 105
5.11 BulletedList 控件 ………… 107
5.12 ImageMap 控件 …………… 109
5.13 MultiView 和 View 控件 … 111
5.14 Wizard 控件 ……………… 113
5.15 Panel 控件 ………………… 115
5.16 FileUpload 控件 …………… 117
5.17 HiddenField 控件 ………… 118
5.18 Substitution 控件 ………… 119

第6章 ASP.NET 4.0 中的 MasterPager ………………… 121
6.1 新建 MasterPager …………… 121
6.2 在内容页嵌入 MasterPager … 122
6.3 使用多个内容区域和默认内容 …………………………… 123
6.4 动态使用 MasterPager ……… 127
6.5 在运行时访问 MasterPager … 129
6.6 嵌套的 MasterPager ………… 131

第7章 ASP.NET 4.0 成员和角色管理 …………………… 134
7.1 认证和授权 ………………… 134
- 7.1.1 IIS 和 ASP.NET 用户认证流程 … 134
- 7.1.2 认证 …………………………… 135
- 7.1.3 授权 …………………………… 135

7.2 ASP.NET 4.0 用户认证 ……… 135
- 7.2.1 使用 ASP.NET 管理工具添加用户 …………………… 138
- 7.2.2 使用 CreateUserWizard 创建用户 …………………………… 140
- 7.2.3 改变默认的 Provider 设置 … 141
- 7.2.4 个性化 CreateUserWizard 控件 … 141
- 7.2.5 使用 Login 相关的控件 …… 143

7.3 ASP.NET 角色管理系统 …… 147
- 7.3.1 角色管理 ……………………… 147
- 7.3.2 角色管理和成员管理的关系 … 148
- 7.3.3 应用角色管理 ………………… 148
- 7.3.4 修改<RoleManager>节点 …… 150
- 7.3.5 使用用户角色控件 …………… 151

7.4 使用 Membership/Role API … 153
- 7.4.1 使用 Membership API 管理用户 ……………………… 153

7.4.2	使用 Role API 进行用户角色管理	……	155
7.5	ASP.NET 的 MemberShip Provider	……	158
7.5.1	SqlMembershipProvider	……	159
7.5.2	ActiveDirectoryMembershipProvider	……	160
7.6	实现自定义的 Membership Provider	……	162
7.7	基于角色的站点导航	……	166

第 8 章 窗体页设计技巧 …… 170

8.1	Page 类的新事件	……	170
8.2	添加标题	……	171
8.3	设置焦点	……	172
8.4	为 Form 设定默认按钮	……	173
8.5	更好的输入验证控件	……	173
8.6	使用 Page.Items 字典	……	176
8.7	使用跨页面传送功能	……	176
8.8	高速缓存和 SQL Server Invalidation 功能	……	179
8.9	配置 SQL Server Invalidation	……	179
8.10	使用 SQL Server Invalidation 和数据源控件	……	180
8.11	通过编程方式使用 SQL Server Invalidation	……	181
8.12	高速缓存的其他改进	……	182
8.13	使用页面高速缓存	……	182

第 9 章 使用 ASP.NET 4.0 Web Part 框架 …… 183

9.1	常用 WebPart 控件	……	183
9.1.1	WebPartManager 控件	……	183
9.1.2	WebPartZone 控件	……	185
9.1.3	CatalogZone 控件和所属 CatalogPart 控件	……	188
9.1.4	EditorZone 和所属 EditorPart 控件	……	193
9.1.5	ConnectionsZone 控件和信息通信	……	196
9.2	个性化 WebPart 的数据存储和转移	……	198

第 10 章 创建 ASP.NET 服务器控件 …… 201

10.1	ASP.NET 服务器控件概述	……	201
10.2	服务器控件项目的设置	……	205
10.3	服务器控件的呈现	……	206
10.3.1	输出控件的内容	……	207
10.3.2	为 HTML 元素添加属性	……	207
10.3.3	控件的适应性	……	208
10.4	开始创建服务器控件	……	210
10.5	创建复合控件	……	217
10.6	为控件添加更多功能	……	227
10.6.1	为控件添加输入验证	……	227
10.6.2	控件的子属性	……	229
10.6.3	为 Register 控件增加嵌套子属性	……	231
10.7	控件的回调示例——异步请求	……	233

第 11 章 ASP.NET 4.0 中的页面主题/皮肤 …… 237

11.1	页面主题概述	……	237
11.2	页面主题的运用	……	238
11.2.1	App_Themes 目录	……	238
11.2.2	全局页面主题和局部页面主题	……	239
11.3	皮肤文件和主题的使用	……	240
11.4	使用样式表主题	……	250
11.5	资源与主题	……	252
11.6	动态加载页面主题	……	254

第 12 章 ASP.NET 4.0 配置详解 …… 258

12.1	ASP.NET 配置的基本结构	……	258
12.1.1	.NET 应用程序的配置体系	……	258
12.1.2	ASP.NET 配置结构	……	258
12.1.3	.NET 配置文件基本结构	……	259
12.1.4	配置区域和配置组	……	259

12.1.5	添加自定义的配置节	261
12.1.6	使用 location 节点和 path 属性	262
12.1.7	ASP.NET 常用配置节点	263
12.2	获取配置信息	266
12.3	使用 ASP.NET 配置管理接口	269
12.3.1	使用配置管理接口访问程序配置	269
12.3.2	对配置内容加密	270
12.4	使用 ASP.NET 配置工具	272
12.4.1	使用 ASP.NET 管理控制台	272
12.4.2	使用 ASP.NET 管理站点	274
12.4.3	使用 ASPNET_REGSQL 工具	275
12.4.4	使用 ASPNET_REGIIS 工具	276
12.5	ASP.NET 页面配置	276
12.6	配置 ASP.NET 进程模型	278

第 13 章 站点的国际化和本地化 280

13.1	国际化和本地化	280
13.1.1	什么是国际化和本地化	280
13.1.2	ASP.NET 4.0 对国际化的支持	281
13.2	自动检测浏览器语言	281
13.2.1	在浏览器中设置语言偏好	281
13.2.2	使 ASP.NET 页面能够自动检测浏览器语言文化设定	281
13.3	ASP.NET 程序中的本地化	284
13.3.1	无代码本地化	284
13.3.2	从代码中访问资源文件	290

第 14 章 开发电子商务交易系统 291

14.1	系统概述	291
14.1.1	系统需求分析	291
14.1.2	系统业务流程设计	294
14.2	系统架构与功能模块	297
14.3	数据库设计与实现	313
14.3.1	数据库需求分析	313
14.3.2	数据表设计	315
14.3.3	存储过程设计	333
14.4	用户交互处理层设计与实现	337
14.4.1	用户交互处理层结构	337
14.4.2	系统的主题	339
14.4.3	ASP.NET AJAX 技术的运用	340
14.4.4	电子结算模块	342
14.4.5	用户自定义控件	348
14.4.6	母版页	357
14.4.7	普通功能页	361

第 15 章 开发博客系统 378

15.1	系统概述	378
15.1.1	系统需求分析	378
15.1.2	系统业务流程设计	380
15.2	系统架构与功能模块	382
15.3	数据库设计与实现	386
15.3.1	数据库需求分析	386
15.3.2	数据表设计	387
15.3.3	存储过程设计	389
15.4	用户交互处理层设计与实现	393
15.4.1	用户交互处理层结构	393
15.4.2	多语言本地化	394
15.4.3	用户自定义控件	395
15.4.4	系统母版页	404
15.4.5	普通功能页	406

参考文献 431

第1章 .NET 简介

随着 Windows 7 的发布，微软.NET Framework 也发展到了一个新的阶段。Microsoft .NET Framework 4.0 是.NET Framework 平台的一个新的里程碑。它可以在 Vista、Windows 7 和 XP 上运行。

Microsoft .NET Framework 4.0 是微软.NET 软件平台的最新发展成果。它基于.NET 4.0 运行时环境，并整合了.NET 4.0 新增的多种功能，如 Windows Presentation Foundation（Windows 界面基础框架），Windows Communication Foundation（Windows 通信基础构架），Workflow Foundation（工作流基础构架）和 Windows CardSpace，并对 C#和 VB 等语言进行了增强。

本章对.NET Framework 4.0 及其组件进行了整体描述，目的是使读者对这一新版本有一个清晰的了解，同时分析了采用的技术，并给出了较为详细的说明。

1.1 .NET Framework 4.0 在.NET 技术体系中的位置

与.NET 4.0 给开发者带来大量新鲜而强大的类库（WCF/WPF/WF）不同的是，.NET Framework 4.0 带来了语法上的大幅增强，提供了新的编译器，优化了.NET Framework 底层运行时，并对 WPF/WCF/WF 这几个重要的组成部分进行了升级和优化。虽然如此，.NET Framework 4.0 仍然是基于.NET 的公共语言运行时框架（CLR）。本书重点介绍的内容如图 1-1 所示。

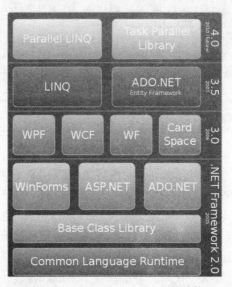

图 1-1 .NET Framework 4.0 的结构

由图 1-1 可见，.NET 4.0 并未对.NET 现存的技术进行任何改动，包括 ASP.NET，

ADO.NET 和 WinForms 在内的主要技术都保持原样，这对熟练掌握.NET 的技术人员是个好消息，因为他们所掌握的技术仍然很有价值。从微软.NET 平台的发展趋势来看，.NET 平台将为.NET 4.0 提供基础类库，4.0 将着重引入语法、数据访问和 Web 客户端上的一些创新。因此可以把.NET 4.0 看做.NET 的超集，是对.NET 的一次补充。

如果开发者从.NET 2.0 或者 3.5 迁移到 4.0，那么需要考虑代码的兼容性问题。尽管.NET 框架已经尽力保证向后兼容，但是由于一些安全方面的改进，仍然有少数重要操作存在不兼容的现象。不过从.NET 3.5 到 4.0 则完全不存在这个问题，因为.NET Framework 3.5 的所有组件都可在支持.NET Framework 4.0 的平台上运行。

从上面的描述中，可以得出一个推论，即.NET 4.0 是承上启下的一代，它继承了.NET 3.5 强大的基础平台，使.NET 平台在用户界面、网络通信、工作流和身份管理等方面彻底进入了一个新的时代。.NET 4.0 在 3.5 的基础上增加了 LINQ（语言整合查询）和 ASP.NET 的 OR/M 框架（ASP.NET Entity Framework）等新功能，这些新功能极大地增强了 VB 和 C#等语言，简化了开发工作，它们可以和 WPF/WCF 和 WF 共同工作，来创建强大的应用程序。

1.2 .NET 4.0 各部分的功能

.NET 4.0 的基本结构在图 1-1 中已经比较清晰地展现出来了。图 1-2 更清晰地显示了.NET 4.0 相关的开发组件之间的层次结构。

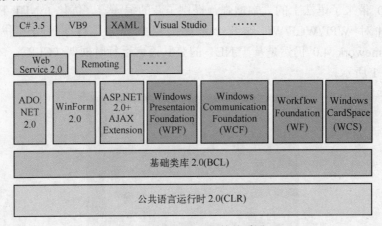

图 1-2 .NET 4.0 组件关系图

如图 1-2 所示，较深颜色的方块包含的内容是.NET 4.0 新增的，其他的都继承自.NET 2.0。开发.NET 3.5 的应用程序需要使用 Visual Studio 2008，而开发.NET 4.0 仍然可以使用 Visual Studio 2008，只要安装相应的开发工具和.NET 4.0 即可。也可以直接安装 Visual Studio 2010，Visual Studio 2010 直接支持 2.0/3.0/4.0 框架下的应用程序开发。

（1）Windows Presentation Foundation (WPF)

WPF 是微软潜心开发的新一代用户界面框架。Windows 系统的用户界面的历史可以从 Windows 1.0 开始计算，期间经历了 GDI、GDI+，直到 WinForms，用户界面技术一直都没有得到根本性的发展，只不过可以看做一次次的重构和封装，其本质依然是基于软件模拟渲染，不支持硬件图形加速。与此同时，Windows 游戏的图形界面 DirectX 则是飞速地发展，体积阴影、高精度纹理、硬件光源等技术的大规模应用，让 Windows 游戏世界一步一步向乱真的方向发展。桌面应用程序和游戏的图形效果差距过大，显卡的图形加速功能被普通应用程序所浪费，以及用户对一成不变的界面渐渐厌倦等原因，让微软决心推出新一代的用户界面框架，让普通应用程序的用户界面也能利用 DirectX 中的图形特效，并充分利用图形卡的加速功能，带给用户更好的体验。

（2）XAML（eXtensible Application Markup Language：可扩展应用程序标记语言）

XAML 是为 WPF 量身定做用于用户界面描述的标记语言。XAML 采用了 XML 的格式，易于阅读，结构规范，也可充分利用 XML 的强大扩展性与其他图形绘制工作进行交互。

（3）Windows Communication Foundation（WCF）

在.NET 4.0 之前，Windows 操作系统下存在数种分布式消息交换的技术，如 MSMQ、Web Service、Remoting、企业服务（Enterprise Services）、WSE 等，这些技术涉及的编程模型也千差万别。微软创建 WCF 的一个目的就是统一 Windows 平台的分布式通信技术，让所有这些技术以统一的模型对外提供服务。这种统一的模型让.NET 框架成为了更完善的面向服务（SOA）的平台。

（4）Workflow Foundation（WF）

工作流基础类库是新增加的大型基础类库。微软在此之前从未向外界提供过类似的开发包，因此这也是一次尝试。根据笔者的观察和试用，该开发平台相当强大，足够作为工作流引擎的基础平台。

1.3 .NET 4.0 的组件

1.3.1 Windows Presentaion Foundation

Windows Presentaion Foundation（WPF）是一个全新的 UI 体系结构，它不仅能比以往的 UI 构架做得更多，还能做得更好、更容易。在 WPF 中可以发现多种用户界面技术的痕迹，如 GDI 和 GDI+，这一点其实毫无疑问，毕竟 WPF 是 GDI、GDI+的接班人。又如 HTML，WPF 引入了 XAML 语言作为界面描述语言，显然受到了 HTML 广泛应用的影响。在引入 XAML 进行 UI 描述以后，Windows 程序就可以采用 ASP.NET 那样的代码后置，从而将界面和程序逻辑分离。WPF 处理动画的方式显然吸取了 Flash 时间线（Timeline）的优点并且发展出独特的 StoryBoard 系统。最后，必须提到的是，WPF 为用户界面的 3D 化提供了强大的支持。在 WPF 之前，如果要在用户界面中提供 3D 元素，必须采用 2D 模拟 3D 的办法，或者采用 DirectX/OpenGL 渲染的方式。这两种方式存在的问题是：2D 模拟 3D 的性能非常低，不可能为 3D 元素提供多少特效；采用 DirectX 或者 OpenGL 模式实现的用户界面不容易与其他 Windows 界面元素进行交互。但在 WPF 中，这些都不再是问题，因为 WPF 采用了 DirectX 9.0C 来渲染 3D 元素，不仅原生地支持了 3D 元素，而且由于采用硬件加速，因此大大提升了用户界面的显示效率，使得开发人员有机会为用户界面提供更多、更酷的效果。

WPF 吸取了多种技术的优点创造出一个新型的平台，在应用程序类型的支持种类上也比它的前辈们有不少提高。除了传统的 Windows 窗口程序以外，WPF 还支持浏览器应用程序 XBAP，XBAP 可以在客户端的浏览器中运行，它受到浏览器的安全性限制；WPF 还吸收了 Web 程序的特点——功能按页面进行分离，新增了 Navigation Application（浏览型应用程序），可以让用户在同一个窗体中，如同访问 Web 页面那样执行程序，这个特性将会在后面的章节中进行较为详细的讲解。

> **注意**：WPF 还有一个子集，叫做 Silverlight（开发代号为 WPF/Everywhere），它将作为一个浏览器的客户端技术运行在多个平台的浏览器中。在本书开始编写时，Silverlight 的 1.0 版本的 beta1 才公布不久，因此本书就不对它进行更多的说明。感兴趣的读者可以自行查阅微软站点的资料。

WPF 虽然是一个全新的 UI 框架，不过为了在最大程度上使 WinForms 的知识得以保留，开发人员仍然可以用相似的代码结构来创建窗体和控件。下面的两段代码分别使用了 WinForms 和 WPF 技术来创建一个窗体和一个按钮。WinForms 代码如下所示：

```
using System.Windows.Forms;
using System;

class program
{
[STAThreadAttribute()]
public static void Main()
{
    Form form = new Form();
    form.Text = "Winform";
    Button btn = new Button();
    btn.Text = "click me";
    btn.Location = new System.Drawing.Point(100, 70);
    form.Controls.Add(btn);
    Application.Run(form);
}
}
```

WPF 代码如下所示：

```
class program : Application
{
        [STAThreadAttribute()]
        public static void Main()
        {
            program app = new program();
            Window window = new Window();
            window.Title = "WPF Window";
            Button btn = new Button();
            btn.Width = 100; btn.Height = 40;
            btn.Content = "Click me";
            window.Content = btn;
            app.Run(window);
        }
}
```

两段代码的结构大同小异，分别定义了一个 Form 和 Window 对象作为主窗口，然后在主窗口中添加了一个按钮对象。稍微有所不同的地方是，在 WPF 中，如果不定义按钮的长和宽，那么在默认情况下，按钮会充满整个包含它的容器。读者可以尝试执行去掉 btn.Width =100;和 btn.Height = 40;这两个语句，看看窗口的效果。WinForms 和 WPF 在表面上看起来非常相似，但是它们却有着本质上的不同。WinForms 技术实际上只是 GDI 的托管封装，内部仍然使用相同的控件和消息模型。

除了使用 C#和 VB.NET 等语言进行编程以外，还可使用上文已经提到的 XAML 对窗口进行描述，下面的代码是采用 XAML 标记语言编写的，它的功能与上面的代码相同，用来描述一个窗口：

```
<Window xmlns="http://schemas.microsoft.com/winfx/2006/xaml/presentation"
        xmlns:x="http://schemas.microsoft.com/winfx/2006/xaml"
        Title="WPFStart" Height="300" Width="300">
    <Button Content="Click Me" Height="40" Width="100"/>
</Window>
```

代码总体感觉和 HTML 比较类似。Window 标签用于声明一个 Window 对象，xmlns 的作用是声明一个 XML 的命名空间，xmlns:x 也是相同的作用，关于它们的详细解释可以查看第 4 章。<Button/>标签用于声明一个按钮对象，并且通过按钮对象的 Content 属性指定按钮上显示的内容，可以指定除文字以外的内容，如图片、视频、其他控件容器等，甚至可以指定一个按钮，基本上能用在 UI 上的元素都可以指定。

关于 WPF 更多的内容，将从第 3 章开始系统介绍。

1.3.2 Windows Communication Foundation

Windows Communication Foundation（WCF）除了建立一个统一的分布式通信编程模型以外，还有三个重要的目标：
- 基于面向服务的构架，并成为面向服务的基础平台。
- 以更健壮的方式实现 Web Service 和.NET Remoting。
- 全面实现 Web Service 的标准协议簇 WS-*。

微软创建 WCF 来为.NET 平台提供一种统一的分布式计算平台，它应当具有广泛的互操作性以及对面向服务构架的直接支持。

微软以及许多领先 IT 企业已经开始为面向服务(SOA)的平台作好了准备，WCF 就是微软公司的 SOA 战略中重要的一环。

面向服务的应用程序和先前的分布式应用程序有显著的不同。面向服务的应用程序的服务端和客户端是松散耦合的，客户端和服务端不必事先知道对方的存在，只要通过一个 URL，按照约定的通信方式就可以进行互操作。

读者或许会有一些疑问：在.NET 环境中，使用 Visual Studio、.NET Framework 以及 WSE 可以非常容易地编写 Web Service 来创建服务端或者客户端，并且可以和运行在其他平台上的客户端或服务端进行交互。那么为什么还需要 WCF？

如开发者所知，Web Service 只是.NET 平台上其中一种可以用来构建分布式应用程序的技术，其他提到过的技术还包括 Remoting、Enterprise 和 MSMQ 等。运用这些技术来创建分布式服务的方式和互操作性有很大的区别，而且当试图转换分布式计算的基础到另一种技术时，代价将相当大。WCF 就是要解决这个问题，它统一了.NET 环境下分布式计算的编程模式，让开发人员可以不用太关心基础的分布式计算的机制。WCF 不仅可以编写 Web 环境可以访问的服务，而且可以在其他协议的网络中部署服务。

1.3.3 Workflow Foundation

Workflow 即工作流，对大多数人来说都是比较新鲜的概念。但实际上，许多软件都涉及工作流的处理。在 Workflow Foundation（WF）中，工作流就是用一系列抽象出来的活动（Activities）来描述现实世界中的一个流程。在现实中，工作流往往代表着一件工作从一个人传递到另一个人，并伴随着状态的改变。一个典型的工作流往往定义了几个必要的步骤，步骤可以是有顺序的，也可以是无顺序的。举例来说，一个员工报销医疗保险费用，他的流程就必须是：填写理赔单→提交表单→公司审核→医保机构审核→发放理赔金额，这个流程的每个步骤都是必须而且有序的，到最终发放理赔金额之前，任何一个步骤的失败都将导致流程中断。这个工作流比较简单，路径非常单一，而复杂的工作流则涉及更多的分支。在大多数程序中，涉及的过程处理都可以看作广义上的工作流。

工作流是由活动元素组成的，可以将工作流拆解成为一个一个的活动（Activity）对象，然后按照逻辑组织到一起来描述工作流。

目前，大多数软件对工作流的处理方式都是私有和不开放的，缺乏共通性。不同的软件定义的工作流无法重用和扩展，这对软件的快速开发显然是极为不利的。WF 就是将创建一个工作流所需要的各个环节抽象出来，供开发者使用。WF 并不关心开发者使用 WF 搭建的工作流是用来处理什么具体事务的，可以说只要处理的事务带有流程的性质，就可以应用 WF。

在 WF 中，工作流可以分为两种，一种是顺序流，另一种是基于状态机的工作流。那么，在什么样的情况下使用哪一种工作流呢？通常情况下，如果一个流程重点关注的是顺序，较少涉及对象状态的变化，则多用顺序流；如果流程非常依赖于对象的状态，而对象的状态在整个流程中会发生多次变化，则基于状态机的工作流将是更好的选择。

1.4 搭建.NET 4.0 的开发环境

.NET 4.0 是随着 Visual Studio 2010 一起发布的。使用 Visual Studio 2010 可以很自然地开发.NET 4.0 应用程序。下面分别讲解如何在 Windows XP、Windows 2008 以及 Win7 系统上搭建开发环境。

1.4.1 在 Windows XP/2008/Win7 上搭建开发环境

由于在 Vista 和 Windows 2008 上搭建开发环境的步骤基本相同，因此在此一道进行讲述。
搭建开发环境的前提条件是：
（1）操作系统必须是 Windows Vista、Win7 家庭版或者专业版，并且是 SP2 之后的版本（包括 SP2），或者是 Windows 2008 任一版本的 SP1 之后的版本（包括 SP1）。
（2）用户的计算机必须具有下面的硬件配置才能保证.NET 4.0 应用程序的运行：

最低：　　　　　奔腾 400MHz CPU　　　　　96MB 内存
推荐：　　　　　奔腾 1GHz 以上 CPU　　　　512MB 及以上内存

（3）用户已经安装了 Express 版以外的任一版本 Visual Studio 2010。如果没有安装，则必须首先安装 Visual Studio 2010 才可以继续后面的步骤。

在具备上面的这些条件以后，就可以安装.NET 4.0 开发环境了。可以参考如下步骤进行安装：
1）从微软网站上下载 Microsoft .NET Framework 4.0 Redistributable Package。
2）双击下载的安装包进行.NET Framework 4.0 的安装。根据安装提示进行安装即可。
3）双击获取的.NET Framework 4.0 SDK 进行安装，安装过程中可以选择安装的路径。

妥善选择 SDK 将要安装的驱动器，确保驱动器有足够的空间。

4）安装 Visual Studio 2010。

在 Vista 上搭建开发环境，与在 XP/2008 系统上大同小异。安装完成以后，打开 Visual Studio 2010，在启动过程中出现如图 1-3 所示的安装组件。

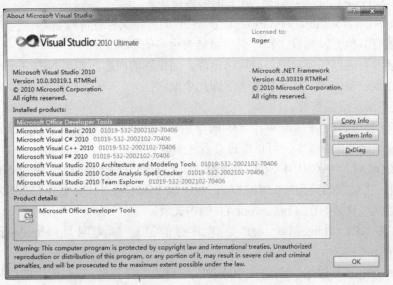

图 1-3　安装组件

与此同时，打开 Visual Studio 2010 的文件菜单，单击创建新项目，可以发现 Visual C# 和 Visual Basic 应用程序中多了一个下拉菜单，菜单选项包括.NET Framwework 2.0、.NET Framework 3.5 和.NET Framework 4.0，如图 1-4 所示。

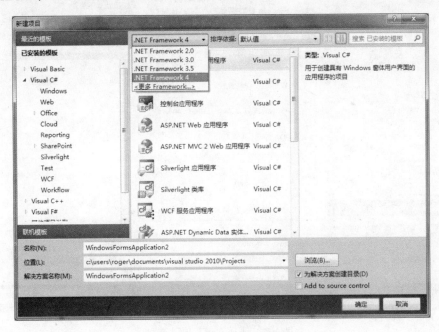

图 1-4　新的应用程序类型

可以看到，.NET Framework 4.0 项目类型中增加了几个新的应用程序类型：

1）Windows Application (WPF)：使用 WPF 类库来创建窗体应用程序的项目类型。

2）XAML Browser Application(WPF)：使用 WPF 类库来创建运行在浏览器中的应用程序的项目类型。

3）WCF Service Library：创建 WCF 的服务模块。

4）Custom Control Library (WPF)：创建 WPF 的自定义控件库项目。

如果安装有其他开发模板，程序类型可能有更多的不同。

如果安装没有遇到任何问题，就可以出现上面提到的内容。如果.NET Framework 4.0 安装出现错误导致安装失败，则可以参考下面几个原因：

1）系统不满足前提条件。

2）之前安装过.NET Framework 4.0 的早期版本，并且没有完全卸载。要查看之前安装的.NET Framework 4.0 的版本，可以通过查看注册表：

HKEY_LOCAL_MACHINE\SOFTWARE\Microsoft\NET Framework Setup\NDP\v4.0\Setup 的 Version 值，正式版的值为 4.0.21022.08，低于这个版本可以认为是预发布版本，必须完全卸载以后才能继续安装.NET Framework 4.0 的正式版。

有关安装 .NET Framework 4.0 更详细的信息请参阅网址 http://go.microsoft.com/fwlink/?LinkId=69233。

安装好所有的工具以后，创建一个 WPF 项目，选择如图 1-5 所示的项目类型，单击"确定"按钮完成创建，此时，Visual Studio 2010 会呈现出如图 1-6 所示的界面。

图 1-5　选择创建新项目类型

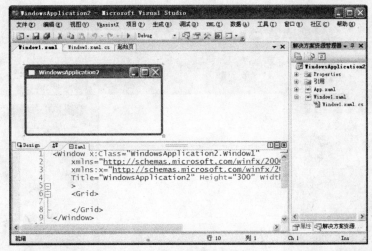

图 1-6 WPF 程序开发环境

在图 1-6 所示的界面中，Visual Studio 2010 的界面分成了 3 部分，右侧是读者熟悉的解决方案管理器，左下部是编写 XAML 语言的编辑器，左上部用于即时显示下面 XAML 代码所表示的界面。

1.4.2 相关工具

除了 1.4.1 节中所介绍的搭建.NET Framework 4.0 开发环境必要的工具和组件，本节再介绍一些非常有用的工具、实例和站点。

1. 常用的工具

（1）Expression Blend

微软为了支持 WPF 和 Web 应用程序的设计，推出了 Expression 软件套装，包括 Expression Blend、Expression Design、Expression Media 和 Expression Web。Expression Blend 这个软件就是专门用来设计 WPF 应用程序的界面的。Expression Blend 的安装界面和运行界面如图 1-7 和图 1-8 所示。

图 1-7 Expression Blend 的安装界面

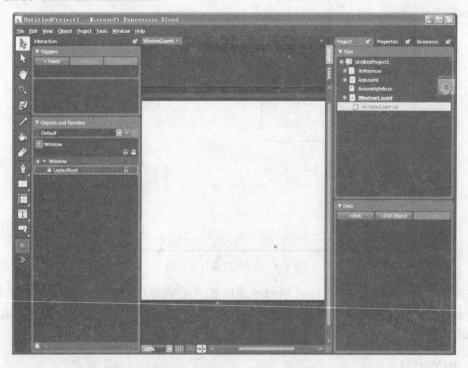

图 1-8 Expression Blend 的运行界面

由 Expression Blend 配合 Visual Studio 2010，可以非常轻松地创建出效果出色的应用程序，前者主要负责创建复杂的界面（虽然也可以在其中编写代码）。

（2）Expression Design

和 Expression Blend 不同，Expression Design 的主要功能在于创建矢量图形，以供 WPF 应用程序的界面来使用。它的功能和 Adobe 公司的 Fireworks 比较类似。

（3）XAMLPad、WPFPerf、UISpy

这些都是.NET Framework 4.0 SDK 附带的工具。可以在 XAMLPad 上练习编写 XAML 代码，并能立即看见结果，这对 XAML 初学者来说是非常有用的练习工具。

WPFPerf 用来测试 WPF 应用程序的性能。

UISpy 类似于 SPY++，它们都可以用来查看 Windows 程序的结构，不同的是 UISpy 支持 WPF 程序。

（4）Reflector

.NET 开发人员都应该熟悉这个工具，它可以显示程序集的代码和结构。

（5）XAML Convertors

这个工具支持将多种格式的 2D 和 3D 的图形文件转换为 XAML 格式描述的图形，它支持的图形格式包括 3DS、DXF、Blender、Fireworks、LightWave、SWF、Maya 以及其他一些图形格式。这些工具使开发人员可以迅速将现有的图形资源用于 WPF 应用程序。

2．常用站点

除了工具以外，还有一些内容非常丰富的站点，各层次的开发人员都可以从这些站点的内容中获益。

（1）MSDN 论坛

MSDN 论坛访问量相当大，几乎所有与微软开发有关的主题都可以在上面找到对应的版面。用户可以搜寻以前解决过的问题，也可以在 MSDN 论坛上发布问题，并且在很短的时间内就可以获得微软员工和热心人士的帮助。不过它的中文版面的访问量很小，主要内容都集中在英文站点。它的网址是 http://forums.microsoft.com/MSDN。

（2）Microsoft Communities/MSDN News Group

上面提到的是两个新闻组服务器，其中有大量的信息可供参考，用户可以匿名提问，或搜寻问题的解答。这两个新闻服务器中的中文版本的信息量更大一些，大多数情况下，用户可以在一天以内获得答案。

这两个新闻组服务器的地址是：

news.microsoft.com

news.communities.microsoft.com

第 2 章 Visual Studio.NET 2010 开发环境

本章介绍 Visual Studio 2010 的开发环境。Visual Studio.NET 2010（简称为 VS2010）是微软公司推出的最新集成开发环境，它是为.NET 4.0 应用程序量身定做的，所以和它的前辈 Visual Studio.NET 2008 相比，增加了很多新的特性。后面的内容如提到 Visual Studio，若无特指，即是指 Visual Studio 2010。

2.1 安装 VS2010

Visual Studio.NET 2010 包含多个版本，各个版本的功能有一些差异。下面简述这些版本的差异。Visual Studio.NET 2010 有 Express 版、标准版（Standard）、专业版（Professional）和团队版（Team Edition）。Express 版是免费版本，有最基本的开发功能，适合初学者尝试但不支持很多高级特性。标准版和专业版在普通程序开发以及 Web 开发上功能完全一致，只是标准版不支持除 Click Once 方式以外的程序部署方式、远程调试以及和 SQL Server 2010 的集成环境。团队版在专业版的基础上增加了团队协作功能以及测试、构架设计等功能，测试是非常有用的功能，有条件的读者可以选择团队版本的 Visual Studio，如果不行，专业版和标准版也是不错的选择。本章是以团队版为例，专业版和标准版功能基本相同。

选定了 Visual Studio 的版本后，就可以开始安装了。安装之前需要了解一些注意事项：
1）计算机 CPU 的主频至少在 600 MHz 以上，推荐 1 GHz 以上的 CPU。
2）推荐 256MB 内存。
3）系统盘至少需要 1GB 空闲空间，安装盘至少需要 2GB 空闲空间。
4）操作系统的版本必须高于 Windows 2000 Service Pack 4、Windows XP Service Pack 2 和 Windows Server 2008 Service Pack 1。

双击安装光盘上或者下载的安装包中的 Setup.exe 启动安装，根据提示可完成安装。

2.2 创建和打开 Web 站点

安装好 VS2010 以后，就可以用它进行 ASP.NET 应用程序的开发了。现在来试着创建一个 ASP.NET 站点应用程序。在 File 菜单项中选择 New，然后选定 Web Site 就进入了 ASP.NET 项目的创建对话框，如图 2-1 所示。

选定"ASP.NET 网站"作为项目类型，如果想使用互联网信息服务（IIS）的虚拟路径，那么请保持"位置"下拉框中的选定项为 HTTP，然后选择想要的站点名称替代 http://localhost/后面的"WebSite"；如果希望使用计算机的本地路径来存放 ASP.NET 程序，那么可将"位置"下拉框中的选项设定为文件系统,然后单击"浏览…"按钮浏览计算机目录并选定希望的路径。另外,还可以通过"语言"下拉框,设置 ASP.NET 应用默认的编程语言,这里是 Visual C#。设置好这些选项以后,就单击"确定"按钮来完成 ASP.NET 站点的创建。VS2010 会为新的站点建立一个目录和一个 default.aspx 页面文件。

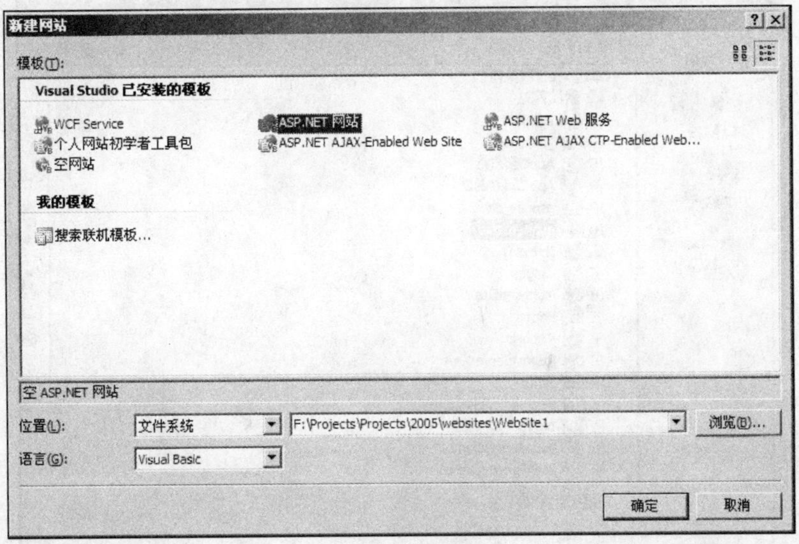

图 2-1 选择项目

图 2-2 是创建完成后 VS2010 所显示的开发环境。图中左侧的一大片区域是代码编辑和界面设计区域,单击下面的"设计"和"源"标签可以在页面的代码编辑和界面设计视图之间切换。右侧的部分是解决方案浏览器,上面列出了项目的相关文件。另外在右侧可以有属性、类视图,这些都可以通过右下方的标签进行切换。根据用户的不同设定,上面的区域位置可能会有变化,并且这些区域可以通过用户的拖曳放到不同的位置。

图 2-2 新建的 ASP.NET 站点

介绍了怎样创建一个新的 ASP.NET 站点之后，现在来看看怎样打开现有的 ASP.NET 站点进行编辑。在"文件"菜单中选择"打开"，然后指定站点，进入项目选择对话框，如图 2-3 所示。

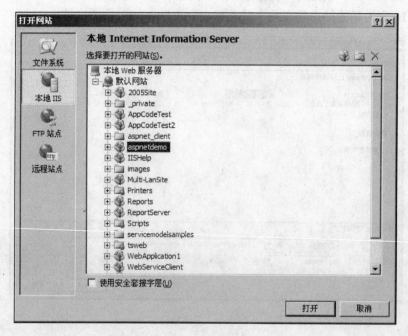

图 2-3　打开 ASP.NET 站点

因为创建项目时指定了使用文件系统，那么这里也就使用文件系统视图选择相应的文件夹。同样的，如果项目指定了使用 IIS，那么就选择本地 IIS 视图，从中选择对应的站点。如果 IIS 服务器配置了文件传输协议（FTP），那么也可以使用 FTP 打开项目。现在从本地 IIS 视图中选择刚才创建的 WebSite 站点，于是又回到了图 2-2 所示的界面，这时就可以对站点的内容进行编辑了。

想要保存更改，可以在"文件"菜单中选择"全部保存"项，也可以直接在 IDE 上面的工具条中单击磁盘图标进行保存。要运行该 Web Site 进行测试，可选择"调试"菜单中的"启动调试"或者工具条中的播放图标，VS2010 还有一个重要的快捷键 F5 可以用来执行这个操作。

2.3　使用内置的 ASP.NET Deployment Server

Visual Studio 2010 自带了一个内置的 Web 服务器，可以在没有安装 IIS 服务器的计算机上开发和调试 ASP.NET 应用程序。在创建新的 Web 站点时，指定用文件系统的方式创建，那么在默认的情况下启动站点进行调试时，就会启用 ASP.NET Deployment Server 作为 Web 服务器来运行 ASP.NET 应用程序。

启用 ASP.NET Deployment Server 以后，可以在右下角的提示窗口中发现图 2-4 这样的图标。双击图标，打开 ASP.NET Deployment 的配置窗口。

2.4 迁移现有的 VS2005/VS2008 Web 站点

VS2010 允许开发人员把使用 VS2005 或 VS2008 创建的 ASP.NET 应用程序转换到 ASP.NET 4.0。转换不仅涉及对引用的 Framework 版本的修改，还有 3 个主要的方面会影响应用程序的构建方式：

（1）ASP.NET 4.0 应用程序不使用项目文件（.vbproj 和.csproj）。项目文件内容已被消除或已成为 web.config 中的一部分。

（2）编译模式发生了变化。不仅代码分离文件与 ASPX 页面之间的关系发生了变化，而且应用程序不会再被编译到一个单一的程序集中。

（3）创建了新的目录结构以便使用新的编译模式和部署模式。所有的资源文件、引用、代码分离文件和其他代码产物都必须转移到各自的新目录下。

上述的 3 个方面将在后面的章节中进行更为详细的叙述。虽然变化很大，但所幸的是 VS2010 提供了转换向导，ASP.NET 程序转换所需要进行的操作都会在向导内执行。

（1）转换向导。Visual Studio 2010 具有一个内置的转换向导，此向导有助于转换 ASP.NET 应用程序。此向导将自动执行许多必要的基本步骤，能使转换以后的应用程序满足 ASP.NET 4.0 的执行要求。

（2）运行转换向导。在 Visual Studio 2010 的"文件"菜单中选择打开网站，选择包含 ASP.NET 项目的虚拟目录或者直接使用 VS2010 打开 ASP.NET 的项目文件，将会自动启动转换向导，如图 2-4 所示。

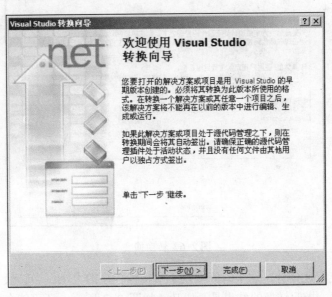

图 2-4　转换向导初始界面

在转换向导中，也需要作出一些选择来指引向导的工作，第一个选择就是是否要在执行转换之前对原来的项目进行备份，如图 2-5 所示。

如果选择了备份，Visual Studio 2010 将会在选择的目录下自动创建一个 ASP.NET 应用程序的副本。接下来将看见转换操作的摘要屏幕，如图 2-6 所示，这也是转换开始之前的最后一个步骤，单击"下一步"按钮，将执行转换过程。

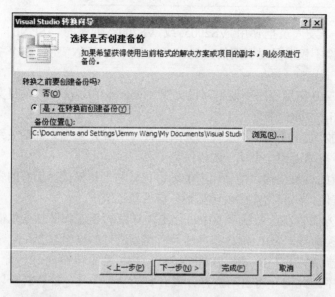

图 2-5 备份应用程序

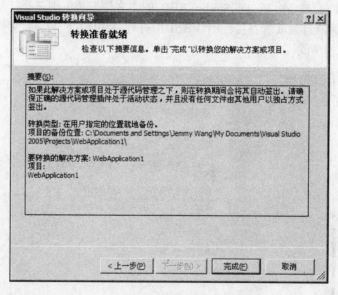

图 2-6 转换摘要

转换可能会花费几分钟，这个时间取决于要转换程序的大小。当转换完成的时候，用户将会收到一条信息，指明转换的结果是否成功，如图 2-7 所示。还可能会看见一些警告或错误信息。当转换向导进行的更改可能会改变应用程序的行为时，或者当转换无法将应用程序更新到 ASP.NET 4.0 时，就会出现警告和错误。

转换完成后就可以查看转换报告了，从而检查是否需要执行任何其他步骤来完成从原 ASP.NET 到 ASP.NET 4.0 的转换。

第 2 章　Visual Studio.NET 2010 开发环境

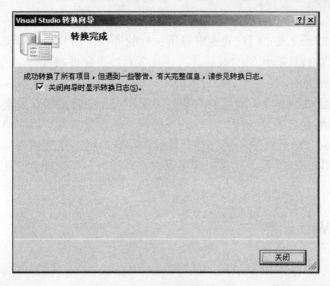

图 2-7　转换完成

（3）转换报告。当转换向导完成对项目的升级后，它会在显示 XML 版本的转换报告之前自动生成 XML 版本和文本版本的转换报告。此报告将显示转换向导所遇到的所有问题，以及可能需要执行其他步骤以完成转换的代码区域，如图 2-8 所示。

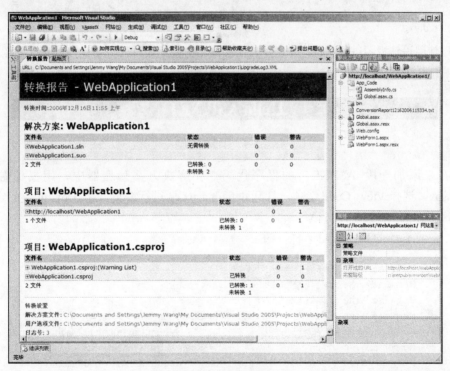

图 2-8　转换报告

报告根据转换的每个解决方案和项目分为几个部分。解决方案报告部分几乎始终不会出现错误信息。但是项目报告部分则可能会列出有关项目每个文件的一个或多个问题。

(4)通知类型。报告中的每一项都属于下面 3 种类别之一。

1)通知:通知项仅通知用户转换向导所执行的操作。用户将会看见许多已删除文件或者移动文件以及删除或注释代码的通知。向导将会对每个文件执行特定的标准操作。这些操作对于转换都是必要的。

2)警告:一旦向导必须采取可能改变应用程序行为的转换操作就会生成警告。用户应该检查警告项,看看是否会影响应用程序的正确性。通常警告都可以忽略。

3)错误:当向导遇到一些不能自动转换的内容时,就会生成错误项。这些项将会要求用户执行某些操作以完成转换。如果出现错误项,则转换多半未能完全成功,此时运行应用程序一般会失败。

2.5 编辑 Web 站点

创建和打开一个 Web 站点以后,就可以在 VS2010 中对其进行编辑了。如图 2-2 所示,可以在左侧的源代码编辑区对页面的 HTML 代码进行编辑。以 2.2 节中的 WebSite 站点为例,首先打开 WebSite 站点,在右侧的解决方案窗口中双击 default.aspx 文件,左侧的源码编辑区就会把 default.aspx 的 HTML 代码显示出来,然后就可以进行编辑了。先在 default.aspx 的 HTML 代码中添加 HTML 代码如下:

```
<div align="center">
    <h2 style="background-color: #AABBCC;  color: #332211">Hello ASP.NET</h2>
</div>
```

可以使用设计视图进行预览,单击源代码区域下方的"设计"标签切换到设计视图,图 2-9 所示为 HTML 的预览结果。

Hello ASP.NET

图 2-9 HTML 预览

现在来添加一段 ASP.NET 的程序代码。在解决方案管理器中,用鼠标右键单击 default.aspx,选择 View Code 选项,打开 default.aspx.cs 进行编辑,在_Default 类的定义中添加如下代码:

```
protected void Page_Load(object sender, EventArgs e)
{
    Response.Write("你好!ASP.NET</br>");
    Response.Write("现在是" + DateTime.Now.ToString());
    Response.Write("你好!ASP.NET<br/>");
    Response.Write("现在是" + DateTime.Now.ToString() + "<br/>");
    Response.Write("Web 站点的服务器名称:" + System.Environment.MachineName);
    Response.Write("<br/>您的浏览器是:" + Request.Browser.Browser);
    Response.Write("<br/>您的计算机 IP 地址:"+Request.UserHostAddress);
    Response.Write("<br/>您安装了下面这些版本的.NET Framework");
    foreach (Version v in Request.Browser.GetClrVersions())
        Response.Write("<br/>"+v.ToString());
}
```

上述代码保存在代码包"第 2 章\WebSite\Default.aspx.cs"中。
按 F5 键，运行 WebSite，预览页面是否能正常工作，如图 2-10 所示。

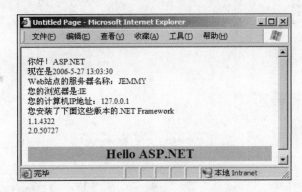

图 2-10　Default.aspx 页面预览

为站点添加新的文件，可以在 Visual Studio 的 WebSite 菜单中选择"添加新项"，然后在 Add New Item 对话框中选择要添加的文件类型及文件名。也可以为站点添加一个已经存在的文件，这和以前的版本 ASP.NET 一样，如图 2-11 所示。

ASP.NET 4.0 相比它之前的版本，一个不同的地方是，不能在解决方案浏览器中直接添加对其他对象的引用，因为引用和 Web 引用文件夹已经不再存在了。如果需要添加引用，有两种方法：可以在 VS2010 的菜单中选择 Web Site 中的"添加引用…"和"添加 Web 引用…"直接添加引用；或者在解决方案浏览器中用鼠标右键单击站点名称，在弹出菜单中选择"属性页"，在"属性页"对话框中，如图 2-12 所示的引用窗口就可以添加引用。单击"添加引用"按钮打开对话框，如图 2-13 所示，然后就可以添加 DLL 文件的引用了。Visual Studio 把 DLL 分为不同的类别，包括.NET、COM 以及其他的一些类别。

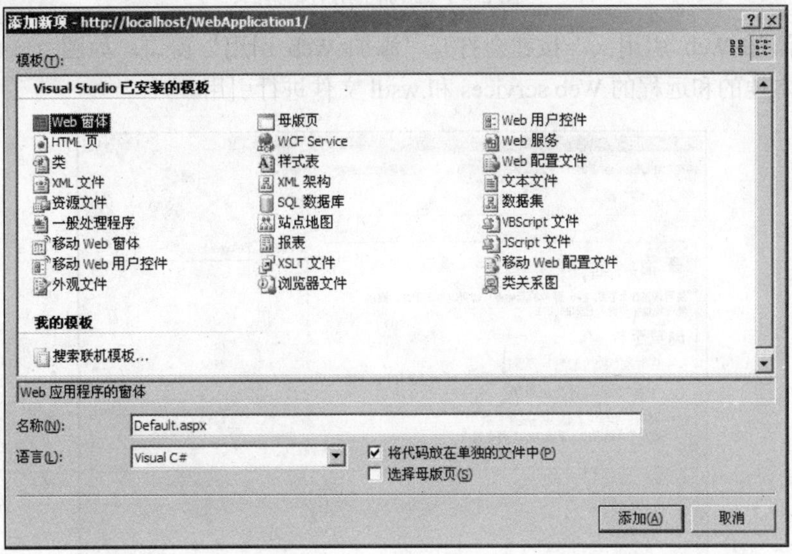

图 2-11　添加文件

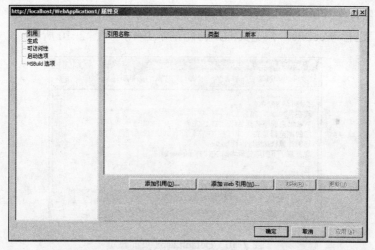

图 2-12 属性页窗口

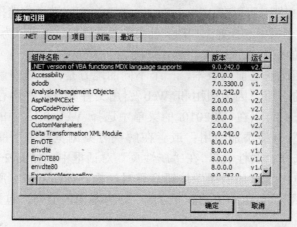

图 2-13 添加引用对话框

单击"添加 Web 引用…"按钮会打开"添加 Web 引用"窗口，如图 2-14 所示。在这里，可以对本地的和远程的 Web services 和.wsdl 文件进行引用。

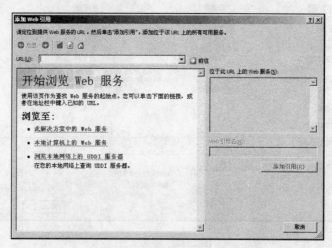

图 2-14 "添加 Web 引用"窗口

2.6 使用服务器控件

在 ASPX 页面上放置 ASP.NET 服务器控件是最常见的操作。除了在 HTML 代码中输入控件定义以外还可以通过拖曳操作从 ToolBox 工具条中选取控件，并放置到页面中。ASP.NET 4.0 中新增加了大量的控件，并且进行了分类，如图 2-15 所示。

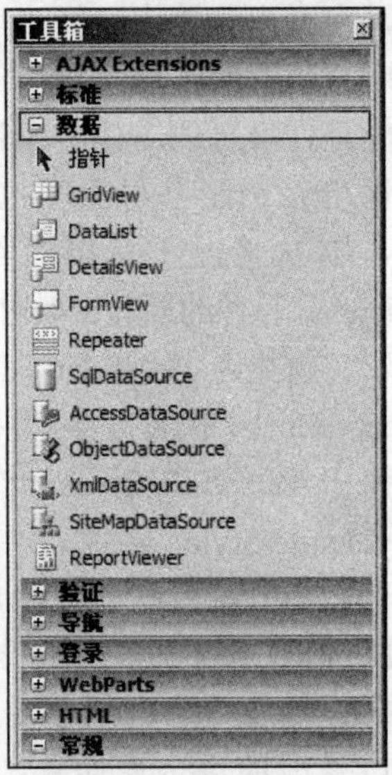

ASP.NET 4.0 中，控件分为以下几类。

标准（Standard）控件：包含 ASP.NET 的标准控件，如 TextBox、Button 等。

一般（General）控件：默认不包含任何控件，不过可以用来包含自定义的用户控件。

HTML 控件：包含了 HTML 服务器控件，和 ASP.NET 1.x 相比没有什么变化。

WebParts 控件：包含了所有提供个性化特性的控件，包括所有的 WebPart 控件，如 WebPartManager 和 WebPartZone。

登录（Login）控件：包含了与用户登录及密码相关的控件，如 Login、LoginView 和 LoginStatus 控件。

导航（Navigation）控件：包含所有验证控件，和 ASP.NET 以前版本的控件一样。如 RegularExpressionValidator 和 RequiredFieldValidator。

图 2-15 工具箱

数据（Data）控件：包含了所有数据获取和显示控件。就是说包含了所有的数据源（DataSource）控件（SqlDataSource、AccessDataSource 等）和数据呈现控件，如 GridView、DetailsView 等。

下面介绍如何使用服务器控件。

（1）放置服务器控件

打开要添加控件的页面，从工具栏中选择需要的控件拖曳到页面上的正确地方。将控件拖曳到 ASPX 页面后，Visual Studio 会自动在页面代码中为控件生成相应的 HTML 代码。还是以 WebSite 站点为例，新建一个 ASPX 页面 Calendar.aspx，打开 Calendar.aspx 进入设计模式，再从工具栏中拖曳 Calendar 控件至页面，如图 2-16 所示。

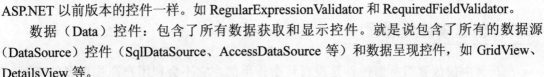

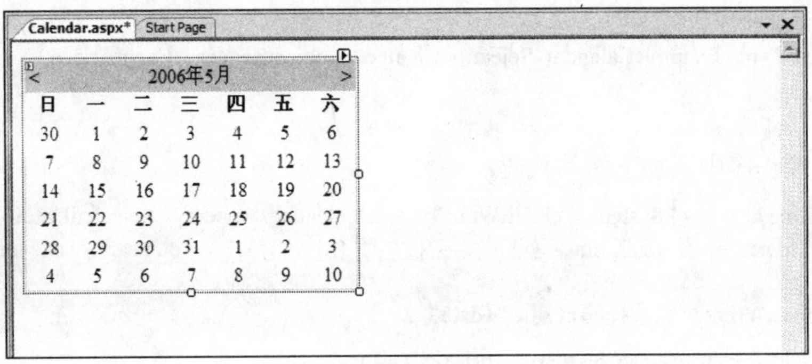

图 2-16 Calendar 控件

可以通过拖曳调整 Calendar 控件的长和宽。

（2）编辑控件

将控件放置在页面上之后，通常都会对控件的属性进行设置，这时可以通过属性窗口进行操作。用鼠标右键单击控件，在弹出菜单中选择"属性"调出属性窗口。属性窗口根据用户设置的不同，出现的地方也可能不一样，不过大多数时候是在屏幕的右侧。属性窗口中列出了控件所有的属性，属性可以按照字母顺序也可以按照不同的用途进行分类排列，默认情况下是按照类别进行排列的。现在可以调出 Calendar 控件的属性窗口对控件的属性进行编辑了，如图 2-17 所示。首先为 Calendar 控件改名，把它的 ID 属性的值改为 "ExampleCalendar"，然后在属性窗口中编辑 Caption 属性的值为 "ASP.NET Calendar"。再在 Style 属性类别中，找到 DayHeaderStyle 属性，展开 DayHeaderStyle，找到 BackColor，选择一个新的颜色 #C0FFC0；最后展开 DayStyle 属性，并为它的 BackColor 选择一个新的颜色，这里是 #FFE0C0。现在再看看 Calendar 控件，已经艳丽了许多，不再是像刚开始那样单调了。还有许多属性，用户可以自行尝试修改，看看是不是可以搭配出非常酷的样式。在属性窗口修改的每个属性，都会在页面的 HTML 代码中体现出来。也可以通过直接编辑 HTML 来改变控件的属性，不过这需要对控件属性非常熟悉。

图 2-17 属性窗口

2.7 创建事件处理程序

在页面中仅放置服务器控件是没有什么作用的，它不会和用户产生更多的交互，所以需要为服务器控件增加事件处理程序来使服务器控件能和用户产生更多的交互行为。仍以 2.6 节中的 Calendar 控件为例。要为控件创建事件处理程序，必须知道控件有哪些可以被触发的事件。打开 WebSite 站点的 Calendar.aspx 页面，调出 Calendar 控件的属性窗口，在窗口顶部选择 ，之后属性窗口中就会列出所有可以使用的事件。现在来为 SelectionChanged 事件创建事件处理程序，双击事件右侧的下拉框，Visual Studio 会自动为控件创建一个空白事件处理程序。如果一切正常，则 Visual Studio 会生成如下代码：

```
protected void ExampleCalendar_SelectionChanged（object sender，EventArgs e）
{
}
```

在事件处理程序中添加下面的代码：

```
DateTime dt = （（System.Web.UI.WebControls.Calendar）sender）.SelectedDate；
string date = string.Format（"{0} 年 {1} 月 {2}，{3}"，dt.Year，dt.Month，dt.Day，dt.DayOfWeek）；
Response.Write（"您选择的日期："+date）；
```

上述代码保存在代码包第 2 章\WebSite\Calendar.aspx.cs 中。

和属性一样，也可以在页面的 HTML 代码中直接指定事件处理程序。

2.8 验证 HTML 源码的可用性

Visual Studio 提供了检查 HTML 代码的工具，可以验证页面的 HTML 代码是否正确以及是否符合相应的标准。检查工具可以按照不同的标准对 HTML 进行检验。Visual Studio 2010 支持几乎所有的现存标准：如 Internet Explorer 6.0、Internet Explorer 2.02/Netscape Navigator 2.0、Netscape Navigator 4.0、HTML 4.01、XHTML 1.0 Transitional、XHTML 1.0 Frameset 和 XHTML 1.1。ASPX 页面默认是使用 Internet Explorer 6.0 作为标准。在工具栏上可以找到这个工具，如图 2-18 所示。在下拉框里面可以选择不同的 HTML 标准。

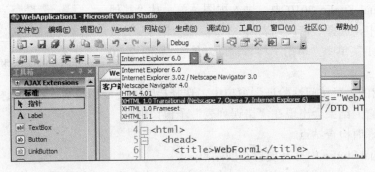

图 2-18 检查 HTML 可用性的工具

选择好标准以后，Visual Studio 会自动进行可用性验证。如果有错误和警告信息，会自动显示在"错误列表"窗口中。如图 2-19 所示。错误或者警告信息用来提示用户应该做什么操作避免这些错误或警告，大多数警告可以忽略。

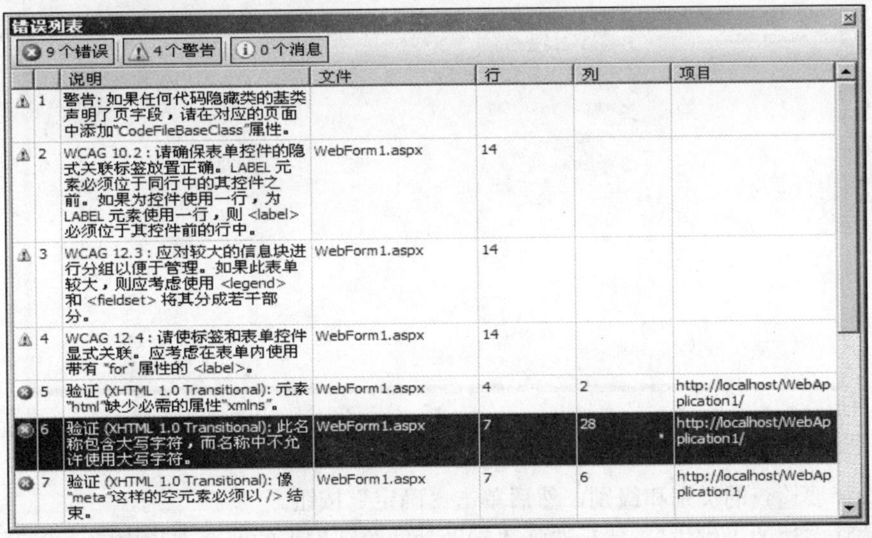

图 2-19 检查结果

HTML 可用性检查使页面的 HTML 代码更加符合标准，能够在不同的浏览器中正确地显示，这一点非常重要，因为这关系到使用这个 Web 站点的用户能否得到完美的体验。为了符合现在的主流网页标准，推荐使用 XHTML 1.0 或者 XHTML 1.1。

可以使用这个页面代码检查工具检查单个页面文件，还可以配置整个站点在编译时进行一次彻底的检查。可用性检查工具会检查页面的标签是否具有某些应有的或者不推荐包含的属性和子标签。可用性检查工具不能检查颜色的搭配是否有问题，也不能检查动态内容的正确性。可用性检查工具只检查 HTML 标签，不检查 ASP.NET 的服务器控件内容，因为服务器控制的内容是运行时动态生成的。

下面来看看如何使用可用性检查工具。

（1）检查单个页面

1）打开要检查的页面。

2）在 Visual Studio 2010 中，进入视图菜单，从"其他窗口"的选项中，选择"错误列表"。

3）在 Tool 菜单中，单击"检查辅助功能"，如图 2-20 所示。

图 2-20　Check Accessibility

4）在弹出的"可访问性验证"窗口中，选择检查的类型和级别，然后选择"验证"。最后，检查的结果会出现在"错误列表"子窗口中。

（2）在编译时检查站点

1）在 Visual Studio 中打开要检查的站点。

2）在解决方案浏览器中，用鼠标右键单击站点的名称，选择"属性页"。

3）选择"辅助功能"，如图 2-21 所示。

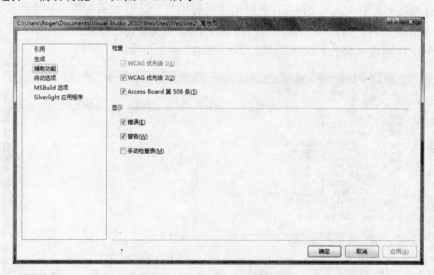

图 2-21　站点的辅助功能选项

4）选择要检查的类别和级别，然后单击"确定"按钮。

5）选择左边的"生成"，然后选择"辅助功能验证"下的两个选项中的一个或两个。

6）单击"确定"按钮。

在随后的应用程序编译过程中，可用性检查就会被启用。

2.9 使用 Visual Studio 的 Intellisense

Intellisence 即智能感知。Visual Studio 以前的版本就提供了智能感知功能，Visual Studio 2010 提供了更加优秀的智能感知功能。

智能感知功能主要针对代码编辑窗口和立即窗口（Immediate）。当用户在编写代码的时候，不需要离开代码窗口去查询所需要的语言元素，智能感知会把可能语句块列表显示给用户，用户可以直接在显示出的列表中查找，然后插入代码中。整个过程只需要按一两次键盘，非常快捷。

智能感知包括以下 6 个功能：列出对象的成员、显示方法的参数信息、快速帮助信息、自动完成关键字、Visual Basic 和 Visual C#/ Visual J#的智能感知功能。

2.9.1 列出对象成员

Visual Studio 可以列出类型和命名控件的成员。从列表中选定一个成员，按 Enter 键就可以把它插入到当前的光标处了，如图 2-22 所示。

如果启用了自动完成（Complete Word）功能，那么当用户输入一个对象名称的时候，成员列表框会显示所有可能的匹配。如果没有启用自动完成功能，则可以使用 ALT+右箭头组合键手动调用。在 C#的代码中，输入对象名称以后，再输入成员访问操作符"."或者命名空间限定符"∷"，就可以调出成员列表框。当选定了一个成员以后，有多种方式可以将成员插入到当前代码中：

- 输入选定成员后面的字符，如括号、逗号、空格、分号等。
- 按 Tab 键、Ctrl+Enter 键、Enter 键或者双击选定的成员。

另外，在成员列表框显示的任何时候按 Esc 键，成员列表框都会被关闭。如果自动列出成员的功能被关闭，那么用下面几种方法可以手动调出成员列表框：

- 使用 Ctrl+J 或者 Ctrl+空格键（这似乎和中文输入法的组合键冲突）。
- 在 Visual Studio 的编辑菜单中，单击 Intellisense 项，然后选择"显示对象成员列表"。
- 在代码编辑器中，右键单击空白处，在弹出的菜单中选择"显示对象成员列表"。
- 在工具栏上找到如图 2-23 所示的"显示对象成员列表"按钮，单击即可。

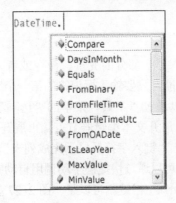

图 2-22 列出成员

图 2-23 List Members 按钮

2.9.2 显示方法参数信息

这个特性会在用户输入方法名后将方法的参数信息显示出来，包括参数的个数、名称和类型，如图 2-24 所示。用粗体字显示的参数，是下一个要求输入的参数。对于有重载的方法，可以用上、下箭头浏览不同的重载参数列表。当编写一个方法的时候，如果使用了 XML 风格的注释，那么在编写代码调用这个方法的时候会显示参数和方法的注释信息。

图 2-24　显示方法参数信息

2.9.3 快速信息

快速信息可以显示任何标识符的说明。要使用快速信息非常简单，只要把鼠标移动到需要快速信息的标识符上方，快速信息就会自动显示，如图 2-25 所示。在显示成员的列表框中，当一个成员被选中的时候，关于这个成员的快速信息也会显示，如图 2-26 所示。

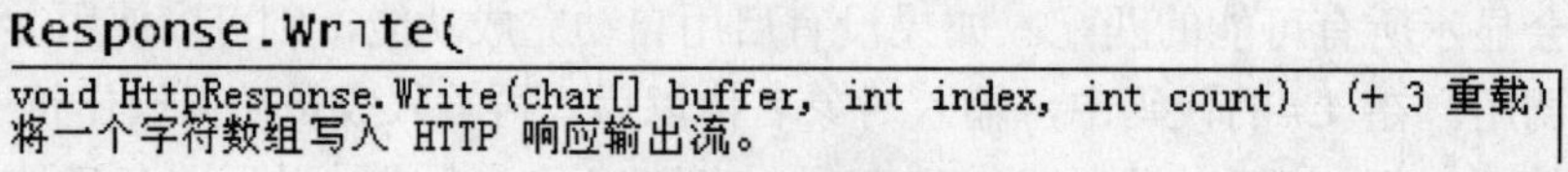

图 2-25　快速信息

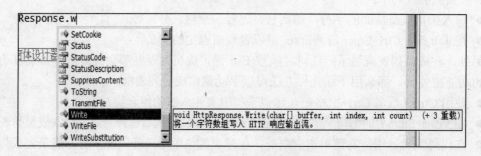

图 2-26　成员快速信息

2.9.4 自动完成

自动完成功能非常有用，它可以自动匹配输入了一部分的变量、命令或者方法名，列出所有可能的完整名称。如果已经开启了自动完成功能，只要输入标识符的第一个字母，将会自动列出所有可能的名称。如果没有开启，那么可以通过"工具"菜单的"选项"打开 Visual Studio 配置窗口，在配置窗口的左侧树状菜单中，展开文本编辑器节点，再展开 C#项目，选中 Intellisense 项，最后在配置窗口右侧的部分勾选"键入字符后显示完成列表"。这样就可以启用自动完成功能了。如果不启用自动完成，那么可以通过快捷键手动调用自动完成，当输入标识符的第一个字母的时候，按 Alt+右箭头或者 Ctrl+空格键就可以了。图 2-27 显示了自动完成的效果。

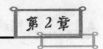

Visual Studio.NET 2010 开发环境 第 2 章

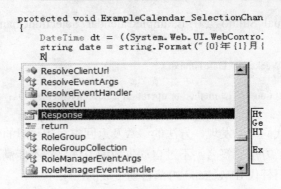

图 2-27 自动完成

2.9.5 C#相关的智能感知

上面的内容讲述了 Visual Studio 提供的一些通用的智能特性，所有的.NET 语言都能使用。还有一些语言相关的智能感知特性，下面主要介绍与 C#语言相关的一些智能感知特性。

（1）增加 using 指示语句

这个功能将通过自动搜索命名空间来为代码中没有限定命名空间的对象自动在程序的开始处添加 using 指示语句。没有限定命名空间的对象名是不能被自动完成功能和成员列表所匹配的，通过增加 using 指示语句，可以使 IDE 智能感知到相关信息，也使程序能够顺利编译，如图 2-28 所示。

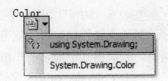

图 2-28 增加 using 指示语句

（2）自动方法生成（生成方法存根）

自动方法生成是智能感知中的自动代码生成特性。这个特性提供给用户一个简单的途径让 Visual Studio 自动声明一个方法。Visual Studio 的智能感知从方法的调用方式中自动推断方法的声明形式。有一些编程方式，例如测试驱动开发（TDD）等，建议开发者先使用再声明。这种方式让开发人员更容易地定义出所需方式的声明。使用自动方法生成，可以避免在使用前定义好一切方法。现在来看看怎么样使用自动方法生成。

在 WebSite 站点的 Calendar.aspx.cs 文件中的 ExampleCalendar_SelectionChanged 方法末尾处添加下列语句：

```
Response.Write ("<br/>是不是周末: " + IfWeekend（dt）) ;
```

由于 IfWeekend 方法还没有被定义，因此将光标移到 IfWeekend 上面时会显示智能标记，如图 2-29 所示，单击智能标记，会出现智能感知菜单项"生成"Calendar"中的"IfWeekend"的方法存根"，如图 2-30 所示。

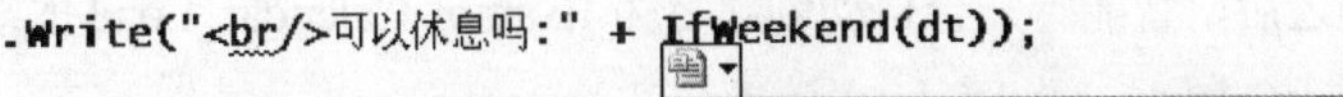

```
Response.Write("<br/>可以休息吗:" + IfWeekend(dt));
```

图 2-29 智能标记

```
Response.Write("<br/>可以休息吗:" + IfWeekend(dt));
生成 "Calendar" 中的 "IfWeekend" 的方法存根(Stub)(M)
```

图 2-30 Generate Method Stub 菜单

单击菜单项，Visual Studio 会在 ExampleCalendar_SelectionChanged 方法后生成下面的代码：

```
private string IfWeekend（DateTime dt）
{
throw new Exception（"The method or operation is not implemented."）；
}
```

通过自动生成的代码可以发现，方法的参数及返回类型和预想的一样，Visual Studio 的智能感知成功地推定了方法的签名。不过自动生成的方法显然不能满足功能的要求。现在来完善它，用下面的代码替代 IfWeekend 内部自动生成的语句：

```
if （（dt.DayOfWeek == DayOfWeek.Saturday） || （dt.DayOfWeek == DayOfWeek.Sunday））
return "周末啦，好好休息吧";
else
    return "非节假日，努力工作";
```

上述代码保存在代码包"第 2 章\WebSite\Calendar.aspx.cs"中。

读者可以按 F5 键运行站点，测试刚才所添加的代码。

（3）事件处理程序的自动生成

在 2.6 节中，读者大致了解了怎样为空间的事件编写处理程序。智能感知为开发者提供了一种不离开代码编辑器就可以完成这个任务的方法。当用户在事件对象后输入"+="操作符时，智能感知会提示用户按 Tab 键来自动插入一个 Delegate 的定义。

打开 Calendar.aspx.cs 文件，添加 Page_Load 方法：

```
protected void Page_Load（object sender，EventArgs e）
{}
```

在 Page_Load 方法内部输入：

```
ExampleCalendar.Load+=
```

智能感知这时会提示，如图 2-31 所示。

```
protected void Page_Load(object sender, EventArgs e)
{
    ExampleCalendar.Load+=
}                          new EventHandler(ExampleCalendar_Load);    (Press TAB to insert)
```

图 2-31　智能提示 EventHandler

按 Tab 键，智能感知会生成 EventHandler 的代码，如果 EventHandler 中的方法不存在，智能感知则继续提示"按下 Tab 键来创建事件处理程序"，如图 2-32 所示。

```
protected void Page_Load(object sender, EventArgs e)
{
    ExampleCalendar.Load+=new EventHandler(ExampleCalendar_Load);
}                                    Press TAB to generate handler 'ExampleCalendar_Load' in this class
```

图 2-32　智能提示创建事件处理程序

再次按 Tab 键之后，智能感知会自动创建名为 ExampleCalendar_Load 的事件处理方法：

```
void ExampleCalendar_Load（object sender，EventArgs e）
{
    throw new Exception（"The method or operation is not implemented."）；
}
```

需要注意的是，生成的事件处理方法前没有任何的访问级别限定符，即是说此方法是私有的方法，类的外部无法访问，从而无法在 HTML 代码中的控件属性中绑定事件处理程序，如：

> OnLoad="ExampleCalendar_Load"

上面这些是比较重要的智能感知功能，应该充分利用它们来提高工作效率，降低出错率。
还有一些智能感知功能，就不逐一讲述了，读者可以在上面内容的基础上自行探索。

2.10 对重构的支持

重构（refactor）就是修改代码的内部结构以达到优化代码的目的的过程。因为是修改内部结构，所以代码的外部行为特性不会受到任何影响。重构普遍存在于程序开发的过程中，可以说程序就是在不断的重构之中得到完善的。举一个简单的例子来说明重构，当用户编写一个事件处理程序，事件处理程序处理用户输入的参数，然后查询数据库，获得返回结果。随着开发的深入，发现多个事件处理程序都需要查询数据库。如果在每个事件处理程序中都编写类似的数据库访问代码，这意味着代码的膨胀，增加了维护的难度。这时就可以利用重构来优化代码。利用重构将数据库访问代码提取出来形成单独的方法，这样每个事件处理方法都可以调用该方法，从而提高了代码的效率，减小了代码的体积。

Visual Studio 2010 加入了这一开发者企盼已久的功能，下面结合 ASP.NET 站点的开发来为读者介绍重构的使用。单击重构菜单，如图 2-33 所示。

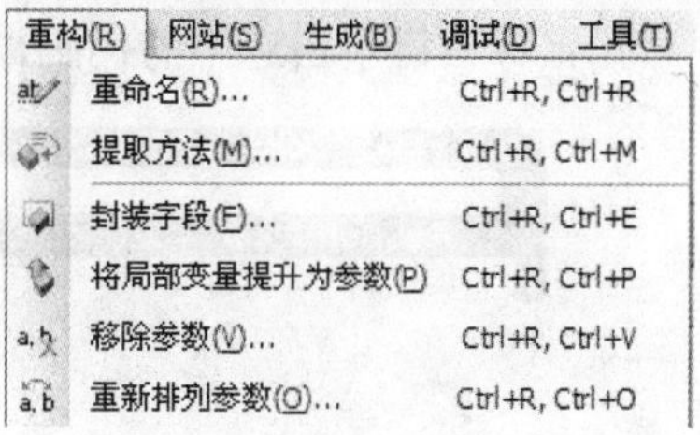

可以看到 Visual Studio 提供给开发者的重构功能。这些功能分别是方法重命名、提取方法、封装数据段、局部变量转换为参数、移除多余参数和重新对参数排序。在 Visual Studio 各个版本中，除了 Express 版本提供的重构功能很少之外，其他版本对重构的支持都是一致的。

图 2-33　VS2010 中的重构

打开前面的 WebSite 站点，添加一个新的网页，叫做 RefactorPage.aspx。再打开 RefactorPage.aspx 页面，切换到设计模式，从工具栏添加一个 Button 服务器控件到这一页面。在页面中双击 Button 控件，为它添加一个处理 Click 事件的事件处理程序。Visual Studio 会自动创建下面的代码：

> protected void Button1_Click（object sender，EventArgs e）
> {
> }

然后在 Button_Click1 事件处理程序内添加下面的代码：

> protected void Button1_Click（object sender，EventArgs e）
> {
> 　　System.Collections.ArrayList alist =
> 　　　　new System.Collections.ArrayList（）；
> 　　int i;
> 　　string arrayValue;
> 　　for（i=0；i<5；i++）
> 　　{

```
                    arrayValue = "i = " + i.ToString（）;
                    alist.Add（arrayValue）;
                }
                for（i=0;   i<alist.Count;   i++）
                {
                    Response.Write（"<br>" + alist[i]）;
                }
            }
```

上述代码保存在代码包"第 2 章\WebSite\RefactorPage.aspx.cs"文件中。

上面这段代码创建了一个 ArrayList 对象,然后用一个循环向对象里面插入整数。最后用一个循环来显示 ArrayList 对象中的值。运行 WebSite 站点,打开 refactorPage.aspx 页面,单击 Button1,会得到下面的结果:

```
        i = 0
        i = 1
        i = 2
        i = 3
        i = 4
```

回到代码编辑窗口,在事件处理程序中选中下面的代码:

```
        for（i=0;   i<alist.Count;   i++）
        {
            Response.Write（"<br>" + alist[i]）;
        }
```

用鼠标右键单击选中的代码,选择重构项中的"提取方法",如图 2-34 所示。

图 2-34 提取方法

在方法名对话框中输入 DisplayList,单击"确定"按钮。Visual Studio 会自动为上面的代码生成新的方法 DisplayList,然后在事件处理程序中调用 DisplayList 方法来显示 ArrayList 对象中的值。按 F5 键运行页面,页面表现与重构前相同。

在编写代码的时候,经常会遇到这样的情形:已经声明了变量或者定义了对象,并且在代码的其他部分进行了引用,这时如果感觉到变量名定义得不合理,想要更改,只能一处一处地手动更改,极易发生错漏。Visual Studio 提供的重构功能包含标识符重命名的特性。使用这个特性可以自动更改变量名,并且自动修改项目中所有引用该变量的地方。

以上面的代码为例,在事件处理程序中,在任意一个引用 alist 变量处,单击鼠标右键,弹出菜单,选择重构选项中的"重命名...",弹出"重命名"对话框,即可迅速把 alist 改名为 arrayList,如图 2-35 所示。

第 2 章 Visual Studio.NET 2010 开发环境

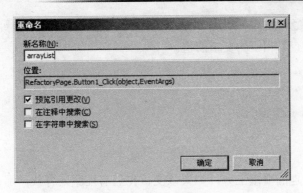

图 2-35　更改变量名

Visual Studio 在更改变量名的同时还允许更改注释中所标注的变量名，如图 2-35 所示，如果想要修改注释中所涉及的变量名，只需要选中对应的选择项即可。

重构还有一项有用的功能就是自动生成属性访问器来封装数据成员。在开发过程中，当开发人员在编写一个类的代码时，往往会先声明一些成员变量，然后在类的实例中使用它们。然而这种做法不符合面向对象编程的要求，因为面向对象的编程方法要求对数据成员的封装性。于是在开发后期，必然会要求完善类的封装性。由于前期大量存在对数据成员的直接访问，因此手动修改是非常容易出现错漏的。现在有了重构这一利器，可以直接为相应的数据成员生成属性访问器，并在类的外部替换所有的数据成员引用。

2.11　调试和测试

Visual Studio 对 ASP.NET 程序的调试支持得非常好，可以非常方便地设置断点及跟踪、显示内存中的信息等。要对 ASP.NET 程序启动调试，必须在 web.config 中添加下面的配置信息：

<compilation debug="true"/>

如果没有在 web.config 文件中添加这一行配置信息，那么在 Visual Studio 中使用调试菜单启动调试时，程序会询问是否在 web.config 中添加这一行信息，如果选择添加，那么调试就可以顺利启动。设置断点非常简单，直接在代码左侧的区域点击鼠标，就可以在对应的那行代码处设置一个断点，如图 2-36 所示。

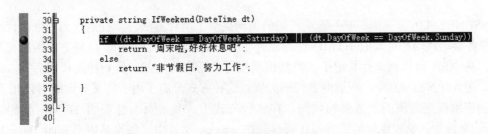

图 2-36　设置断点

设置了断点后，运行 ASP.NET 程序，程序会在运行到第一个断点处暂停，等待进一步的指令，如图 2-37 所示。此时程序员可以调试程序。可以在 Visual Studio 工具栏上找到步进调试的按钮，如图 2-38 所示。也可以在 Visual Studio 的调试菜单中找到它们。当程序暂停在断点处时，可以查看相应的变量的值。

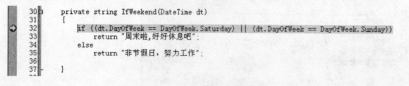

图 2-37　在断点处暂停 　　　　　　　　　　　　　　　　图 2-38　步进调试

把鼠标移到感兴趣的变量上方，如果该变量在当前程序处有效，那么就可以看见变量的值。如图 2-39 所示。

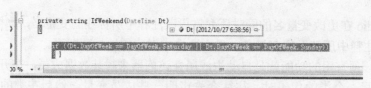

图 2-39　变量值提示

除此之外，还可以查看被跟踪变量的值、进程/线程的信息、模块信息、堆栈（Stack）信息以及在立即模式窗口中评估一个表达式或者变量的值等，如图 2-40 所示。

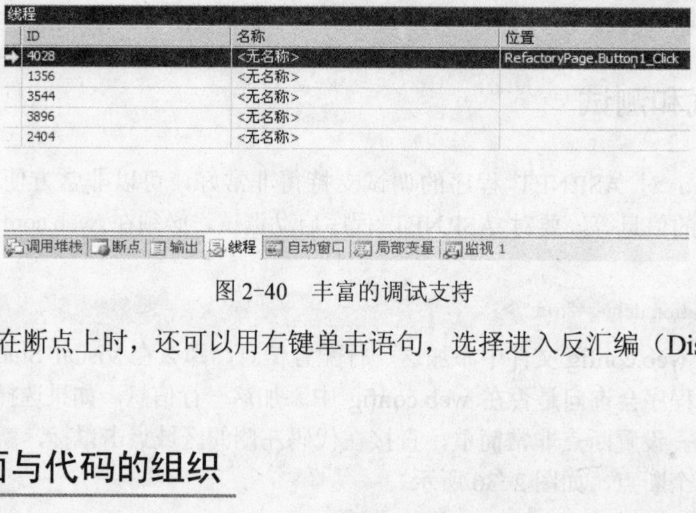

图 2-40　丰富的调试支持

当程序暂停在断点上时，还可以用右键单击语句，选择进入反汇编（Disassembly）窗口查看汇编代码。

2.12　页面与代码的组织

ASP.NET 4.0 为页面和服务器端代码的结构提供了两种方法。一种是代码内嵌。代码内嵌将服务器端代码和页面的 HTML 代码混合在同一个.aspx 文件里面。这种方式的历史相当悠久，从 ASP 时代就大行其道了，当然也是被用户诟病的地方。另一种是代码后置。严格来说，在 ASP.NET 4.0 中，应该叫做代码旁置。这种方式分离了用于定义界面的 HTML 代码和控制应用程序逻辑的服务器端代码。在这种方式中，负责页面外观的 HTML 代码存放在.aspx 文件中，负责逻辑的服务器代码存放在.aspx.cs 文件中（如果是用 Visual Basic.NET 来编写 ASP.NET 程序，那么服务器代码就存放在.aspx.vb 中）。

ASP.NET 自从 1.0 开始就支持代码后置模式。下面来看一个 ASP.NET 1.0/1.1 的页面实例。default.aspx 的代码如下：

```
<%@Page language="c#" Codebehind="WebForm1.aspx.cs" AutoEventWireup="false"
    Inherits="WebApplication1.WebForm1" %>
<!DOCTYPE HTML PUBLIC "-//W3C//DTD HTML 4.0 Transitional//EN" >
<HTML>
    <HEAD>
        <title>Welcome</title>
    </HEAD>
    <body MS_POSITIONING="GridLayout">
        <form id="Form1" method="post" runat="server">
            <FONT face="宋体">
                <asp：Label id="Label1" style="Z-INDEX：101；LEFT：32px；POSITION：absolute；
                    TOP：24px" runat="server" Height="24px">你最喜欢的电影是什么？</asp：Label>
                <asp：Button id="Button1" style="Z-INDEX：102；LEFT：408px；POSITION：absolute；
                    TOP：24px" runat="server" Text="Button"></asp：Button>
                <asp：Label id="Label2" style="Z-INDEX：103；LEFT：40px；POSITION：absolute；
                    TOP：72px" runat="server" Width="144px"></asp：Label>
                <asp：TextBox id="TextBox1" style="Z-INDEX：104；LEFT：232px；POSITION：absolute；
                    TOP：24px" runat="server"></asp：TextBox></FONT>
        </form>
    </body></HTML>
```

下面是一个典型的 ASP.NET 1.0/ASP.NET 1.1 的代码后置文件 default.aspx.cs 的代码：

```
public class WebForm1 ：System.Web.UI.Page
{
    protected System.Web.UI.WebControls.Label Label1；
    protected System.Web.UI.WebControls.Button Button1；
    protected System.Web.UI.WebControls.TextBox TextBox1；
    protected System.Web.UI.WebControls.Label Label2；

    private void Page_Load（object sender，System.EventArgs e）
    {
        // 在此处放置用户代码以初始化页面
    }
    #region Web 窗体设计器生成的代码
    override protected void OnInit（EventArgs e）
    {
        InitializeComponent（）；
        base.OnInit（e）；
    }
    private void InitializeComponent（）
    {
        this.Button1.Click += new System.EventHandler（this.Button1_Click）；
        this.Load += new System.EventHandler（this.Page_Load）；
    }
    #endregion
    private void Button1_Click（object sender，System.EventArgs e）
    {
        Label2.Text="你最喜欢的电影是："+TextBox1.Text；
    }
}
```

上述代码保存在代码包"第 2 章\default.aspx.cs"中。

在 ASP.NET 1.0/1.1 的代码后置文件中,可以发现很多 Visual Studio 自动生成的代码,而开发者可能永远都不会去修改它们,而它们的存在又非常影响其他代码的正常浏览和维护。现在在 ASP.NET 4.0 中,由于使用.NET 4.0 的技术,利用 partial class 这个语言特性,可以避免生成大量的无用代码。

相对于 ASP.NET 的老版本,ASP.NET 4.0 的代码内嵌的编码方式并没有太大区别。不同的是,代码后置模式有相当大的改进,虽然代码后置的基本思想并没有太大变化,但工作方式在前后两个版本的 ASP.NET 中却大大不同了。

用 ASP.NET 4.0 重写上面的 ASP.NET 1.x 示例,就会发现很大的不同。使用 Visual Studio 2010 创建一个 Web 站点,名称为 2010Site。然后打开 Default.aspx,切换到设计模式,与前面的 ASP.NET 1.x 站点一样,添加两个 Label 控件,一个 TextBox 控件和一个按钮。Default.aspx 的代码如下:

```
<%@ Page Language="C#" AutoEventWireup="true"    CodeFile="Default.aspx.cs" Inherits="_Default"%>
<!DOCTYPE html PUBLIC "-//W3C//DTD XHTML 1.0 Transitional//EN"  "http://www.w2.org/TR/xhtml1/DTD/xhtml1-transitional.dtd">
<html xmlns="http: //www.w2.org/1999/xhtml" >
<head runat="server">
    <title>welcome</title>
</head>
<body>
    <form id="form1" runat="server">
    <div>
        <asp: Label ID="Label1" runat="server" Text="你最喜欢的电影是什么? "></asp: Label>
        <asp: TextBox ID="TextBox1" runat="server"></asp: TextBox>
        <asp: Button ID="Button1" runat="server" OnClick="Button1_Click" Text="确认" />
        <br />
        <br />
        <asp: Label ID="Label2" runat="server"></asp: Label></div>
    </form>
</body>
</html>
```

为了使用新的代码后置方式,default.aspx 在页面开始处使用了新的指示符,例如 CodeFile 和 Inherits。CodeFile 的值表示了当前页面的代码后置文件。Inherits 指示符指明了页面编译时绑定的类。

双击按钮控件,Visual Studio 会自动为按钮控件生成事件处理程序,并在控件 HTML 代码中添加事件的映射。default.aspx.cs 的代码如下:

```
public partial class _Default :    System.Web.UI.Page
{
    protected void Button1_Click(object sender,EventArgs e)
    {
        Label2.Text = "你最喜欢看的电影是: " + TextBox1.Text;
    }
}
```

上述代码保存在代码包"第 2 章\2010Site\default.aspx.cs"中。

对比前后两个版本的 ASP.NET 程序，可以看到，它们都实现了相同的功能，但是 ASP.NET 4.0 借助 partial class 极大地缩小了代码体积，使代码更加简洁。

2.13 ASP.NET 4.0 应用程序文件夹

ASP.NET 4.0 的应用程序中预定义了许多目录，如 App_Code、App_Data、App_Theme、App_GlobalResources、App_LocalResources、App_WebReferences 和 App_Browsers 等。这些文件夹和 ASP.NET 4.0 的文件组织方式、编译模式以及一些新增加的功能密切相关，下面就对这些文件夹的功能进行讲解。

1. App_Browsers 目录

App_Browsers 目录可以包含.browser 文件。.browser 文件是浏览器定义文件。ASP.NET 使用浏览器定义文件来识别不同种类的浏览器并判定它们的兼容特性。.browser 文件是一个 XML 格式的文件，通过在 XML 中定义浏览器的特性和兼容性，可以让 ASP.NET 为不同的浏览器提供最好的体验。

2. App_Code 目录

App_Code 目录，从名称上可以看出，是存放代码的文件夹。App_Code 目录可以存放工具类代码文件、业务逻辑类文件、.wsdl 文件和强类型的 DataSet 定义文件，这些文件都将被编译为应用程序的一部分。在非预编译的站点中，ASP.NET 的引擎将在第一个请求到来的时候编译 App_Code 目录下的代码。如果以后 App_Code 目录下的代码发生了改变，ASP.NET 将能自动探测到这个改变，并对代码再次编译。

App_Code 目录下的代码可以在整个项目范围内使用，App_Code 目录与 Bin 目录非常相似，不同的是，App_Code 目录下可以存放代码文件。

App_Code 目录下可以存在任意数量的文件和子目录。不论 App_Code 下有多少文件，它们都将被编译到同一个程序集（Assembly）中。

App_Code 目录下的代码文件使用的编程语言必须相同。如果是.vb 文件，那么 ASP.NET 就会调用 Visual Basic 的编译器去编译目录下的文件；如果是.cs 文件，那么就会调用 C#的编译器去编译。不过，这仅指直接位于 App_Code 目录下的代码文件。由于 App_Code 目录下可以有子目录，因此可以配置每个子目录使用不同的编程语言。这样就可以在每个子目录中使用单独的编程语言文件，然后每个子目录在编译时会单独生成一个程序集。

要使用 App_Code 目录，第一步就是建立 App_Code 目录。在解决方案浏览器中，右键单击项目，然后选择添加 ASP.NET 文件夹，选择 App_Code 目录。Visual Studio 立刻为项目添加了这一目录。App_Code 目录和其他的目录从外观上看就有所不同，如图 2-41 所示。

添加了文件夹以后，右键单击文件夹图标，选择添加新项。在添加新项对话框中的选项只有寥寥几种，意味着只能添加类文件、文本文件、强类型数据集文件、报告定义文件以及类关系图。

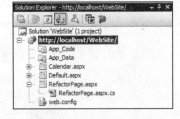

图 2-41　App_Code 目录

3. App_Data 目录

App_Data 目录包含了应用程序所使用的数据存储文件，包括 MDF 文件、XML 文件以及其他一些类型的数据文件。App_Data 目录是一个用于存放几种数据存储的目录，将数据文件集中放置在这个目录中，有利于管理和维护，更有利于数据的安全保护。

4. App_GlobalResources 目录

资源文件（.resx 和 .resource）可以包含文本数据，也可以包含二进制数据，例如图片等。资源文件会在应用程序编译时被加入到程序集中。应用程序的国际化和本地化操作依赖于资源文件。App_GlobalResources 文件夹用来保存用于页面全局资源的资源文件（.resx），全局资源意味着该资源文件可能会被多个页面调用。如果 ASP.NET 1.0/1.1 的应用程序要使用资源，必须使用 resgen.exe 工具，并且将资源文件编译成程序集（.dll 或 .exe 文件）。ASP.NET 4.0 让事情变得简单了。

下面用一个简单的例子来说明怎么样使用 App_GlobalResources 目录和资源文件来创建一个支持多语言的站点。

打开 Visual Studio，创建一个新的 Web Site 项目 Multi-LanSite。建好之后为项目添加 App_GlobalResources 文件夹。在这个例子中，添加两个资源文件到这个目录，分别是 Resources.resx 和 Resources.en-us.resx。Resources.resx 作为默认的语言资源文件，使用中文；Resources.en-us.resx 使用美国英语。当一个用户以 en-us 作为默认语言访问站点的时候，ASP.NET 程序就会使用 Resources.en-us.resx，对除此之外的用户，ASP.NET 会应用默认的资源文件。

现在在资源文件中添加相应的字符串信息。在 Resources.resx 中，添加如表 2-1 所示的信息：

表 2-1 Resources.resx 中的信息

名 称	值
PageTitle	欢迎光临
Question	您的生日是什么时候？
Answer	距您的生日还有{0}天

然后，在 Resources.en-us.resx 中，添加如表 2-2 所示的信息：

表 2-2 Resources.en-us.resx 中的信息

名 称	值
PageTitle	Welcome
Question	When is your birthday?
Answer	There are {0} days from your birthday

添加后的结果如图 2-42 所示。

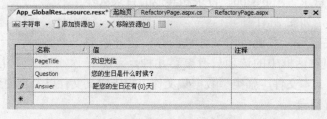

图 2-42 在 Visual Studio 中编辑资源文件

Visual Studio.NET 2010 开发环境 第 2 章

现在来使用资源文件建立一个 ASPX 页面。使用 Default.aspx 页面来测试刚才生成的资源文件。下面是 Default.aspx 的代码：

```
<%@ Page Language="C#" AutoEventWireup="true" CodeFile="Default.aspx.cs" Inherits="_Default" Culture="Auto" UICulture="Auto" %>
<!DOCTYPE html PUBLIC "-//W3C//DTD XHTML 1.0 Transitional//EN" "http://www.w2.org/TR/xhtml1/DTD/xhtml1-transitional.dtd">
<html xmlns="http://www.w2.org/1999/xhtml">
<head runat="server">
    <title>Untitled Page</title>
</head>
<body>
    <form id="form1" runat="server">
        <div> 
            <asp:Calendar ID="Calendar1" runat="server" Height="143px" Width="288px">
            </asp:Calendar>   
            <asp:Button ID="Button1" runat="server" Text="确认" OnClick="Button1_Click" />
            <br />
            <br /><asp:Label ID="Label1" runat="server"></asp:Label></div>
    </form>
</body>
</html>
```

下面是 Default.aspx.cs 的代码：

```
public partial class _Default : System.Web.UI.Page
{
    protected void Page_Load（object sender，EventArgs e）
    {
        Page.Title = Resources.Resource.PageTitle;
        Response.Write（Resources.Resource.Question+"<br/>"）;
    }

    protected void Button1_Click（object sender，EventArgs e）
    {
        int days = DateTime.Now.DayOfYear - Calendar1.SelectedDate.DayOfYear;
        if （days > 0）
            Label1.Text = string.Format（Resources.Resource.Answer，
                (365 - days).ToString（））;
        else
            Label1.Text = string.Format（Resources.Resource.Answer，
                Math.Abs（days）.ToString（））;
    }
}
```

上述代码保存在代码包"第 2 章\Multi-LanSite\Default.aspx.cs"中。

在 Default.aspx 开始的页面指令部分，加入了 Culture="Auto" 和 UICulture="Auto"两个指令。要自动应用多语言资源文件，这两个指令是必需的。然后页面加入了 3 个服务器控件：一个 Button 控件、一个 Calendar 控件和一个 Label 控件。在服务器端代码中的 Page_Load 事件处理程序中，使用资源文件中的 PageTitle 项来显示窗口标题；使用 Question 项来显示问题。当 Button1 被按下时，页面又调用资源文件中定义的 Answer 项来把结果显示出来。当运行这个页面的时候，适当的内容根据浏览器的语言设置被显示出来。使用中文作为默认语言的浏览器会得到如图 2-43 所示的输出。

37

要查看英语方式的输出，必须调整浏览器的设置。在 IE 浏览器的工具菜单中选取 Internet 选项，Internet 选项对话框就被打开了。在 Internet 选项对话框中，找到语言按钮，单击打开浏览器语言对话框。在对话框中添加英语（美国）[en-us]项，并把它移动到最上方。确定语言选项以后，重新运行网页，就会得到英语的输出了，如图 2-44 所示。

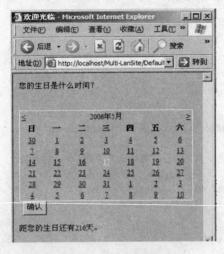

图 2-43　中文语言输出　　　　　　　　图 2-44　英语输出

5. App_LocalResources 目录

上面的 App_GlobalResources 目录为整个站点提供简单高效的多语言支持，资源文件可以在多个页面之间共享。App_LocalResources 目录存放的是单个文件的资源文件，又叫本地资源。为单个页面服务的资源文件的命名方式为：页面文件名＋"."＋语言文化代码＋"."＋resx。例如，要为 default.aspx 页面提供本地资源文件，那么可以首先提供一个默认版本的资源文件 default.aspx.resx；然后可以提供一个英语版本的资源文件 default.aspx.en-us.resx，和一个日语版本的资源文件 default.aspx.jp.resx。

有了这些资源文件，如果在 default.aspx 页面中设定了自动语言检测，就如 App_GlobalResources 目录的例子一样，ASP.NET 就可以自动加载对应语言版本的本地资源文件，如果不存在对应语言版本的资源，就使用默认资源。

可以组合使用全局资源和本地资源。一般来说，如果希望在页面之间共享一些公共的资源数据，那么就应该使用全局资源。但是不要过度使用全局资源文件，不要把所有的资源信息都往全局资源文件里面塞，这会造成全局资源文件过于臃肿，管理和维护都很麻烦。

对于一个已经部署的站点来说，当修改一个默认的本地或者全局资源文件时，ASP.NET 将重新编译资源文件并重新启动应用程序。这可能会造成潜在的性能问题，需要谨慎。

6. App_Themes 目录

App_Themes 目录保存了一系列用来定义页面和控件外观的文件，诸如.skin 文件、css 文件以及一些图片和资源文件。可以在 App_Themes 目录中定义多个主题，每个主题将占据一个独立的文件夹。如资源文件一样，主题也可以定义全局版本。全局版本的主题存放在"IIS 根目录\aspnet_client\system_web\version\Themes" 路径下。第 12 章将对页面主题做详细的讲解。

7. App_WebReferences 目录

App_WebReferences 目录就是用来保存 Web 引用的地方。如果引用了一个 Web 服务，就会在这个文件夹里生成这个 Web 服务的.wsdl 文件、构架定义文件（.xsd）以及服务发现文件（.disco 和.discomap 文件）。

8. Bin 目录

Bin 目录包含了控件、组件以及其他引用的代码编译后的程序集（.dll 文件）。所有 Bin 目录下面表示代码的程序集都会自动被 ASP.NET 应用程序引用。利用 Bin 目录中的程序集可以被自动引用这一特性，可以使用 Bin 目录来共享一些程序集。一个典型的例子是，当用户想引用一个程序集时，只需要把程序集复制到 Web 应用程序的 Bin 目录就可以了。Bin 目录中的程序集无需注册，ASP.NET 就可以识别它们。如果有新版本的程序集，则直接覆盖旧版本，ASP.NET 程序会自动更新引用。

Bin 目录和 App_Code 目录在使用上有类似的地方，放进这两个目录的代码都会被自动引用，从而可以在整个引用程序范围内被访问。不同的是，用户是将源代码放进 App_Code 目录下，而把程序集复制到 Bin 目录下。

所有上面讲到的预定义文件夹都是被 ASP.NET 保护起来的，浏览器无法请求文件夹内的文件，包括页面文件。所以，不要把任何页面文件和用户控件文件放进上面这些预定义文件夹之中。

2.14 ASP.NET 4.0 的预编译

ASP.NET 4.0 支持 ASP.NET 3.0/3.5 的动态页面编译方式，即第一次浏览器请求页面的时候，ASP.NET 会编译该页面，不过同 ASP.NET 3.0/3.5 相比情形已经很不相同了。当 ASP.NET 3.0/3.5 页面第一次被浏览器请求时，请求被传递给 ASP.NET 处理器。处理器检查请求页面，发现页面没有被编译过，就会引发一次应用程序的编译。编译成功以后就可以把页面的内容呈现给用户了。第二个对该页面的请求到来后，页面就无需再次编译，可以直接运行。这种编译方式导致了一个问题：如果修改了页面的内容，整个应用程序都必须重新编译。如果是一个小型的站点，这没有什么太大的问题。但对于大型的 ASP.NET 应用程序来说，这将是非常痛苦的。开发人员不希望用户在第一次请求页面的时候体验到延迟，所以不得不使用或者编写一些工具来自动把每一个页面都请求一次。

ASP.NET 4.0 通过两种方式来解决老 ASP.NET 中的这个编译问题。

第一就是预编译。预编译是把 ASP.NET 应用程序预先编译为程序集。这样就从根本上解决了页面在第一次请求时发生的延迟问题。

第二，ASP.NET 可以为每一个页面分别生成一个程序集。使用这种方式的好处显而易见，即使一个页面发生了改动，也不用重新编译所有的程序集。不过这种方式对于包含很多页面的大型站点来说，增大了一些维护的难度。

虽然用 XCOPY 部署 ASP.NET Web 站点在企业内部网中仍然可行，不过对于互联网应用程序的管理员来说，应用程序服务器上 .vb 或者 .cs 这样的代码后置文件并不讨人喜欢。预编译不仅能解决页面初次请求延迟的问题，也能解决上面这样的问题。一个预编译过的 Web 站点已经把所有页面的代码，包括页面的后置代码和页面标记文件编译成多个程序集。

站点预编译以后只剩下 Bin 目录下的程序集以及.aspx 和.ascx 文件。这样整个程序文件夹更加整洁，也保护了代码。

预编译有两种情形，第一种是就地预编译，第二种是用于部署的预编译。下面分别介绍这两种预编译。

（1）就地预编译

就地预编译一般针对已经部署在 IIS 服务器上的站点。当执行就地预编译的时候，所有的 ASP.NET 文件类型都被编译，静态页面如 HTML 文件、图片等，都不会被编译。就地预编译的工作方式和 ASP.NET 应用程序收到页面请求以后的编译方式相同。预编译以后，所有的程序集被放到一个特殊的目录中：

%SystemRoot%\Microsoft.NET\Framework\v4.0.50727\Temporary ASP.NET Files

然后 ASP.NET 就可以直接使用这些程序集来处理请求了。如果对一个站点再次执行就地预编译，只有新的文件和被修改过的文件会被再次编译。在 Visual Studio 的 Build 菜单中，选择 Build Web Site 就会执行就地预编译。

（2）部署预编译

用于部署的预编译可以把 ASP.NET 应用程序编译成程序集，以便部署到另外的服务器上。部署预编译特别适用于使用文件系统模式的 ASP.NET 4.0 项目。部署预编译的结果包含程序集、配置文件和静态文件（HTML 文件、图片等）。预编译完成以后，就可以把编译的结果部署到服务器上了。部署预编译很简单，只需要简单的几个步骤。不仅如此，只要简单地把预编译的结果移动到想要的服务器上即可完成部署。部署可以使用多种方法，如 XCOPY 命令、FTP、Windows 安装程序等。部署完成以后，站点就可以正常工作了。

部署预编译提供了对源代码更好的保护。

部署预编译有两种方式，包括不可更新的预编译和可更新的预编译。

使用不可更新的预编译时，ASP.NET 编译器将所有的 ASP.NET 页面、.cs、.vb 和其他的代码文件以及资源文件都编译到程序集中，然后清除所有的源代码和 HTML 标签内容。如果想要更新站点的内容，必须修改源代码，然后重新编译和重新部署。除了 web.config 的内容可以不经重新编译直接修改以外，所有的 ASP.NET 文件的修改都是需要重新编译和部署的。

当应用可更新的预编译时，编译器同样将 ASP.NET 的文件编译到程序集，然后把 ASPX 页面改为代码后置方式，令其指向对应的程序集。在这种方式下，所有的.cs、.vb 源代码在编译过后被清除了，不过 ASPX 文件的标签内容没有改变。因此在部署预编译后的站点中还能做一些修改，比如控件的布局、页面元素的颜色、字体等。在第一次运行站点的时候，ASP.NET 编译器还需要对站点做进一步的编译，把 ASPX 页面的内容输出。

从上面的介绍中可以得出一个结论：不可更新的预编译性能最好，一旦部署，则再也不需要编译工作。可更新的预编译性能介于不可更新的预编译和 ASP.NET 1.x 的编译方式之间，不过提供了一定的灵活性。开发人员可以根据需要选择相应的预编译方式。

下面介绍一下 Visual Studio 对部署预编译的支持。在 Visual Studio 的生成菜单中，选择发布网站，就可以打开预编译对话框，如图 2-45 所示。在预编译对话框中，目标位置文本输入框的内容指定了预编译的输出路径。第一个选项"允许更新此预编译站点"，就是控制预编译是否可更新的开关。第二个选项"生成固定命名和单页程序集"如果被选定，那么预编译会为每一个页面单独生成一个程序集，并且文件名不再是随机的。如果没有选定第二项，那么前后两次预编译生成的程序集的名称不固定。创建一个名为 AppCodeTest 的站点，先为 AppCodeTest 增加一个页面 Default2.aspx。现在来执行预编译，选定第一个选项，保持其他选项不变，然后执行预编译，如图 2-46 所示是预编译的输出结果。

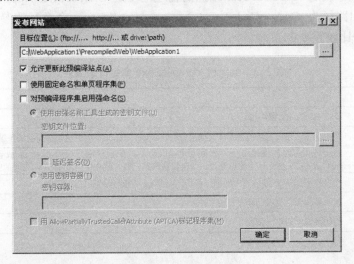

图 2-45　预编译对话框

图 2-46　预编译输出结果

预编译的输出结果分为两部分，首先是 ASPX 页面文件和配置文件，其次是 bin 目录中的预编译程序集。如果选中第二个预编译选项，则预编译后，default.aspx 页面和 default2.aspx 页面会分别有一个程序集，并且文件名固定。这留给读者自己尝试。

除了使用 Visual Studio 内置的功能，还可以使用命令行工具来完成预编译。这个工具是 C:\Windows\Microsoft.NET\Framework\v4.0.xxxxx\aspnet_compiler.exe。使用这个工具的语法如下：

```
aspnet_compiler -v [应用程序名]  -p [物理路径] [目标路径]
```

以 AppCodeTest 为例，如果要使用命令行的方式来预编译它，那么应该如下面这样：

aspnet_compiler –v /AppCodeTest –p C:\WebSites\AppCodeTest C:\AppCodeTest

上面的命令行假定 AppCodeTest 站点的物理地址是 C:\WebSites\AppCodeTest，然后指定预编译的输出路径为 C:\AppCodeTest\。aspnet_compiler.exe 命令行的参数还有一些，表 2-3 说明了几个比较重要的参数。

表 2-3 aspnet_compiler.exe 命令行的参数

参 数	说 明
-m	指定 IIS 的元数据路径
-u	指明是否创建可更新的预编译。如果省略，aspnet_compiler 会创建不可更新的预编译
-p	指定应用程序的物理路径。-p 可以和-m 或者-v 配合使用。如果-p 和-m 或者-v 配合使用，那么 aspnet_compiler 会先使用物理路径，如果物理路径无效，就会使用-m 或者-v 指明的路径
-v	指定程序在 Web 服务器中的虚拟路径。-v 和-m 不能同时使用
-f	指明是否强行覆盖已经存在的文件
targetDir	指明预编译的输出路径

第3章 ASP.NET 4.0 体系结构

ASP.NET 4.0 和以前的老版本比起来，不仅增加了新功能、新技术，而且核心已经发生了变化。

本章将介绍 ASP.NET 4.0 技术体系下的代码模型、编译模型、可扩展性和缓存等。

3.1 代码模型

代码模型是了解 ASP.NET 4.0 工作原理的重要部分。ASP.NET 1.x 代码模型为新的改进提供了足够的实践调查和技术储备。在传统的 ASP.NET 1.x 代码模型中开发人员可以选择直接在 ASPX 文件中编写代码，开发简单的小应用。同时也可以选择代码隐藏模型，将业务逻辑和事件处理代码写入一个只有代码的文件中，允许设计人员处理呈现文件而开发人员处理代码文件，加快实际项目的开发周期。

老 ASP.NET 代码模型按照需求可以分为两部分：代码嵌入和代码隐藏。代码嵌入就是在 ASPX 页面中结合 HTML 和一种.NET 语言混合编程，界面页继承 Page 基类，并在运行时被编译到临时文件 Temp.dll，如图 3-1 所示。

而代码隐藏则支持开发人员把页面和代码分开编写，在部署和生成时把隐藏代码预编译为引用型组件，在运行时编译页面到临时文件 Temp.dll，如图 3-2 所示。

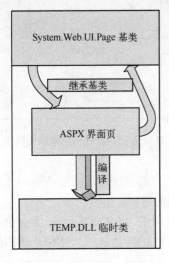

图 3-1 代码嵌入模型

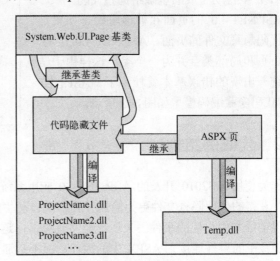

图 3-2 代码隐藏模型

（1）复杂的继承

在老 ASP.NET 中不管是窗体页还是代码页都是一一继承的关系，但两个文件在实际使用中却通过一种更为复杂的关系连接在一起。

在 ASP.NET 1.x/2.x 中开发人员可以使用 VS.NET 2003 或者 VS.NET 2005 将控件拖放到 ASPX 页面。然后 IDE 自动在代码隐藏文件中生成声明代码。控件被添加到 ASPX 页时，为了使用和开发更为方便和规范，使用时就必须把相关代码添加到代码隐藏文件中。

（2）复杂的编译

在 ASP.NET 2.x 中如果使用代码隐藏模型来开发项目，那么所有的代码隐藏文件都编译到一个程序集并存储在 Web 应用程序的 bin 目录中。

系统在第一次运行时将编译全部代码并加载 bin 目录中的程序集。ASP.NET 运行库实际上将 ASPX 页编译到它自己的临时程序集中。

使用以上方法往往会出现很多部署后的问题，比如部署之后开发人员修改 ASPX 页的一个属性或者更改控件的类型，但并没有更新代码隐藏文件，也没有重新编译它们。这样操作后，通常会由于代码和页面不匹配而使系统出现各种错误。

新的 ASP.NET 4.0 代码模型，为了解决在旧版本中出现的问题，做了根本改变。ASP.NET 4.0 继续提供代码嵌入和代码隐藏编码模型。但内联模型基本和 1.x 差不多。

ASP.NET 4.0 同样也分为两个代码模型。代码嵌入式没有变化，但解决了代码隐藏模型的继承和编译问题。在 ASP.NET 4.0 中，代码隐藏文件不再是 System.Web.UI.Page 类的完整继承，整个代码隐藏文件属于局部类。局部类包含所有用户编写的代码，去掉了在老 ASP.NET 中自动生成的基础结构和代码。

ASP.NET 4.0 的页面在被请求时，如果是包括代码隐藏文件的页面，ASP.NET 4.0 会将 ASPX 页和局部类合并为一个类，这样由于结构不统一出现的错误基本就杜绝了。ASP.NET 4.0 的代码隐藏编码模型如图 3-3 所示。

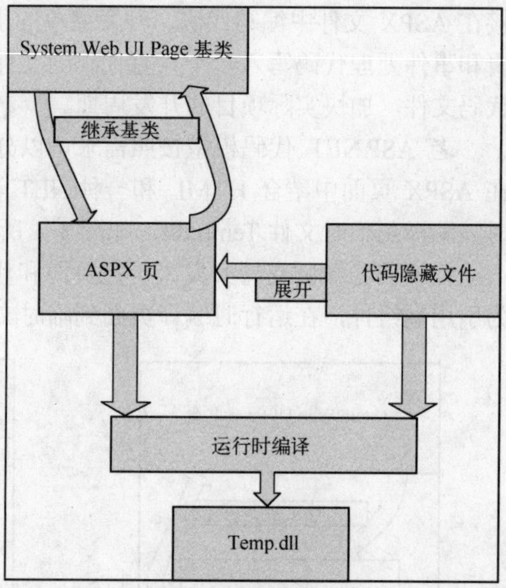

3.2 代码的结构

图 3-3　ASP.NET 4.0 代码隐藏编码模型

作为使用 VS2010 开发的 ASP.NET 4.0 应用系统，其具有的事件语法通过 Visual Studio 生成。获得的代码隐藏文件更为简短并且不受自动生成代码的影响。

以前版本中出现的事件丢失现象能够避免了，这主要是由于 ASP.NET 运行库会自动将代码隐藏中的事件连接到 ASPX 中的控件，而不必通过 VS 的 IDE 去显示。这种新代码隐藏模型大大降低了继承的复杂度。

代码隐藏文件将不会出现复杂的控件声明代码，因为 ASPX 页不直接继承代码隐藏文件，代码隐藏文件可以不需要定义和支持 ASPX 页的所有控件。开发人员通过代码隐藏文件可以访问 ASPX 页上的任何控件，而不需要额外的声明代码。

ASP.NET 运行库编译块对该模式产生的声明和事件连接代码插入到最终的已编译文件中，保证代码开发人员和 Web 设计员工作同步。

例如，新创建一个窗体页后简洁的代码如下：

```
namespace ASPNET40
{
    public partial class Webform1 : System.Web.UI.Page
    {
        void Page_Load(obje Page_Load(object ct rgs A sender, Event EventArgs e)
        {
            Label1.Text = " ASP.NET 4.0 简洁代码";
        }
    }
}
```

3.3 编译模型

ASP.NET 4.0 的编译模型也有了很大的改进，以往的 1.x 版本需要将开发人员编写的隐藏代码文件编译到一个程序集中并存储在 bin 目录中。该模式的编译过程将导致第一次请求 ASP.NET 页面时的响应速度比后续请求慢。

同时 2.x 版本的窗体页 ASPX 必须以明文的 HTML 形式部署到 Web 站点或者服务器。当开发人员使用代码内嵌模型时，将造成一些业务逻辑和代码也部署到生产服务器。这可能导致人为的系统错误或者安全问题。2.x 版本的编译模型如图 3-4 所示。

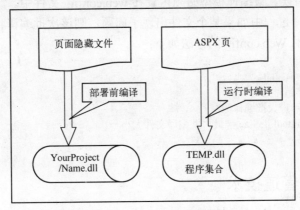

图 3-4 2.x 版本编译模型

ASP.NET 4.0 的编译模型有以下 4 种类型。

（1）普通编译

ASP.NET 4.0 技术在编译程序时可以选择普通编译模型，该模型将代码隐藏文件编译到一个程序集并存储到 bin 目录中。

该模型对大多数 Web 站点来说运行并没有问题，效果不错。但需要注意的是用该模型编译的系统第一次请求页面的速度比较缓慢。

（2）部署预编译

ASP.NET 4.0 允许在部署前对项目进行完整编译，在完整编译中，所有的代码隐藏文件、ASPX 页面、HTML、图形资源以及其他的后端代码都被编译到一个或多个可执行程序集中。

在部署之前预编译 Web 站点，可使安全性大大提高，其他人员如果不对程序集进行反编译，将无法访问任何代码。为了增强保护，开发人员还可以进一步使用工具打乱生成的程序集，使部署的 Web 应用程序更安全。

部署预编译的主要缺点在于其严重的不可修改性，如果要进行更改，必须重新编译 Web 站点并重新部署。

（3）完整运行时编译

还有一种编译模型非常开放，ASP.NET 4.0 提供在运行时编译整个应用程序的新机制。

该模型主要是将未编译的代码隐藏文件和其他相关的代码放在代码目录\app_code 中，并通过 ASP.NET 4.0 创建并维护对程序集的引用。

这种选择以在服务器上存储未编译代码为代价，为更改已部署 Web 系统提供了最大的灵活性。

微软建议此模型适用于不需要大量支持代码的 ASP.NET 应用程序。对于简单的应用程序而言，快速部署和测试系统的能力要比高可靠性的编译方法更重要。

（4）批编译

ASP.NET 4.0 中仍然可以选择进行批编译。批编译消除了第一次页面请求的延时，但造成了更长的启动周期。

批编译的优点在于页面可以立即显示给第一个用户，并且可以在批编译过程中检测到 ASPX 页面中的任何错误。该编译模型必须内置在 web.config 文件中。

需要注意在批编译过程中如果某个文件出现了问题，则该次批编译将跳过该文件。

批编译需要配置的 Web.config 的方法如下：

```
<compilation
batch=" batch="true|false"
batchTimeout="超时数"
maxBatchSize ="最大批编译数"
maxBatchGeneratedFileSize ="最大批编译文件大小"
</compilation>
```

3.4 扩展性与管道技术

ASP.NET 4.0 可以看作是一个可扩展的架构。ASP.NET 4.0 的许多模块和组件都可以扩展、修改或替换以满足项目的需要。在 ASP.NET 4.0 中，重要的扩展手段就是使用诸如 HTTPHandlers 和 HTTPModules 等的处理程序。

（1）请求管道

当一个请求表示需要访问某个站点的时候，IIS 接收到请求并将根据 IIS 设置将扩展名映射到 ISAPI 筛选器。如 ASP.NET 4.0 的页面.aspx、.asmx、.asd 及其他扩展名被映射到专用 ISAPI 筛选器 aspnet_isapi.dll。筛选器将启动 ASP.NET（CRL）运行库。

当请求遇到 ASP.NET 运行库，将在 HTTPApplication 对象上启动。HTTPApplication 对象将请求传递给一个或多个 HTTPModule 实例进行会话维护、验证或配置文件维护。或者如果是动词和路径则将请求传递给 HTTPHandler 处理。

处理模式和流程如图 3-5 所示。

（2）处理程序

在 ASP.NET 4.0 中支持应用程序配置工具和其他新功能的处理程序。比如可以支持应用程序配置工具和其他新功能的处理程序。这些处理程序允许开发人员配置 ASP.NET 用户和其他设置的管理工具。它们的功能见表 3-1。

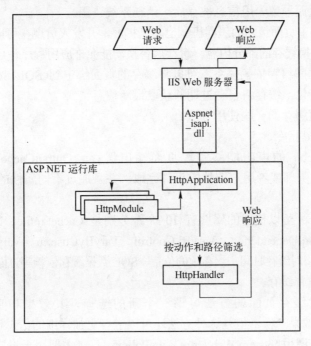

图 3-5　请求管道

表 3-1　主要的处理程序

处理程序	描述
WebAdminHandler	管理 Web 站点的主页，该处理程序可以管理 ASP.NET 4.0 Web 应用程序
TraceHandler	跟踪处理信息程序
WebResourcesHandler	WebResourcesHandler 可以将 Web 资源配置为后部署
CachedImageServiceHandler	支持缓存图形组件信息处理
PrecompHandler	使用 PrecompHandler 可以对 ASP.NET 应用程序中的所有 ASPX 页面进行批编译
WebPartExportHandler	WebPartExportHandler 支持存储和传输 Web 部件布局信息
HTTPForbiddenHandler	禁止指定类型的文件被访问，如母版页、外观文件及其他代码文件

3.5　缓存技术

当网页频繁被访问而且并发量很大的时候，有可能造成系统瘫痪。缓存技术在这种情况下就显得非常重要。

在 ASP.NET 4.0 中缓存技术主要分 3 类，分别是页面级别、页面片段和编程缓存。很多人对于哪种情况该使用哪种缓存技术搞不清楚。一些人认为编程缓存最好，可以缓存对象，很灵活，但没有考虑到资源消耗问题。频繁而不重复的操作可能导致大量缓存出现，拖垮服务器。比如带分页和排序的用户选择编程对象缓存方式就是非常错误的。

作为一般应用，最普遍的做法是把整个网页缓存来提高执行效率。这样做的优点是，当用户再次访问这个网页的时候，缓存页会被直接显示。页面级别的缓存一个最大的问题是缓存的页面不可控，从而导致无用信息被存储，消耗系统资源。

在 ASP.NET 4.0 中页面级别的缓存机制已得到扩展，开发人员现在可以使用缓存后替换功能，用刷新的内容替换缓存的部分内容。缓存后替换功能允许应用程序使用页面级别的缓存。

另外，借助数据库缓存依赖关系，可以将缓存的页面绑定到 SQL Server 数据库中的特定表。如果表发生变化，缓存将自动过期并获取最新信息。

下面介绍页面组缓存的一些使用方法。

（1）OutputCache 指令

指令 OutputCache 的声明能够实现页面输出缓存。OutputCache 指令声明需要在 ASP.NET 4.0 窗体页头部或者用户控件的头部完成。并且通过不同属性的设置，能够实现页面的缓存输出策略。

指令 OutputCache 可以使用的属性有 10 个，分别是 CacheProfile、NoStore、Duration、Shared、Location、SqlDependency、VaryByControl、VaryByCustom、VaryByHeader 和 VaryByParam。这些属性将对缓存时间、缓存项的位置、SQL 数据缓存依赖等方面进行设置。

（2）使用 API 设置缓存

使用 API 设置缓存页面的方法可谓一个新的选择，其效果和直接在页面中声明 OutputCache 指令的效果一样。但是这种方法还可以进行更加详细的信息设置。

该方法的核心是调用 System.Web.HttpCachePolicy，该类主要用于设置缓存特定的 HTTP 标头和页面输出缓存的方式。

例如，当需要设置该页面缓存的到期时间以及页面不随任何 GET 或 POST 参数改变的特性，需要编写如下的代码：

```
Response.Cache.SetExpires(Now.AddSeconds(60))
Response.Cache.SetCacheability(HttpCacheability.Public)
```

（3）数据库缓存依赖关系

ASP.NET 4.0 支持数据库缓存依赖关系，当使用 SQL Server 2000 时可以使用表级别的消息通知。假设该缓存页与某个表建立了依赖关系，当该表中数据发生变化后，ASP.NET 4.0 将移除该缓存并根据变化建立新缓存，以保持信息的准确显示。

数据库缓存依赖关系需要使用 SQL 数据库依赖属性 sqldependency。只要对目标表进行更改，缓存的页面就将过期。因此 sqldependency 属性必须引用在配置文件 Web.config 的数据源 datasource 中。

例如需要对参数为"ID"的信息建立缓存依赖关系，使用的声明方式如下：

```
<%@ outputcache duration="3600"
varybyparam="ID"
sqldependency="MyDatabase:TableName" %>
```

需要强调的是，该方法只对微软的数据库系统 SQL Server 有效，如果使用其他数据库，则需要自定义依赖类 CacheDependency。

ASP.NET 4.0 体系结构 第 3 章

(4) 管理 Output Cache

如果项目启用了页面级缓存 Output Cache, 那么在默认情况下所有缓存数据会被存放到硬盘上。可以通过修改 DiskCacheable 的属性来设置其是否缓存。声明方法如下：

```
<%@ OutputCache Duration="1000" VaryByParam="no" DiskCacheable="true" %>
```

在 web.config 里可以配置缓存文件的大小（单位是兆字节），具体方法如下：

```xml
<caching>
    <outputCache>
      <diskCache enabled="true" maxSizePerApp="1000" />
    </outputCache>
</caching>
```

(5) 缓存后替换功能

在很多情况下使用页面级缓存可能需要实时的、更小局部的信息，如时间、访问用户信息等。按照以往的情况，页面级缓存不易实现。ASP.NET 4.0 支持缓存后替换，也就是通知 ASP.NET 运行库是否应在向用户显示缓存页面之前重新判断该页面上的某个元素。

在使用缓存后替换功能时需要注意：控件 Substitution 的方法属性 MethodName 必须指定。在对需要动态显示的信息进行回调的过程中需要保持其上下文，否则将提示无法找到该方法。范例代码如下：

```csharp
public partial class _Default : System.Web.UI.Page
{
    protected void Page_Load(object sender, EventArgs e)
    {
        Label1.Text = System.DateTime.Now.ToShortTimeString();
    }
    public static string GetTime(HttpContext context)
    {
        return System.DateTime.Now.ToShortTimeString();
    }
}
```

第 4 章　ASP.NET 4.0 网络服务

读者可能早已听说过 Web Service（网络服务），可能对 Web Service 有了一些概念。现在很多场合谈到新的技术趋势时都会牵扯到 Web Service。世界上的顶级公司都在支持和推进 Web Service 的普及，如微软、IBM、Oracle 等，各大厂商都在各自的重要产品中对 Web Service 给予了最充分的支持。那么到底 Web Service 是什么呢？是软件、协议还是标准呢？下面进行介绍。

4.1　网络服务（Web Service）基础

4.1.1　Web Service 的概念

从使用的角度来看，Web Service 是一个应用程序访问界面，可以通过 Web 请求的方式进行调用。这就是说，可以通过编程的方式通过 Web 调用实现某种功能。在调用的时候，可以把 Web Service 作为普通函数方法那样使用，它们看起来并没有多大差别。例如，创建一个 Web Service，查询数据库中的客户信息，它接受客户名称为参数，返回客户的具体信息。

从更深的层次上来看，Web Service 是一种新的网络应用程序分支。它是自描述、自包含、模块化的应用。它可以通过一系列相关技术在网络中被描述、发布、查找和调用。

Web Service 就是基于网络的分布式模块化组件，它遵循一系列技术规范，使得 Web Service 能和兼容组件进行互操作。Web Service 使用标准的互联网协议，包括 HTTP 和 XML，它几乎不受防火墙的限制，从而使得信息整合更加方便。Web Service 包含了一整套标准，它定义了应用程序如何实现互操作、如何自描述以及如何发布和查找。开发者可以用任何技术创建符合标准的 Web Service，包括 .NET 和 Java 等。

4.1.2　Web Service 的基础技术

Web Service 平台需要一系列的协议来实现分布式应用程序的创建。必须规定通用的类型系统和调用方式，来实现 Web Service 与不同平台的互操作，如图 4-1 所示。

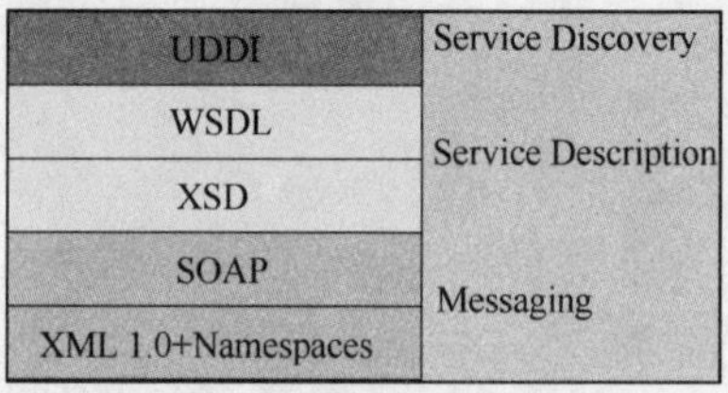

1．XML 和 XSD

可扩展标记语言 XML 是 Web Service 中表述信息的基本格式。XML 可读性强，与平台和厂商无关。

UDDI	Service Discovery
WSDL	Service Description
XSD	
SOAP	Messaging
XML 1.0+Namespaces	

图 4-1　Web Service 的基础技术

XML 语言是由万维网协会（W3C）制定的，同时 W3C 也制定了 XML SchemaXSD（简称为 XSD）来定义 XML 中的标准数据类型，并可以被扩展。

Web Service 平台使用 XSD 作为数据类型系统。当调用 Web Service 的时候必须将所用技术的类型转换成 XSD 类型。如果要把这些数据在不同的系统间传递，还需要有一个通用的包装层，这就是 SOAP 协议。

2．SOAP 协议

SOAP——简单对象访问协议，是用于 XML 信息交换的轻量级协议。SOAP 的设计目标就是要足够简单，提供最少的功能。它仅仅定义了信息的格式，不包含任何应用信息和传输约定。SOAP 是一个标准模型，并且具有良好的扩展性。

SOAP 可以使用现存的互联网开放构架，非常容易被支持互联网基础协议的系统支持。

SOAP 包含四个主要部分。第 1 部分是一个必要的信封（Envelope），SOAP 信封定义了一个 SOAP 消息，它是 SOAP 消息交换的基本单位。这是 SOAP 规范中唯一的必需项目。第 2 部分定义了一系列可选的数据编码的规则，这些规则用来规定应用程序数据类型，包括有向图和数据序列化的标准模型。第 3 部分是 SOAP 的信息请求/响应模式。每个 SOAP 消息都是单向传递的。XML Web Service 常常合并 SOAP 消息来实现请求/响应模型。第 4 部分定义了 SOAP 消息怎样和 HTTP 进行绑定。这也是可选的，实际上可以使用任何支持传输 SOAP 信封的协议进行 SOAP 消息的传递，如 FTP、SMTP 等。

3．WSDL

Web Service 描述语言 WSDL，就是按照通用的机器能阅读的格式提供的基于 XML 的描述性语言。它用来描述 Web Service 的参数、方法、返回值。

4．UDDI

UDDI 是一个 Web Service 的黄页。一个 UDDI 项是一个 XML 文件。它描述了一个实体，以及这个实体提供的方法。

4.1.3　Web Service 的软件支持

主要的计算平台提供商都对 Web Service 提供了支持，开发者可以使用喜欢的技术和平台创建 Web Service。不同平台间的 Web Service 可以互操作。比较流行的 Web Service 的平台有 .NET 和 Java。使用 .NET 创建的 Web Service 存在扩展名为 ASMX 的文件中。

4.1.4　Web Service 的编码模型

在 .NET 框架下实现的 Web Service 包含了两个部分：Web Service 入口和实现 Web Service 功能的类。在 ASP.NET 中，.ASMX 文件即是 Web Service 的入口。它可以引用预编译程序集，可以引用代码隐藏文件将代码包含在 .ASMX 文件中。

在 ASMX 文件的开头，就包含了 Web Service 处理指示，指示了在什么地方可以发现实现 Web Service 功能的代码。如果使用 Visual Studio.NET 创建的 Web Service，那么在默认情况下使用的是代码隐藏文件：

<%@ WebService Language="C#" CodeBehind="~/App_Code/Service.cs" Class="Service" %>

这个例子中，代码是由 C#语言编写的，代码位于~/App_Code/Service.cs，实现 Web Service 功能的类是 Service。

System.Web.Services.WebService 类是可供选择的 Web Service 基类。默认情况下，使用 Visual Studio.NET 创建的 Web Service 会继承自该类。继承自该类的 Web Service 可以访问

ASP.NET 固有的对象，如请求、响应和会话等。实现 Web Service 的类必须声明为 Public，并且包含声明为 Public 的默认构造函数。如下所示：

```
using System.Web.Services;
[WebService（Namespace = "http：//tempuri.org/"）]
public class Service1  :  System.Web.Services.WebService
{
    public Service1（） {

        //Uncomment the following line if using designed components
        //InitializeComponent（）；
    }

    [WebMethod]
    public string HelloWorld（） {
        return "Hello World";
    }
}
```

上述代码是一个最简单的 Web Service 示例，它包含了所有必要的元素。每个 Web Service 都需要一个唯一的命名空间，这可以帮助调用端区分使用相同名称 Web 方法的 Web Service。每个 Web Service 对外提供的方法都需要使用"WebMethod"属性进行声明。

WebMethod 可以设定 Web Service 方法的多种性质。例如可以增加对方法的描述、使用"Description"、还可以使用 CacheDuration 来指定缓存的有效时间，如下所示：

```
[WebMethod（Description="A short description of this method."）]
public string MyString（string x）
{
    // Implementation code.
}
```

多个属性之间可以用逗号分隔，如下所示：

```
[System.Web.Services.WebMethod（
    Description="A short description of this method.",
    CacheDuration=60）]
public string MyString（string x）
{
    // Implementation code.
}
```

4.1.5 使用 Visual Studio 2010 开发 Web Service

本节介绍怎样使用 Visual Studio 2010 开发简单的 Web Service。

启动 Visual Studio 2010，打开 Visual Studio 2010 顶部的菜单项文件，然后依次选择"新建"→"网站…"菜单项，如图 4-2 所示。

然后在弹出的对话框中选择 ASP.NET Web 服务，并选择位置为文件系统，路径和名字可以自选，这里是 F:\projects\projects\2010\websites\WebService1。另外，笔者选用的语言是 C#，如图 4-3 所示。

图 4-2 Web Site 菜单项

ASP.NET 4.0 网络服务 第 4 章

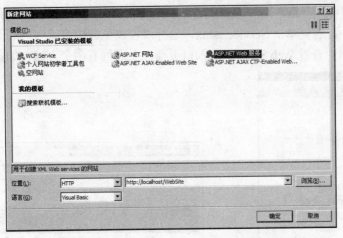

图 4-3 选择 Web Service 项目的路径

单击 OK 按钮以后，第一个 Web Service 项目就建好了。通过解决方案资源管理器，可以查看所有的项目文件，如图 4-4 所示。

现在就可以为这个 Web Service 增加功能了。Service.asmx 是这个 Web Service 的一个入口，它的后置代码在 App_Code 目录下的 Service.cs 文件内。现在试着为这个 Web Service 添加一个方法，方法名称为 GetDate，它返回当前计算机的日期。双击 Service.cs 打开代码文件，如图 4-5 所示，在 HelloWorld()方法之后，增加下面的代码：

图 4-4 Web Service 的解决方案项

```
[WebMethod]
public DateTime GetDate（）
{
    return DateTime.Now;
}
```

于是得到如图 4-5 所示的完整代码：

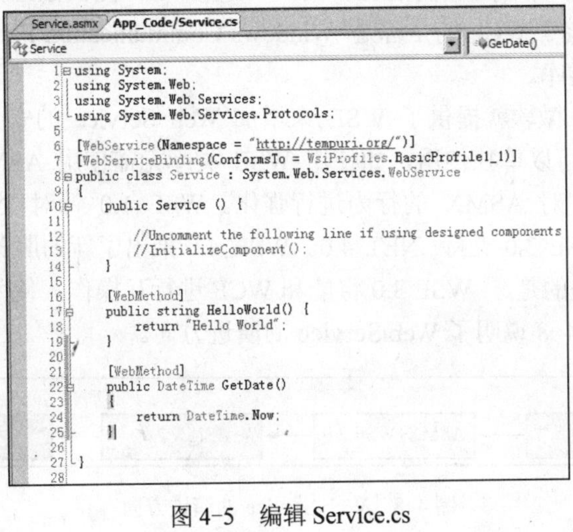

图 4-5 编辑 Service.cs

在 File 菜单中选择 Save App_Code/Service.cs，对 Service.cs 的变化进行保存。在左边的解决方案浏览器中，右键单击 Service.asmx，选择"在浏览器中查看"，如图 4-6 所示。

可以在浏览器中查看 Web Service 的入口页面，上面列着两个方法，如图 4-7 所示。

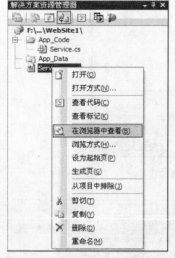

图 4-6　在浏览器中查看的命令项

图 4-7　浏览器中的 Web Service

可以单击某个方法进行执行，然后查看执行的结果。

这就是编写一个最简单的 Web Service 和 Web Service 功能的方法。

4.2　Web Service 的演进方向

.NET 框架的 4.0 版在 Web Service 的协议栈上做了大量的改进。另外，开发工具对 Web Service 的支持进一步增强，并且更加注重互操作的问题。这几节主要讲述 Web Service 在 .NET 4.0 版本中的巨大改进，包括新的基于接口的合约，然后会讨论改进的互操作性。

在开始之前，有必要介绍一下 WSE（Web Service 增强包）和 WCF（Windows 基础通信库）。WSE 是 .NET 平台的附加功能包，对 Web Service 提供额外的安全支持。WSE 3.0 对 .NET 4.0 提供了支持。WCF 的全称是 Windows Communication Foundation，是 Vista 及后续操作系统中的基础类库。

从 .NET 1.x 开始，微软就提供了 WSE 来增加 Web Service 的安全性和互操作性。但是 WSE 是相对独立的，可以单独使用，如使用 WSE 类库无需使用 ASMX 文件，反之亦然。不过也可以使用 WSE 对 ASMX 的行为进行强化。WSE 1.0 针对 .NET 1.0，WSE 4.0 针对 .NET 1.1。现在 WSE 3.0 支持 .NET 4.0。WSE 4.0 推出了新的服务包 SP3，对 .NET 4.0 提供了支持。值得一提的是，WSE 3.0 将能和 WCF 进行互操作，使用 WSE 3.0 的程序可以平滑过渡到 WCF。图 4-8 说明了 Web Service 的演进方向。

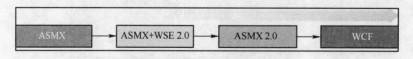

图 4-8　Web Service 的演进方向

从图 4-8 中可以发现，最终的演进目标是 WCF。实际上，开发者很容易把 ASMX 4.0 转换为 WCF。因为 WCF 的工作方式与 ASMX 非常类似。事实上，WSE 3.0 已经提供了对 ASMX 的全面整合，这将使未来的转换更加顺利。

4.3 基于接口的服务约定

.NET 4.0 中，对 Web Service 的多数改进是关于 XSD 和 WSDL 的支持、运行时的序列化以及相关的优化。其中一个最新的改进是支持基于接口的服务约定。

增加这个特性的动机很明显。大多数分布式系统的设计人员都使用接口定义语言（IDL）来定义接口，并在所有要用到的地方共享这个接口定义，以此来作为它们的通信约定。接口定义规定了通信的消息格式。开发者要在具体的类中实现这样的接口，以便和任何实现该接口的对象通信。

.NET 4.0 中，Web Service 的约定（Contract）和上面讲的非常类似。不同的地方在于，约定使用 XSD 和 WSDL 来定义，并在不同组件之间共享。在 Web Service 1.1 中，已经可以通过 WSDL 定义的约定来创建类的定义，这和使用接口定义语言类似。因为 Visual Studio.Net 没有提供 WSDL 约定设计器，大多数开发人员只能在运行时从约定的实现中继承约定，从而生成所要的类定义。这种方法把约定和它的实现混在了一起，约定的实现类的大量 WSDL 导致了混乱，而大多数开发者并不清楚它们的意义。这是非常危险的，如果开发者在不知道对约定有什么影响的情况下修改一个 WSDL 属性，这将导致未知的错误。

对开发者来说，更乐意发现约定和实现是彼此分离的。接口的定义可以直接被映射为 WSDL 的端口类型/绑定定义，并稍后在其他系统中使用。其他开发者可以非常容易地使用这些接口定义，而再不用去自己把 WSDL 转换为定义。当开发者实现了约定的接口，就保证了可以和其他实现了相同接口的类型进行通信。

举例说明典型的 C# 接口，如下所示：

```
public interface IWeatherService
{
    string GetForecast（string zip）;
    string GetForecastByDate（string zip, DateTime forecastDate）;
}
```

以这个接口作为 WeatherService 使用的约定的起点。为了让这个接口成为一个 Web Service 可以使用的接口，需要为这个接口加上 System.Web.Services 中的一些属性，如[WebServiceBinding]或者[WebMethod]。这些属性用来指示生成 WSDL 端口类型和绑定定义，如下所示：

```
[WebServiceBinding（Namespace = "http：//example.org/weather"）]
public interface IWeatherService
{
    [WebMethod]
    string GetForecast（string zip）;
    [WebMethod]
    string GetForecastByDate（string zip, DateTime forecastDate）;
}
```

必须为接口增加 WebServiceBinding 属性，并为每个接口方法增加 WebMethod 属性。还可以使用 SoapDocumentMethod 属性来增加额外的信息，不过这是可选的。这里不能用 WebService 属性，因为它只能对类起作用，对于接口只能使用 WebServiceBinding 属性。WebServiceBinding 属性用来详细说明一个绑定的内容，如 Service 的位置、命名空间以及与 Web Service 基础文件的一致性。

有了这些属性说明的接口，就包含了足够的信息来生成 WSDL 约定。开发者可以非常容易地创建约定的实现。例如：

```
public MyService:IWeatherService
{
    public string GetForecast（string zip）
    {
        return"9/16 ℃";
    }

    public string GetForecast（string zip，DateTime date）
    {
        return "";
    }
}
```

需要注意的是，在接口中指定的命名空间 http://example.org/weather 对自动生成的 WSDL 没有任何影响。所以 MyService 类的命名空间会变为 ASP.NET 中默认的命名空间 http://tempuri.org。为了使用一致的命名空间，必须为类增加 WebService 属性，并在属性中指定命名空间，如下所示：

```
[WebService（Namespace="http：//example.org/weather"）]
public MyService：IWeatherService
{}
```

当开发人员使用这种方法来生成 Web Service 的时候，值得注意的是接口完全控制了服务约定。不能在接口定义和类定义中混用属性，所以与约定相关的属性必须写在接口的定义中。所以要记住，以下的一些属性不能在类定义中使用：与 XML 序列化有关的属性，[SoapDocumentMethod]或者[WebMethod]的 MessageName 属性。除了上面这些属性，其他的属性只要不会影响到服务约定，则都可以使用，如 BufferResponse、CacheDuration、Description 和 EnableSession 等。如果没有满足上面的要求，混用了某些属性，那么生成的 Web Service 的行为会和 1.1 版本的相同。在这种情况下，在接口中定义的属性不会作用于约定中，它们全部会自动绑定到类。

前面已经讲了 WSDL 是 Web Service 的描述语言，可以通过编译 C#语言编写的 Web Service 类得到 WSDL 描述文件。反过来，如果已经有了 WSDL 文件，也可以得到对应的类代码。通过 WSDL 文件得到的类叫做代理类。.NET 提供了 wsdl.exe 为 WSDL 文件生成代理类。在 .NET 1.1 中，使用 wsdl.exe 只能生成具体的类代码。在 4.0 中，wsdl.exe 有了新的开关参数 /serverInterface，使用它可以生成接口。假设已经有了 weather.wsdl 文件，使用 wsdl.exe 的方法如下：

```
c:\wsdl.exe /serverinterface weather.wsdl
```

然后就可以把生成的接口文件添加进项目，并在类中实现该接口。在 .NET 4.0 中，wsdl.exe 的/serverInterface 开关是推荐的选项，不过 wsdl.exe 仍然支持/server 开关来直接生成代理类。

使用 wsdl.exe 的/server 开关会生成一个抽象类，不过和在 .NET 1.1 中一样，抽象类中的属性标签不能被继承类继承，只能自己手动复制过去，比较麻烦。在 1.1 和 4.0 版本下，仍然有所不同。在 4.0 下，使用/server 参数会生成一个部分类。部分类给了开发者更多的灵活性，不过相比基于接口的约定来说，这种灵活性仅是很少的一点点。

4.4 更多的 XSD/WSDL 改进

大部分的改进在于核心的 XSD 和 WDSL 的支持。XSD 序列化引擎现在可以处理范围大得多的 XSD 定义。4.0 版本以前，当序列化引擎处理到它不能理解的 XSD 结构的时候，xsd.exe/classes 会在生成代码的时候失败。现在，通过把不能识别的 XSD 结构转换为 XmlElement 节点解决了这个问题。

为了让开发者有更好的体验，wsdl.exe 的代码生成引擎也有了改进。另外，使用/serverInterface 开关也可以生成更易使用的类代码，特别是执行异步调用的时候。因为代码生成器现在为代理类生成属性而不是成员字段，代理类可以和页面的控件进行数据绑定。wsdl.exe 还使在不同的代理类之间共享相同的 XSD 继承类变得容易，因为它使用/shareTypes 开关。

Web Service 核心的序列化引擎也被更新了，它现在可以处理泛型和 SQL Server 数据库的专有类型。也提供了对 Nullable<T> 这种新类型的支持，它被映射成为 XSD 中的 nullable='true'。在这些改进之上还提供了 IXmlSerializable 接口来支持自定义的序列化和规则导出扩展用来支持自定义的代码生成。.NET 框架 4.0 还支持代理类和 Web Service 实例之间的数据压缩，从而提供更好的传输性能。

4.5 更好的互操作性

微软对其在 Web Service 的互操作性上所作的许诺已经确实得到了实施。举例来说，MSDN 网站上已经建立了关于 Web Service 互操作性的站点，为开发人员提供信息。除此之外，还有关于互操作各个方面的介绍。.NET 4.0 的一些改进也从另一个方面证实了这一点。现在 .NET 包含了对 SOAP 1.2 和 WS-I Basic Profile 1.1（简称为 WS-I BP）这两个业界标准的支持。

SOAP 的 1.2 版本曾经是 W3C 的推荐标准，不过它还没有得到大多数主流 Web Service 平台的支持。毕竟，在框架上实现对它的支持需要时间。由于不是所有的框架都对 SOAP 1.2 提供了支持，因此有必要对 SOAP 提供向后兼容支持。当开发者在.NET 4.0 下实现 Web Service 的时候，框架默认同时提供对 SOAP 1.1 和 SOAP 1.2 的支持。

当然，在需要的时候可以为 Web Service 指定特定的 SOAP。可以通过修改或者增加 ASMX 所在的虚拟路径中的 web.config 文件中相应的配置信息来控制 SOAP 版本的选择。Web Service 添加了对 SOAP 1.2 的支持，增加和延伸了与调用端的互操作性，因此调用端有了更大的选择余地。

如果只是在服务器端提供对 SOAP 1.2 的支持，那并不比只提供 SOAP 1.1 好多少。除非在客户端也能支持 SOAP 1.2。所以 .NET 4.0 支持在客户端选择 SOAP 的版本。使用 wsdl.exe 的/protocol 开关在生成代理类的时候对 SOAP 版本进行选择。现在假设已经有了 weather.wsdl，如下所示：

```
c:\wsdl.exe /protocol：SOAP12 weather.wsdl
```

生成的代理类的构造函数中就包含了一行指定 SOAP 版本的语句，如下所示：

```
[system.Web.Services.WebServiceBindingAttribute（
  Name="WeatherServiceSoap12"，Namespace="http：//example.org/weather"）]
public class WeatherService：SoapHttpClientProtocol
{
    public WeatherService（）
    {
        [WebMethod]
        this.SoapVersion=SoapProtocolVersion.Soap12;
        this.Url="http：//localhost/weatherservice.asmx";
        //......
    }
}
```

在使用这个代理类的时候，可以随时更改要使用的 SOAP 版本，非常方便。

另一个关于互操作性方面的重要改进是支持了 WS-I BP 1.1。WS-I BP 是 WS-I（Web Service 互操作工作小组）指定的一个协议，它是一个基本的互操作的规范，从 Web Service 的底层协议（SOAP 1.1/1.2，WSDL 1.1，UDDI 4.0 等）中，提炼出了一个可供互操作使用的子集。在.NET 4.0 中，对 WS-I BP 1.1 的支持体现在多方面。首先，ASMX Web Service 默认与 WS-I BP 1.1 相符，这时当添加一个新的 ASMX 文件的时候，一定会得到类似下面的代码：

```
[WebService（Namespace = "http://tempuri.org/"）]
[WebServiceBinding（ConformsTo = WsiProfiles.BasicProfile1_1）]
public class Service：System.Web.Services.WebService
{
    public Service（）
    {}
    [WebMethod]
    public string HelloWorld（） {
        return "Hello World";
    }
}
```

ConformsTo 这个属性表明这个 Web Service 类与 WS-I BP 1.1 规定相符。当开发人员试图通过浏览器访问 ASMX 页面时，就会试图对这个属性所声明的 Web Service 进行检查，查看它是否违反了 WS-I BP 的规定。如果发现在这个类中某些地方违反了 WS-I BP 的规定，它会显示易读的信息给开发人员。给上面的 HelloWorld 增加一个 SoapRpcMethod 属性，就会使该 Web Service 违反 WS-I BP 的规定，如下所示：

```
[WebMthod]
[SoapRpcMethod]
public string HelloWorld（）
{ return "Hello World";}
```

现在再用浏览器浏览这个 ASMX 页面，就会得到错误信息，如图 4-9 所示。

ASP.NET 4.0 网络服务   第4章

当开发人员使用 ConformsTo 属性使 Web Service 符合 WS-I BP 1.1 的规定时，可能还希望把这个信息也发布到 WSDL 中，使调用端能够了解到这个 Web Service 是符合 WS-I BP 1.1 规定的。EmitConformanceClaims 属性控制是否把这个信息发布到 WSDL 中去，如下所示：

```
[WebService (Namespace = "http://tempuri.org/")]
[WebServiceBinding (ConformsTo = WsiProfiles.BasicProfile1_1,
                    EmitConformanceClaims=true)]
public class Service: System.Web.Services.WebService
{}
```

这样调用者可以自行检查 WSDL 来确定 Web Service 的服务器端是否与 WS-I BP 规范一致。wsdl.exe 对此也进行了升级，它可以帮助检查一致性，如果它发现有不一致的情况，就会立刻显示，从而避免了以后的互操作问题，如图 4-9 所示。

图 4-9 违反 WS-I BP 的错误信息

4.6 为 Windows Communication Foundation 做好准备

.NET 4.0 中的 Web Service 以及相应的 WSE 3.0 都为 Windows Communication Foundation（WCF）做好了准备。使用 Web Service 4.0 和 WSE 3.0 的程序将可以非常轻松地移植到 WCF 上，也可以与 WCF 进行互操作。

WCF 是 Vista 及后续操作系统内置的通信基础类库，它简化了分布式编程的难度。它通过一个多层次的体系提供了不同的分布式功能。它在底层支持异步的无类型信息的传送。上层的服务则提供了对安全检查、可靠性传输以及标准的编程模型。编程模型包括丰富的序列化工具、对消息队列/事务的支持以及对多种分布式通信模型的整合，如 MSMQ、COM+、Web Service、.NET Remoting、WSE 3.0 和其他的一些方法。

WCF 的最大好处在于，它为 .NET 平台提供了一个统一的分布式通信模型和编程方式。WCF 综合了.NET Remoting、Web Service、System.Messaging 和.NET Enterprise Service 的优点，将它们包含在一个框架中。简化的同时还保证了良好的扩展性，可以自由地组合利

59

用WCF的特性，构建自己的程序。

WCF不仅可以用在Vista上，也可以顺利部署于Windows Server 2010 Sp1和Windows XP Sp2系统上。

在编程模型上，WCF使用的是接口约定。这和之前讲述的Web Service 4.0中的基于接口的约定编程模型看上去非常类似。这种相似性就使两者之间的互操作变得容易，也为从Web Service 4.0向WCF迁移做好了准备。所以在这里，再次向读者强调，在.Net 4.0下编写Web Service时，应尽量使用接口约定这种方式。

第 5 章　ASP.NET 4.0 功能增强控件

除了构架上的变化，ASP.NET 4.0 还增加和改进了不少 ASP.NET 服务器控件。本章主要讲解在 ASP.NET 4.0 中新增和得到加强的一些控件。

5.1 图表控件

为了在.NET 应用程序中支持图表，微软在.NET 4.0 和 Visual Studio 2010 中提供了一个插件以支持强大的图表功能。

图表控件有几个重要的控件属性，下面将一一介绍。

1. ChartAreas

ChartAreas 属性是 ChartArea 对象的集合，ChartArea 负责显示容器的属性或图表的背景，由于其数量不止一个，这就意味着 MSChart 控件可以包含多个图表，如图 5-1 所示。

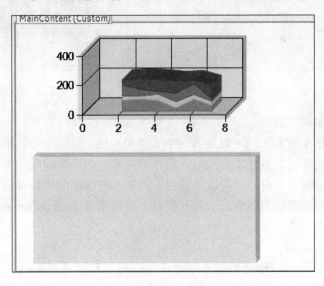

图 5-1　多个图表

请读者注意：在技术上可以控制 ChartArea 的位置，因此多个 ChartArea 可以叠加，但不推荐这么做，建议在 MSChart 控件内的独立区域内绘制它们，为了合并或覆盖数据点，推荐在一个 ChartArea 内使用多个序列，后面将会有介绍。默认情况下，控件会自动调整大小和位置。

多个 ChartArea 允许使用多个不相容的 ChartTypes（序列对象属性，控制图表的显示类型，如条形、柱状和饼状）显示图表，图表仍然显示在相同的 MSChart 控件内。

对于单个 ChartArea，有许多独立的属性可以设置和调整，这样开发人员就可以自行调整图表区域以满足不同的需要，它的大部分属性和面板控件的属性都差不多，因此只说一下 ChartArea 唯一的属性，下面是这些唯一属性的清单。

（1）3D 样式

使用 ChartArea 的 Area3DStyle 属性和子属性，可以创建漂亮的、十分抢眼的 3D 图表，无论是在设计器中还是在代码中都必须将 Enable3D 属性设置为 TRUE，其余的参数可以通过调整旋转、视角、照明方式和其他 3D 元素，让一个图像看起来具有 3D 效果，如图 5-2 和图 5-3 所示。

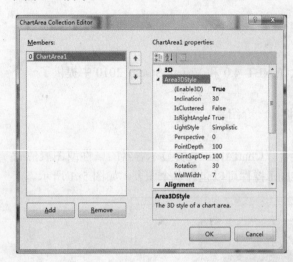

图 5-2 样式　　　　　　　　　　　　　图 5-3 3D 效果

（2）坐标轴控制和样式

坐标轴集合包括 x 轴和 y 轴，以及第二个 x 轴和 y 轴，这四个项目的属性允许你设置样式、设置标签、定义间隔、设置工具提示、设置缩放等，如果你的图表要求精确的间隔、标签或其他特殊的显示需要，可以使用这些属性。例如，可以颠倒坐标轴的值，或控制如何在 x 轴上显示标签。如果要使用图表显示实时信息，可以使用 IntervalType 属性来配置基于日期和时间显示数据点。

（3）选择光标

如果你对用户使用鼠标选择数据点或点击和拖拉范围非常感兴趣，这个时候就要用到 CursorX 和 CursorY 属性了，可以启用选择，并设置最初的光标位置或范围。

（4）Series

和 ChartAreas 属性一样，Series 属性是一个集合。单个 ChartAreas 实例有 3 个重要的属性：ChartArea 属性、ChartType 属性和 Points 集合属性。

- ChartArea：识别使用哪个 ChartArea。
- ChartType：识别表示数据时使用的图标类型，基本的类型有条形、柱状、饼状和线状，还有一些高级选项，如 K 线图、曲线图、锥形图等。
- Points：它是 DataPoint 对象的集合，包括 x 值和 y 值，它们是绘在图表上的序列的一部分，是数据绑定时最常用的增加数据点的方法，后面会做介绍。
- Color：这个属性用于单独设置每个数据点序列的颜色，默认情况下，这个属性是空白的，控件会自动改变颜色，以保证将多个序列区分开来。
- IsValueShownAsLabel：将这个属性的值设为 TRUE 后（默认是 FALSE），图表将显示每个数据点的 Y 值。

在将多个序列实例合并到一个 ChartArea 中时，如图 5-4 所示，每个图表都包括 6 个数据点。

假如想比较这两个图表中的数据点，可以将这两个 MSChart 控件放在一起，相互挨着，也可以在一个图表中使用两个 ChartAreas，这两种方式都没问题，但都不能给你很好的视觉比较效果，这就是为什么 MSChart 要合并数据点，让你可以肩并肩地对比数据。将第二个图表中的数据作为第二个序列实例添加到第一个图表中，立即从视觉上改善了对比的效果，如图 5-5 所示。

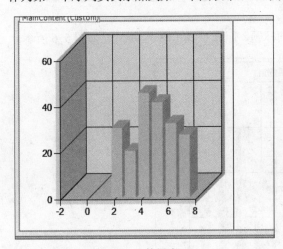

图 5-4　数据点　　　　　　　　图 5-5　数据对比

使用多个序列实例时，每个序列使用的 ChartType 非常重要，不是所有 ChartType 选项放在一起都是兼容的。

图表控件的层次如下：MSChart 控件有零到多个 ChartAreas，一个 ChartAreas 有零到多个序列（Series），一个序列有零到多个数据点（DataPoints）。

2．数据绑定

数据可以在设计时或运行时绑定，在设计时绑定要使用数据源配置向导，在 MSChart 控件数据源属性下拉按钮中可以找到它，如果已经配置过数据源，则可以在下拉列表中进行选择。

3．图表函数

DataBind()：绑定数据源的基础函数。

DataBindTable()：绑定图表到特定的数据表，但不允许绑定多个 Y 值，每个序列不同的数据源或 x 值、y 值有不同的数据源。

DataBindCrossTab()：将图表绑定到一个数据源，并允许基于一个数据列进行分组，在具体指定的列上，每个唯一的值将自动创建一个单独的序列。

4．数据点函数

DataBind()：绑定一个序列到单一的数据源，并允许其他属性绑定到同一个数据源（如标签、工具提示、图例文本等）。

DataBindXY()：允许将 x 值和 y 值绑定到独立的数据源，它也用于为每个序列绑定单独的数据源。

DataBindY()：仅绑定序列中数据点的 Y 值。

数据源配置好后，MSChart 控件可以绑定所有的实现了 IEnumerable 接口的对象，包括但不限于 DataReader、DataSet、Array 和 List。也允许绑定 SqlCommand、OleDbCommand、SqlDataAdapters 和 OleDbDataAdapter 对象。

5．标题

标题和前面讨论的其他属性类似，为每个标题创建独立的实例时，图表控件会在标题集合中保留这些标题实例，理解标题的最好方法是将其认为是一个标签控件，这意味着标题可以顶端居中、左端居中、顶端居左和底部居右。

在下面的例子中，图表拥有一个顶端居中的标题，叫做"我是图表控件"，如图 5-6 所示。

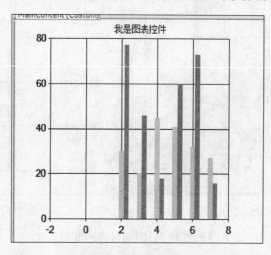

图 5-6　有标题的控件

请读者注意：可以在序列上使用一些透明属性让 3D 图表看起来更漂亮。在设计时，可以将 Alpha 值添加到要使用的颜色的 RGB 代码中，在属性窗口中，选择序列集，选择一个序列，在该序列的属性窗口上，在现有的 3 个 RGB 值前添加一个 Alpha 值。

5.2　数据源控件

在 ASP.NET 1.0/1.1 中，如果开发人员希望执行数据绑定操作，只能编写一些数据访问的代码，通过 DataReader 或者 DataSet 对象绑定到服务器控件。如果想要获取进一步的功能，如数据的更新和删除等，只能通过自行编写代码来实现。

通过数据源控件（Data Source Control），ASP.NET 4.0 在数据对象（如 DataSet 和 DataReader）与应用程序的表现层之间增加了一层抽象。使用这些数据源控件可以和不同的数据源打交道，如关系型数据库、XML 文件或者中间层的业务对象等。数据源控件负责与数据源的连接、数据的获取、数据的修改以及提供给其他控件用作数据绑定。使用这些数据源控件，开发者不再需要直接和数据提供程序打交道，只需要知道数据源在什么位置以及怎

ASP.NET 4.0 功能增强控件 第 5 章

样创建查询、更新和删除操作即可。

数据源控件和其他的服务器控件一样,可以用 HTML 或编程的方式定义,进行控制。可以说,绝大多数行为的控制都可以不用编写代码。

本节将对几种主要的数据源控件进行讲解。另外,.NET 中的数据源控件可扩展性比较强,用户可以以自己定制和不同数据源协同工作的数据源控件。

下面就对几种主要的数据源控件进行介绍。表 5-1 将几种主要的数据源控件列出,并进行了一些直观的比较,有利于读者对整体有一个大致的了解。

表 5-1 主要的数据源控件

数据源控件	描 述
ObjectDataSource	可以和中间层的业务对象以及其他类型协同工作。它支持高级排序和分页
SqlDataSource	可以和 SQL Server、OLE DB、ODBC 以及 Oracle 数据库协同工作。与 SQL Server 协同工作时支持高级缓存功能。当数据以数据集(DataSet)形式返回时,它也支持排序、过滤和分页等操作
AccessDataSource	可以和 Access 数据库进行协同工作,当数据以数据集方式返回时,它也支持排序、过滤和分页操作
XmlDataSource	和 XML 协同工作,特别是和 TreeView 和 Menu 控件协同工作。它使用 XPATH 实现过滤操作,还可以以 XML 数据应用 XSLT 来转换数据的格式。XmlDataSource 还可以通过保存修改过后的数据来完成更新
SiteMapDataSource	这是个定制的控件,主要用来保存页面导航信息

5.2.1 SqlDataSource 数据源控件

SqlDataSource 控件赋予服务器控件访问关系型数据库中数据的能力,包括 Microsoft SQL Server 和 Oracle 数据库,也支持 OLE DB 和 ODBC 方式的数据源。可以使 SqlDataSource 控件和其他显示数据的控件(如 GridView、FormView 和 DetailsView 等)在 ASP.NET 页面呈现并操作数据。

SqlDataSource 控件使用 ADO.NET 来访问支持 ADO.NET 的数据库。使用 ADO.NET 中的 System.Data.SqlClient 数据提供程序访问 Microsoft SQL Server,使用 System.Data.OracleClient 数据提供程序访问 Oracle 数据库,以及使用 System.Data.Oledb 和 System.Data.Odbc 访问其他数据库。在使用 SqlDataSource 控件时,需要提供一个连接字符串来指明数据库的连接方式,然后定义操作数据所需的 SQL 语句或存储过程。在 SqlDataSource 控件运行过程中,它自动连接数据源,执行定义好的 SQL 语句,返回数据,最后关闭连接。下面介绍 SqlDataSource 控件的使用方法。

1. 连接 SqlDataSource 到数据源

首先,新建一个 Web 站点 SqlDataSourceDemo,使用文件系统管理方式。然后在工具栏中的数据类控件中,把 SqlDataSource 控件拖到 Default.aspx 页面中,如图 5-7 所示。

接着在设计视图下,右键单击数据源控件(或者点击控件的智能标签)如图 5-8 所示。

图 5-7 SqlDataSource 控件

图 5-8 SqlDataSource 控件的智能标签

在弹出菜单中选择"配置数据源…",就打开了数据源配置对话框,如图 5-9 所示。

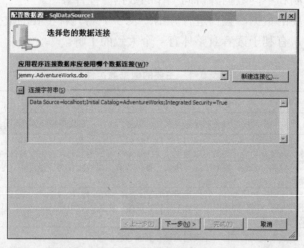

图 5-9 添加数据连接

数据源配置对话框需要指定数据源需要的连接,如果没有现成的连接,新建一个即可。如图 5-9 所示,选择了一个已经存在的数据库连接。如果单击"新建连接…"按钮,就会显示添加连接的窗口,如图 5-10 所示。在添加连接窗口中单击"更改…"就可以改变数据提供程序,这里可以选择数据库的种类和数据提供者程序。默认状态下,使用 Microsoft SQL Server 连接。然后输入数据库服务器的名字,如果数据库在本机,那么就输入本机的名称即可。接着选择数据库的认证方式,如果是 Windows 认证方式则不作改动,如果使用的是 SQL Server 认证方式,则选中"使用 SQL 身份验证",并且指明用户名和密码。下一步,在"选择和输入一个数据库名"下拉框中输入或者选择一个数据库服务器上存在的数据库。最后,单击"测试连接"按钮来确认上面所定义的数据库连接的有效性。如果收到"测试连接成功"就说明定义的数据库连接状态良好。定义好数据库连接以后,继续定义 SqlDataSource 控件的行为。图 5-11 显示了数据查询定义窗口,SqlDataSource 的数据配置向导提供了相当详尽的选项,使一般的数据查询操作都可以通过单击鼠标来实现。如果这些还不能满足程序开发的要求或者开发者希望使用存储过程来

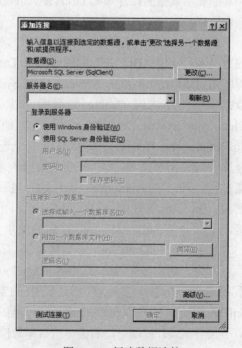

图 5-10 新建数据连接

返回数据，则可选择图 5-11 中所示的"指定自定义 SQL 语句或存储过程"。

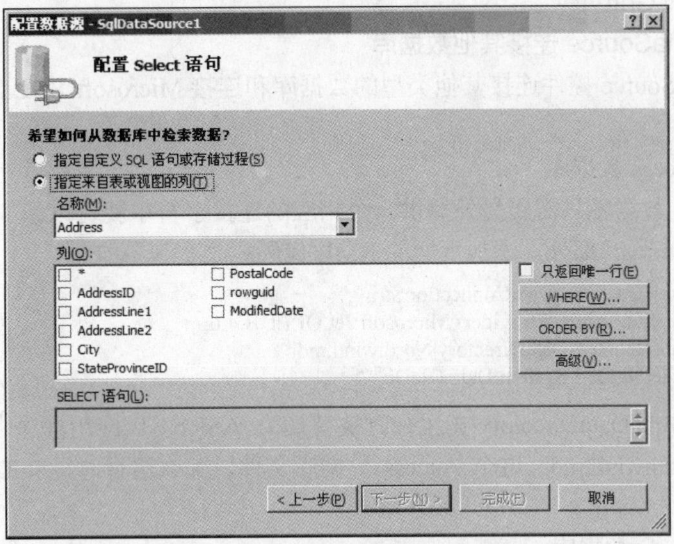

图 5-11 数据查询的定义

然后进入下一步即可自行定义数据查询。"高级…"对话框有两个选项，这两个选项可以分别指定是否让向导根据数据查询语句定义数据更新、插入和删除语句，以及是否让向导生成优化数据访问并发性的代码。向导的最后一个页面可以预览定义的查询。单击"完成"按钮来结束 SqlDataSource 的数据配置向导。

使用向导配置好数据源以后，页面上也会生成对应的 HTML 内容，如下所示：

```
<asp:SqlDataSource ID="SqlDataSource1" runat="server"
    ConnectionString="<%$ ConnectionStrings:AdventureWorksConnectionString %>"
    SelectCommand="SELECT Person.Address.* FROM Person.Address">
</asp:SqlDataSource>
```

上面代码中的<%$ ConnectionStrings:AdventureWorksConnectionString %>表明 SqlDataSource 控件从应用程序配置文件中的 ConnectionStrings 配置节中自动获取名为 AdventureWorksConnectionString 的连接字符串值，这也是刚才选择的连接字符串。

SqlDataSource 还有几个重要属性，如 DataSourceMode，其值可以是"DataReader"或者"DataSet"。如果选择 DataReader 作为 DataSourceMode，那么数据的查询是最快的，不用像 DataSet 那样为数据分配足够的内容控件来进行管理；如果选择 DataSet，好处就是提供了更多高级的数据处理功能，如插入、删除和更新等。两种选择各有优劣，应当根据实际需要进行选取。

2．用 SqlDataSource 处理数据

可以为 SqlDataSource 指定 4 个命令：SelectCommand、UpdateCommand、DeleteCommand 和 InsertCommand。每个命令都是 SqlDataSource 控件的一个属性。对每个命令属性，都通过指定相应的 SQL 语句来控制命令的执行。另外，如果数据库中存在存储过程，也可以为命令指定存储过程。

SqlDataSource 控件会在对应的查询（select）、更新（update）、插入（Insert）和删除（delete）方法被调用时自动执行这些指定的命令。查询方法会在控件 DataBind 方法被调用时或者控件绑定到数据源控件上时被自动调用。当然，也可以显式地调用上述 4 种方法来完成

对应命令的执行。有一些控件，配置好必需的参数以后，可以自动地执行几种方法，不需要显式地调用，例如 GridView。

3. 用 SqlDataSource 连接其他数据库

使用 SqlDataSource 控件连接其他类型的数据库和连接 Microsoft SQL Server 的情形大同小异。

（1）连接 Access 数据库

连接 Access 数据库只需要另外提供一个相应的连接字符串就可以了。在 web.config 文件的<connectionStrings>部分，添加下面的 XML 代码：

```
<add name="CustomerDataConnectionString"
    connectionString="Provider=Microsoft.Jet.OLEDB.4.0;
    Data Source=|DataDirectory|Northwind.mdb"
    providerName="System.Data.OleDb" />
```

连接字符串中的|DataDirectory|在运行时被替换为 ASP.NET 应用程序中的 App_Data 目录。假设存在 Northwind.mdb 这个 Access 数据库文件，那么运行时，SqlDataSource 将会连接到它进行操作。

（2）连接 Oracle 数据库

使用 SqlDataSource 控件连接 Oracle 数据库也仅仅需要替换一个连接字符串，在 web.config 文件中的 connectionStrings 部分添加如下的 XML 代码：

```
<add name="OracleConnectionString"
    connectionString="Data Source=OracleServer1;Persist
    Security Info=True;Password=******";User ID=User1"
    providerName="System.Data.OracleClient" />
```

连接字符串中的"Data Source"的值指向运行 Oracle 数据库的服务器名，并且提供用户名和密码。和连接 Microsoft SQL Server 一样，可以定义 Select、Insert、Update 和 Delete 命令。

（3）连接 ODBC 数据库

和前面几种数据库一样，只需要提供一个符合要求的连接字符串即可，为了读者方便，将连接字符串在下面给出：

```
<add name="ODBCDataConnectionString"
    connectionString="Driver=ODBCDriver;server=ODBCServer;"
    providerName="System.Data.Odbc" />
```

5.2.2 XmlDataSource 数据源控件

在 ASP.NET 应用程序中，SqlDataSource 可能是使用最多的数据源控件。XmlDataSource 控件则是另一个使用相当频繁的数据源控件。随着 XML 的大规模应用，现在在应用程序中读取和处理 XML 数据已经是相当常见。以前读取 XML 数据，必须自己编写代码来实现读取 XML 文件、选择 XML 节点、改动 XML 数据以及保存和关闭文件等步骤。现在有了 XmlDataSource，大量的细节被封装起来，开发人员只需要做好相应的配置即可。

使用 XmlDataSource 控件，除了可以用来显示层次型的 XML 数据以外，还可以使用非 XML 格式的层次型数据和列表式数据。

1. 使用 XmlDataSource 获取数据

首先建立一个 Web 站点 XmlDataSourceDemo，然后在解决方案浏览器中，为站点添加一个 XML 文件，XML 文件如下所示：

```xml
<?xml version="1.0" encoding="utf-8" ?>
<People>
  <Person>
    <Name>
      <FirstName>Manoj</FirstName>
      <LastName>Syamala</LastName>
    </Name>
    <Address>
      <Street>NE 40  St.</Street>
      <City>Redmond</City>
      <Region>WA</Region>
      <ZipCode>98052</ZipCode>
    </Address>
    <Job>
      <Title>CEO</Title>
      <Description>Develops company strategies.</Description>
    </Job>
  </Person>

  <Person>
    <Name>
      <FirstName>Jared</FirstName>
      <LastName>Stivers</LastName>
    </Name>
    <Address>
      <Street>5th  Ave  S</Street>
      <City>Seattle</City>
      <Region>WA</Region>
      <ZipCode>98001</ZipCode>
    </Address>
    <Job>
      <Title>Attorney</Title>
      <Description>Reviews legal issues.</Description>
    </Job>
  </Person>
</People>
```

上面的 XML 文件保存在代码包"第 5 章\DataSourceDemo\App_Data\Xmldata.xml"中。

接着在 Default.aspx 页面上添加 XmlDataSource 控件，并使用数据配置向导对 XmlDataSource 进行配置。数据配置向导如图 5-12 所示。

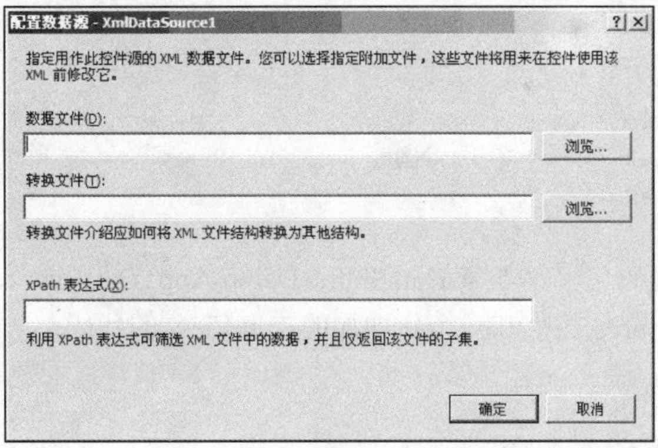

图 5-12　XmlDataSource 控件数据配置向导

在数据文件处指定刚才新增加的 XML 文件，然后单击确定按钮。配置好 XmlDataSource 以后，添加一个 TreeView 控件来显示 XML 数据。在 Default.aspx 页面的 HTML 中，直接添加下面的 HTML 代码：

```
<asp:TreeView
    id="PeopleTreeView"
    runat="server"
    DataSourceID="PeopleDataSource">
    <DataBindings>
      <asp:TreeNodeBinding DataMember="FirstName"    TextField="#InnerText" />
      <asp:TreeNodeBinding DataMember="LastName"     TextField="#InnerText" />
      <asp:TreeNodeBinding DataMember="Street"       TextField="#InnerText" />
      <asp:TreeNodeBinding DataMember="City"         TextField="#InnerText" />
      <asp:TreeNodeBinding DataMember="Region"       TextField="#InnerText" />
      <asp:TreeNodeBinding DataMember="ZipCode"      TextField="#InnerText" />
      <asp:TreeNodeBinding DataMember="Title"        TextField="#InnerText" />
      <asp:TreeNodeBinding DataMember="Description"  TextField="#InnerText" />
    </DataBindings>
</asp:TreeView>
```

上面的代码文件保存在代码包"第 5 章\DataSourceDemo\Default.aspx"中。

这样，XML 的数据就通过 XmlDataSource 控件和 TreeView 控件绑定在一起了。可以按 F5 键试运行这个页面，验证结果是否正确。

2．使用 XmlDataSource 转换 XML 格式

XmlDataSource 控件除了可以从 XML 文件获取数据，还可以在把 XML 数据绑定到控件之前，应用 XML 扩展样式表语言（XSL）把 XML 数据转换成希望的格式。要启用 XSL 对 XML 进行转换，可以用 XSL 文件作模板，将 XML 数据导出。例如把上面例子中的 XML 文件作为数据源，新建页面 XmlTransform.aspx，添加一个新的 XmlDataSource 控件到页面，添加 names.xsl 到 App_Data 目录，则 names.xsl 文件包含了 XSL 的代码，它的内容如下所示：

```
<xsl:stylesheet version="1.0" xmlns:xsl="http://www.w3.org/1999/XSL/Transform">
<xsl:template match="People">
  <Names>
    <xsl:apply-templates select="Person"/>
  </Names>
</xsl:template>

<xsl:template match="Person">
  <xsl:apply-templates select="Name"/>
</xsl:template>

<xsl:template match="Name">
  <name><xsl:value-of select="LastName"/>, <xsl:value-of select="FirstName"/></name>
</xsl:template>
</xsl:stylesheet>
```

上述代码保存在代码包"第 5 章\DataSourceDemo\App_Data\names.xsl"中。

下面是 XmlDataSource 控件和一个新增加的 TreeView 的代码：

```
<asp:XmlDataSource
    id="DataSource1"
    runat="server"
    TransformFile="~/App_Data/names.xsl"
```

```
                DataFile="~/App_Data/people.xml" />

            <asp:TreeView
              id="TreeView1"
              runat="server"
              DataSourceID="DataSource1">
                <DataBindings>
                    <asp:TreeNodeBinding DataMember="Name"     TextField="#InnerText" />
                </DataBindings>
            </asp:TreeView>
```

上述代码保存在代码包"第 5 章 \DataSourceDemo\XmlTransform.aspx"中。

在 XmlTransform.aspx 页面上单击鼠标右键，从弹出菜单中选择"View in Browser"来启动浏览器浏览该页面。页面的运行结果如图 5-13 所示。

3．用 XmlDataSource 来过滤数据

XmlDataSource 不仅支持数据转换，还通过 XPath 实现了数据的过滤。为 XmlDataSource 控件的 XPath 属性赋予适当的 XPath 表达式，即

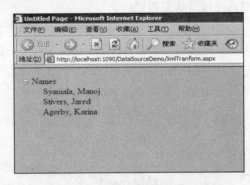

图 5-13　XmlTransform 页面

可实现过滤功能。需要注意的是，如果同时使用 XmlDataSource 控件来转换数据并执行 XPath 来过滤数据，那么一定是数据的转换操作在数据过滤之前被执行。

5.2.3　ObjectDataSource 数据源控件

ASP.NET 4.0 的 ObjectDataSource 控件代表着中间层数据访问组件。ObjectDataSource 提供了数据获取和修改的功能。和 SqlDataSource 和 XmlDataSource 一样，它也可以作为一些数据绑定控件，如 GridView、FormView 或者 DetailsView 的数据接口，并且可以让这些控件具备显示数据、修改数据的能力。

大多数的 ASP.NET 数据源控件，如 SqlDataSource 等，一般都使用在两层结构的程序中，而这些程序大多是界面层直接访问数据库数据层（数据库、XML 数据等）。小型程序使用两层结构没有太大问题，不过通用的程序一般都会使用三层或者多层的结构。多层的程序结构脱胎于三层结构的应用程序。所谓三层，即是在界面层和数据层之间增加了一个逻辑层，逻辑层有封装业务逻辑的功能。ObjectDataSource 支持将逻辑层的对象绑定到用户界面控件中。它同样支持数据的查询、插入、更新、删除、分页、排序、缓存和过滤等其他数据源控件支持的控能。

5.2.4　AccessDataSource 数据源控件

AccessDataSource 数据源控件是用来与 Microsoft Access 数据库协同工作的。 Microsoft Access 数据库是微软公司出品的桌面型数据库，适合存放少量数据，同样支持 SQL 语句查询。Access 数据库的使用相当广泛，所以 AccessDataSource 数据源控件应运而生。AccessDataSource 控件继承自 SqlDataSource 控件，所以它们在使用上非常类似。不过使用 AccessDataSource 访问 Access 数据库和使用 SqlDataSource 访问 Access 数据库有一点不同，

就是 AccessDataSource 控件不用指定连接字符串，要做的只是为控件指明 Access 数据库的文件位置。

5.2.5 SiteMapDataSource 数据源控件

ASP.NET 4.0 提供了新的页面导航功能，它可以为 ASP.NET 应用程序中的每个页面设置风格一致的导航功能。在 ASP.NET 4.0 之前开发 Web 应用程序，当站点的规模扩大时，管理众多的超链接就不是一件轻松愉快的工作了。使用 ASP.NET 4.0 的站点导航功能，就会使管理超链接重新变得轻松。

SiteMapDataSource 就是和站点导航数据协同工作的数据源控件。ASP.NET 应用程序的导航数据固定存放在 web.sitemap 文件中，所以使用 SiteMapDataSource 控件的时候不需要指定文件，但是需要确认 Web.sitemap 文件是否存在。

下面是一个 Web.sitemap 文件的示例：

```xml
<?xml version="1.0" encoding="utf-8" ?>
<siteMap>
    <siteMapNode title="Home" >
        <siteMapNode title="Services" >
            <siteMapNode title="Training" url="~/Training.aspx"/>
        </siteMapNode>
    </siteMapNode>
</siteMap>
```

关于怎样使用站点导航，将在后面的章节中进行详细的讲解。

5.3 GridView 控件

在 ASP.NET 1.0/1.1 中，有一个常用的服务器端控件 DataGrid。DataGrid 控件使得数据显示成为一件轻松的事：只需要把 DataGrid 控件拖放到页面中，指定数据列和格式，最后编写很少的代码来获取数据和绑定数据即可。如果稍微多编写一点代码就可以为 DataGrid 控件实现数据的分页、排序和编辑功能。ASP.NET 中的 DataGrid 相对于 ASP.NET 之前的数据显示来说，是一个巨大的进步，不过 DataGrid 仍然有若干缺点需要改进。第一，绑定数据到 DataGrid 经常需要编写重复性的代码；第二，如果要使用 DataGrid 的高级功能，如分页、就地编辑、排序、事件处理或者排序等，就会需要编写额外的代码，代码量虽然不大，但是不利于进一步提高效率。

ASP.NET 4.0 改善了 DataGrid 的这些问题。ASP.NET 4.0 增加了一系列的数据源控件来操作数据，另外增加了一个 DataGrid 的替代控件——GridView 控件。新的数据源控件使 ASP.NET 4.0 的数据访问变得快捷方便，类似地，GridView 控件使数据显示比 DataGrid 控件更加容易和简单。在 GridView 中，要使显示的数据可以被排序或者被分页，只需要选中对应的选项即可。本节将介绍 GridView 的使用。

5.3.1 使用 GridView 显示数据

在 Web 站点中，一个最为常见的任务就是处理和显示数据。数据可能是数据库中的数据、XML 的数据或某种数据接口。因此大量的时间被花费在了和数据有关的工作中，例如

ASP.NET 4.0 功能增强控件 第5章

编写访问数据库的代码、编写使用用户输入更新数据库的代码以及从数据库中删除记录的代码。经常出现的情况是，这些数据访问相关的代码都非常类似，常常会编写重复的代码。编写重复的代码，不仅会导致开发者厌倦，还会引入更多的程序缺陷。

ASP.NET 4.0 使用 GridView 解决了数据显示的问题，减少了重复代码的编写。下面介绍怎样使用 GridView 来显示数据。要显示数据，必须有数据可显示，那就必须有 DataSource 控件来获取数据。GridView 可以和不同的 DataSource 控件配合使用，下面的示例以 SqlDataSource 控件为例进行说明。

新建一个 ASP.NET 应用程序，名为 GridViewDemo，一步一步来看 GridView 是怎样显示数据库中的数据的。在新建 ASP.NET 应用程序之后，从工具栏添加一个 SqlDataSource 控件 SqlDataSource1 到 Default.aspx 页面，按照 5.1 节所述为 SqlSourceData 控件配置数据源。在这个例子中，数据源使用的是 SQL Server 2005 数据库服务器中的 Adventureworks 数据库中的 Employee 表。然后为页面添加一个 GridView 控件。配置 GridView 控件 GridView1，让它使用 SqlDataSource1 作为它的数据源。下面即是当前页面的 HTML 代码：

```
<%@ Page Language="C#" AutoEventWireup="true" CodeFile="Default.aspx.cs" Inherits="_Default"%>
<!DOCTYPE html PUBLIC "-//W3C//DTD XHTML 1.0 Transitional//EN" "http://www.w3.org/TR/xhtml1/DTD/xhtml1-transitional.dtd">
<html xmlns="http://www.w3.org/1999/xhtml" >
<head runat="server">
    <title>Untitled Page</title>
</head>
<body>
    <form id="form1" runat="server">
    <div>
        <asp:SqlDataSource ID="SqlDataSource1" runat="server" ConnectionString=
            "<%$ ConnectionStrings:AdventureWorksConnectionString %>"
            SelectCommand="SELECT EmployeeID, Title, BirthDate, MaritalStatus, Gender, HireDate FROM HumanResources.Employee">
        </asp:SqlDataSource>
        <br />
         </div>
        <asp:GridView ID="GridView1" runat="server" AutoGenerateColumns="False" DataKeyNames="EmployeeID"
            DataSourceID="SqlDataSource1">
            <Columns>
                <asp:BoundField DataField="EmployeeID" HeaderText="EmployeeID" InsertVisible="False"
                    ReadOnly="True" SortExpression="EmployeeID" />
                <asp:BoundField DataField="Title" HeaderText="Title" SortExpression="Title" />
                <asp:BoundField DataField="BirthDate" HeaderText="BirthDate" SortExpression="BirthDate" />
                <asp:BoundField DataField="MaritalStatus" HeaderText="MaritalStatus" SortExpression="MaritalStatus" />
                <asp:BoundField DataField="Gender" HeaderText="Gender" SortExpression="Gender" />
                <asp:BoundField DataField="HireDate" HeaderText="HireDate" SortExpression="HireDate" />
            </Columns>
        </asp:GridView>
    </form>
</body>
</html>
```

上述代码保存在代码包"第 5 章\GridViewDemo\Default.aspx"中。

现在按 F5 键试运行页面，得到如图 5-14 所示的结果。

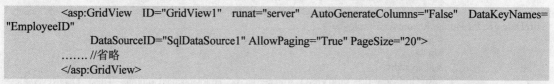

图 5-14　GridViewDemo 初次运行结果

GridView 控件把 Employee 表中的数据显示了出来。由于没有选择分页选项，所以 GridView1 将所有的数据全部显示了出来。选择分页选项 Enable Paging，可以把返回的数据分为不同的部分进行显示，如图 5-15 所示。

ASP.NET 的 GridView 控件默认的分页大小是每页 10 个记录，通过修改 GridView 控件的 PageSize 属性的值可以设置分页的大小。控件 GridView1 的 HTML 代码如下：

```
<asp:GridView ID="GridView1" runat="server" AutoGenerateColumns="False" DataKeyNames="EmployeeID"
        DataSourceID="SqlDataSource1" AllowPaging="True" PageSize="20">
……//省略
</asp:GridView>
```

图 5-15　分页选项

设定 PageSize 的值为 20，这使得 GridView1 将以每页 20 个记录对数据进行分页显示，如图 5-16 所示。

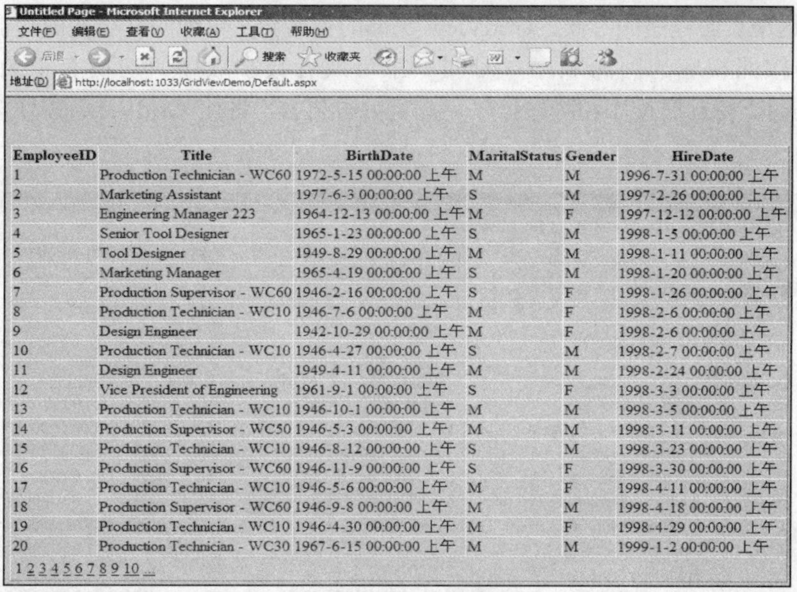

EmployeeID	Title	BirthDate	MaritalStatus	Gender	HireDate
1	Production Technician - WC60	1972-5-15 00:00:00 上午	M	M	1996-7-31 00:00:00 上午
2	Marketing Assistant	1977-6-3 00:00:00 上午	S	M	1997-2-26 00:00:00 上午
3	Engineering Manager 223	1964-12-13 00:00:00 上午	M	F	1997-12-12 00:00:00 上午
4	Senior Tool Designer	1965-1-23 00:00:00 上午	S	M	1998-1-5 00:00:00 上午
5	Tool Designer	1949-8-29 00:00:00 上午	M	M	1998-1-11 00:00:00 上午
6	Marketing Manager	1965-4-19 00:00:00 上午	S	M	1998-1-20 00:00:00 上午
7	Production Supervisor - WC60	1946-2-16 00:00:00 上午	S	F	1998-1-26 00:00:00 上午
8	Production Technician - WC10	1946-7-6 00:00:00 上午	M	F	1998-2-6 00:00:00 上午
9	Design Engineer	1942-10-29 00:00:00 上午	M	F	1998-2-6 00:00:00 上午
10	Production Technician - WC10	1946-4-27 00:00:00 上午	S	M	1998-2-7 00:00:00 上午
11	Design Engineer	1949-4-11 00:00:00 上午	M	M	1998-2-24 00:00:00 上午
12	Vice President of Engineering	1961-9-1 00:00:00 上午	S	F	1998-3-3 00:00:00 上午
13	Production Technician - WC10	1946-10-1 00:00:00 上午	M	M	1998-3-5 00:00:00 上午
14	Production Supervisor - WC50	1946-5-3 00:00:00 上午	M	M	1998-3-11 00:00:00 上午
15	Production Technician - WC10	1946-8-12 00:00:00 上午	S	M	1998-3-23 00:00:00 上午
16	Production Supervisor - WC60	1946-11-9 00:00:00 上午	S	F	1998-3-30 00:00:00 上午
17	Production Technician - WC10	1946-5-6 00:00:00 上午	M	F	1998-4-11 00:00:00 上午
18	Production Supervisor - WC60	1946-9-8 00:00:00 上午	M	M	1998-4-18 00:00:00 上午
19	Production Technician - WC10	1946-4-30 00:00:00 上午	M	F	1998-4-29 00:00:00 上午
20	Production Technician - WC30	1967-6-15 00:00:00 上午	M	M	1999-1-2 00:00:00 上午

1 2 3 4 5 6 7 8 9 10 ...

图 5-16 分页显示

进行分页以后，就可以通过 GridView 底部的页码对数据的不同部分进行浏览。除了使用页码进行页面间的切换以外，还可以定义其他方式：可以提供指向上一页和下一页的超链接，还可以提供指向首页和尾页的链接，并且能够指定链接使用文字链接还是图片链接。现在修改 GridView1，使它使用“NextPrevious”分页方式，并且指定两个图片作为前一页和后一页的链接图片，如下所示：

```
<asp:GridView ID="GridView1" runat="server" AutoGenerateColumns="False" DataKeyNames=
"EmployeeID"
    DataSourceID="SqlDataSource1" AllowPaging="True" AllowSorting="True">
    <Columns>
        <asp:BoundField DataField="EmployeeID" HeaderText="EmployeeID" InsertVisible="False"
        ReadOnly="True" SortExpression="EmployeeID" />
        <asp:BoundField DataField="Title" HeaderText="Title" SortExpression="Title" />
        <asp:BoundField DataField="BirthDate" HeaderText="BirthDate" SortExpression="BirthDate" />
        <asp:BoundField DataField="MaritalStatus" HeaderText="MaritalStatus" SortExpression=
"MaritalStatus" />
        <asp:BoundField DataField="Gender" HeaderText="Gender" SortExpression="Gender" />
        <asp:BoundField DataField="HireDate" HeaderText="HireDate" SortExpression="HireDate" />
    </Columns>
    <PagerSettings Mode="NextPrevious" NextPageImageUrl="~/NextPage.bmp" PreviousPageImageUrl=
"~/PerviousPage.bmp" />
    <PagerStyle HorizontalAlign="Right" />
    </asp:GridView>
```

现在再次运行 Default.aspx 页面，页面的结果如图 5-17 所示。

GridView1 声明中的<PagerStyle HorizontalAlign="Right" />指定了分页指示标记的显示位置。它的值可以是“Left”、“Right”、“Center”和“Justify”。

显示数据是 Web 站点执行最为频繁的一个操作，除了分页之外，很多时候还需要实现其他的一些功能，如排序。排序也是被 GridView 控件内置支持的。和分页类似的是，在 GridView 的任务导航菜单中选中“Enable Sorting”，即可开启排序功能。开启排序功能以后，当运行这个页面程序的时候，GridView 头部的列名会从单纯的文字变成超链接，单击相应的列，即按照相应的列的顺序（时间、字母或者数字顺序）对所有记录进行排序。GridView 同时支持升序排序和降序排序，重复单击列名，将使 GridView 控件按照另一种方式排序。

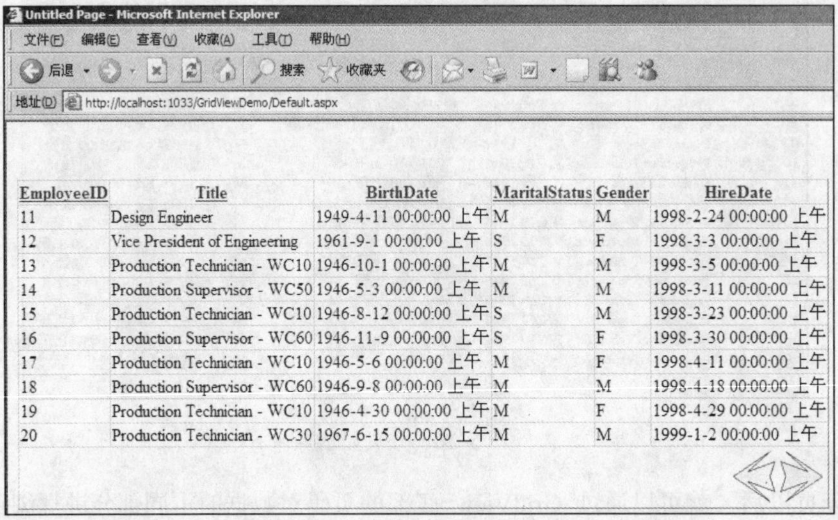

图 5-17　NextPrevious 分页

GridView 不仅支持按照某一列进行排序，还支持多列排序。新建一个 ASPX 页面 Default.2.aspx，和 Default.aspx 一样，添加一个 SqlDataSource 控件和一个 GridView 控件，和 Default.aspx 做一样的配置。配置完成以后，使 Default2.aspx 页面中的 GridView 控件 GridView1 能够进行排序。为了执行多列排序，需要对 GridView 控件的 Sorting 事件进行处理。下面是 GridView1 的 HTML 标记代码。

```
        <asp:GridView ID="GridView1" runat="server" AllowSorting="True" AutoGenerateColumns="False"
DataKeyNames="EmployeeID" DataSourceID="SqlDataSource1" OnSorting="GridView1_Sorting">
        <Columns>
            <asp:BoundField DataField="EmployeeID" HeaderText="EmployeeID" InsertVisible="False"
                ReadOnly="True" SortExpression="EmployeeID" />
            <asp:BoundField DataField="Title" HeaderText="Title" SortExpression="Title" />
            <asp:BoundField DataField="BirthDate" HeaderText="BirthDate" SortExpression="BirthDate" />
            <asp:BoundField DataField="MaritalStatus" HeaderText="MaritalStatus" SortExpression="MaritalStatus" />
            <asp:BoundField DataField="Gender" HeaderText="Gender" SortExpression="Gender" />
            <asp:BoundField DataField="HireDate" HeaderText="HireDate" SortExpression="HireDate" />
        </Columns>
    </asp:GridView>
```

上面的代码保存在代码包"第 5 章\GridViewDemo\Default2.aspx"中。

在 GridView1 中，OnSorting 属性指定了处理 Sorting 事件的方法为 GridView1_Sorting。GridView_Sorting 方法存放在 Default2.aspx.cs 中，如下所示：

```
    public partial class Default2 : System.Web.UI.Page
    {
        protected void GridView1_Sorting(object sender,    GridViewSortEventArgs e)
        {
            string oldexpr = GridView1.SortExpression;
```

```
            string newexpr = e.SortExpression;
            if(oldexpr.IndexOf(newexpr)<0)
            {
                if (oldexpr.Length > 0)
                    e.SortExpression = newexpr + ", " + oldexpr;
                else
                    e.SortExpression = newexpr;
            }
            else
            {
                e.SortExpression = oldexpr;
            }
        }
    }
```

上面的代码保存在代码包"第 5 章\GridViewDemo\Default2.aspx.cs"中。

5.3.2 使用自定义数据列

5.3.1 节介绍了怎样使用 GridView 控件显示呈现数据。在实际的应用中，数据的显示方式并不限于文本，常常会以其他的方式来呈现。在默认的情况下，GridView 用文本方式显示所有的数据列。如果想自定义数据列，可以通过单击任务向导上的"编辑列"来启动自定义数据列窗口，如图 5-18 所示。

然后 Visual Studio 就打开了数据列定义窗口，如图 5-19 所示，在数据列定义窗口中，取消"自动生成字段"选项，现在可以开始添加想显示的数据列和数据列的显示方式了。在 GridViewDemo 站点中，添加 CustomizedColumn.aspx 页面。在 CustomizedColumn.aspx 页面中添加一个 SqlDataSource 控件 PhotosSqlDataSource，如下所示：

```
<asp:SqlDataSource ID=" PhotosSqlDataSource " runat="server" ConnectionString=
    "<%$ ConnectionStrings:AdventureWorksConnectionString %>"
    SelectCommand="SELECT [ProductPhotoID], [ThumbNailPhoto], [ModifiedDate]
FROM Production.[ProductPhoto]">
</asp:SqlDataSource>
```

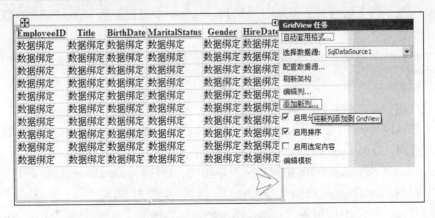

图 5-18 "编辑列"菜单项

接着，添加一个 GridView 控件 PhotoView 到页面。指定 PhotoView 控件的数据源为 PhotosSqlDataSource。然后启动自定义数据列定义窗口，如图 5-19 所示。

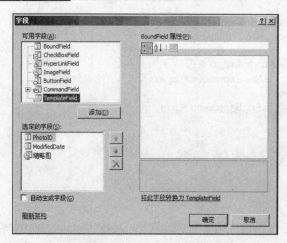

图 5-19 自定义数据列

添加两个"BoundField";分别指定它们的 HeaderText 属性为"PhotoID"和"ModifiedDate"。再为它们指定相应的 DataField 属性为"ProductPhotoID"和"ModifiedDate"。这样,GridView 就会只显示数据源中数据的 ProductPhotoID 和 ModifiedDate 数据段。另外,数据列使用 BoundField 类型的结果就是默认的文本方式。下面是完整的 PhotoView 的声明代码:

```
<asp:GridView ID="PhotoView" runat="server" DataSourceID="PhotosSqlDataSource"
AutoGenerateColumns="False" AllowPaging="True" PageSize="5" Width="191px">
<Columns>
    <asp:BoundField DataField="ProductPhotoID" HeaderText="PhotoID" />
    <asp:BoundField DataField="ModifiedDate" HeaderText="ModifiedDate" />
</Columns>
<PagerStyle HorizontalAlign="Right" />
<PagerSettings Mode="NextPrevious" PreviousPageText="前一页" NextPageText="后一页" />
</asp:GridView>
```

仅使用文本来显示数据,页面会显得比较单调。接下来讲解怎样用 GridView 显示数据库中的图片信息。以上面的例子为基础,在 PhotoView 中添加一个 ImageField 类型的自定义列,如下所示:

```
<asp:ImageField DataImageUrlField="ProductPhotoID" DataImageUrlFormatString= "~\imageReader.aspx?id={0}" HeaderText="缩略图">
</asp:ImageField>
```

上面的代码保存在代码包"第 5 章\GridViewDemo\CustomizedColumn.aspx"中。

在上面的这段代码中,DataImageUrlField 属性指定了 ImageField 列使用什么数据字段作为图片地址数据,DataImageUrlFormatString 指定了一个完整的 Url 形式。运行时,ASP.NET 自动将 DataImageUrlFormatString 中指定字符串中的{0}替换为 DataImageUrlField 的值,然后以替换以后的 DataImageUrlFormatString 的值作为图片的地址。在这个例子中,DataImageUrlFormatString 的值为"~\imageReader.aspx?id={0}"。到目前为止,imageReader.aspx 页面还没有创建。新建页面 imageReader.aspx,在 imageReader.aspx.cs 文件中增加下列代码:

```
protected void Page_Load(object sender, EventArgs e)
{
```

```
            string photoid = Request.QueryString["id"];
            if(photoid!=null)
            {
                SqlConnection conn = new SqlConnection(ConfigurationManager.ConnectionStrings[
"AdventureWorksConnectionString"].ToString());
                SqlCommand sqlcmd = new SqlCommand();
                sqlcmd.Connection = conn;
                sqlcmd.CommandText = "SELECT ThumbNailPhoto FROM
Production.[ProductPhoto] Where ProductPhotoID='" + photoid + "'";
                sqlcmd.CommandType = CommandType.Text;
                conn.Open();
                SqlDataReader reader = sqlcmd.ExecuteReader();
                if(reader!=null && reader.Read())
                {
                    byte[] imageBytes = reader.GetSqlBytes(0).Buffer;
                    MemoryStream ms = new MemoryStream(imageBytes);
                    System.Drawing.Bitmap bitmap = (Bitmap)Bitmap.FromStream(ms);
                    bitmap.Save(Response.OutputStream， ImageFormat.Jpeg);
                    bitmap.Dispose();
                    Response.Flush();
                }
            }
        }
```

上面的代码保存在代码包"第 5 章\GridViewDemo\imageReader.aspx.cs"中。

imageReader.aspx 页面的主要作用是通过参数 ProductPhotoID 来获得图片的数据，并把图片放到输出流中。

完成上面的工作以后，执行 CustomizedColumn.aspx 页面，预览页面结果，如图 5-20 所示。

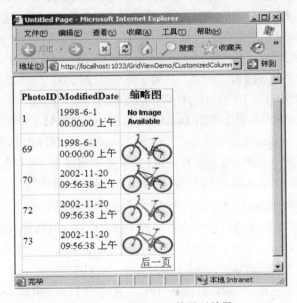

图 5-20 ImageField 的显示结果

除了 ImageField 和 BoundField 以外，GridView 中的列还可以使用 ButtonField、CheckBoxField、HyperLinkField、CommandField 和 TemplateField。表 5-2 列出了每种类型的列的作用。

表 5-2　数据列及其作用

数据列类型	作用描述
BoundField	以文本方式显示数据源中的数据段。这是 GridView 控件默认绑定的显示方式
CheckBoxField	在列上显示一个 CheckBox 控件。通常用来显示布尔型的值
HyperLinkField	以超链接的形式显示数据源中的数据段。需要绑定另一个数据字段来指定 URL 的值
ButtonField	为每一行数据显示一个按钮控件。通常用来创建自定义的按钮列
CommandField	特殊的按钮列。它可以显示执行"选择"、"编辑"、"插入"或"删除"操作的按钮
ImageField	显示图片的列
TemplateField	模板列，可以自定义列样式。使用模板列可以定义比较复杂的列样式

下面介绍模板列的使用。

5.3.3　使用模板列

ASP.NET 允许使用多种类型的列，前面已经使用了 BoundField 和 ImageField 两种列来显示数据。本节讲解 TemplateField 列，也就是模板列的使用。TemplateField 允许开发人员自定义比较复杂的列类型。如果读者熟悉 ASP.NET 1.x，那么可能已经知道了 TemplateField 和 DataGrid 中的 TemplateColumn 非常类似。TempalteField 一般有两个用途，第一个是显示自定义格式的数据信息，第二个是在列中嵌入其他的 Web 控件。下面介绍如何使用 TemplateField。

1. 使用 TemplateField 来自定义输出

在 AdventureWorks 数据库中，有一个存放雇员信息的表 Employee。Employee 表内，有一个字段 HireDate。设想以下的情景，程序中想要显示 HireDate 的值，除此之外，还希望通过 HireDate 的值来判断该雇员的等级。判断逻辑如下：如果雇佣期不满一年，那么等级为"新人"；雇佣期在 1 年~3 年期间，等级为"普通"；雇用期在 3 年~5 年之间，为"高级"；最后，雇佣期在 5 年以上，等级为"元老"。为了完成这个任务，应该使用 TemplateField 列，TemplateField 列可以调用页面中定义的方法来完成逻辑的判断。首先，在 GridView 控件中添加 TemplateField 列，添加方式和前面添加 BoundField 和 ImageField 相同。接着，切换到页面的 HTML 代码视图，在 TemplateField 内创建一个<ItemTemplate>的 HTML 标签。在 ItemTemplate 标签内部，调用一个已经定义过的方法来执行逻辑判断，不妨将这个方法命名为 ComputeLevel，这个方法会返回一个字符串来表示成员的级别。在 ItemTemplate 内部调用 C#方法的语法为：

```
<%# ComputeLevel(DateTime.Now – (DateTime)Eval("HireDate")) %>
```

介绍了基本的语法，现在给出这个简单的例子。继续在 GridViewDemo 的基础上进行添加，打开 GridViewDemo 站点，添加 TemplateColumn.aspx 页面。在页面中添加一个 SqlDataSource 控件 EmpSqlDataSource，以及一个 GridView 控件 GridView1。配置 EmpSqlDataSource，使它指向 AdventureWorks 数据库的 HumanResources.Employee 表。然后为 GridView 添加 3 个列，3 个列分别是 BoundField、BoundField 和 TemplateField。到现在为止，TemplateColumn.aspx 页面与服务器控件有关的代码如下：

```
<asp:SqlDataSource ID="EmpSqlDataSource" runat="server"
    ConnectionString="<%$ ConnectionStrings:AdventureWorksConnectionString %>"
    SelectCommand="SELECT * FROM HumanResources.[Employee]"></asp:SqlDataSource>
<asp:GridView ID="GridView1" runat="server" DataSourceID="EmpSqlDataSource"
```

```
            AutoGenerateColumns="False" AllowSorting="True">
                <Columns>
                    <asp:BoundField DataField="EmployeeID" HeaderText="ID" />
                    <asp:BoundField DataField="HireDate" HeaderText="Hired Date" />
                    <asp:TemplateField HeaderText="Level">
                        <ItemTemplate>
                            <%# ComputeLevel(DateTime.Now-(DateTime)Eval("HireDate")) %>
                        </ItemTemplate>
                    </asp:TemplateField>
                </Columns>
            </asp:GridView>
```

上面的代码保存在代码包"第 5 章\GridViewDemo\TemplateColumn.aspx"中。

由于还没有定义 ComputeLevel 这个方法,所以现在运行 TemplateColumn.aspx 页面会出错。接下来就在 TemplateColumn.aspx.cs 文件中定义 ComputeLevel 方法。ComputeLevel 方法的代码如下:

```
        public string ComputeLevel(TimeSpan ts)
        {
            int days = ts.Days;
            if (days > 5 * 365)
                return "元老";
            if (days > 3 * 365 && days <= 5 * 365)
                return "高级";
            if (days > 1 * 365 && days <= 3 * 365)
                return "一般";
            if (days <= 365)
                return "新人";
            return "";
        }
```

上面的代码保存在代码包"第 5 章\GridViewDemo\TemplateColumn.aspx.cs"中。

现在就可以运行这个页面查看结果了。

2. 使用 TemplateField 自定义输出

除了调用方法来输出自定义的结果以外,还可以加入 Web 控件,对结果进行更为复杂的组织。在 GridViewDemo 站点解决方案中添加 ControlColumn.aspx 页面,在 ControlColumn.aspx 页面中,添加如下的代码:

```
            <asp:SqlDataSource ID="SqlDataSource1" runat="server" ConnectionString="
                <%$ ConnectionStrings:AdventureWorksConnectionString %>"
                    SelectCommand="SELECT * FROM Sales.[Store]">
            </asp:SqlDataSource>
            <asp:GridView    ID="GridView1"    runat="server"    AllowPaging="True"    AllowSorting="True"
AutoGenerateColumns="False" DataSourceID="SqlDataSource1">
                <Columns>
                    <asp:BoundField DataField="CustomerID" HeaderText="ID" />
                    <asp:BoundField DataField="name" HeaderText="Name" />
                    <asp:TemplateField HeaderText="ContactPerson">
                        <ItemTemplate>
                            <asp:BulletedList ID="bltInformation" Runat="server"
                                DataTextField="FirstName">
                            </asp:BulletedList>
                        </ItemTemplate>
                    </asp:TemplateField>
                </Columns>
```

```
        </asp:GridView>
        <asp:SqlDataSource ID="SqlDataSource2" runat="server" ConnectionString=
        "<%$ ConnectionStrings:AdventureWorksConnectionString %>"
                SelectCommand="SELECT Sales.StoreContact.ContactID, Person.Contact.FirstName,
                Person.Contact.LastName, Person.Contact.EmailAddress, Person.Contact.Phone,
                Sales.StoreContact.CustomerID FROM Sales.StoreContact INNER JOIN Person.Contact
ON Sales.StoreContact.ContactID = Person.Contact.ContactID">
        </asp:SqlDataSource>
```

上面的代码存放在代码包"第5章\GridViewDemo\ControlColumn.aspx"中。

和调用方法生成输出结果不同的是，这个例子在 ItemTemplate 中加入了一个 BulletedList 控件。需要注意的是 BulletedList 的 DataTextField 指向了 Demographics 字段，这是 Sales.Store 数据表中的一个字段。接下来是最重要的一步，为 BulletedList 控件指定数据源。在 ControlColumn.aspx.cs 文件中添加下面的代码：

```
    public partial class ControlColumn : System.Web.UI.Page
    {
        protected void Page_Load(object sender, EventArgs e)
        {
            ContactData = (DataView)SqlDataSource2.Select(DataSourceSelectArguments.Empty);
        }

        protected void GridView1_RowDataBound(object sender, GridViewRowEventArgs e)
        {
            if(e.Row.RowType == DataControlRowType.DataRow)
            {
                BulletedList bl = (BulletedList)e.Row.FindControl("bltInformation");
                ContactData.RowFilter = "CustomerID=" +
                ((DataRowView)e.Row.DataItem)["CustomerID"].ToString();
                bl.DataSource = ContactData;
                bl.DataBind();
            }
        }
        private DataView ContactData;
    }
```

上面的代码存放在代码包"第5章\GridViewDemo\ControlColumn.aspx.cs"中。

为 BulletedList 控件在数据绑定的时候指定数据源，需要对 GridView 控件的 RowDataBound 事件进行处理，于是有了上面的这一段代码。在 GridView_RowDataBound 事件处理方法中，ASP.NET 首先判断当前的数据行是否为一般的数据行而不是标题行，然后通过 FindControl 方法查找 BulletedList 控件，接着指定当前行的"CustomerID"值为过滤条件，最后执行数据绑定操作。页面的运行效果如图 5-21 所示。

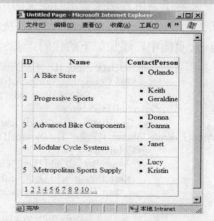

图 5-21　ControlColumn 页面运行效果

5.3.4　删除数据

GridView 空间除了显示数据以外，还可以和数据源空间结合使用，对数据进行删除、插入和更新。下面根据数据源控件的不同，分别介绍怎样删除来自 SqlDataSource 的数据以及如何编辑、更新数据。

1. 删除来自 SqlDataSource 的数据

为了让 GridView 能执行数据的删除，需要对 SqlDataSource 控件进行修改，加入实现删除的语句。不过可以通过数据源的配置向导来实现，Visual Studio 可以自动生成必要的代码。下面继续以 GridViewDemo 这个站点为例，加入 RowDelete.aspx 页面。

和 GridViewDemo 站点中的很多页面一样，在 RowDelete 页面中加入一个 SqlDataSource 控件和一个 GridView 控件。打开 SQL Server 2005 管理器，在左侧的数据库中选择 AdventureWorks 数据库，如图 5-22 所示。然后建立一个新查询。

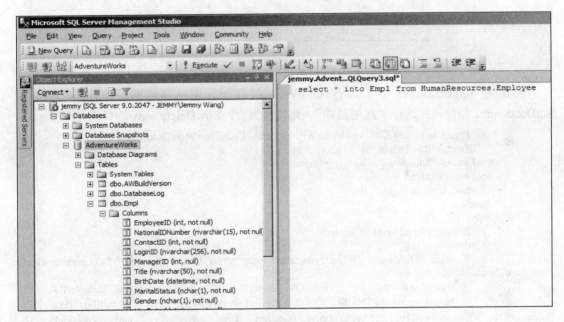

图 5-22　数据库管理器

添加下面的 SQL 语句，功能是使用 HumanResources.Employee 表的结构和数据新建 Empl，并为 Empl 表建立一个主键，如下所示：

```
SELECT * INTO Empl FROM HumanResources.Employee

ALTER TABLE Empl WITH NOCHECK
ADD CONSTRAINT PK_EMPL_EMPLID PRIMARY KEY CLUSTERED (EmployeeID)
WITH (FILLFACTOR = 75, ONLINE = ON, PAD_INDEX = ON)
```

> 注意：要使 SqlDataSource 控件支持删除操作，数据源中的表必须有主键。

在稍后的 ASP.NET 程序中，将对新建的 Empl 进行操作。现在配置 SqlDataSource 控件，选择 Empl 表，单击"高级"按钮，就可以打开如图 5-23 所示的窗口，选中第一项"生成 INSERT、UPDATE 和 DELETE 语句"，SqlDataSource 控件就会自动创建查询、删除、更新和插入的语句。

精通 ASP.NET 4.0

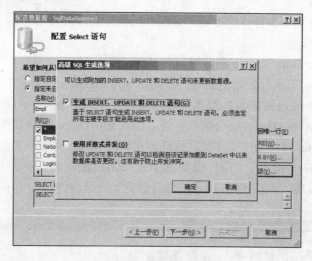

图 5-23　Delete 选项

配置完 SqlDataSource 以后，在 GridView 控件配置中选择数据源控件刚配置好的 SqlDataSource 控件，并选择"起用删除"。到目前为止，RowDelete.aspx 的代码如下所示：

```
<%@ Page Language="C#" AutoEventWireup="true" CodeFile="RowDelete.aspx.cs"
    Inherits="RowDelete"%>
<html xmlns="http://www.w3.org/1999/xhtml" >
<head runat="server">
    <title>Untitled Page</title>
</head>
<body>
    <form id="form1" runat="server">
    <div>
        <asp:SqlDataSource ID="SqlDataSource1" runat="server" ConnectionString="<%$ ConnectionStrings:AdventureWorksConnectionString %>"
            DeleteCommand="DELETE FROM [Empl] WHERE [EmployeeID] = @EmployeeID"
            InsertCommand="INSERT INTO [Empl] ([NationalIDNumber], [ContactID], [LoginID], [ManagerID], [Title], [BirthDate], [MaritalStatus], [Gender], [HireDate], [SalariedFlag], [VacationHours], [SickLeaveHours], [CurrentFlag], [rowguid], [ModifiedDate])VALUES (@NationalIDNumber, @ContactID, @LoginID, @ManagerID, @Title, @BirthDate, @MaritalStatus, @Gender, @HireDate, @SalariedFlag, @VacationHours, @SickLeaveHours, @CurrentFlag, @rowguid, @ModifiedDate)"
            SelectCommand="SELECT * FROM [Empl]"
            UpdateCommand="UPDATE [Empl] SET [NationalIDNumber] = @NationalIDNumber, [ContactID] = @ContactID, [LoginID] = @LoginID, [ManagerID] = @ManagerID, [Title] = @Title, [BirthDate] = @BirthDate, [MaritalStatus] = @MaritalStatus, [Gender] = @Gender, [HireDate] = @HireDate, [SalariedFlag] = @SalariedFlag, [VacationHours] = @VacationHours, [SickLeaveHours] = @SickLeaveHours, [CurrentFlag] = @CurrentFlag, [rowguid] = @rowguid, [ModifiedDate] = @ModifiedDate WHERE [EmployeeID] = @EmployeeID">
            <DeleteParameters>
                <asp:Parameter Name="EmployeeID" Type="Int32" />
            </DeleteParameters>
            <UpdateParameters>
                <asp:Parameter Name="NationalIDNumber" Type="String" />
                <asp:Parameter Name="ContactID" Type="Int32" />
                <asp:Parameter Name="LoginID" Type="String" />
                <asp:Parameter Name="ManagerID" Type="Int32" />
                <asp:Parameter Name="Title" Type="String" />
                <asp:Parameter Name="BirthDate" Type="DateTime" />
                <asp:Parameter Name="MaritalStatus" Type="String" />
```

```
                <asp:Parameter Name="Gender" Type="String" />
                <asp:Parameter Name="HireDate" Type="DateTime" />
                <asp:Parameter Name="SalariedFlag" Type="Boolean" />
                <asp:Parameter Name="VacationHours" Type="Int16" />
                <asp:Parameter Name="SickLeaveHours" Type="Int16" />
                <asp:Parameter Name="CurrentFlag" Type="Boolean" />
                <asp:Parameter Name="rowguid" Type="Object" />
                <asp:Parameter Name="ModifiedDate" Type="DateTime" />
                <asp:Parameter Name="EmployeeID" Type="Int32" />
            </UpdateParameters>
            <InsertParameters>
                <asp:Parameter Name="NationalIDNumber" Type="String" />
                <asp:Parameter Name="ContactID" Type="Int32" />
                <asp:Parameter Name="LoginID" Type="String" />
                <asp:Parameter Name="ManagerID" Type="Int32" />
                <asp:Parameter Name="Title" Type="String" />
                <asp:Parameter Name="BirthDate" Type="DateTime" />
                <asp:Parameter Name="MaritalStatus" Type="String" />
                <asp:Parameter Name="Gender" Type="String" />
                <asp:Parameter Name="HireDate" Type="DateTime" />
                <asp:Parameter Name="SalariedFlag" Type="Boolean" />
                <asp:Parameter Name="VacationHours" Type="Int16" />
                <asp:Parameter Name="SickLeaveHours" Type="Int16" />
                <asp:Parameter Name="CurrentFlag" Type="Boolean" />
                <asp:Parameter Name="rowguid" Type="Object" />
                <asp:Parameter Name="ModifiedDate" Type="DateTime" />
            </InsertParameters>
        </asp:SqlDataSource>
    </div>
        <asp:GridView ID="GridView1" runat="server" AutoGenerateColumns=
            "False" DataKeyNames="EmployeeID" DataSourceID="SqlDataSource1">
            <Columns>
                <asp:CommandField ShowDeleteButton="True" />
                <asp:BoundField DataField="EmployeeID" HeaderText="EmployeeID"
                    InsertVisible="False" ReadOnly="True" SortExpression="EmployeeID" />
                <asp:BoundField DataField="Title" HeaderText="Title" SortExpression="Title" />
                <asp:BoundField DataField="BirthDate" HeaderText="BirthDate"
                    SortExpression="BirthDate" />
                <asp:BoundField DataField="MaritalStatus" HeaderText="MaritalStatus"
                    SortExpression="MaritalStatus" />
                <asp:BoundField DataField="Gender" HeaderText="Gender"
                    SortExpression="Gender" />
            </Columns>
        </asp:GridView>
    </form>
</body>
</html>
```

上面的代码保存在代码包"第 5 章\GridViewDemo\RowDelete.aspx"中。

在浏览器中运行 RowDelete.aspx 页面,单击左侧的"删除",就可以删除相应的记录。

2. 编辑并更新 GridView 中的数据

除了显示和删除数据,很多用户还希望拥有就地编辑并保存更改的功能。在 ASP.NET 1.x 中为 DataGrid 编写支持就地编辑的代码是不易实现的,而 GridView 可以轻松地支持这个功能。为了说明这个功能,在 GridViewDemo 站点中加入新的页面 UpdatePage.aspx。可以按照 RowDelete.aspx 页面中的相同配置来搭建。之后,在 UpdatePage.aspx 页面中的

GridView 控件上选中"启用编辑"。这样就可以在页面运行时对数据进行编辑了。这样试着运行页面，会得到如图 5-24 所示的效果，按下左侧的"编辑"链接就可以对数据进行编辑了。

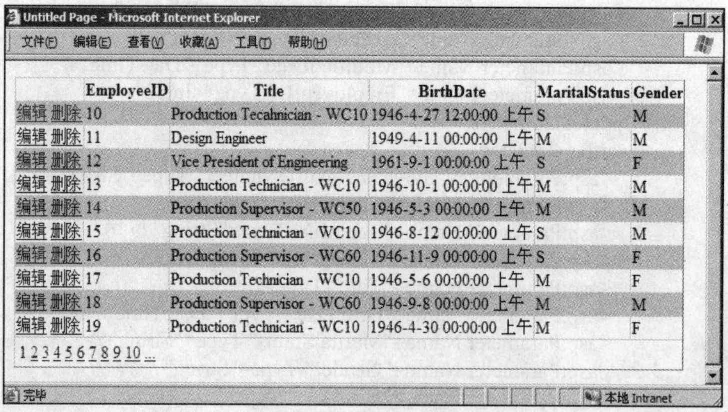

图 5-24 可编辑页面

编辑完成以后，单击左侧的"更新"链接就可以对更改后的信息进行保存。如果对 UpdatePage.aspx 不做任何改动，那么在更新的过程中，ASP.NET 应用程序将会抛出一个异常，如图 5-25 所示。

图 5-25 更新时的异常

这是因为在默认状态下，SqlDataSource 控件自动生成的更新语句中包含了对数据表中所有字段的更新，而 UpdatePage.aspx 页面的 GridView 控件中仅仅包含了几个字段的数据。在更新的时候，SqlDataSource 控件使用 Null 值来代替这些不存在的数据，这样就导致了异常。为了解决这个问题，需要把 SqlDataSource 控件的 UpdateCommand 部分的语句按照 GridView 中绑定的字段进行改写。本例中该部分的语句改写为：

```
UPDATE [Empl] SET [Title] = @Title，[BirthDate] = @BirthDate，[MaritalStatus] = @MaritalStatus，[Gender] = @Gender WHERE [EmployeeID] = @EmployeeID
```

也就是说，去掉了多余的字段。现在再次运行页面，编辑和更新的功能已经可以正常工作了。

5.3.5 控件参数

数据源控件允许使用参数进行查询。这个参数将和某个控件的某个参数关联起来。并且，一旦该控件的值改变，与数据源绑定的控件中显示的数据随之改变。下面通过一个例子来说明整个功能。

在 GridViewDemo 站点中，加入 MasterDetail.aspx 页面。在页面中加入两个 SqlDataSource 控件，分别是"EmplIDSqlSource"和"DetailsSqlSource"。使用数据源配置向导对它们进行配置。EmplIDSqlSource 数据源控件使用 AdventureWorks 数据库的 HumanResources.Employee 表，DetailsSqlSource 控件使用 AdventureWorks 数据库的 Person.Contact 表，它们的声明代码如下：

```
<asp:SqlDataSource ID="EmplIDSqlSource" runat="server" ConnectionString=
    "<%$ ConnectionStrings:AdventureWorksConnectionString %>"
    SelectCommand="SELECT [EmployeeID] FROM HumanResources.[Employee] order by EmployeeID ASC">
</asp:SqlDataSource>
<asp:SqlDataSource ID="DetailsSqlSource" runat="server" ConnectionString=
    "<%$ ConnectionStrings:AdventureWorksConnectionString %>"
    SelectCommand="SELECT C.FirstName+' '+C.LastName as Name, A.Birthdate, C.EmailAddress,
        C.Phone FROM HumanResources.Employee A inner join Person.[Contact] C ON A.ContactID=C.ContactID WHERE ([EmployeeID] = @EmployeeID)">
    <SelectParameters>
        <asp:ControlParameter ControlID="DropDownList1" Name="EmployeeID" PropertyName="SelectedValue"
                              Type="Int32" />
    </SelectParameters>
</asp:SqlDataSource>
```

上面的代码存放在代码包"第 5 章\GridViewDemo\masterDetails.aspx"中。

在 DetailsSqlSource 的声明代码中，指定使用 EmployeeID 参数来过滤数据，并且以 DropDownList1 控件中选定的值作为参数的值。注意，需要添加 ControlParameter 项，并在 ControlID 属性中指定对应的控件名和对应的参数名以及参数的类型，这里参数名是 "EmployeeID"，类型为 Int32。DropDownList1 与 EmplIDSqlSource 绑定，并设置 AutoPostBack 等于 true，即一旦改变 DropDownList1 中选择的值，页面自动提交。

DropDownList1 和 GridView1 控件的声明代码如下：

```
<asp:DropDownList ID="DropDownList1" runat="server" AutoPostBack="True"
    DataSourceID="EmplIDSqlSource"                              DataTextField="EmployeeID"
    DataValueField="EmployeeID">
</asp:DropDownList>
<asp:GridView ID="GridView1" runat="server" DataSourceID="DetailsSqlSource" Width="468px">
</asp:GridView>
```

现在页面的功能就完成了。运行页面，结果如图 5-26 所示。

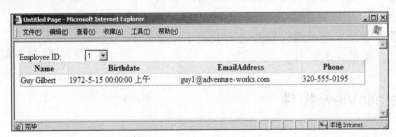

图 5-26 MasterDetail 页面

手动更改 DropDownList 中的值，可以看到页面的自动提交以及 GridView 更新后的数据。

除了使用控件的属性作为参数以外，SqlDataSource 还允许使用 Cookie、Form 表单、会话、档案和查询字符串中的参数和它的值作为查询的参数。它们使用起来和以控件的属性为参数非常类似，只需要把 <asp:ControlParameter ControlID="DropDownList1" Name="EmployeeID" PropertyName="SelectedValue" Type="Int32" />替换为对应的声明即可。以查询字符串为例，就需要把上面的 ControlParameter 替换为如下代码：

```
<asp:QueryStringParameter Name="EmployeeID" QueryStringField="EmployeeID" Type="Int32" />
```

当以下面的 URL 访问这个页面的时候，将会使用 URL 中所带的查询参数来过滤 DetailsSqlSource 中的数据，如图 5-27 所示。

图 5-27　查询参数直接作为过滤条件

HTTP://localhost/GridViewdemo/masterDetail.aspx?EmployeeID=2

改变 URL 中 employeeID 的值，将会在 GridView 中显示正确的结果。

5.3.6　利用数据源控件缓存数据

使用 SqlDataSource 数据源控件可以方便地和数据库中的数据打交道，减少开发人员的代码编写量。除此之外，数据源控件还可以使用缓存来加速数据的查询。从数据库查询并返回数据的时间比起其他任务显得比较长，所以加速数据的读取是所有应用程序开发人员都希望做到的。缓存就是为了这个目的而存在的。一旦数据被加载到缓存以后，根据配置，在一定的时间内，应用程序将直接读取缓存中的数据，而不是去访问数据源。这就大大加速了数据的读取，提高了性能。

ASP.NET 4.0 中所有的数据源控件都支持缓存。这里以 SqlDataSource 为例，只要把 SqlDataSource 关于 Cache 的属性"Enable Cache"设置为 True 就可以使用缓存了。然后再设置"CacheDuration"，这个属性决定了缓存有效时间的长短，单位是秒，如图 5-28 所示。

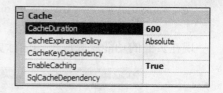

读者请自行尝试，可以通过修改已有的例子来学习缓存的使用，这里就不举例了。

图 5-28　缓存选项

5.4　DetailsView 控件

DetailsView 控件是 ASP.NET 4.0 中新增的控件，它是为显示单条数据记录而设计的。虽然 GridView 在显示大批数据方面非常强大，不过很多时候仍然会有显示单条记录的情况，DetailsView 就是为了这个目的而创建的。使用 DetailsView 可以显示、删除数据以及更新、分页和插入数据。

5.4.1 使用 DetailsView 显示、编辑和删除数据

新建 Web 站点 DetailsViewDemo，在 Default.aspx 内加入一个 SqlDataSource 控件和一个 DetailsView 控件。配置 SqlDataSource 控件，令其使用 Adventureworks 数据库。它在页面中的声明代码如下：

```
<asp:SqlDataSource ID="SqlDataSource1" runat="server" ConnectionString=
    "<%$ ConnectionStrings:AdventureWorksConnectionString %>"
    SelectCommand="SELECT E.Title,  E.BirthDate,  E.Gender,
    C.FirstName + ' ' + C.LastName AS Name,  C.EmailAddress,  C.Phone FROM
    Person.Contact AS C INNER JOIN HumanResources.Employee AS E ON
    C.ContactID = E.ContactID WHERE (E.EmployeeID = 1)">
</asp:SqlDataSource>
```

让 DetailsView 控件使用这个 SqlDataSource 数据源，图 5-29 显示了这个页面的运行效果。

图 5-29 DetailsView 运行结果

如果不想显示数据的所有字段，和 GridView 类似，可以编辑显示的字段。Default.aspx 页面的 DetailsView 代码如下：

```
        <asp:DetailsView ID="DetailsView1" runat="server" Height="50px" Width="258px" AutoGenerate
Rows="False" DataSourceID="SqlDataSource1">
            <Fields>
                <asp:BoundField DataField="Title" HeaderText="Title" SortExpression="Title" />
                <asp:BoundField DataField="Name" HeaderText="Name" ReadOnly="True" SortExpression
="Name" />
                <asp:BoundField DataField="Gender" HeaderText="Gender" SortExpression="Gender" />
                <asp:BoundField DataField="BirthDate" HeaderText="BirthDate" SortExpression="BirthDate" />
                <asp:BoundField DataField="EmailAddress" HeaderText="EmailAddress" SortExpression =
"EmailAddress" />
                <asp:BoundField DataField="Phone" HeaderText="Phone" SortExpression="Phone" />
            </Fields>
        </asp:DetailsView>
```

上述代码保存在代码包"第 5 章\DetailsViewDemo\default.aspx"中。

如果数据源返回的数据不只一条，那么在不使用分页的情况下，DetailsView 只显示第一条数据。如果允许分页，DetailsView 将以一条数据记录作为分页单位，如图 5-30 所示。

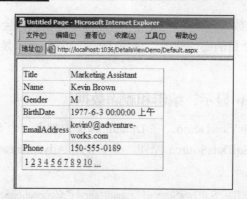

图 5-30 DetailsView 分页

现在来看看怎样使用 DetailsView 编辑和删除数据，其实它和 GridView 大同小异。在 DetailsViewDemo 中新建一个 EditUpdate.aspx 页面。在页面中加入一个 SqlDataSource 控件和一个 DetailsView 控件。现在就配置 SqlDataSource 控件使用 AdventureWorks 数据库中的 Empl 表。并且在数据选择窗口的"高级"窗口中，选中"生成 Insert、Update 和 Delete 语句"。设置好 SqlDataSource 控件以后，设置 DetailsView 控件使用该 SqlDataSource 控件，并且设定 DetailsView 允许分页、编辑和删除。下面是 EditUpdate.aspx 页面的部分代码：

```
<asp:SqlDataSource ID="SqlDataSource1" runat="server" ConnectionString=
"<%$ ConnectionStrings:AdventureWorksConnectionString %>"
DeleteCommand="DELETE FROM [Empl] WHERE [EmployeeID] = @EmployeeID"
InsertCommand="INSERT INTO [Empl] ([Title], [BirthDate], [MaritalStatus], [Gender], [HireDate],
    [VacationHours]) VALUES (@Title, @BirthDate, @MaritalStatus, @Gender, @HireDate,
@VacationHours)"
SelectCommand="SELECT [EmployeeID], [Title], [BirthDate], [MaritalStatus], [Gender],
[HireDate], [VacationHours] FROM [Empl] WHERE ([EmployeeID] = @EmployeeID)"
UpdateCommand="UPDATE [Empl] SET [Title] = @Title, [BirthDate] = @BirthDate,
[MaritalStatus] =
    @MaritalStatus, [Gender] = @Gender, [HireDate] = @HireDate, [VacationHours] =
@VacationHours
        WHERE [EmployeeID] = @EmployeeID">
    <DeleteParameters>
        <asp:Parameter Name="EmployeeID" Type="Int32" />
    </DeleteParameters>
    <UpdateParameters>
        <asp:Parameter Name="Title" Type="String" />
        <asp:Parameter Name="BirthDate" Type="DateTime" />
        <asp:Parameter Name="MaritalStatus" Type="String" />
        <asp:Parameter Name="Gender" Type="String" />
        <asp:Parameter Name="HireDate" Type="DateTime" />
        <asp:Parameter Name="VacationHours" Type="Int16" />
        <asp:Parameter Name="EmployeeID" Type="Int32" />
    </UpdateParameters>
    <SelectParameters>
        <asp:QueryStringParameter DefaultValue="10" Name="EmployeeID" QueryStringField=
"EmployeeID"
            Type="Int32" />
    </SelectParameters>
    <InsertParameters>
        <asp:Parameter Name="Title" Type="String" />
        <asp:Parameter Name="BirthDate" Type="DateTime" />
```

```
                <asp:Parameter Name="MaritalStatus" Type="String" />
                <asp:Parameter Name="Gender" Type="String" />
                <asp:Parameter Name="HireDate" Type="DateTime" />
                <asp:Parameter Name="VacationHours" Type="Int16" />
            </InsertParameters>
        </asp:SqlDataSource>
    </div>
    <asp:DetailsView ID="DetailsView1" runat="server" AllowPaging="True" AutoGenerateRows="False"
        DataSourceID="SqlDataSource1" Height="50px" Width="298px" DataKeyNames="EmployeeID">
        <Fields>
            <asp:BoundField DataField="EmployeeID" HeaderText="EmployeeID" InsertVisible="False"
                ReadOnly="True" SortExpression="EmployeeID" />
            <asp:BoundField DataField="Title" HeaderText="Title" SortExpression="Title" />
            <asp:BoundField DataField="BirthDate" HeaderText="BirthDate" SortExpression="BirthDate" />
            <asp:BoundField DataField="MaritalStatus" HeaderText="MaritalStatus"
                SortExpression="MaritalStatus" />
            <asp:BoundField DataField="Gender" HeaderText="Gender" SortExpression="Gender" />
            <asp:BoundField DataField="HireDate" HeaderText="HireDate" SortExpression="HireDate" />
            <asp:BoundField DataField="VacationHours" HeaderText="VacationHours"
                SortExpression="VacationHours" />
            <asp:CommandField ShowDeleteButton="True" ShowEditButton="True"
                ShowInsertButton="True" />
        </Fields>
    </asp:DetailsView>
```

上述代码保存在代码包"第5章\DetailsViewDemo\EditUpdate.aspx"中。

SqlDataSource控件的SelectCommand中的SQL语句使用了参数,参数指定使用查询字符串中的值。现在编译站点并运行页面。如果页面是一片空白,那么就在浏览器的地址栏中的URL字符串后面添加"?EmployeeID=11"这种形式的查询参数,参数中的11可以改为其他的值。图5-31显示了DetailsView的结果。

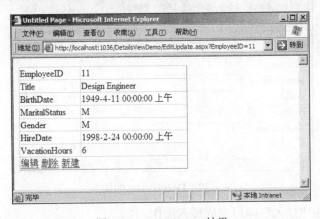

图5-31 DetailsView结果

如图5-30所示,DetailsView已经使编辑和删除功能生效了。只需要点击相应的链接,即可启动对应的功能。

5.4.2 插入新记录

和 GridView 一样，DetailsView 控件也可以用来插入新记录。只需要在 DetailsView 任务向导中选择"启用插入"就可以基本实现插入功能了，如图 5-32 所示。

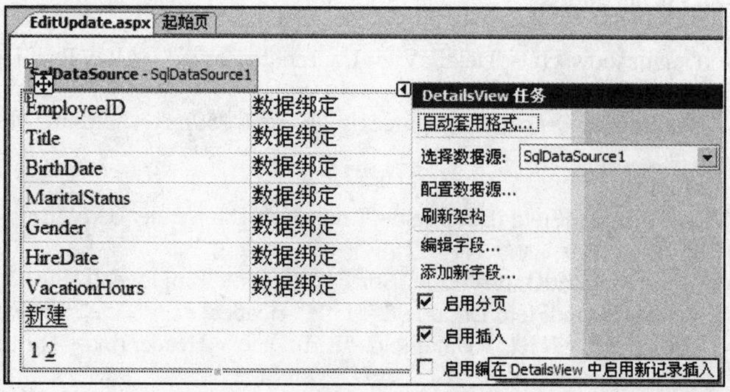

图 5-32 DetailsView 的插入功能

在 5.4.1 节的例子中的 EditUpdate.aspx 页面的基础上继续进行修改。如图 5-32 所示，配置 DetailsView 控件，让它支持插入数据。然后事情并没有结束，数据库中的 Empl 表中，几乎所有的字段都不允许为空，所以在插入的时候需要提供适当的值，这就需要修改 DetailsView 控件自动生成的插入 SQL 语句。例子中把它改为了如下代码：

```
"INSERT INTO [Empl] ([Title], [BirthDate], [MaritalStatus], [Gender], [HireDate], [VacationHours],
    NationalIDNumber, ContactID, LoginID, SalariedFlag, SickLeaveHours, CurrentFlag, rowguid, ModifiedDate)
    VALUES (@Title, @BirthDate, @MaritalStatus, @Gender, @HireDate, @VacationHours, 1, 10, 100, 1, 8, 1,
        NEWID(), GetDate())"
```

在 SQL 的 Insert 语句中加入了所有的字段，并给定了默认值，这样插入的功能就可以使用了。如图 5-33 所示。

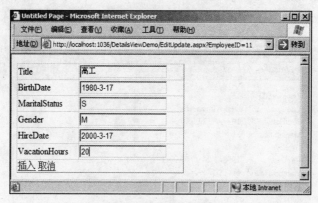

图 5-33 DetailsView 的插入

输入完毕，单击"插入"即可完成插入操作。

5.4.3 使用模板

和 GridView 一样，DetailsView 可以使用模板。使用模板不仅可以改变 DetailsView 的显示风格，也可以调用自定义的方法对输出结果进行处理，以及加入其他的服务器控件等。模板可以应用到数据的显示、标题、注脚和插入的表格等。

下面来看几个例子。首先对 DetailsView 的显示进行改造。在 EditUpdate.aspx 页面中加入一个新的 DetailsView 控件 DetailsView2，并让它使用同一个 SqlDataSource 控件。然后配置 DetailsView2，把所有的字段都删掉，然后加入一个 TemplateField 列。切换到 HTML 视图方式，对 TemplateField 的内容进行编辑，加入一个 ItemTemplate 标记。在 ItemTemplate 标记内部，添加一个 HTML 的 Table 元素和几个服务器控件，代码如下：

```
<table bordercolor=blue border="2">
  <tr>
    <td bordercolordark="#330033" style="width: 206px; height: 4px">EmployeeID</td>
    <td bordercolordark="#330033" style="width: 271px; height: 4px">Title</td>
    <td bordercolordark="#330033" style="width: 166px; height: 4px">Birthdate</td>
  </tr>
  <tr>
    <td bordercolordark="#330033" style="width: 206px; height: 4px">
      <asp:Label ID="Label3" runat="server" Text='<%# Eval("EmployeeID") %>'></asp:Label>
    </td>
    <td bordercolordark="#330033" style="width: 271px; height: 4px">
      <asp:Label ID="Label1" runat="server" Text='<%# Eval("Title") %>'></asp:Label></td>
    <td bordercolordark="#330033" style="width: 166px; height: 4px">
      <asp:Label ID="Label2" runat="server" Text='<%# Eval("BirthDate", "{0}") %>'></asp:Label>
    </td>
  </tr>
</table>
```

上述代码保存在代码包"第 5 章\DetailsViewDemo\EditUpdate.aspx"中。

为了演示，没有把每个数据字段都包含在模板中。在模板中，需要绑定数据字段到服务器控件的属性。如上面的代码所示，使用"<%# Eval ("字段名")%>"或者"<%# Bind ("字段名")%>"这样的语法，将 EmployeeID、Title 和 Birthdate 字段分别绑定到了 3 个 Label 控件的 Text 属性上。

> **注意**：虽然 Eval 和 Bind 在这里有相同的效果，但是它们仍然有区别。Eval 方法可以单独使用，而 Bind 必须和服务器控件配合使用。

页面运行效果如图 5-34 所示。

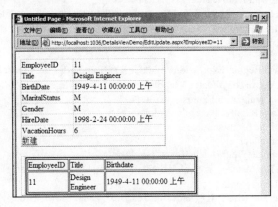

图 5-34　DetailsView 的模板显示

还可以为编辑状态下的 DetailsView 应用模板。为 EditUpdate.aspx 页面添加一个 DetailsView 控件 DetailTemplate，并且为它指定 SqlDataSource 数据源。为 DetailTemplate 控件删除 EmployeeID 之外的所有字段列。然后添加 6 个 TemplateField 列。切换到 HTML 代码视图，在 DetailTemplate 标签内部编写下面的代码：

```
<Fields>
    <asp:BoundField DataField="EmployeeID" HeaderText="EmployeeID" InsertVisible="False"
        ReadOnly="True" SortExpression="EmployeeID" />
    <asp:TemplateField HeaderText="Title">
        <ItemTemplate><%# Eval("Title", "{0}") %></ItemTemplate>
        <EditItemTemplate>
            <asp:TextBox ID="TitleTextBox" Text='<%# Bind("Title") %>' Width=100 runat=server/><br />
            <asp:requiredfieldvalidator id="TitleRequiredValidator" controltovalidate="TitleTextBox"
                display="Dynamic" text="Please enter a Title." runat="server" />
        </EditItemTemplate>
    </asp:TemplateField>
    <asp:TemplateField HeaderText="Birthdate">
        <ItemTemplate><%# Eval("Birthdate") %></ItemTemplate>
        <EditItemTemplate>
            <asp:TextBox ID="BirthTextBox" Text='<%# Bind("Birthdate") %>' Width=150 runat=server/>
            <asp:RegularExpressionValidator ID="RegularExpressionValidator1" runat="server"
                ControlToValidate="BirthTextBox" ErrorMessage="输入日期格式有误。格式：YYYY-MM-DD"
                ValidationExpression="\d{4}-\d+-\d+" Width="231px"></asp:RegularExpressionValidator><br />
        </EditItemTemplate>
    </asp:TemplateField>
    <asp:TemplateField HeaderText="MaritalStatus">
        <ItemTemplate><%# Eval("MaritalStatus", "{0}") %></ItemTemplate>
        <EditItemTemplate>
            <asp:TextBox ID="MaritalStatusTextBox" Text='<%# Bind("MaritalStatus") %>' Width=50 runat=server/>
            <asp:RegularExpressionValidator ID="RegularExpressionValidator2" runat="server"
                ControlToValidate="MaritalStatusTextBox" ErrorMessage="应该输入 M 或者 S"
                ValidationExpression = "\w{1}">
            </asp:RegularExpressionValidator><br />
        </EditItemTemplate>
    </asp:TemplateField>
    <asp:TemplateField HeaderText="Gender">
        <ItemTemplate><%# Eval("Gender", "{0}") %></ItemTemplate>
        <EditItemTemplate>
            <asp:TextBox ID="GenderTextBox" Text='<%# Bind("Gender") %>' Width=50 runat=server/>
            <asp:RegularExpressionValidator ID="RegularExpressionValidator3" runat="server"
                ControlToValidate="GenderTextBox" ErrorMessage="应该输入 M 或者 F"
                ValidationExpression="\w{1}">
            </asp:RegularExpressionValidator><br />
        </EditItemTemplate>
    </asp:TemplateField>
    <asp:TemplateField HeaderText="HireDate">
        <ItemTemplate><%# Eval("HireDate", "{0}") %></ItemTemplate>
        <EditItemTemplate>
            <asp:TextBox ID="HireDateTextBox" Text='<%# Bind("HireDate") %>' Width=150 runat=server/>
```

```
                <asp:RegularExpressionValidator ID="RegularExpressionValidator4" runat="server"
                    ControlToValidate="HireDateTextBox" ErrorMessage="输入日期格式有误。格式：YYYY-MM-DD"
                    ValidationExpression="\d{4}-\d+-\d+">
                </asp:RegularExpressionValidator><br />
            </EditItemTemplate>
        </asp:TemplateField>
        <asp:TemplateField HeaderText="VacationHours">
            <ItemTemplate><%# Eval("VacationHours", "{0}") %></ItemTemplate>
            <EditItemTemplate>
                <asp:TextBox ID="VacationHoursTextBox" Text='<%# Bind("VacationHours") %>' Width=100 runat=server/>
                <asp:RegularExpressionValidator ID="RegularExpressionValidator5" runat="server"
                    ControlToValidate="VacationHoursTextBox" ErrorMessage="输入日期格式有误。格式：整数"
                    ValidationExpression="\d+"></asp:RegularExpressionValidator><br />
            </EditItemTemplate>
        </asp:TemplateField>
        <asp:CommandField ShowEditButton="True" />
    </Fields>
```

上面的代码保存在代码包"第 5 章\DetailsViewDemo\EditUpdate.aspx"中。

代码虽然比较多，但是非常有规律。代码中，为 7 个需要显示的字段都建立了显示模板和编辑模板。在编辑模板中，加入了验证控件来验证用户的输入。使用类似的方法可以非常轻松地添加插入模板、标题模板等。

再次运行 EditUpdate.aspx 页面，上面代码运行的结果如图 5-35 中下面的表格所示。

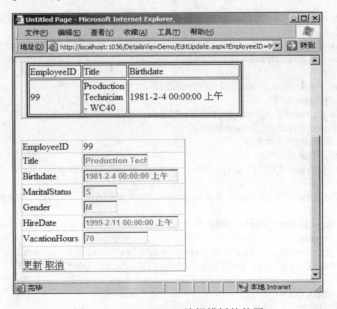

图 5-35　DetailsView 编辑模板的使用

从上面的两个例子可以总结出来，模板有两种主要的使用方式。第一种是把所有的字段的绑定放到同一个模板中，并在同一个模板中对控件的布局进行控制。第二种是不改变默认的布局方式，为每一个字段提供不同的模板。两种方式提供了不同的灵活性，可以根据需要进行选择。

5.4.4 同时使用 GridView 和 DetailsView

GridView 控件擅长显示大批数据，DetailsView 控件在显示单个数据时更加灵活，那么把它们混合使用将会是个不错的主意。下面的例子将会使用 GridView 显示大批量数据的少量字段，DetailsView 将显示每条数据的详细信息。

在 DetailsViewDemo 站点中，新建一个 Mixed.aspx 页面。在页面中添加两个 SqlDataSource 控件，分别命名为 MasterSqlDataSource 和 DetailSqlDataSource。再添加一个 GridView，命名为 MasterGridView，还有一个 DetailsView 控件，命名为 DetailView。配置 MasterGridView 使用 MasterSqlDataSource 数据源控件，DetailView 控件使用 DetailsSqlDataSource 数据源。

页面的部分代码在下面列出：

```
<asp:SqlDataSource ID="MasterSqlDataSource" runat="server" ConnectionString=
    "<%$ ConnectionStrings:AdventureWorksConnectionString %>"
    SelectCommand="SELECT P.ProductID, P.Name, PH.ProductPhotoID FROM Production. Product AS P INNER
    JOIN Production.ProductProductPhoto AS PH ON P.ProductID = PH.ProductID">
</asp:SqlDataSource>
<asp:SqlDataSource ID="DetailsSqlDataSource" runat="server" ConnectionString=
    "<%$ ConnectionStrings:AdventureWorksConnectionString %>"
    SelectCommand="SELECT    Production.Product.ProductID,    Production.ProductPhoto.Product PhotoID,
    Production.ProductPhoto.ThumbNailPhoto, Production.Product.Name, Production.Product.Color,
    Production.Product.StandardCost, Production.Product.ListPrice, Production.Product.ProductNumber FROM
    Production.Product  INNER  JOIN  Production.ProductProductPhoto  ON  Production.Product. ProductID =
    Production.ProductProductPhoto.ProductID INNER JOIN Production.ProductPhoto ON
    Production.ProductProductPhoto.ProductPhotoID   =   Production.ProductPhoto.ProductPhotoID Where
    Production.Product.ProductID=@ProductID">
    <SelectParameters>
        <asp:ControlParameter ControlID="MasterGridView" DefaultValue="1" Name="ProductID"
        PropertyName="SelectedValue" />
    </SelectParameters>
</asp:SqlDataSource>
<asp:GridView ID="MasterGridView" runat="server" AllowPaging="True" AutoGenerate Columns="False"
    DataSourceID="MasterSqlDataSource" HorizontalAlign="Center" DataKeyNames= "ProductID"
    CaptionAlign="Top" Height="142px" PageSize="5" Width="188px">
    <Columns>
      <asp:BoundField DataField="Name" HeaderText="Name" SortExpression="Name" />
        <asp:BoundField DataField="ProductID" HeaderText="ProductID" Visible=False Show Header="False"/>
        <asp:CommandField ShowSelectButton="True" />
    </Columns>
</asp:GridView>
<asp:DetailsView ID="DetailView" runat="server" AutoGenerateRows="False"
    DataSourceID="DetailsSqlDataSource" Height="262px" HorizontalAlign="Center" Width= "322px"
    BackColor="Gainsboro">
    <Fields>
        <asp:BoundField DataField="ProductID" HeaderText="ProductID" />
```

```
                <asp:BoundField DataField="Name" HeaderText="Product Name"/>
                <asp:BoundField DataField="Color" HeaderText="Color"/>
                <asp:BoundField DataField="StandardCost" HeaderText="StandardCost"/>
                <asp:BoundField DataField="ListPrice" HeaderText="ListPrice"/>
                <asp:BoundField DataField="ProductNumber" HeaderText="ProductNumber"/>
            </Fields>
            <RowStyle BackColor="White" />
        </asp:DetailsView>
```

上述代码保存在代码包"第 5 章\DetailsViewDemo\mixed.aspx"中。书中仅列出了主要部分，包括两个 SqlDataSource 控件的声明代码和 MasterGridView 以及 DetailView 控件的代码。在代码中，MasterSqlDataSource 负责取出 ProductID、ProductName 等信息，DetailsSqlDataSource 数据源控件负责取出 Product 的详细信息，并且使用 ProductID 作为参数。ProductID 参数的来源为 MasterGridView 控件中被选中的行的 ProductID 值。

> **注意**：当为 SelectCommand 指定的 SQL 语句中带有以 "@" 符号开头的字符串时，需要为数据源添加 SelectParameters 标签，并在标签内指定参数的来源。可以在 SelectParameters 内指定多个参数来源，个数与 SQL 语句中的参数一致。

最后，和 DetailsSqlDataSource 控件绑定的 DetailView 对具体的 Product 信息进行了显示。这个例子中，GridView 和 DetailsView 控件很好地结合在了一起。

5.5 TreeView 控件

TreeView 控件是常用控件，主要分为 ASP.NET 和 Windows 程序两个版本。TreeView 控件在 ASP.NET 1.0、ASP.NET 1.1、ASP.NET 4.0 中都存在，在实际的项目开发中它主要应用于系统导航和菜单。

对于 ASP.NET 4.0 下的 TreeView 控件，在 VS.NET 2005 的工具栏上通过拖曳的方式添加 TreeView 控件到窗体页面。

5.5.1 使用静态数据

在很多情况下，TreeView 控件需要承担向用户显示固定数据和信息的作用。通常使用静态数据的方式可以最简单、最快速地发挥 TreeView 控件的特点。

下面通过实际的小例子说明 TreeView 的具体用法。

这个例子需要在界面上显示各个地区主要城市的名称并保持它们的层次关系，如图 5-36 所示。

在具体窗体界面中需要给 TreeView 控件添加相应的节点并配置相关文字属性。在窗体界面中添加的具体 HTML 代码如下：

图 5-36 静态数据显示

```
<asp:TreeView ID="TreeView1" runat="server" Height="224px" Width="138px">
    <Nodes>
        <asp:TreeNode Text="四川" Value="Chapter 1">
            <asp:TreeNode Text="成都" Value="Section 1" />
```

```
                <asp:TreeNode Text="攀枝花" Value="Section 2" />
            </asp:TreeNode>
            <asp:TreeNode Text="浙江" Value="Chapter 2">
                <asp:TreeNode Text="杭州" Value="Section 1" />
                <asp:TreeNode Text="温州" Value="Section 2" />
            </asp:TreeNode>
        </Nodes>
    </asp:TreeView>
```

添加上述的控件代码有两种方式，可以自己编写上述代码到界面文件中或者通过 VS.NET 的控件属性的对话框模式添加配置信息。操作方式如图 5-37 所示。

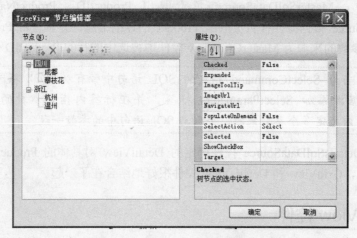

图 5-37 TreeView 控件节点配置

5.5.2 使用动态数据

TreeView 控件除了可以显示固有的静态数据，还可以根据需要灵活地动态加载信息。动态加载信息至 TreeView 控件显示只需要编写少量的代码即可。

TreeView 控件既然是树，那么其最主要的属性和方法都是围绕根节点和子节点展开的。需要明确的是，TreeView 控件可以包括无数根节点，每个根节点下又可以包括无数子节点。

下面的例子将讲述如何通过编写 C#代码来实现 TreeView 控件动态加载数据并显示出来。

例子中程序将在窗体启动时为 TreeView 控件添加一个名为"浙江"的根节点和其所属的子节点。运行结果如图 5-38 所示。

要实现上述的功能，首先需要编写一个添加节点的方法 DynamicTreeView()。该方法需要创建两个动态节点的实例，分别是根节点实例 masterNode 和子节点实例 childNode。通过调用 TreeView 控件的 add 方法创建节点信息。主要代码如下：

图 5-38 动态添加节点

```
    private void DynamicTreeView()
    {
        TreeNode masterNode =
```

```
                    new TreeNode("浙江");
                TreeView1.Nodes.Add(masterNode);
            TreeNode childNode=new TreeNode("杭州");
                masterNode.ChildNodes.Add(childNode);
    }
        protected void Page_Load(object sender, EventArgs e)
        {
            DynamicTreeView();
        }
```

5.5.3 通过数据库填充控件

TreeView 控件在实际使用过程中，从数据库读取信息并绑定显示给用户最为常见。范例将讲述如何连接到数据库服务器（SQL Server 2000）的图书数据库 PUBS，并获取图书的作者和书籍信息，然后按照所属关系绑定到 TreeView 控件，最终在界面显示出层次效果。

界面运行如图 5-39 所示。

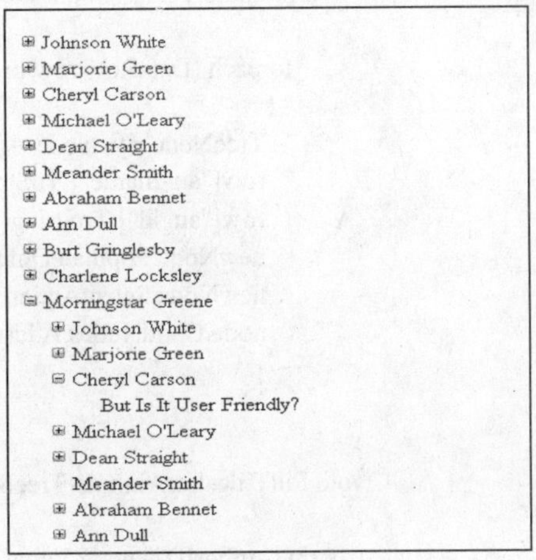

（1）创建界面

从工具栏拖曳 TreeView 控件到界面文件，并指定控件的展开节点事件 OnTreeNodePopulate。展开事件名称为 Populate。相关界面代码如下所示：

图 5-39 数据库填充功能

```
<asp:TreeView ID="TreeView1" runat="server" OnTreeNodePopulate="Populate" >
</asp:TreeView>
```

（2）后台代码编写

后台代码主要实现连接数据库，并在界面加载时获取图书作者信息，并根据作者是否有作品来判断是否生成子节点。当有该作者的相关图书时就生成子节点并显示图书名称。

后台主要方法分别是：展开方法 Populate、填充读者名称方法 FillAuthors 和填充作者作品方法 FillTitlesForAuthors。

界面主要代码如下：

```
public string connString = "server=127.0.0.1;database=pubs;uid=yy;pwd=123";
    public void Populate(object sender, System.Web.UI.WebControls.TreeNodeEventArgs e)
    {
            if (e.Node.ChildNodes.Count == 0)
            {
                switch (e.Node.Depth)
                {
                    case 0:
                        FillAuthors(e.Node);
                        break;
                    case 1:
                        FillTitlesForAuthors(e.Node);
                        break;
```

```csharp
        }
      }
    }
    private void FillAuthors(TreeNode node)
    {
        SqlConnection connection = new SqlConnection(connString);
        SqlCommand command = new SqlCommand("Select * From authors", connection);
        SqlDataAdapter adapter = new SqlDataAdapter(command);
        DataSet authors = new DataSet();
        adapter.Fill(authors);
        if (authors.Tables.Count > 0)
        {
          foreach (DataRow row in authors.Tables[0].Rows)
          {
            TreeNode newNode = new TreeNode(row["au_fname"].ToString() + " " +
            row["au_lname"].ToString(),
            row["au_id"].ToString());
            newNode.PopulateOnDemand = true;
            newNode.SelectAction = TreeNodeSelectAction.Expand;
            node.ChildNodes.Add(newNode);
          }
        }
    }
    void FillTitlesForAuthors(TreeNode node)
    {
        string authorID = node.Value;
        SqlConnection connection = new SqlConnection(connString);
        SqlCommand command = new SqlCommand("Select T.title, T.title_id From titles T" + " Inner Join titleauthor TA on T.title_id = TA.title_id " +
            " Where TA.au_id = '" + authorID + "'", connection);
        SqlDataAdapter adapter = new SqlDataAdapter(command);
        DataSet titlesForAuthors = new DataSet();
        adapter.Fill(titlesForAuthors);
        if (titlesForAuthors.Tables.Count > 0)
        {
          foreach (DataRow row in titlesForAuthors.Tables[0].Rows)
            {
                TreeNode newNode = new TreeNode(
                row["title"].ToString(), row["title_id"].ToString());
                newNode.PopulateOnDemand = false;
                newNode.SelectAction = TreeNodeSelectAction.None;
                node.ChildNodes.Add(newNode);
            }
        }
    }
    protected void Page_Load(object sender, EventArgs e)
    {
        SqlConnection connection = new SqlConnection(connString);
        SqlCommand command = new SqlCommand("Select * From authors", connection);
        SqlDataAdapter adapter = new SqlDataAdapter(command);
        DataSet authors = new DataSet();
        adapter.Fill(authors);
```

```
            if (authors.Tables.Count > 0)
            {
                foreach (DataRow row in authors.Tables[0].Rows)
                {
                    TreeNode newNode = new TreeNode(row["au_fname"].ToString() + " " +
                    row["au_lname"].ToString(),
                    row["au_id"].ToString());
                    newNode.PopulateOnDemand = true;
                    newNode.SelectAction = TreeNodeSelectAction.Expand;
                    TreeView1.Nodes.Add(newNode);
                }
            }
        }
```

上述代码保存在代码包"第 5 章\FillTreeDemo\FillTree.aspx 和 FillTree.aspx.cs"中。

5.6 Login 控件

Login 控件是 ASP.NET 4.0 新添加的一个控件，该控件的主要功能是接受输入用户名称和密码并显示相关登录信息给用户。该控件集成了以往开发登录界面的常用功能，用户通过简单的控件拖曳到页面即可完成登录界面的设计。

具体添加过程分为以下 3 步：

（1）选择并拖曳控件到设计页面

通过打开 VS2010 IDE 的工具箱选择"登录"栏并拖曳 Login 控件，如图 5-40 所示。

（2）选定 Login 控件的呈现模式

Login 控件在设计界面允许用户选择控件的"自动套用格式"、"转换为模板"和"管理网站"。这 3 个功能主要是帮助用户快速设置控件样式、切换模板模式和进入管理站点，如图 5-41 所示。

图 5-40　选择 Login 登录控件

图 5-41　设置 Login 控件

（3）设置相关属性

Login 控件允许设置诸如登录成功、定位文件及路径和保留登录信息等。如设置登录成功后需要定位到页面，可以设置其属性 DestinationPageUrl。在代码中可以写为：

```
LoginCtrl.DestinationPageUrl="default.aspx"
```

当控件本身所提供的按钮只有登录按钮，用户点击该按钮时触发事件 LoginCtrl_

LoggingIn。在没有和其他控件配合使用时，可以通过编写该事件实现不同的登录逻辑。当用户输入账户和密码时判断其正确与否并显示相关信息，具体事件代码如下：

```
protected void LoginCtrl_LoggingIn(object sender,    LoginCancelEventArgs e)
{
    if (LoginCtrl.UserName == "yunyang" && LoginCtrl.Password == "123")
    {
        LoginCtrl.FailureText = "登录成功!";
    }
    else
    {
        LoginCtrl.FailureText = "登录失败!";
    }
    LoginCtrl.DestinationPageUrl
}
```

上述代码保存在代码包"第 5 章\LoginDemo\Login.aspx"和"Login.aspx.cs"中。

5.7 PasswordRecovery 控件

PasswordRecovery 控件是密码恢复控件。当用户忘记了自己的密码时，通过输入用户名称或者问题答案获取密码。从前需要单独开发该项功能，现在在 ASP.NET 4.0 下通过简单的设置就可以实现。

具体添加过程分为以下 3 步：

（1）选择并拖曳控件到设计页面

通过打开 VS2010 IDE 的工具箱选择"登录"栏并拖曳 PasswordRecovery 控件，如图 5-42 所示。

（2）选定 PasswordRecovery 控件的呈现模式

PasswordRecovery 控件在设计界面允许用户选择控件的视图（用户名、问题和成功信息）转换为模板模式，并进入管理站点。3 个功能主要是帮助用户快速设置控件样式、切换模板模式和进入管理站点，如图 5-43 所示。

图 5-42 选择 PasswordRecovery 登录控件

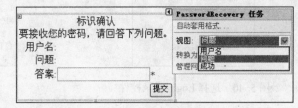

图 5-43 设置 PasswordRecovery 控件

（3）PasswordRecovery 控件使用方法

该控件最主要的功能是接受回答，对于正确的问题需要发送密码到指定的邮箱中。具体需要通过控件属性栏设置其 MailDefinition 下的属性信息，如邮件主题模板 BodyFileName、发送地址 From 和主题 Subject 等。

ASP.NET 4.0 功能增强控件　　第 5 章

设置完成后 IDE 将在界面文件中生成如下的 HTML 定义代码：

```
<asp:PasswordRecovery id="rp" runat="server">
<MailDefinition
BodyFileName="password.txt"
From="yourname@test.com"
Subject="Word has it， you forgot your password?"/>
</asp:PasswordRecovery>
```

属性 BodyFileName 主要是设置邮件主体文件模板。当发送邮件时需要读取其中的内容，该模板可以灵活设置和编辑。如可以将系统名称和密码信息发送给用户，类似的功能可以编写模板如下：

```
password.txt
你的用户名是: <% UserName %>
你的密码是: <% Password %>
         欢迎你使用 XX 系统的密码恢复功能。
```

上述代码保存在代码包"第 5 章\PasswordRecoveryDemo\PasswordRecovery.aspx"中。

5.8　LoginStatus 和 LoginName 控件

5.8.1　LoginStatus 控件

LoginStatus 控件的主要功能是为没有通过身份验证的用户显示登录链接，以及为通过身份验证的用户显示注销链接。登录链接将用户带到登录页，注销链接将当前用户的身份重置为匿名用户。

LoginStatus 控件的添加和设置步骤如下所示。

（1）选择并拖曳控件到设计页面

通过打开 VS2010 IDE 的工具箱选择"登录"栏并拖曳 LoginStatus 控件，如图 5-44 所示。

（2）选定 LoginStatus 控件的呈现模式

LoginStatus 控件在设计界面允许用户选择控件的视图（登录和注销），如图 5-45 所示。

图 5-44　LoginStatus 控件添加

图 5-45　LoginStatus 控件呈现

（3）LoginStatus 控件属性设置

单击控件，在右边的属性栏可以发现属于 LoginStatus 控件的特别属性。可以通过设置

LoginText 和 LoginImageUrl 属性自定义 LoginStatus 控件的外观图片并显示文本。属性 LogoutPageOut 如果设置了具体页面，在系统单击注销后将自动返回该指定页面。

（4）LoginStatus 控件的事件

当单击控件的登录或者注销功能后触发响应事件，事件包括 LoginStatus1_LoggingOut 和 LoginStatus1_LoggedOut。举个例子，假如用户单击界面的"注销"按钮，系统模拟退出并显示退出的字样。功能实现的代码如下：

```
private string logoutstring = "已经退出了系统";
    protected void Page_Load(object sender, EventArgs e)
    {
        if (Session["status"] != null)
        {
            Label1.Text = Session["status"].ToString();
        }
    }
    protected void LoginStatus1_LoggingOut(object sender, LoginCancelEventArgs e)
    {
        Session["status"] =logoutstring;
    }
```

上述代码保存在代码包"第 5 章\LoginStatusDemo\LoginStatus.aspx 和 LoginStatus.aspx.cs"中。

5.8.2 LoginName 控件

控件 LoginName 用于显示登录用户的信息。如果用户已使用 ASP.NET 成员资格登录，LoginName 控件将显示该用户的登录名。或者，如果站点使用集成 Windows 身份验证，该控件将显示用户的 Windows 账户名。

LoginName 控件的添加和设置步骤如下所示。

（1）选择并拖曳控件到设计页面

通过打开 VS2010 IDE 的工具箱选择"登录"栏并拖曳 LoginName 控件，如图 5-46 所示。

（2）LoginName 控件的使用

图 5-46 添加 LoginName 控件

在添加该控件到界面后，默认情况下不需要做太多的设置。LoginName 控件将自动显示 Page 类的 User 属性中包含的名称。如果 System.Web.UI.Page.User.Identity.Name 属性为空，则不呈现控件。

5.9 LoginView 控件

LoginView 控件属于登录系列控件中的一个，使用 LoginView 控件可以向匿名用户和登录用户显示不同的信息。该控件有 AnonymousTemplate 和 LoggedInTemplate 两个模板。在这些模板中可以分别显示不同登录状态下的用户信息。例如显示添加匿名用户和经过身份验证的用户信息。

LoginView 控件的添加和设置步骤如下所示。

（1）选择并拖曳控件到设计页面

通过打开 VS2010 IDE 的工具箱选择"登录"栏并拖曳 LoginView 控件，如图 5-47 所示。

（2）选定 LoginView 控件的呈现模式

LoginView 控件在设计界面允许用户选择控件的视图，默认包括匿名和已登录两种，如图 5-48 所示。

图 5-47 LoginView 控件添加

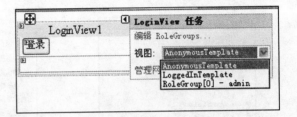

图 5-48 LoginView 控件呈现

（3）LoginView 控件设置

LoginView 控件的默认模板为 AnonymousTemplate 和 LoggedInTemplate。模板可用于对 Page 对象的 User 属性的 Name 属性进行设置的任何身份验证方案。若要使用 RoleGroups 属性来更改用户在网站中的角色定义模板，则必须配置角色管理。

LoginView 控件模板配置代码如下：

```
<asp:LoginView ID="LoginView1" runat="server" OnViewChanged="LoginView1_ViewChanged">
    <RoleGroups>
        <asp:RoleGroup Roles="admin">
        </asp:RoleGroup>
    </RoleGroups>
    <LoggedInTemplate>
        <asp:Label ID="Label1" runat="server" Text="你已经登录了系统！"></asp:Label>
    </LoggedInTemplate>
    <AnonymousTemplate>
         <asp:Button ID="Button1" runat="server" OnClick="Button1_Click" Text="登录" />
        <asp:TextBox ID="TextBox1" runat="server"></asp:TextBox>
    </AnonymousTemplate>
</asp:LoginView>
```

上述代码保存在代码包"第 5 章\LoginViewDemo\LoginView.aspx 和 LoginView.aspx.cs"中。

5.10 CreateUserWizard 控件

CreateUserWizard 控件用于实现用户注册功能。默认情况下，CreateUserWizard 控件将新用户添加到 ASP.NET 成员资格系统中。CreateUserWizard 控件包括的注册项目有用户名密码、密码确认、电子邮件地址、安全提示、问题和安全答案。

CreateUserWizard 控件的添加和设置步骤如下所示。

（1）选择并拖曳控件到设计页面

通过打开 VS2010 IDE 的工具箱选择"登录"栏并拖曳 CreateUserWizard 控件，如图 5-49 所示。

（2）选定 CreateUserWizard 控件的呈现模式

CreateUserWizard 控件在设计界面允许用户编辑注册的步骤信息，开发人员可以自行添加定义新的注册界面，为新的注册界面添加所需的控件。默认包括两个步骤：注册新账户和完成，如图 5-50 所示。

图 5-49　CreateUserWizard 控件添加

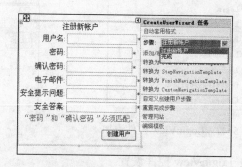

图 5-50　CreateUserWizard 控件呈现

（3）CreateUserWizard 控件界面设置

CreateUserWizard 控件通过不同的模板存放不同步骤的提示等信息，如完成步骤模板 <FinishNavigationTemplate>、步骤导航模板<StepNavigationTemplate>、用户自定义导航模板 <CustomNavigationTemplate>等。

CreateUserWizard 控件的演示界面为默认的模板和一个用户自定义模板。界面代码如下所示：

```
        <asp:CreateUserWizard ID="CreateUserWizard1" runat="server" OnCreatedUser = "Create User Wizard1_CreatedUser" OnCreatingUser="CreateUserWizard1_CreatingUser" OnFinishButtonClick="CreateUser Wizard1_FinishButtonClick">
            <WizardSteps>
                <asp:CreateUserWizardStep runat="server">
                    <CustomNavigationTemplate>
                        <table border="0" cellspacing="5" style="width: 100%; height: 100%;">
                            <tr align="right">
                                <td align="right" colspan="0">
                                    <asp:Button ID="StepNextButton" runat="server" CommandName="MoveNext" Text="创建用户"
                                        ValidationGroup="CreateUserWizard1" />
                                </td>
                            </tr>
                        </table>
                    </CustomNavigationTemplate>
                </asp:CreateUserWizardStep>
                <asp:CompleteWizardStep runat="server">
                    <ContentTemplate>
                        <table border="0">
```

```
                    <tr>
                        <td align="center" colspan="2">
                            完成</td>
                    </tr>
                    <tr>
                        <td>
                            已成功创建您的账户。</td>
                    </tr>
                    <tr>
                        <td align="right" colspan="2">
                            <asp:Button ID="ContinueButton" runat="server" CausesValidation="False" CommandName="Continue"
                                Text="继续" ValidationGroup="CreateUserWizard1" />
                        </td>
                    </tr>
                </table>
            </ContentTemplate>
        </asp:CompleteWizardStep>
        <asp:WizardStep runat="server">
            添加自定义的注册信息<asp:Button ID="Button1" runat="server" Text="Button" />
            <br />
            <asp:TextBox ID="TextBox1" runat="server"></asp:TextBox>
        </asp:WizardStep>
    </WizardSteps>
    <FinishNavigationTemplate>
        <asp:Button ID="FinishPreviousButton" runat="server" CausesValidation="False" CommandName="MovePrevious"
            Text="上一步" />
        <asp:Button ID="FinishButton" runat="server" CommandName="MoveComplete" Text="完成" />
    </FinishNavigationTemplate>
    <StepNavigationTemplate>
        <asp:Button ID="StepPreviousButton" runat="server" CausesValidation="False" CommandName="MovePrevious"
            Text="上一步" />
        <asp:Button ID="StepNextButton" runat="server" CommandName="MoveNext" Text="下一步" />
    </StepNavigationTemplate>
    <StartNavigationTemplate>
        <asp:Button ID="StartNextButton" runat="server" CommandName="MoveNext" Text="下一步" />
    </StartNavigationTemplate>
</asp:CreateUserWizard>
```

上述代码保存在代码包"第 5 章\CreateUserWizardDemo\CreateUserWizard.aspx 和 CreateUserWizard.aspx.cs"中。

5.11 BulletedList 控件

BulletedList 是一个在页面上显示项目符号和编号格式的控件。下面介绍 BulletedList 控件的添加和设置步骤。

（1）选择并拖曳控件到设计页面

通过打开 VS2010 IDE 的工具箱选择"标准"栏并拖曳 BulletedList 控件，如图 5-51 所示。

（2）选定 BulletedList 控件的呈现模式

BulletedList 控件在设计时允许开发人员设置数据源，该功能只有配合数据库和 XML 数据源时才有效果。编辑项则允许开发人员自己手动添加数据信息。界面如图 5-52 所示。

BulletedList 控件的主要功能是在页面上显示项目符号和编号格式。BulletedList 控件的主要属性有 BulletStyle、DisplayMode、Items，主要事件是 Click。分别介绍如下。

（1）样式属性 BulletStyle

样式属性 BulletStyle 对应着 System.Web.UI.WebControls.BulletStyle 枚举类型值。它共有以下 10 种选择项。

- Circle：表示项目符号编号样式设置为空心圈"○"。

图 5-51　BulletedList 控件添加

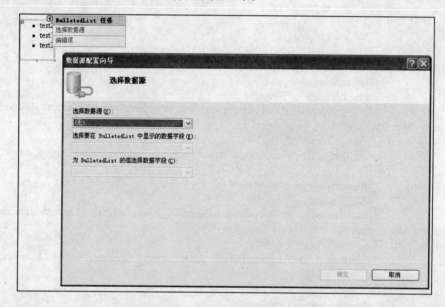

图 5-52　BulletedList 控件数据设置

- CustomImage：表示项目符号编号样式设置为自定义图片，其图片由 BulletImageUrl 属性指定。
- Disc：表示项目符号编号样式设置为实心"●"。
- LowerAlpha：表示项目符号编号样式设置为小写字母格式，如 a、b、c、d 等 26 个小写英文字母。
- LowerRoman：表示项目符号编号样式设置为小写罗马数字格式，如 i、ii、iii、iv 等小写的罗马数字。
- NotSet：表示不设置项目符号编号样式。此时将以 Disc 样式为默认样式显示。
- Numbered：表示设置项目符号编号样式为数字格式，如 1、2、3、4 等数字格式。

- Square：表示设置项目符号编号样式为实体黑方块"■"。
- UpperAlpha：表示设置项目符号编号样式为大写字母格式，如 A、B、C、D 等 26 个大写英文字母。
- UpperRoman：表示设置项目符号编号样式为大写罗马数字格式，如 I、II、III、IV 等大写的罗马数字。

（2）显示模式属性 DisplayMode

DisplayMode 对应着 System.Web.UI.WebControls.BulletedListDisplayMode 枚举类型值。它共有以下 3 种选择项。

- Text：表示以纯文本形式来表现项目列表。
- HyperLink：表示以超链接形式来表现项目列表。链接文字为某个具体项 ListItem 的 Text 属性，链接目标为 ListItem 的 Value 属性。
- LinkButton：表示以服务器控件 LinkButton 形式来表现项目列表。此时每个 ListItem 项都将表现为 LinkButton，同时以 Click 事件回发到服务器端进行相应操作。

（3）条目属性 Items

Items 属性对应着 System.Web.UI.WebControls.ListItem 对象集合。项目符号编号列表中的每一项均对应一个 ListItem 对象。ListItem 对象有 4 个主要属性。

- Enabled：该项是否处于激活状态，默认为 True。
- Selected：该项是否处于选定状态，默认为 True。
- Text：该项的显示文本。
- Value：该项的值。

BulletedList 控件的单击事件 Click 属于显示属性 DisplayMode，它处于 LinkButton 模式下，并在 BulletedList 控件中的某项被单击时触发。触发时将被单击项在所有项目列表中的索引号（从 0 开始）作为传回参数传回服务器端。

BulletedList 控件在 LinkButton 为样式的模式下的界面演示代码如下：

```
<asp:BulletedList id="ItemsBulletedList" BulletStyle="Disc"
        DisplayMode="LinkButton" runat="server">
    <asp:ListItem Value="http://www.cohowinery.com">Coho Winery</asp:ListItem>
    <asp:ListItem Value="http://www.contoso.com">Contoso, Ltd.</asp:ListItem>
    <asp:ListItem Value="http://www.tailspintoys.com">Tailspin Toys</asp:ListItem>
</asp:BulletedList>
```

上述代码保存在代码包"第 5 章\BulletedListDemo\BulletedList.aspx"中。

5.12 ImageMap 控件

ImageMap 控件为图片控件。除了可以显示指定的图片外还可以在图片上定义热点（HotSpot）区域。用户可以通过单击这些热点区域进行回发（PostBack）操作或者定向（Navigate）到某个网站。该控件的主要用途为局部操作，如对某张图片的局部范围进行互动操作。其主要属性有 HotSpotMode、HotSpots，单击事件为 Click。

ImageMap 控件的添加和设置步骤如下所示。

选择并拖曳控件到设计页面。通过打开 VS2010 IDE 的工具箱选择"标准"栏并拖曳

ImageMap 控件，如图 5-53 所示。

（1）热点 HotSpotMode 的设置。HotSpotMode 为枚举类型，其选项及说明如下。

- NotSet：未设置项。虽然名为未设置，但其实默认情况下会执行定向操作，定向到指定的 URL 地址去。如果未指定 URL 地址，默认将定向到自己的 Web 应用程序根目录。
- Navigate：定向操作项。定向到指定的 URL 地址。如果未指定 URL 地址，默认将定向到自己的 Web 应用程序根目录。
- PostBack：回发操作项。单击热点区域后，将执行后部的 Click 事件。
- Inactive：无任何操作，即此时形同一张没有热点区域的普通图片。

图 5-53　ImageMap 控件添加

属性 HotSpots 用于设置控件热点区域的形状。对应有 CircleHotSpot（圆形热区）、RectangleHotSpot（方形热区）和 PolygonHotSpot（多边形热区）。

（2）热点区域 HotSpotMode 示例。新建 ImageMapDemo 站点。在 Default.aspx 中添加一个 ImageMap 控件。在 ImageMap 控件的 ImageUrl 属性中指定图片 Egypt.jpg（Egypt.jpg 保存在代码包"第 5 章\ImageMapDemo\Egypt.jpg"）。然后为 ImageMap 控件添加一个方形的热点和一个多边形的热点，代码如下所示：

```
    <asp:ImageMap ID="ImageMap1" runat="server" HotSpotMode="PostBack" ImageUrl="~/Egypt.JPG" OnClick="ImageMap1_Click">
        <asp:RectangleHotSpot Bottom="500" HotSpotMode="PostBack" Left="300" Right="500" Target="_self" Top="250" PostBackValue="Sphinx" />
        <asp:PolygonHotSpot Coordinates="400，50，50，450，720，450" HotSpotMode="PostBack" PostBackValue="Pyramid" />
    </asp:ImageMap>
```

上面的代码保存在代码包"第 5 章\ImageMapDemo\Default.aspx"中。

这个例子中，当用户单击热点区域时，页面会自动提交到服务器端进行处理，处理代码如下：

```
    protected void ImageMap1_Click(object sender, ImageMapEventArgs e)
    {
        switch(e.PostBackValue)
        {
            case "Sphinx":
                Label1.Text="You clicked Sphinx";
                break;
            case "Pyramid":
                Label1.Text="You clicked Pyramid";
                break;
            default:
                break;
        }
    }
```

上面的代码保存在代码包"第 5 章\ImageMapDemo\Default.aspx.cs"中。

使用多边形的热点时，定义的坐标序列按照 X1，Y1，X2，Y2…的方式排列，有多少顶点就列出多少坐标序列。加载页面，单击图片中的金字塔和狮身人面像就可以看见结果了，如图 5-54 所示。

图 5-54　ImageMap 页面

5.13　MultiView 和 View 控件

MultiView 控件是一组 View 控件的容器。MultiView 和 View 控件是需要配合使用的。MultiView 可以包含一组 View 控件，其中每个 View 控件都包含子控件。View 控件又可包含标记和控件的任何组合。

另外 MultiView 和 View 控件结合 Menu 控件还可以实现选项卡功能，在后面的章节会详细介绍。

MultiView 和 View 控件的添加和设置步骤如下所示：

（1）选择并拖曳控件到设计页面

通过打开 VS2010 IDE 的工具箱选择"登录"栏并拖曳 MultiView 和 View 控件，如图 5-55 所示。

（2）MultiView 和 View 控件组合使用

新建 MutliViewDemo 站点。在站点的 Default.aspx 页面中加入一个 MultiView，命名为 SurveyMultiView。在 SurveyMultiView 中加入 4 个 View 控件，依次命名为 BasicInfoView、WorkInfoView、FamilyView 和 FinalView，如图 5-56 所示。

图 5-55　添加 MultiView 和 View 控件

站点的代码存放在代码包"第 5 章\MultiViewDemo\"中。

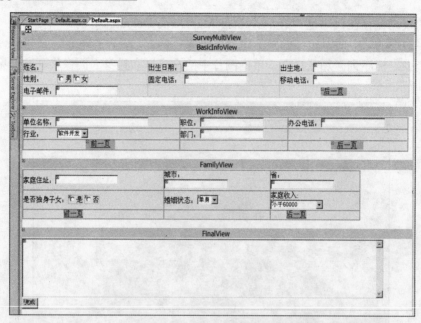

图 5-56 MultiView 设计视图

页面运行时,首先显示 BasicInfoView 控件中的内容,然后通过单击"后一页"切换到 WorkInfoView。用户可以单击"前一页"LinkButton 控件切换 WorkInfoView 和 FamilyView 的内容。最后进入 FinalView 控件,该控件显示一些整合的信息,并等待用户确认。下面是 WorkInfoView 控件的声明代码:

```
<asp:View ID="WorkInfoView" runat="server">
<table cellpadding="0" cellspacing="0" style="width: 939px; height: 50px" bgcolor="lavender"
    border="1">
<tr>
    <td style="width: 327px">单位名称:<asp:TextBox ID="OrgTextBox" runat="server"
        Width="223px"></asp:TextBox></td>
    <td style="width: 221px">职位:<asp:TextBox ID="PositionTextBox"   runat="server">
        </asp:TextBox></td>
    <td style="width: 245px">办公电话:<asp:TextBox ID="OfficeTelTextBox"
        runat="server"></asp:TextBox></td>
</tr>
<tr>
    <td style="width: 327px; height: 5px">行业:         
        <asp:DropDownList ID="IndustryDropDownList" runat="server">
            <asp:ListItem Value="软件">软件开发</asp:ListItem>
            <asp:ListItem>互联网</asp:ListItem>
            <asp:ListItem>通信</asp:ListItem>
            <asp:ListItem>物流</asp:ListItem>
            <asp:ListItem>服务业</asp:ListItem>
            <asp:ListItem>餐饮</asp:ListItem>
            <asp:ListItem>银行</asp:ListItem>
            <asp:ListItem>保险</asp:ListItem>
        </asp:DropDownList></td>
    <td style="width: 221px; height: 5px">部门:<asp:TextBox ID="DepartmentTextBox"
        runat="server"></asp:TextBox></td>
    <td style="width: 245px; height: 5px"> </td>
```

```
            </tr>
            <tr>
                <td style="height: 19px; text-align: center">
                    <asp:LinkButton ID="View2PerviousLinkButton" runat="server" BackColor="Silver"
                        CommandName="PrevView" Height="21px" Width="72px">前一页</asp:LinkButton>
                </td>
                <td style="height: 19px"></td>
                <td style="height: 19px; text-align: center">
                    <asp:LinkButton ID="View2NextLinkButton" runat="server" BackColor="Silver"
                        CommandName="NextView" Width="78px">后一页</asp:LinkButton></td>
            </tr>
        </table>
    </asp:View>
```

注意 LinkButton 控件 View2NextLinkButton，其 CommandName 属性为 NextView，View2PreviousLinkButton 控件的 CommandName 为 PrevView。NextView 和 PrevView 就是 MultiView 控件提供的向前或者向后切换的命令。另外，在 View 控件中可以添加任意控件和 HTML 代码，甚至嵌套 MultiView 控件，这也为创建一些复杂的应用提供了可能。完整的示例请查看代码包 "第 5 章\MultiViewDemo\站点"。

5.14 Wizard 控件

生成一系列窗体来收集用户数据是一件既麻烦也重复的事情。在 ASP.NET 4.0 中提供了专门的控件 Wizard。该控件可以方便地让开发人员设置收集步骤、添加新步骤或对步骤重新排序的机制。ASP.NET Wizard 控件将数据收集简化为一系列独立的步骤，而无需编写代码或在窗体步骤之间保存用户数据。用户将创建一个简单的向导，用于收集诸如用户名和电子邮件地址等信息，然后在完成步骤中将收集的内容返回给用户。

Wizard 控件的添加和设置步骤如下所示。

（1）选择并拖曳控件到设计页面

通过打开 VS2010 IDE 的工具箱选择"登录"栏并拖曳 Wizard 控件，如图 5-57 所示。

（2）选定 Wizard 控件的呈现模式

图 5-57 Wizard 控件添加

Wizard 控件在设计界面允许用户选择控件的视图编辑状态（默认为两个步骤）。开发人员可以在控件上添加、编辑相关向导信息。设置模式如图 5-58 所示。

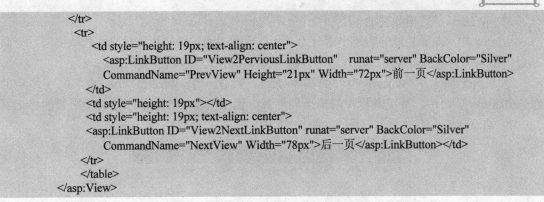

图 5-58 设置 Wizard 控件

（3）Wizard 控件向导功能

Wizard 控件向导功能的实现步骤分为 3 步：设置界面、编辑步骤信息和代码编写。下面通过一个简单的范例实现用户输入信息并在下一步显示上一步所收集的信息。

这个例子演示了 Wizard 控件的基本使用。新建一个 WizardDemo 站点，在站点的 Default.aspx 页面中，从工具栏中的标准控件部分添加一个 Wizard 控件。使用智能标记窗口，为 Wizard 控件添加一个步骤，如图 5-59 所示。

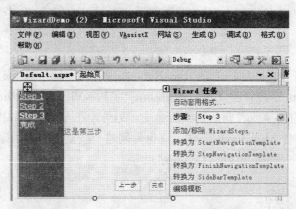

图 5-59 为 Wizard 控件添加一个步骤

操作非常简单，仅点了几下鼠标就得到了一个完整的向导，当然功能也还很简单。页面的代码如下：

```
<asp:Wizard ID="Wizard1" runat="server" ActiveStepIndex="0" BackColor="#F7F6F3" BorderColor=
"#CCCCCC" BorderStyle="Solid" BorderWidth="1px" Font-Names="Verdana" Font-Size="0.8em" Height="138px"
Width="262px">
    <WizardSteps>
        <asp:WizardStep runat="server" Title="Step 1" StepType=Start>
            第一步
        </asp:WizardStep>
        <asp:WizardStep runat="server" Title="Step 2" StepType=Step>
            第二步
        </asp:WizardStep>
        <asp:WizardStep runat="server" Title="Step 3" StepType=Finish>
            第三步
        </asp:WizardStep>
    </WizardSteps>
    <StepStyle BorderWidth="0px" ForeColor="#5D7B9D" />
    <SideBarStyle BackColor="#7C6F57" BorderWidth="0px" Font-Size="0.9em"
        VerticalAlign="Top" />
    <NavigationButtonStyle BackColor="#FFFBFF" BorderColor="#CCCCCC"
      BorderStyle="Solid" BorderWidth="1px" Font-Names="Verdana" Font-Size="0.8em"
      ForeColor="#284775" />
    <SideBarButtonStyle BorderWidth="0px" Font-Names="Verdana" ForeColor="White" />
    <HeaderStyle BackColor="#5D7B9D" BorderStyle="Solid" Font-Bold="True" Font-Size="0.9em"
ForeColor="White" HorizontalAlign="Left" />
</asp:Wizard>
```

上面的代码保存在代码包"第 5 章\WizardDemo\Default.aspx"中。运行页面可以看到 3 个步骤之间切换，以及 3 个步骤中导航按钮的不同，如图 5-60～图 5-62 所示。

图 5-60　Wizard 控件的开始步骤

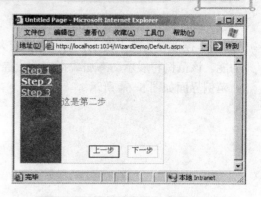
图 5-61　Wizard 控件的第二步

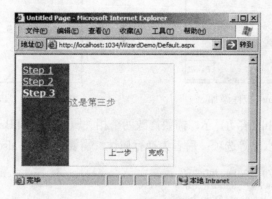
图 5-62　Wizard 控件的最后一步

从上面几幅截图来看，除了使用导航按钮按顺序进行浏览以外，还可以通过左侧工具栏中的导航链接随意进入某个步骤。

如果希望对导航过程进行进一步控制，则可以对以下几个事件进行处理。

- ActiveStepChanged：这个事件在步骤发生改变时触发。
- FinishButtonClick：在最后一步中，单击"完成"按钮时触发。
- NextButtonClick：单击"下一步"按钮时触发。
- PreviousButtonClick：单击"上一步"按钮时触发。
- SiderBarButtonClick：工具栏上的链接被单击时触发。

5.15　Panel 控件

Panel 控件是个容器控件。当开发中需要动态加载一个或者一组控件显示给界面时，该控件是很合适的选择。在 ASP.NET 4.0 中的新 Panel 控件增强了功能，如 Direction 属性对于本地化时显示从右到左书写的语言（如阿拉伯语或希伯来语）非常有用。而使用 BackImageUrl 属性可以为 Panel 控件显示一个自定义图像，使用 ScrollBars 属性可以为控件指定滚动条。

Panel 控件的添加和设置步骤如下所示。

（1）选择并拖曳控件到设计页面

通过打开 VS2010 IDE 的工具箱选择"登录"栏并拖曳 Panel 控件，如图 5-63 所示。

（2）Panel 控件的使用

Panel 控件在功能上较 1.1 版本有了较大的加强。通过一个范例将详细介绍 panel 控件及其功能。该范例将展示动态加载指定数量控件，亦即设置诸如滚动属性等。

范例界面如图 5-64 所示。

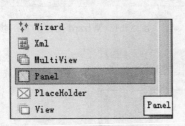

图 5-63 Panel 控件添加

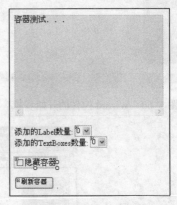

图 5-64 Panel 控件演示

范例中要实现 Panel 的滚动显示，需要修改两个相关属性：ScrollBars 和 Wrap。前者为滚动属性设置，包括垂直、水平等选项；后者为换行属性，需要设置为 False。具体界面代码如下：

```
<form id="Form1" runat=server>
    <asp:Panel id="Panel1" runat="server"
        BackColor="gainsboro"
        Height="200px"
        Width="300px" ScrollBars="Horizontal" Wrap="False">
        <p>
        容器测试...</asp:Panel>
<p>
添加的 Label 数量：
<asp:DropDownList id=DropDown1 runat="server">
    <asp:ListItem Value="0">0</asp:ListItem>
    <asp:ListItem Value="1">1</asp:ListItem>
    <asp:ListItem Value="2">2</asp:ListItem>
    <asp:ListItem Value="3">3</asp:ListItem>
    <asp:ListItem Value="4">4</asp:ListItem>
</asp:DropDownList>
<br>
添加的 TextBoxes 数量：
<asp:DropDownList id=DropDown2 runat="server">
    <asp:ListItem Value="0">0</asp:ListItem>
    <asp:ListItem Value="1">1</asp:ListItem>
    <asp:ListItem Value="2">2</asp:ListItem>
    <asp:ListItem Value="3">3</asp:ListItem>
    <asp:ListItem Value="4">4</asp:ListItem>
</asp:DropDownList>
<p>
<asp:CheckBox id="Check1" Text="隐藏容器" runat="server"/>
<p>
<asp:Button ID="Button1" Text="刷新容器" runat="server"/>
</form>
```

范例后台代码主要包括动态控件的创建和加载。具体代码如下：

ASP.NET 4.0 功能增强控件   第 5 章

```
protected void Page_Load(object sender, EventArgs e)
    {
        if (Check1.Checked)
        {
            Panel1.Visible = false;
        }
        else
        {
            Panel1.Visible = true;
        }
    int numlabels = Int32.Parse(DropDown1.SelectedItem.Value);
    for (int i = 1; i <= numlabels; i++)
    {
        Label l = new Label();
        l.Text = "Label control" + (i).ToString();
        l.ID = "Label" + (i).ToString();
        Panel1.Controls.Add(l);
    }
    int numtexts = Int32.Parse(DropDown2.SelectedItem.Value);
    for (int i = 1; i <= numtexts; i++)
    {
        TextBox t = new TextBox();
        t.Text = "TextBox" + (i).ToString();
        t.ID = "TextBox" + (i).ToString();
        Panel1.Controls.Add(t);
    }
}
```

上述代码保存在代码包"第 5 章\PanelDemo\Panel.aspx 和 Panel.aspx.cs"中。

5.16 FileUpload 控件

FileUpload 控件是 ASP.NET 4.0 新添加的控件。使用 FileUpload Web 服务器控件可以向用户提供一种将文件从客户端发送到服务器的方法。要上载的文件将在回发期间作为浏览器请求的一部分提交给服务器。

FileUpload 控件的添加和使用如下所示。

（1）选择并拖曳控件到设计页面

通过打开 VS2010 IDE 的工具箱选择"标准"栏并拖曳 FileUpload 控件，如图 5-65 所示。

（2）FileUpload 控件的原理

使用 FileUpload 控件上传文件需要注意几个属性和方法。当需要检查该控件是否有上载的文件时，则使用 FileUpload 控件的 HasFile 属性。

图 5-65 FileUpload 控件添加

当需要将上传的文件保存到服务器时，则需要调用 HttpPostedFile 对象的保存方法 SaveAs。

下面通过一个实际的可以上传文件的范例说明该控件的使用方法。在代码中通过创建上传文件夹并调用属性 HasFile、保存方法 SaveAs 等完成，上传按钮单击事件具体代码如下：

```
protected void Button1_Click(object sender, EventArgs e)
    {
```

```
            if (IsPostBack)
            {
                Boolean fileOK = false;
                String path = Server.MapPath("~/UploadedImages/");
                if (!Directory.Exists(path))
                {
                    Directory.CreateDirectory(path);
                }
                if (FileUpload1.HasFile)
                {
                    String fileExtension =
                        System.IO.Path.GetExtension(FileUpload1.FileName).ToLower();
                    String[] allowedExtensions =
                    { ".gif",   ".png",   ".jpeg",   ".jpg" };
                    for (int i = 0; i < allowedExtensions.Length; i++)
                    {
                        if (fileExtension == allowedExtensions[i])
                        {
                            fileOK = true;
                        }
                    }
                }
                if (fileOK)
                {
                    try
                    {
                        FileUpload1.PostedFile.SaveAs(path
                            + FileUpload1.FileName);
                        Label1.Text = "上传成功!";
                    }
                    catch (Exception ex)
                    {
                        Label1.Text = "上传失败.";
                    }
                }
                else
                {
                    Label1.Text = "非法文件类型.";
                }
            }
```

上述代码保存在代码包"第 5 章\FileUploadDemo\FileUpload.aspx 和 FileUpload.aspx.cs"中。

5.17 HiddenField 控件

HiddenField 控件的主要功能是在页面存储信息但不显示信息。可以说 HiddenField 控件是其他存储方式的补充，如界面可能需要禁用 ViewStat 或者需要禁用 Cookie 等情况。当浏览器呈现页面时，不会显示 HiddenField 控件中的信息，但用户可以通过查看页面的源文件看到此控件的内容。因此，不要在 HiddenField 控件中存储敏感信息，如用户 ID、密码或信用卡信息等。

与任何其他 Web 服务器控件一样，HiddenField 控件中的信息在回发期间可用。这些

ASP.NET 4.0 功能增强控件 第 5 章

信息在该页之外无法保留。

HiddenField 控件的添加和使用如下所示。

（1）选择并拖曳控件到设计页面

通过打开 VS2010 IDE 的工具箱选择"标准"栏并拖曳 HiddenField 控件，如图 5-66 所示。

（2）存储值的方法

HiddenField 控件最主要的一个事件为 ValueChanged。该事件当 HiddenField 控件的值更改时触发。范例将结合该事件说明其功能和使用方法。

在界面中设计一个提供输入值的文本控件、一个提交按钮和一个显示目前值的 Label 控件。当输入新值并单击提交按钮后将显示 HiddenField 控件中新存储的值，界面代码如下：

图 5-66 添加 HiddenField 控件

```
<form id="form1" runat="server">
    <div>
        <asp:HiddenField ID="HiddenField1" runat="server" OnValueChanged="HiddenField1_ValueChanged" />
        输入一个预存储的值<asp:TextBox ID="TextBox1" runat="server" OnTextChanged="TextBox1_TextChanged"></asp:TextBox>
        目前保存的值为：<asp:Label ID="Label1" runat="server" Text="Label"></asp:Label>
         
        <br />
        <asp:Button ID="Button1" runat="server" Text="提交测试" /></div>
</form>
```

相关事件代码如下：

```
protected void Page_Load(object sender, EventArgs e)
{
    HiddenField1.Value = TextBox1.Text;

}
protected void HiddenField1_ValueChanged(object sender, EventArgs e)
{
}
protected void TextBox1_TextChanged(object sender, EventArgs e)
{
    HiddenField1.Value= TextBox1.Text;

    Label1.Text = HiddenField1.Value;
}
```

上述代码保存在代码包"第 5 章\HiddenFieldDemo\HiddenField.aspx 和 HiddenField. aspx.cs"中。

5.18 Substitution 控件

Substitution 控件属于缓存控件类，当系统页面使用了全局缓存时可以通过该控件控制某个区域的动态信息更新，避免了都被缓存的问题。

通过 Substitution 控件可以将不需要缓存的动态内容插入到缓存页中。Substitution 控件不会呈现任何标记。该控件需要获取一个静态方法来绑定动态信息。该静态方法的编写规则如下：
- 此方法被定义为静态方法（在 Visual Basic 中为共享方法）。
- 此方法接受 HttpContext 类型的参数。
- 此方法返回 String 类型的值。

Substitution 控件的添加和使用如下所示。

（1）选择并拖曳控件到设计页面

通过打开 VS2010 IDE 的工具箱选择"标准"栏并拖曳 Substitution 控件，如图 5-67 所示。

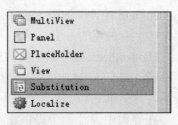

图 5-67　添加 Substitution 控件

（2）Substitution 控件的使用

Substitution 控件主要用于结合界面的非缓存区域信息更新，通过范例将演示出现在界面的两个不同时间，一个时间为页面被加载时放入缓存的时间，另一个时间为请求页面时的实际时间。整个范例页面启用了全局缓存，时间为 60s。具体界面代码如下：

```
form id="form1" runat="server">
    <div>
        Current Time is:  <asp:Substitution ID="Substitution1" runat="server" MethodName="GetTime" />
        <br />
        Cached Time is： <asp:Label ID="Label1" runat="server" Text="Label"></asp:Label></div>
    </form>
```

在代码编写时需要为 Substitution 控件设定一个类型为 static 的静态方法，名称为 GetTime。按照该静态方法的编写规则需要类型为 HttpContext 的参数。具体功能代码如下：

```
protected void Page_Load(object sender,   EventArgs e)
{
    Label1.Text = DateTime.Now.ToString();
}
public static String GetTime(HttpContext context)
{
    return DateTime.Now.ToString();
}
```

界面运行如图 5-68 和图 5-69 所示。

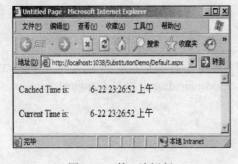
图 5-68　第一次运行

图 5-69　页面刷新后

上述代码保存在代码包"第 5 章\SubstitutionDemo\Substitution.aspx 和 Substitution.aspx.cs"中。

第6章 ASP.NET 4.0 中的 MasterPager

母版（MasterPager）是 ASP.NET 4.0 界面设计的一个重要功能，在界面设计和项目维护中将起到革命性的作用。丰富的界面表现形式和较高的可维护性是它的亮点。使用 ASP.NET 母版页可以为应用程序中的页创建相同的布局和界面风格。单个母版页可以为应用程序中的所有页（或一组页）定义所需的外观和标准行为。

6.1 新建 MasterPager

创建 MasterPager 需要通过添加新项完成。具体做法是在需要使用母版功能的项目中选择"添加新项"，在弹出的对话框中选择"母版页"并输入需要的母版名字。最后单击添加按钮即可创建成功。

操作步骤如下所示。

1）选择新项，如图 6-1 所示。
2）选择母版确定名称，如图 6-2 所示。

图 6-1 添加新项

图 6-2 选择母版

创建完成母版页后，需要打开母版页认识一下它的结构，并区分它和普通的 aspx 页的区别。每个母版页的文件扩展名都为.master，这些文件在运行时被编译为 MasterPager 对象，并被缓存在服务器内存中。母版页的类名用 Master 指令的 ClassName 属性定义，每个与母版页相关的内容页必须在其 Page 指令的 MasterPageFile 属性中引用母版页。内容页只能包含该 Page 指令和一个或多个 Content 控件。

在母版页的界面代码中有用<div>包裹着的一个 ASP 控件 Contentplaceholder，该控件可以被认为是一个"内容占位符",它的作用就是先通过 div 或者 table 进行分割,然后标识一个页面区域。母版页 MasterPage.master 的代码如下:

```
<%@ Master Language="C#" AutoEventWireup="true" CodeFile="MasterPage.master.cs" Inherits="MasterPage" %>
<!DOCTYPE html PUBLIC "-//W3C//DTD XHTML 1.0 Transitional//EN" "http://www.w3.org/TR/xhtml1/DTD/xhtml1-transitional.dtd">
<html xmlns="http://www.w3.org/1999/xhtml" >
<head runat="server">
    <title>无标题页</title>
</head>
<body>
    <form id="form1" runat="server">
    <div>
        <asp:contentplaceholder id="ContentPlaceHolder1" runat="server">
        </asp:contentplaceholder>
    </div>
    </form>
</body>
</html>
```

上述代码保存在代码包"第 6 章\MasterPager\MasterPage.master"中。

6.2 在内容页嵌入 MasterPager

母版页 MasterPager 要想发挥功能,必须把该模板嵌入到内容页中。下面介绍如何添加一个内容页并引用目前已经设计好的母版页 MasterPager。

通过"添加新项"添加一个 web 窗体,如果需要把母版页 MasterPager 引用进来还需要对复选框"将代码放在单独的文件中"和"选择母版页"进行设置。"选择母版页"复选框用于设置所创建的 Web 窗体是否绑定母版页。如果创建的是内容页,那么必须选中该选项。结束以上操作之后,可以单击"添加"按钮,如图 6-3 所示。

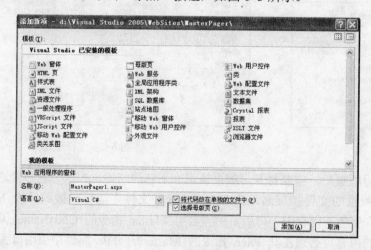

图 6-3 添加内容页

单击"添加"按钮后 IDE 将要求选择母版页,如果已经有存在的母版页则会显示在右边的列表中。确定选择后单击"确定"按钮即可实现带母版的内容页的添加,如图 6-4 所示。

ASP.NET 4.0 中的 MasterPager 第6章

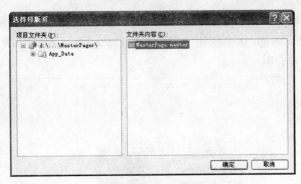

图 6-4 选择母版页

添加完成的内容页将按照母版页生成，IDE 将用控件 content 替代母版页的占位控件 contentplaceholder。范例 MasterPager1.aspx 页界面如图 6-5 所示。

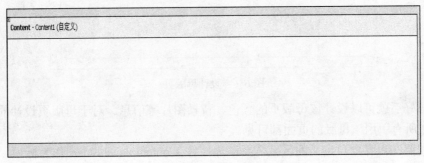

图 6-5 内容页

创建的内容页不包括母版页的 HTML 代码等信息，内容页中除了代码头声明外，仅包含 Content 控件。内容页的代码头声明与普通.aspx 文件相似，但是新增加了两个属性：MasterPageFile 和 Title。属性 MasterPageFile 用于设置该内容页所绑定的母版页的路径，属性 Title 用于设置页面 title 值。在创建内容页过程中，由于已经指定了所绑定母版页，因此 Visual Studio 将自动设置 MasterPageFile 属性值。另外，在源代码中还设置了一个 Content 控件 Content1。控件内部包含的内容是页面的非公共部分。通过设置属性 ContentPlaceHolderID 将 Content1 与母版页的 ContentPlaceHolder1 对应。在页面运行时，Content 控件中包含的内容将显示在母版页中的对应位置。

范例 MasterPager1.aspx 页界面代码如下：

```
<%@ Page Language="C#" MasterPageFile="~/MasterPage.master" AutoEventWireup="true" CodeFile="MasterPager1.aspx.cs" Inherits="MasterPager1" Title="Untitled Page" %>
    <asp:Content ID="Content1" ContentPlaceHolderID="ContentPlaceHolder1" Runat="Server">
    </asp:Content>
```

上述代码保存在代码包"第 6 章\MasterPager\MasterPager1.aspx"中。

6.3 使用多个内容区域和默认内容

在设计实际的母版页和内容页时会出现相对复杂的页面内容，当设计母版页时应根据需要首先设计好页面内容布局。布局完成后需要为自定义区域添加控件 ContentPlaceHolder。一个母版页可以添加多个控件ContentPlaceHolder。下面将设计一个多自定义区域的母版页和内容页。

1）创建母版。在Design状态创建一个名称为Demo1.master的母版页。在界面中画出一个3列的表格，如图6-6所示。

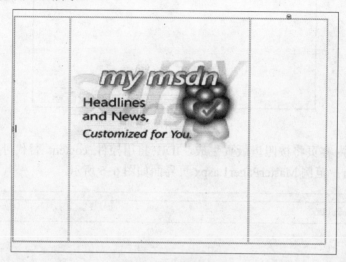

图6-6 设计母版页

表格画好后就可以设计该母版页的颜色、背景图片等信息。对于母版页设计的图片、文字等信息在所有引用该母版的页面都可见。

对于需要在内容页自定义的区域需要添加控件Contentplaceholder作为标识。此处为页面表格的3列各添加3个Contentplaceholder作为自定义区域，如图6-7所示。

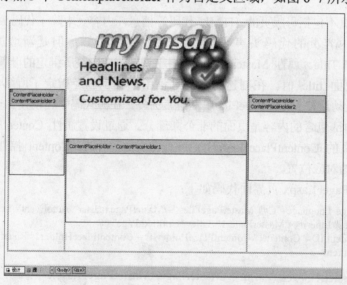

图6-7 添加自定义区域

通过以上几步的设置，一个母版页就设计完成了，名称为Demo1.master。完成后的母版页界面代码如下：

```
<%@ Master Language="C#" AutoEventWireup="true" CodeFile="Demo1.master.cs" Inherits="Demo1" %>
<!DOCTYPE html PUBLIC "-//W3C//DTD XHTML 1.0 Transitional//EN" "http://www.w3.org/TR/xhtml1/DTD/xhtml1-transitional.dtd">
```

```html
<html xmlns="http://www.w3.org/1999/xhtml" >
<head runat="server">
    <title>无标题页</title>
</head>
<body>
    <form id="form1" runat="server">
    <div>
         <table style="width: 840px; height: 590px">
            <tr>
                <td style="width: 148px; height: 586px">
                    <asp:ContentPlaceHolder ID="ContentPlaceHolder3" runat="server">
                    </asp:ContentPlaceHolder>
                </td>
                <td style="width: 476px; height: 586px">
                     <img src="Images/my_msdn.jpg" style="clip: rect(0px auto auto auto); display: block; visibility: visible; width: 474px; position: relative; top: -69px; height: 228px;" />
                    <asp:ContentPlaceHolder ID="ContentPlaceHolder1" runat="server">
                    </asp:ContentPlaceHolder>
                     
                </td>
                <td style="height: 586px">
                     <asp:ContentPlaceHolder ID="ContentPlaceHolder2" runat="server">
                    </asp:ContentPlaceHolder>
                </td>
            </tr>
        </table>
    </div>
    </form>
</body>
</html>
```

2）内容页。内容页其实就是引入了母版的特殊 ASPX 页，通过选择"添加新项"添加 Web 窗体，名称为 Demo1.aspx。"选择母版页"复选框必须勾选上，具体步骤可以参考 6.2 节。如图 6-8 所示。

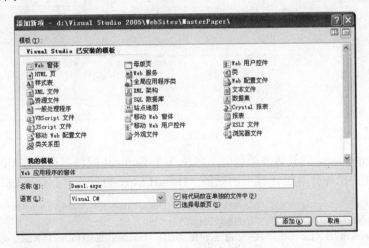

图 6-8　添加内容页

随后的步骤则需要选择将该内容页引入母版页，选择范例母版 Demo1.master，如图 6-9 所示。

选择完毕，单击"确定"按钮，IDE 将生成名称为 Demo1.aspx 的内容页。该内容页包括 3 个自定义区域和继承自原始母版页的设计风格，如图 6-10 所示。

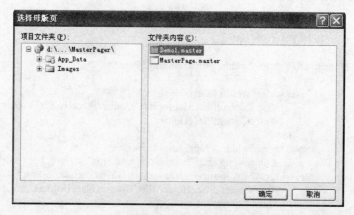

图 6-9　选择母版页

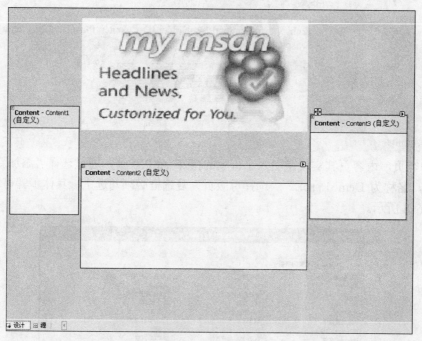

图 6-10　生成的内容页

内容页 Demo1.aspx 的具体界面代码中包括 3 个 Content 控件，在控件 Content 中开发人员可以自行添加任意控件并设计该页的功能。Demo1.aspx 的具体界面代码如下：

```
<%@ Page Language="C#" MasterPageFile="~/Demo1.master" AutoEventWireup="true" CodeFile="Demo1.aspx.cs" Inherits="Demo1" Title="Untitled Page" %>
    <asp:Content ID="Content1" ContentPlaceHolderID="ContentPlaceHolder3" Runat="Server">
    </asp:Content>
    <asp:Content ID="Content2" ContentPlaceHolderID="ContentPlaceHolder1" Runat="Server">
    </asp:Content>
    <asp:Content ID="Content3" ContentPlaceHolderID="ContentPlaceHolder2" Runat="Server">
    </asp:Content>
```

第6章 ASP.NET 4.0 中的 MasterPager

上述代码保存在代码包"第 6 章\MasterPager\Demo1.aspx、Demo1.master"中。

6.4 动态使用 MasterPager

MasterPager 是非常灵活的解决方案，在实际使用中除了可以按照 6.3 节所介绍的方式添加设计外，其强大的功能还支持动态加载。动态使用 MasterPage 将可以实现根据不同的用户、不同的权限显示页面不同的布局风格。如微软的 Live Spaces 个人博客就充分使用了更换 MasterPager 的原理，丰富了用户的体验。

在范例中将通过两个布局不同的母版展示动态加载的做法。利用 6.3 节已经创建的母版 Demo1.master 作为基础创建 Demo2.master 并调整其布局。具体创建步骤可以参考 6.2 节和 6.3 节。

调整自定义区域布局后的 Demo2.master，如图 6-11 所示。

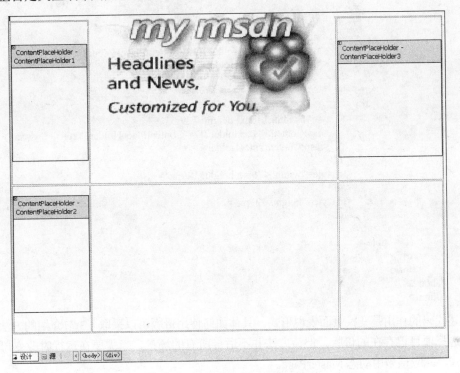

图 6-11　母版页 Demo2.master

母版页 Demo2.master 的界面代码如下：

```
<%@ Master Language="C#" AutoEventWireup="true" CodeFile="Demo2.master.cs" Inherits="Demo2" %>
<!DOCTYPE html PUBLIC "-//W3C//DTD XHTML 1.0 Transitional//EN" "http://www.w3.org/TR/xhtml1/DTD/xhtml1-transitional.dtd">
<html xmlns="http://www.w3.org/1999/xhtml" >
<head id="Head1" runat="server">
    <title>无标题页</title>
<script language="javascript" type="text/javascript">
// <![CDATA[
function TABLE1_onclick() {
```

```
            }
            // ]]>
        </script>
    </head>
    <body>
        <form id="form1" runat="server">
        <div>
             <table style="width: 840px; height: 590px" id="TABLE1" onclick="return TABLE1_onclick()">
                <tr>
                    <td style="width: 148px; height: 237px">
                         <asp:ContentPlaceHolder ID="ContentPlaceHolder1" runat="server">
                        </asp:ContentPlaceHolder>
                    </td>
                    <td style="width: 476px; height: 237px">
                         <img src="Images/my_msdn.jpg" style="clip: rect(0px auto auto auto); display: block; visibility: visible; width: 474px; position: relative; top: -69px; height: 228px;" />
                          
                    </td>
                    <td style="height: 237px">
                         
                        <asp:ContentPlaceHolder ID="ContentPlaceHolder3" runat="server">
                        </asp:ContentPlaceHolder>
                    </td>
                </tr>
                <tr>
                    <td style="width: 148px; height: 129px">
                        <asp:ContentPlaceHolder ID="ContentPlaceHolder2" runat="server">
                        </asp:ContentPlaceHolder>
                    </td>
                    <td style="width: 476px; height: 129px">
                    </td>
                    <td style="height: 129px">
                    </td>
                </tr>
            </table>
        </div>
        </form>
    </body>
</html>
```

上述代码的作用是变换页面表现形式。具体如何使用母版可以采取 6.3 节介绍的方法添加内容页并选择项目已存在的母版。但该方法并不适合所有的场景，当需要在运行时改变母版及其表现形式，就应该采用动态 MasterPage。

具体需要编写相应的代码，动态为页面指定母版。代码需要编写页面预初始化事件 Page_PreInit。在该事件中需要给内容页基类中属性 MasterPageFile 赋值（母版名称），当页面重新加载时将根据指定的母版装载动态母版页。在范例中如果启用动态加载代码则页面呈现 demo2.master 的样式，否则呈现 demo1.master 的设计样式，代码如下：

```
public void Page_PreInit()
{
    this.MasterPageFile = "~/demo2.master";
}
```

范例内容页 Demo1.aspx 动态装载 demo1.master 和 demo2.master，运行效果如图 6-12、图 6-13 所示。

第6章 ASP.NET 4.0 中的 MasterPager

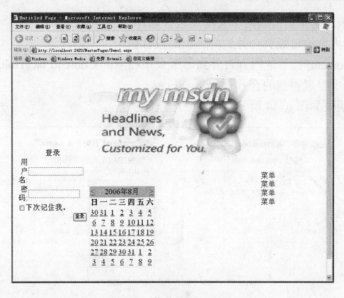

图 6-12　装载 demo1.master

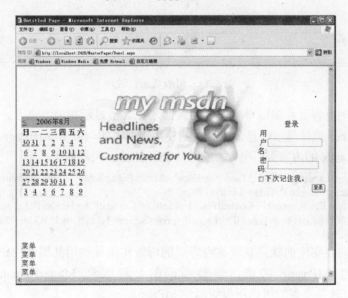

图 6-13　装载 demo2.master

上述代码保存在代码包"第 6 章\MasterPager\Demo1.master、Demo2.master、Demo1.aspx、Demo1.aspx.cs"中。

6.5　在运行时访问 MasterPager

在实际开发过程中也许会需要在内容页获取母版页中的某些公共属性、变量等需求。母版页运行时行为需要按照如下的步骤处理：

1）用户通过输入内容页的 URL 来请求某页。

2）获取该页后，读取 Page 指令。如果该指令引用一个母版页，则也读取该母版页。如果这是第一次请求这两个页，则两个页都要进行编译。

3）将更新的内容的母版页合并到内容页的控件树中。

4）将各个 Content 控件的内容合并到母版页中相应的 ContentPlaceHolder 控件中。

5）在浏览器中呈现得到的合并页。

运行时的母版页如图 6-14 所示。

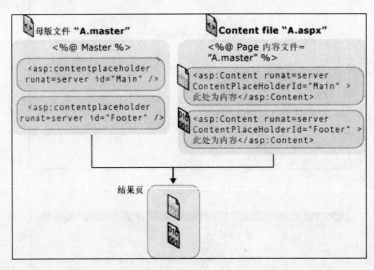

图 6-14　母版页运行时

下面创建一个内容页并调用母版页中的属性，把其值显示在内容页上。需要为创建的内容页定义一个 Label 控件显示信息，而母版则使用 6.1 节的母版 MasterPage.master 即可。创建名称为 Demo3.aspx 的内容页，并添加一个 Label 控件。代码如下：

```
<%@ Page Language="C#" MasterPageFile="~/MasterPage.master" AutoEventWireup="true" CodeFile="Demo3.aspx.cs" Inherits="Demo3" Title="Untitled Page" %>
<asp:Content ID="Content1" ContentPlaceHolderID="ContentPlaceHolder1" Runat="Server">
母版中的属性值为：<asp:Label ID="Label1" runat="server" Text="Label" Width="365px"></asp:Label>
</asp:Content>
```

编写的代码需要实现的就是获取该内容页的母版实例并调用其属性 MPname。Label 控件负责显示属性 MPname 的值。需要明确的是母版页 MasterPage.master 的类名为 MasterPage，经过转换类型即可调用母版属性 MPname。

具体的实现代码如下：

```
public partial class Demo3 : System.Web.UI.Page
{
    protected void Page_Load(object sender, EventArgs e)
    {
        MasterPage Master= (MasterPage)Page.Master;
        Label1.Text = Master.MPname;
    }
}
```

对于母版页 MasterPage.master 需要为其编写一个名称为 MPname 的属性并预先赋予它一个字符串。母版页代码如下：

```
public partial class MasterPage : System.Web.UI.MasterPage
{
```

```
            private string    _name="我是母版页 MasterPage.master 中的值";
            public string MPname
            {
                set
                {
                    _name = value ;
                }
                get
                {
                    return _name;
                }
            }
```

通过上述步骤即可访问母版页中的属性、变量等信息。Demo3.aspx 内容页运行效果如图 6-15 所示。

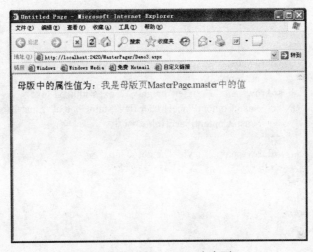

图 6-15 Demo3.aspx 内容页

上述代码保存在代码包"第 6 章\MasterPager\MasterPager1.aspx、MasterPager1.aspx.cs、Demo3.aspx、Demo3.aspx.cs"中。

6.6 嵌套的 MasterPager

母版页嵌套其实就是让一个母版页引用另外的页作为其母版页。嵌套的母版页可以实现组件化的母版页，帮助开发人员按照系统规模要求组装不同的母版并分出层次结构。例如，大型网站一般都有总体风格的母版页，不同的频道又可以定义各自的子母版页，这些子母版页引用网站母版页，并定义各自的局部外观。

在创建嵌套母版页时需要明确子母版页通常会包含一些内容控件，这些控件将映射到父母版页上的内容占位符。子母版页的布局方式与所有内容页类似，子母版页还有自己的内容占位符，可用于显示其子页提供的内容。

范例将创建一个父母版页和一个子母版页，并使用新创建的内容页呈现最后的嵌套效果。

先创建父母版页，该页将规定界面的风格、图片、颜色等信息。父母版页名称为 Parent.master，界面代码如下：

```
<%@ Master Language="C#" AutoEventWireup="true" CodeFile="Parent.master.cs" Inherits="Parent" %>
<!DOCTYPE html PUBLIC "-//W3C//DTD XHTML 1.0 Transitional//EN" "http://www.w3.org/TR/xhtml1/DTD/xhtml1-transitional.dtd">
<html xmlns="http://www.w3.org/1999/xhtml" >
<head runat="server">
    <title>无标题页</title>
</head>
<body>
    <form id="form1" runat="server">
    <div>
         <table style="width: 933px; height: 615px; background-color: #ccccff;">
            <tr>
                <td colspan="3" rowspan="1" style="background-position: center center; background-attachment: fixed; background-image: url(Images/msdnbottom.jpg); background-repeat: repeat; height: 59px;" align="center">
                </td>
            </tr>
            <tr>
                <td rowspan="2" style="height: 275px; width: 157px;">
                     </td>
                <td rowspan="2" style="height: 275px; width: 518px;">
                    <asp:ContentPlaceHolder ID="MainContent" runat="server">
                    </asp:ContentPlaceHolder>
                </td>
                <td rowspan="2" style="height: 275px">
                </td>
            </tr>
            <tr>
            </tr>
        </table>
    </div>
    </form>
</body>
</html>
```

父母版页设计视图如图 6-16 所示。

子母版主要是完成嵌套的目的,所以对于父母版的占位控件要使用内容控件 Content 替换,设计子母版页的内容并添加占位控件 ContentPlaceHolder。该子母版页名称为 Child.Master,其界面代码如下:

```
<%@ Master Language="C#"  MasterPageFile="Parent.master"%>
<asp:Content id="Content1" ContentPlaceholderID="MainContent" runat="server">
    <asp:panel runat="server" id="panelMain" backcolor="lightyellow">
    <h2>子母版页</h2>
        <asp:panel runat="server" id="panel1" backcolor="lightblue">
            <p>这里是子母版页</p>
            <asp:ContentPlaceHolder ID="Childcontent" runat="server" />
        </asp:panel>
    </asp:panel>
</asp:Content>
```

内容页为 Demo4.aspx,创建该页时选择子母版页 Child.Master。该页是嵌套的最外层,开发和设计人员可以在该页安排非常具体的内容和用户体验。该页界面代码如下:

第 6 章 ASP.NET 4.0 中的 MasterPager

图 6-16 父母版设计视图

```
<%@ Page Language="C#" MasterPageFile="~/Child.Master" AutoEventWireup="true" CodeFile=的
"Demo4.aspx.cs" Inherits="Demo4" Title="Untitled Page" %>
    <asp:Content ID="Content1" ContentPlaceHolderID="Childcontent" Runat="Server">
     <asp:Label runat="server" id="Label1"
         text="这里是内容页自定义区域" font-bold="true" />
     <br>
    </asp:Content>
```

完成上述设计,通过运行内容页 Demo4.aspx 可以发现该页通过嵌套实现了两个母版特色在内容页的展现,范例中内容页 Demo4.aspx 运行效果如图 6-17 所示。

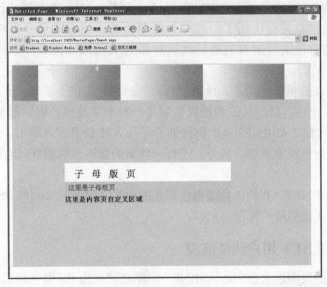

图 6-17 嵌套效果

上述代码保存在代码包"第 6 章\MasterPager\Parent.master、Child.master、Demo4.aspx"中。

第7章 ASP.NET 4.0 成员和角色管理

ASP.NET 4.0 相对于前面的版本一个非常显著的不同之处在于它提供了一系列基于 Provider 模式（提供者模式，设计模式的一种）的新功能。成员管理功能即是新功能中的一个，它为 Web 站点提供了通用的用户创建、密码设定以及用户的管理功能。ASP.NET 4.0 的成员管理功能非常强大，它提供了非常多的功能和相关的调用接口，不仅如此，它也具有很好的扩展性，开发者可以对成员管理的核心功能进行扩展甚至提供自己设计的成员管理类库。本章将对 ASP.NET 4.0 成员管理功能进行详细的讲解。

7.1 认证和授权

用户认证（Authentication）和授权（Authorization）在许多 Web 站点和基于浏览器的应用程序中都非常重要。在传统的 Web 应用程序中，主要使用 Form（表单）的方式进行用户和角色的管理。使用表单认证的时候，可以将未经认证的用户重定向到一个包含表格的页面，让用户能够填写必要的信息之后提交表格。用户经过应用程序的认证以后，用户的浏览器将会收到一个 HTTP 的 cookie，该 cookie 表示用户已经被认证，之后就不用再输入认证信息进行认证了。这种久经考验的认证方式至今仍然非常有效，缺点就是需要开发人员自己编写所有的验证代码和相关的代码。在大多数情况下，编写这些代码都是比较耗时的。

ASP.NET 4.0 在提供新的用户、角色管理功能的同时提供了新的认证和授权机制来管理 Web 站点的用户和角色。新的认证和授权机制是一种非常简单易用的框架，后台使用 SQL Server 作为数据的存储。ASP.NET 4.0 也提供了许多 API 供开发者调用，来实现以程序代码的方式访问成员和角色管理系统。另外，还有一些新的服务器端控件与新的认证和授权功能密切相关。

在开始进入 ASP.NET 4.0 的成员或角色管理的内容之前，先来回顾 IIS 和 ASP.NET 安全处理流程以及用户认证和角色管理的知识。

7.1.1 IIS 和 ASP.NET 用户认证流程

由客户端而来的页面请求在到达 ASP.NET 引擎之前，由 IIS 服务器负责验证基本的安全属性。通过 IIS 的验证以后，ASP.NET 应用程序被启动，请求被转发到 ASP.NET 应用程序。ASP.NET 应用程序根据系统设置和配置文件，验证发送请求的用户的身份是否合法。如果是合法用户，ASP.NET 应用程序会检查应用程序是否启用了角色系统，如果启用，则为用户映射相应的角色。如图 7-1 所示，页面的请求在 IIS 和 ASP.NET 中按照固定的流程进行了处理。

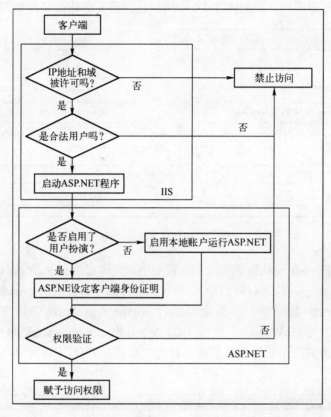

图 7-1　IIS/ASP.NET 请求处理流程

7.1.2　认证

认证（Authentication）就是验证用户身份的一个过程。在这个过程中，应用程序会验证用户的身份是否为应用程序认定的合法身份。在对用户进行授权之前必须经过认证的过程。在 ASP.NET 4.0 中，用户认证通过新的用户管理功能实现。

7.1.3　授权

授权（Authorization）是为经过认证的用户指定可访问资源的过程。授权通过 ASP.NET 4.0 中的角色管理功能实现。

7.2　ASP.NET 4.0 用户认证

ASP.NET 4.0 提供了成员管理服务来处理每个页面或者整个站点的用户认证过程。不仅增加了一些新的与用户认证相关的类库和方法，还增加了一些新的服务器控件以方便开发人员的工作。

在可以使用安全相关的控件之前，必须对现有的 Web 站点进行一些设置，使站点能和新的认证服务功能共同工作。默认的情况下，ASP.NET 4.0 使用内置的 AspNetSqlProvider 来储存应用程序中的注册用户。ASP.NET 4.0 中用户认证服务的体系结构如图 7-2 所示。

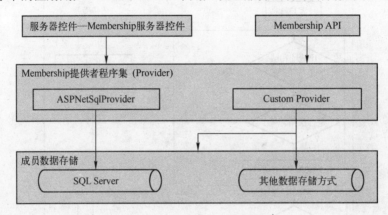

图 7-2　用户认证功能结构

在使用 ASP.NET 4.0 的认证服务之前，需要检查是否已经把 ASP.NET 的服务信息注册到对应的 SQL Server 中，检查对应的 SQL Server 服务器中有没有 Aspnetdb 数据库。如果数据库中缺少 Aspnetdb 数据库，那么需要运行 aspnet_regsql.exe 工具来完成注册工作。Aspnet_regsql.exe 工具在 Windows 目录下的 Microsoft.net\framework\v4.0.50727\中。使用时，可以在所在文件夹双击鼠标或者以命令行方式启动，并使用/W 参数启动配置向导，如图 7-3 所示。

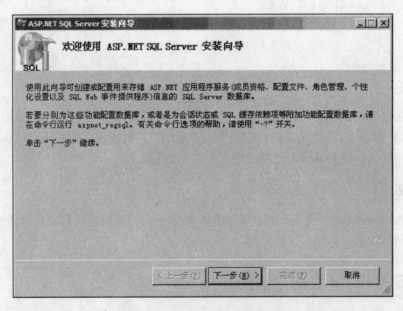

图 7-3　Aspnet_regsql.exe 注册向导

单击"下一步"按钮，按照默认的选项进行配置，然后在如图 7-4 所示的步骤中填入对应的 SQL Server 服务器名字和对应的登录方式即可。

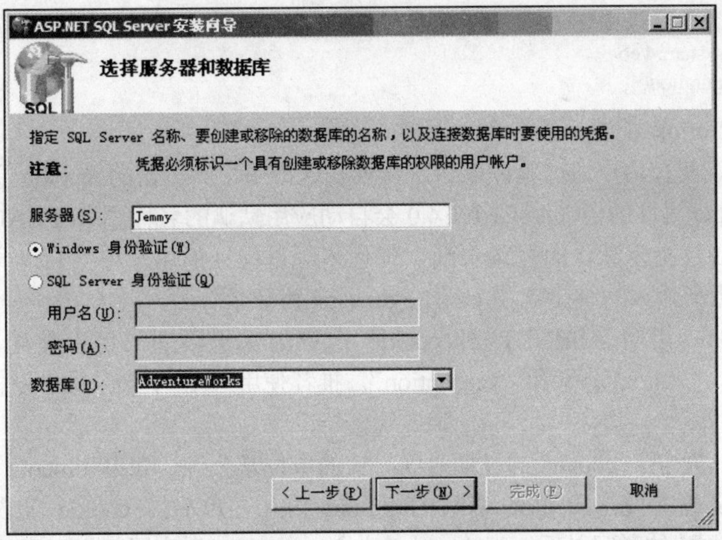

ASP.NET 4.0 成员和角色管理　第 7 章

图 7-4　aspnet_regsql 数据库服务器选择

完成 ASP.NET 4.0 应用程序在 SQL Server 的注册以后，就可以开始配置应用程序启用新的成员认证服务了。首先，要使用成员管理功能的表单（Form）认证，需要在站点的 web.config 文件中增加下面的代码：

```
<configuration>
    <system.web>
        <authentication mode="Forms"/>
    </system.web>
</configuration>
```

只需要简单地在 web.config 配置文件中增加<authentication>配置元素就可以开启新成员管理服务了，然后再为 mode 属性指定"Forms"的值就启用了表单认证。除了可以使用"Forms"值以外，还可以使用"Windows"、"Passport"和"None"。

上面的代码仅仅是为 Web 应用程序指明了使用 Forms 的认证方式，但是具体如何认证仍然等待着用户提供更加明确的信息。一种常见的情景是，Web 站点允许匿名访问的用户对页面进行访问，不过当 ASP.NET 应用程序检查到用户是匿名用户的时候，就会自动将用户导向一个登录页面。当用户提供登录信息以后，服务器如果认证用户为合法用户，就传回给用户一个 cookie 来表示用户已经通过了认证。为了实现这个典型的情景，需要改动上面的<authentication>配置节点，让它变成如下配置代码所示：

```
<configuration>
    <system.web>
        <authentication mode="Forms">
            <forms name=".ASPXAUTH"
                loginUrl="Userlogin.aspx"
                protection="All"
                timeout="90"
                path="/"
                requireSSL="false"
                slidingExpiration="true"
                cookieless="useDeviceProfile"/>
```

```
            </authentication>
        </system.web>
    </configuration>
```

下面解释<Forms>配置元素中各个属性的含义。

- name：表明在用户通过验证以后，将要发送给用户浏览器的 cookie 的名字。如果不指定 name 属性的值，ASP.NET 4.0 会自动应用默认的名称".ASPXAUTH"。
- loginURL：指定默认的登录页面，任何未经过验证的用户将被自动导向该页面，在上面的代码中，属性指定了 UserLogin.aspx 为登录页面。
- protection：指明 ASP.NET 对 cookie 内容的保护级别。可以使用的值有"All"、"None"、"Validation"和"Encription"。推荐使用"All"，对 cookies 提供最高级别的保护。
- timeout：规定了 cookie 的过期时间。值的单位是分钟。如果 timeout 的值为 30，那么在服务器端发出 cookie 以后的 30min 内，客户端的 cookie 的内容有效。超出 timeout 规定的时间以后，cookie 内容失效，ASP.NET 应用程序不再承认 cookie 有效性，需要重新认证。
- path：指明发送给用户浏览器的 cookie 的应用程序的路径。
- requireSSL：指定是否明文发送用户的密码，如果值为 false，那么就明文发送，否则通过 SSL 加密传输。
- slidingExpiration：规定了 cookie 过期时间的计算方式。如果为 true，那么 cookie 的过期时间由最后一次访问该 ASP.NET 应用程序开始计算，如果为 false，那么过期时间由第一次访问 ASP.NET 应用程序时开始计算。
- cookieless：ASP.NET 4.0 新增加的一个属性。这个属性的值决定 ASP.NET 应用程序如何使用以及是否使用 cookie。Cookieless 属性的值可能为以下的几个："UseCookies"、"UseProfileDevice"、"AutoDetect"和"UseUri"。如果值为 UseCookies，那么 ASP.NET 应用程序就会使用 cookie 来进行验证；如果为 UseUri，那么 cookie 不会被使用；UseDeviceProfile 表明根据客户端浏览器的设置来决定是否使用 cookie。如果发现客户端浏览器不支持 cookie，那么 ASP.NET 应用程序就不使用 cookie。在代码中判断客户端的浏览器是否支持 cookie，需要验证 Request.Browser.Cookies 和 Request.Browser.SupportsRedirectWithCookie 的值是否都为真。最后，如果 cookieless 的值为 AutoDetect，则需要自动检测浏览器是否支持 cookie。

有两种方法可以为 ASP.NET 的站点添加新的用户。下面就介绍这两种方法。

7.2.1 使用 ASP.NET 管理工具添加用户

在 web.config 文件中设置好适当的配置内容以后，就可以为 Web 站点配置添加用户了。

ASP.NET 4.0 内置了一个站点管理工具，可以通过该工具实现用户的添加。下面介绍如何使用这个工具。首先，在菜单中启动管理工具，如图 7-5 所示。

ASP.NET 配置管理工具是一个内置的 Web 管理器，启动以后会进入如图 7-6 所示的界面，在界面上单击"安全"链接。

ASP.NET 4.0 成员和角色管理　第 7 章

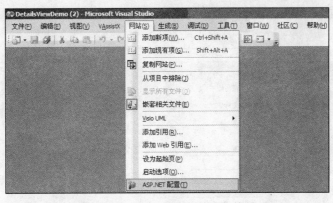

图 7-5　ASP.NET 配置管理菜单项

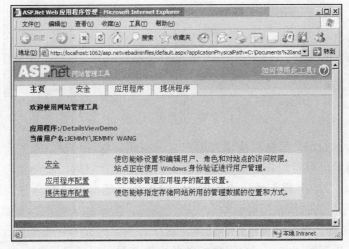

图 7-6　Web 站点管理器

进入安全管理以后，就可以创建 ASP.NET 应用程序的用户了。在图 7-7 所示的界面中单击"创建用户"，进入用户添加页面，如图 7-8 所示。

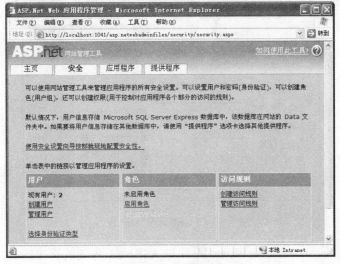

图 7-7　安全配置界面

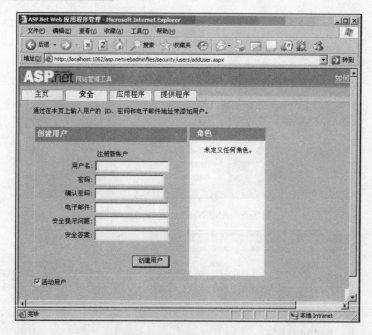

图 7-8　用户添加页面

在图 7-8 所示的用户添加页面填入用户名、密码、邮件地址以及安全问答以后，单击"创建用户"按钮就可以将用户添加到数据库中。添加成功以后，页面上会显示"完成，已成功创建您的账户"的字样。使用内置的 ASP.NET 管理器可以非常方便地添加用户。那么，如果在添加用户的时候希望能够输入更多的信息，应该怎么办呢？例如，开发人员希望能够保存用户的年龄、姓名以及电话等信息，这个时候，内置的管理工具就不再能满足要求了。ASP.NET 4.0 内置的一些与用户管理相关的控件就派上用场了。

7.2.2　使用 CreateUserWizard 创建用户

创建一个站点项目，在页面中加入 CreateUserWizard 控件，如图 7-9 所示。

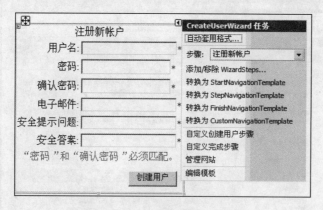

图 7-9　CreateUserWizard 控件

在默认的状态下，CreateUserWizard 控件与 ASP.NET 内置的管理器中的用户管理添加模块的界面和功能都一致，添加完成以后，不需要其他设置就可以使用了，不再赘述。

7.2.3 改变默认的 Provider 设置

在 ASP.NET 内置用户管理器和 CreateUserWizard 控件中，都是使用默认的 MemberShipProvider 的配置。例如，在使用上面的 CreateUserWizard 控件添加用户的时候，默认需要提供未被注册过的邮件地址，密码至少为 7 位且要有一个特殊字符等。可以通过修改默认的 MembersShipProvider 的配置属性，来更改 ASP.NET 对用户输入以及数据存储时的约束。下面就是 Provider 的配置代码：

```
<configuration>
    <system.web>
        <membership>
            <providers>
                <clear />
                <add name="AspNetSqlMembershipProvider"
                    type="System.Web.Security.SqlMembershipProvider"
                    connectionStringName="LocalSqlServer"
                    requiresQuestionAndAnswer="false"
                    requiresUniqueEmail="true"
                    passwordFormat="Hashed"
                    minRequiredNonalphanumericCharacters="0"
                    minRequiredPasswordLength="3" />
            </providers>
        </membership>
    </system.web>
</configuration>
```

现在来对上面的 Provider 配置进行解释。使用<clear/>节点清除任何 web.config 文件之外配置的 provider 内容。接着，使用<add>节点添加要使用的 provider，以及 provider 的参数。name 属性的值指定了要使用的 provider 的名称，type 属性指定了 provider 的类型；connectionStringName 属性需要一个 web.config 或者 machine.config 中已经存在的数据库连接字符串的名称；requireQuestionAndAnswer 属性的值为"true"或者"false"，很容易理解的是，如果值为"true"，在添加用户的时候就不需要填写安全提问和答案，反之则需要；requireUniqueEmail 属性也需要一个 bool 型的值，如果为"true"，则添加用户时必须添加一个数据库中不存在的邮件地址；passwordFormat 规定了密码在数据库中的存放方式，值为"Hashed"时为 SHA1 方式加密存放，如果值为"Encrypted"，那么是以 3DES 方式加密存放。值还可以是"Clear"，那么以明文方式存放密码，不推荐这种方式，因为这种方式最不安全；minRequiredNonalphanumericCharacters 属性接受一个整型数，它规定用户的密码中必须有多少不是字母和数字的符号的数量，这里是"0"，默认是 1；minRequiredPasswordLength 属性则规定了密码的最小长度，默认是 7，这里则是"3"。改变这些参数以后就可以改变对输入的内容的约束了。

7.2.4 个性化 CreateUserWizard 控件

改变了默认的 AspNetSqlMemberShipProvider 的设置以后，在一定程度上就可以对用户添加的过程进行控制了，不过这离广大用户的要求还相差很远。CreateUserWizard 控件提供给用户不同层面上的扩展性，从界面、注册内容，到注册的步骤都可以进行扩展。下面介绍如何进行操作。

和众多 ASP.NET 控件一样，CreateUserWizard 控件的界面可以进行定制。在 membershipdemo 站点中，打开 Adduser.aspx 页面，在智能标记向导中选择"注册新账户"步骤，然后单击"自定义创建用户步骤"就可以进入编辑状态，如图 7-10 所示。

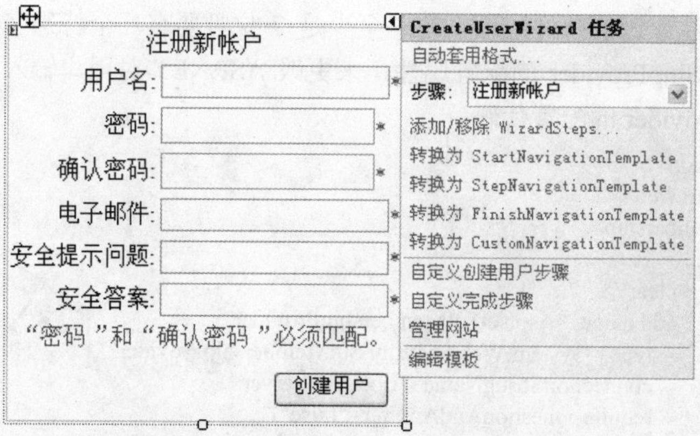

图 7-10 编辑 CreateUserWizard 控件的步骤界面

现在开发者就可以对 CreateUserWizard 中的用户界面进行改动了，并且可以提供更多的输入内容。对 AddUser.aspx 页面中的 CreateUserWizard 控件增加一个步骤 FirstStep，如 7-11 所示。

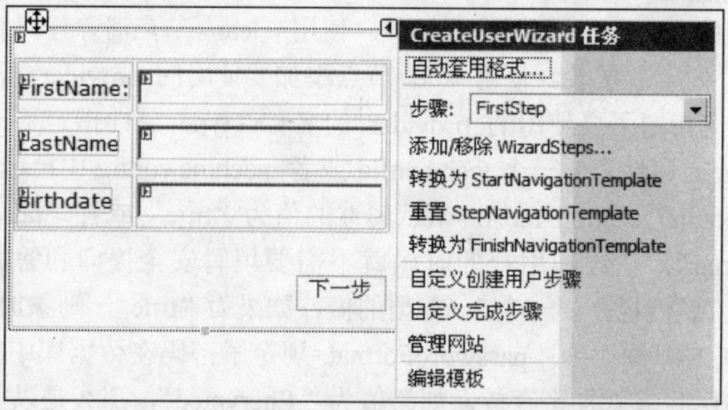

图 7-11 个性化界面

在 CreateUserWizard 中，添加了 Birthdate、FirstName 和 LastName 等内容，现在就可以将 Birthdate、FirstName 和 LastName 等属性输入到 CreateUserWizard 控件中了。可以输入信息还不等于能够把信息存放进数据库，还需要进行更多的工作。在 web.config 中，添加下面的 profile 节点的代码：

```xml
<?xml version="1.0"?>
<configuration xmlns="http://schemas.microsoft.com/.NetConfiguration/v4.0">
    <system.web>
        <anonymousIdentification enabled="true" />
        <profile>
            <properties>
                <add name="FirstName" allowAnonymous="true"/>
                <add name="LastName" allowAnonymous="true"/>
```

```
                <add name="Birthdate" allowAnonymous="true"/>
                <add name="Sex"/>
            </properties>
        </profile>
        <authentication mode="Forms">
            <forms timeout="60" />
        </authentication>
            <compilation debug="true">
        </system.web>
    </configuration>
```

上面的代码保存在代码包"第 7 章\membershipDemo\web.config"中。

这里先不介绍为什么要这样用，不过也应该看得出，这里添加了 4 个字段，分别为"FirstName"、"LastName"、"Birthdate"和"Sex"。然后，为页面中的 CreateUserWizard 控件添加针对 UserCreate 事件的处理方法，代码如下：

```
public partial class AddUser : System.Web.UI.Page
{
    protected void Page_Load(object sender, EventArgs e)
    {
    }
    protected void CreateUserWizard1_CreatedUser(object sender, EventArgs e)
    {
        Profile.Birthdate = BirthdateTextBox.Text;
        Profile.FirstName = FirstNameTextBox.Text;
        Profile.LastName = LastNameTextBox.Text;
        CreateUserWizard1.ActiveStepIndex = 2;
    }
}
```

上面的代码保存在代码包"第 7 章\membershipDemo\adduser.aspx.cs"中。

上面的代码意味着在 CreateUserWizard 控件向数据库中添加控件的时候，添加 Birthdate、FirstName 和 LastName 等信息。添加信息通过 Profile 对象进行。要通过 Profile 对象添加额外信息，就必须在添加信息之前在 web.config 中设置要添加的信息项。通过 Profile 添加的信息会被保存在 aspnetdb 数据库的 Profile 表中。

7.2.5 使用 Login 相关的控件

1．使用 Login（登录）控件

添加了用户以后，用户就可以使用正确的用户名和密码进行登录了。在 ASP.NET 4.0 之前，开发者需要自己编写登录页面并验证用户名和密码，ASP.NET 4.0 为这个操作专门提供了对应的服务器控件，减少了开发者的工作量。现在看看如何使用登录（Login）服务器控件。

在 MembershipDemo 中，添加新的服务器页面 Login.aspx。在 Login.aspx 中添加一个 Login 控件。现在直接在浏览器中浏览 Login.aspx，如图 7-12 所示。

使用在前面小节中添加过的用户名，在 UserName 框中输入用户名和相应的密码，如果登录成功的话，页面会导向 Default.aspx 页面，如果失败则会显示如图 7-13 所示的页面。

仅仅这样是不够的，现在需要将所有未登录用户的访问都重定向到 login.aspx 页面。首先在 web.config 文件中，添加<authorization>配置节点，如下所示：

```
<?xml version="1.0" encoding="utf-8" ?>
<configuration>
```

```
            <system.web>
                <authentication mode="Forms" />
                <authorization>
                    <deny users="?" />
                </authorization>
            </system.web>
        </configuration>
```

图 7-12 Login.aspx 页面

图 7-13 登录失败

配置好了以后，再次浏览 membershipDemo 站点中的任何一个页面，都会被导向至 login.aspx 页面。以 default.aspx 页面为例，如果未登录的用户访问 default.aspx 页面，则会被导向至 login.aspx 页面，地址为 http://localhost:4157/Membershipdemo/login.aspx?ReturnUrl=%2fMembershipdemo%2fDefault.aspx。login.aspx 页面通过 Url 查询字符串中的 Returnurl 参数确定用户访问的页面，在登录成功以后可以通过这个参数的值返回用户之前要访问的页面。

2．使用 LoginStatus 控件

登录控件有 3 个比较重要的属性：CreateUserUrl、HelpPageUrl 和 PasswordRecoveryUrl。

CreateUserUrl 在登录控件中显示一个超级链接，可以在用户没有注册过的情况下将用户导向注册页面，从而添加用户；HelpPageUrl 也显示一个超级链接，用户可以单击这个链接进入帮助信息页面；PasswordRecoveryUrl 则显示一个指向密码获取页面的链接。如图 7-14 所示，登录控件在指定上面这个属性以后，显示出了对应的链接。

用户通过登录控件登录以后，应该能在页面上看见自己的登录状态，为了满足这个要求，可以使用 LoginStatus 控件。在 membershipDemo 站点的 Default.aspx 页面上添加这个控件。

然后在浏览器中浏览 Default.aspx 页面，如果浏览器没有保存用户名和密码，那么用户会被导向 login.aspx 页面。登录以后，浏览器回到 default.aspx 页面，LoginStatus 控件会显示如图 7-15 所示的信息。

如果用户已经登录，那么 LoginStatus 控件会在页面上显示 LogoutText 属性的值，默认是"Logout"。反之，如果用户没有登录，那么控件会显示"Login"。

ASP.NET 4.0 成员和角色管理　第 7 章

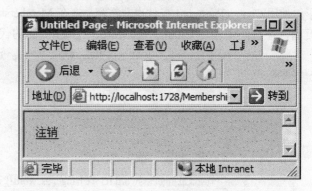

图 7-14　登录控件中的超级链接　　　　图 7-15　LoginStatus 控件信息

3．使用 LoginName 控件

在很多网站上，都有这样一种功能，用户登录以后，会在页面的某个地方显示登录的用户名。在 ASP.NET 4.0 中，直接使用 LoginName 控件就可以简单地实现这个功能。在 Default.aspx 页面中，加入 LoginName 控件，代码如下所示。

```
<%@ Page Language="C#" AutoEventWireup="true" CodeFile="Default.aspx.cs" Inherits="_Default" %>
<html xmlns="http://www.w3.org/1999/xhtml" >
<head runat="server">
    <title>Untitled Page</title>
</head>
<body>
    <form id="form1" runat="server">
    <div>
        <asp:LoginName ID="LoginName1" runat="server" Font-Bold="True" FormatString="{0} 已经登录" />
        <asp:LoginStatus ID="LoginStatus1" runat="server" />
         </div>
    </form>
</body>
</html>
```

上面的代码保存在代码包"第 7 章\membershipDemo\default.aspx"中。

现在浏览 default.aspx 页面，如果用户之前没有选择保存用户名和密码，那么页面会自动转至 login.aspx 进行登录。登录之后，页面回到 default.aspx 页面，如图 7-16 所示，LoginName 控件就会显示出登录用户的用户名。

通过 FormatString 属性，可以定制 LoginName 控件输出的内容，例如在如图 7-16 所示的页面中，使用了这样的 FormatString："{0} 已经登录"。在输出的时候，LoginName 控件会自动使用用户名来替代"{0}"。这样就完成了输出内容及格式的定制。

图 7-16　LoginName 控件

4．使用 ChangePassword 服务器控件

在 ASP.NET 4.0 之前，如果想在网站上为用户提供修改密码的功能，开发者必须使用几个 TextBox 控件和按钮控件，然后编写代码进行检查并进行密码更新的操作。现在，如果使用

ASP.NET 4.0 的成员管理功能，再使用 ChangePassword 控件，那么修改密码的任务就大大减轻了。使用 ChangePassword 控件也非常容易。在 MembershipDemo 站点中新建 changePassword.aspx 页面，在页面中添加 ChangePassword 控件。页面的代码如下所示：

```
<%@ Page Language="C#" AutoEventWireup="true" CodeFile="changepassword.aspx.cs" Inherits="changepassword" %>
<html xmlns="http://www.w3.org/1999/xhtml" >
<head runat="server">
    <title>Untitled Page</title>
</head>
<body>
    <form id="form1" runat="server">
    <div>
        <asp:ChangePassword ID="ChangePassword1" runat="server" BackColor="#D0FFC0"
            CancelButtonText="放弃" ChangePasswordButtonText="更改密码" ChangePasswordTitleText=
            "更改您的密码" ConfirmNewPasswordLabelText="确认新密码："
            ConfirmPasswordCompareErrorMessage="新密码与确认新密码中的密码必须一致"
            NewPasswordLabelText="新密码："
            PasswordLabelText="密码：">
        </asp:ChangePassword>
    </div>
    </form>
</body>
</html>
```

上面的代码保存在代码包"第 7 章\membershipDemo\changepassword.aspx"中。

在 default.aspx 页面添加一个指向 changepassword.aspx 页面的超链接。现在运行 default.aspx，登录用户，然后单击 default.aspx 页面中指向 changepassword.aspx 页面的链接，进入修改密码的页面。Changepassword.aspx 页面如图 7-17 所示。

这里输入的新密码仍然需要符合 Membership Provider 关于密码规则的设置。如果是默认的状态，输入的密码应包含 7 个或 7 个字符以上的字符并且包含至少一个特殊字符。

图 7-17　changepassword 控件效果

5．使用密码恢复（PasswordRecovery）控件找回密码

很多时候，用户会忘记自己的密码，所以 Web 应用程序需要为用户提供一个找回密码的途径。在 ASP.NET 4.0 中，密码恢复控件使用用户注册的电子邮件地址，把密码发送给用户。

在 membershipDemo 站点中，添加 GetPassword.aspx 页面。在页面中添加一个 PasswordRecovery 控件。代码如下所示：

```
<%@ Page Language="C#" AutoEventWireup="true" CodeFile="GetPassword.aspx.cs" Inherits="GetPassword"%>
<html xmlns="http://www.w3.org/1999/xhtml" >
<head runat="server">
    <title>Untitled Page</title>
</head>
<body>
```

```
            <form id="form1" runat="server">
            <div>
                <asp:PasswordRecovery ID="PasswordRecovery1" runat="server">
                    <MailDefinition From="abc@microsoft.com">
                    </MailDefinition>
                </asp:PasswordRecovery>
            </div>
            </form>
        </body>
        </html>
```

在页面中添加了 PasswordRecovery 控件以后，再指定邮件发送者的地址。仅仅这样还不能发送邮件，需要在 web.config 配置文件中定义 SMTP 服务器的地址和端口。如下所示：

```
<system.net>
    //这里还可以加入如下元素的设置
    //authenticationModules:设置用来验证 WEB 请求的模块
    //connectionManagement:设置 WEB 服务器最大连接数
    //defaultProxy:设置 http 的代理服务器
    //mailSettings:配置 smtp
    //requestCaching:控制网络请求缓存机制
    //settings：为 System.NET 配置基本网络选项
    //<webRequestModules>元素（网络设置）：指定模块从 WEB 服务器请求信息。
    <mailSettings>
        //deliveryMethod 设置邮件发送方式，这里是网络形式
        <smtp deliveryMethod="Network" from="xxx@xxx.com" >
            //host 邮件发送服务器
            //userName 发送邮件时，用来进行身份验证的用户名
            //password 如下验证时的密码
            <network host="smtp.yyy.com" userName="xxx@xxx.com" password="zzzzzzz" />
        </smtp>
    </mailSettings>
</system.net>
```

在这段配置文件中，使用 mailSettings 配置节点，在节点中配置了 SMTP 服务器的地址以及用户名和密码。完成配置之后，整个 ASP.NET 应用程序都可以执行发送邮件的操作了。现在来看运行 GetPassword.aspx 页面时的情形。在浏览器中运行 changePassword.aspx 页面，如图 7-18 所示。在图 7-18 所示的页面中输入正确的用户名，单击"提交"按钮，然后进入安全问答步骤，如图 7-19 所示，回答出正确答案之后，密码就会被发送至用户注册时输入的邮箱。

图 7-18　密码找回第一步

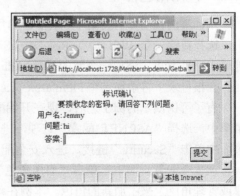

图 7-19　安全问答

到这里为止，密码找回控件就可以工作了，不过在这之前，最好再次检查 membership 提供者的配置情况，查看 PasswordFormat 属性是否为"hashed"。如果值为"hashed"，那么必须将密码存储方式改为"Clear"或者"Encrypted"。现在，所有步骤都已经完成，用户可以通过邮件找回密码了。

7.3 ASP.NET 角色管理系统

许多 Web 应用程序不仅会对用户进行认证，还能为不同级别的用户提供不同的服务。为了实现为不同用户提供不同功能或者服务的特性，就要求应用程序能区分用户角色。在 ASP.NET 4.0 之前，要实现角色这个特性，需要编写大量的代码。ASP.NET 4.0 直接提供了这个功能，开发者只需要做少量的工作就可以使 Web 应用程序支持用户按角色进行区分，从而提供不同的服务。

7.3.1 角色管理

网站的角色管理可以帮助开发人员管理用户授权，通过授权可以为通过认证的用户指定一些可以访问的资源。角色管理可以把用户分组，然后以组为单位进行管理。例如可以把用户分为管理员、一般用户、高级用户和游客等。

为应用程序建立了角色以后，就可以为角色规定访问控制权限。例如，一个应用程序中有一些页面，希望只对具有管理员角色的用户开放。类似地，可以为每个页面规定访问需要的角色。有了角色的概念，就不必为每个用户单独赋予权限了。

用户可以同时拥有数个不同的角色。不同的角色可以有不同的优先级，如果用户拥有两个或者两个以上的优先级，则针对优先级较高的角色的规则发生作用。

7.3.2 角色管理和成员管理的关系

从上面对角色管理的描述可以看出，为应用程序应用角色之前，必须有可以通过验证的用户，然后才能通过角色来控制用户的访问行为。一般来说，开发人员可以通过 Windows 认证和表单（Form）认证来验证用户的身份。

7.3.3 应用角色管理

下面举例说明如何使用 ASP.NET 的角色管理系统。打开 VS2010 的 IDE，在文件菜单中，选择新建一个 Web 站点 RoleDemoSite。站点项目建立完毕，在解决方案浏览器中，右键单击项目节点，添加一个新的目录 AdminPages；然后在这个目录中添加 Admin1.aspx 页面。在根目录下再添加一个 login.aspx 页面，在页面上放置一个 Login 控件。

有了可供演示的例子之后，现在开始配置用户以及对应的角色。从 VS2010 的"网站"菜单中，选择"ASP.NET 配置"选项，进入 ASP.NET 配置页面。在 ASP.NET 站点配置管理页面中单击"Security"链接，进入安全配置页面，如图 7-20 所示。

在安全配置页面中，单击"启用角色"启用角色管理系统。然后在同一页面上单击"创建或管理角色"来添加新的角色。本例在角色添加页面中添加 3 个角色，分别是"Admin"、"Guest"和"User"。添加完成以后，就可以在如图 7-21 所示的页面中看到添加的角色。

ASP.NET 4.0 成员和角色管理　第 7 章

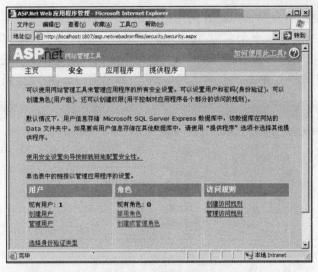

图 7-20　安全配置页面

图 7-21　添加用户角色

接着就来添加用户，并为用户指定相应的角色。如果安全管理页面上"Users"部分显示如图 7-20 所示，那么单击"选择身份验证类型"，将认证方式改为"Internet"。回到安全管理页面，在"用户"部分，单击"创建用户"开始创建新的用户。在如图 7-22 所示的页面中，在左侧输入用户的相应信息，在右侧选择适合的角色。

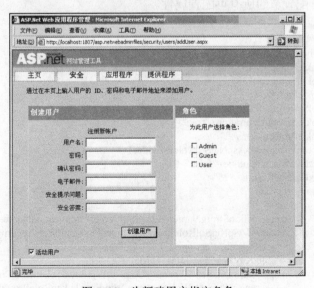

图 7-22　为新建用户指定角色

149

现在添加一个用户名为 WebAdmin 的用户，密码可以根据规则指定，然后为这个用户指定 Admin 的角色；接着添加一个名为 TestUser 的用户，角色为 User。添加完用户以后，用户就有了角色的属性。但此时还没有为相应的角色指定访问规则。现在进入如图 7-20 所示的页面中的访问规则部分，单击"创建访问规则"，弹出窗口如图 7-23 所示。

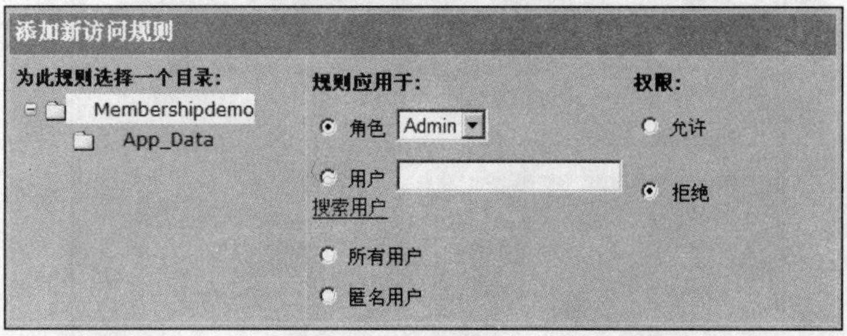

图 7-23 创建角色访问规则

现在为根目录指定允许拥有 User 角色的用户访问，为 AdminPages 目录指定允许 Admin 角色的用户访问，同时选择拒绝 User 用户的访问。通过以上的配置，就实现了根据用户角色提供不同的访问权限的功能。读者可以自己测试一下这个站点，例如首先访问站点 default.aspx 页面，这时页面会自动跳转到 Login.aspx 页面进行登录；如果使用的是 User 或者 Admin 级别的用户，并且用户的登录通过了验证，那么就可以浏览到 default.aspx 页面；如果用户使用 Admin 级别的用户进行了登录，那么用户除了可以访问 default.aspx 页面，还可以访问 AdminPages 目录下的 Admin1.aspx 页面。

7.3.4 修改<RoleManager>节点

和控制用户验证的节点<Authentication>相似的是，开发人员可以修改 machine.config 配置文件中的<RoleManager>配置节，也可以在 web.config 文件中进行修改。下面的 XML 代码示例了 RoleManager 配置节的所有可配置属性。

```xml
<roleManager
    enabled="false"
        cacheRolesInCookie="false"
        cookieName=".ASPXROLES"
        cookieTimeout="30"
        cookiePath="/"
        cookieRequireSSL="false"
        cookieSlidingExpiration="true"
        cookieProtection="All"
        defaultProvider="AspNetSqlRoleProvider"
        createPersistentCookie="false"
        maxCachedResults="25">
        <providers>
            <clear />
            <add connectionStringName="LocalSqlServer" applicationName="/"
                name="AspNetSqlRoleProvider" type="System.Web.Security.SqlRoleProvider,
                System.Web, Version=4.0.0.0, Culture=neutral,
                PublicKeyToken=b03f5f7f11d50a3a" />
            <add applicationName="/" name="AspNetWindowsTokenRoleProvider"
                type="System.Web.Security.WindowsTokenRoleProvider, System.Web,
```

```
            Version=4.0.0.0, Culture=neutral, PublicKeyToken=b03f5f7f11d50a3a" />
        </providers>
</roleManager>
```

下面就来对 RoleManager 的配置部分进行说明。enabled 属性的值决定了是否在应用程序中启用角色这个特性；cacheRolesInCookie 属性指定了是否把用户的角色信息存放到 Cookie 中，如果不放到缓存中，ASP.NET 应用程序会在每次需要获取用户角色信息的时候访问数据库；cookieName 属性则简单地规定了缓存的角色信息在 Cookie 中的名字。

7.3.5 使用用户角色控件

除了对目录设置权限以外，还可以使用用户角色相关控件在单独的页面中根据不同的角色提供不同的显示和功能。使用 LoginView 控件可以非常容易地实现这个功能。新建 Web 站点 RoleApplication，在 Default.aspx 中加入一个 LoginView 控件，代码如下所示：

```
<%@ Page Language="C#" AutoEventWireup="true" CodeFile="Default.aspx.cs" Inherits="_Default" %>
<!DOCTYPE html PUBLIC "-//W3C//DTD XHTML 1.0 Transitional//EN" "http://www.w3.org/TR/xhtml1/DTD/xhtml1-transitional.dtd">
<html xmlns="http://www.w3.org/1999/xhtml" >
<head runat="server">
    <title>Untitled Page</title>
</head>
<body>
    <form id="form1" runat="server">
    <div>
        <asp:LoginView ID="LoginView1" runat="server">
            <LoggedInTemplate>
                这个部分只有通过验证的用户才能看见
            </LoggedInTemplate>
            <AnonymousTemplate>
                <asp:Login ID="Login1" runat="server">
                </asp:Login>
            </AnonymousTemplate>
        </asp:LoginView>
    </div>
    </form>
</body>
</html>
```

上面的代码保存在代码包"第 7 章\RoleApplication\default.aspx"文件中。

LoginView 控件可以包含两个模板 LoggedInTemplate 和 AnonymousTemplate。可以为已经登录的用户和匿名用户提供不同的界面和功能。在上面的代码中，LoginView 为登录的用户显示"这个部分只有通过验证的用户才能看见"，而为匿名用户显示了一个 Login 控件，使匿名用户能够进行登录操作。

除了直接使用 LoggedInTemplate 和 AnonymousTemplate 两个模板为登录用户和匿名用户提供不同的界面和功能以外，还可以为每个角色提供不同的界面和功能。在 LoginView 中，使用 RoleGroup 属性节点进行配置，为指定的角色设置相应的内容即可。在 RoleApplicatio 站点应用程序中，修改 Default.aspx 文件，如下所示：

```
<%@ Page Language="C#" AutoEventWireup="true" CodeFile="Default.aspx.cs" Inherits="_Default"%>
<!DOCTYPE html PUBLIC "-//W3C//DTD XHTML 1.0 Transitional//EN" "http://www.w3.org/TR/xhtml1/DTD/xhtml1-transitional.dtd">
```

```
<html xmlns="http://www.w3.org/1999/xhtml" >
<head runat="server">
    <title>Untitled Page</title>
</head>
<body>
    <form id="form1" runat="server">
    <div>
        <asp:LoginView ID="LoginView1" runat="server">
            <LoggedInTemplate>
                这个部分只有通过验证的用户才能看见
            </LoggedInTemplate>
            <AnonymousTemplate>
                <asp:Login ID="Login1" runat="server">
                </asp:Login>
            </AnonymousTemplate>
            <RoleGroups>
                <asp:RoleGroup Roles="Admin">
                    <ContentTemplate>
                        <asp:LoginStatus ID="LoginStatus1" runat="server" />
                        <br />
                        您是管理员
                    </ContentTemplate>
                </asp:RoleGroup>
                <asp:RoleGroup Roles="User">
                    <ContentTemplate>
                        <asp:LoginStatus ID="LoginStatus2" runat="server" />
                        <br />
                        普通用户
                    </ContentTemplate>
                </asp:RoleGroup>
            </RoleGroups>
        </asp:LoginView>
    </div>
    </form>
</body>
</html>
```

上面的代码保存在代码包"第 7 章\RoleApplication\default.aspx"中。

在 LoginView 中增加了 RoleGroups 配置节点，在节点内用 RoleGroup 为相应的角色指定显示内容。在 Default.aspx 中，如果使用 Admin 角色的用户登录，那么将得到如图 7-24 所示的内容，如果使用 User 角色的用户登录，则可以得到如图 7-25 所示的内容。

图 7-24　Admin 角色的用户登录后的页面

图 7-25　User 角色的用户登录以后的页面

7.4 使用 Membership/Role API

7.4.1 使用 Membership API 管理用户

除了通过 CreateUserWizard 添加用户以外，还可以直接通过 Membership API 来添加用户。下面举例说明如何通过 Membership API 来添加用户。打开 membershipDemo 站点，新建 ApiAddUser.aspx 页面。切换到页面的 HTML 代码视图，在视图中添加下面的代码：

```html
<body>
    <form id="form1" runat="server">
    <div>
        <table>
            <tr>
                <td colspan="2" align=center>
                    <strong>Sign up for new user</strong></td>
            </tr>
            <tr>
                <td style="width: 123px">
                    <asp:Label ID="Label1" runat="server" Text="User Name"></asp:Label></td>
                <td style="width: 103px">
                    <asp:TextBox ID="UserNameText" runat="server"></asp:TextBox></td>
            </tr>
            <tr>
                <td style="width: 123px">
                    <asp:Label ID="Label2" runat="server" Text="Password"></asp:Label></td>
                <td style="width: 103px">
                    <asp:TextBox ID="PasswordText" runat="server"></asp:TextBox></td>
            </tr>
            <tr>
                <td style="width: 123px">
                    <asp:Label ID="Label3" runat="server" Text="Confirm Password" Width="119px"></asp:Label></td>
                <td style="width: 103px">
                    <asp:TextBox ID="Password2Text" runat="server"></asp:TextBox></td>
            </tr>
            <tr>
                <td style="width: 123px">
                    <asp:Label ID="Label4" runat="server" Text="Email"></asp:Label></td>
                <td style="width: 103px">
                    <asp:TextBox ID="EmailText" runat="server"></asp:TextBox></td>
            </tr>
            <tr>
                <td style="width: 123px">
                    <asp:Label ID="Label5" runat="server" Text="FirstName"></asp:Label></td>
                <td style="width: 103px">
                    <asp:TextBox ID="FirstNameText" runat="server"></asp:TextBox></td>
            </tr>
            <tr>
                <td style="width: 123px; height: 21px;">
                    <asp:Label ID="Label6" runat="server" Text="LastName"></asp:Label></td>
                <td style="width: 103px; height: 21px;">
                    <asp:TextBox ID="LastNameText" runat="server"></asp:TextBox></td>
            </tr>
            <tr>
```

```
                    <td style="width: 123px">
                        <asp:Label ID="Label7" runat="server" Text="Birthdate"></asp:Label></td>
                    <td style="width: 103px">
                        <asp:TextBox ID="BirthdateText" runat="server"></asp:TextBox></td>
                </tr>
                 <tr>
                    <td style="width: 123px">
                        <asp:Label ID="Label8" runat="server" Text="Security Question"></asp:Label></td>
                    <td style="width: 103px">
                        <asp:TextBox ID="SecQuestionText" runat="server"></asp:TextBox></td>
                </tr>
                <tr>
                    <td style="width: 123px">
                        <asp:Label ID="Label9" runat="server" Text="Qeustion Answer"></asp:Label></td>
                    <td style="width: 103px">
                        <asp:TextBox ID="SecAnswerText" runat="server"></asp:TextBox></td>
                </tr>
                <tr>
                    <td colspan="2" align="center">
                        <asp:Button ID="ConfirmButton" runat="server" Text="Confirm" OnClick="ConfirmButton_Click" /></td>
                </tr>
            </table>
            <br />
        </div>
    </form>
</body>
```

上述代码保存在代码包"第 7 章\membershipDemo\ApiAddUser.aspx"中。为了简洁，只把<body>节点内部的内容列举了出来。在 ApiAddUser.aspx.cs 中使用 Membership API 添加用户的代码如下所示：

```
public partial class ApiAddUser : System.Web.UI.Page
{
    protected void Page_Load(object sender, EventArgs e)
    {
    }
    protected void ConfirmButton_Click(object sender, EventArgs e)
    {
        MembershipCreateStatus status ;
        Membership.CreateUser(UserNameText.Text, PasswordText.Text, EmailText.Text,
            SecQuestionText.Text, SecAnswerText.Text, true, out status);
        if (status == MembershipCreateStatus.Success)
        {
            Response.Write("Successfully add user");
            this.form1.Visible = false;
        }
        else
        {
            Response.Write(status.ToString());
            this.form1.Visible = false;
        }
    }
}
```

上述代码保存在代码包"第 7 章\membershipDemo\ApiAddUser.aspx.cs"中。

在上面的代码中，在 protected void ConfirmButton_Click 方法内部，调用 Membership.CreateUser 方法来添加用户。通过 MembershipCreateStatus 类型的输出参数来判断添加是否

成功或者获取错误信息。

MemberShip API 除了可以用来添加用户以外,还提供了删除、查找用户等功能。下面对一些主要的方法进行简要的说明:

- Membership.CreateUser 该方法用来添加用户。
- Membership.DeleteUser 该方法用来删除用户,以用户名为参数。
- Membership.FindUserByEmail 该方法用 Email 来查找用户,并返回这个用户对象。
- Membership.FindUserByName 该方法用 Name 属性来查找用户,并返回这个用户对象。
- Membership.GetUser 该方法返回符合要求的用户对象。
- Membership.UpdateUser 该方法更新该用户的信息。
- Membership.ValidateUser 该方法检查用户名和密码是否能通过登录验证。

通过上面这些方法和一些静态属性方法,可以实现对 ASP.NET 应用程序的用户管理。例如,现在要自行控制用户登录验证的过程,那么可以调用 ValidateUser 方法,如下面的代码所示:

```
if(Membership.ValidateUser(username, password)
{
    FormsAuthentication.RedirectFromLoginPage(username,False);
}
```

在上面的代码中,首先使用 username 和 password 的值对用户进行验证,如果通过验证则执行 FormsAuthentication.RedirectFormLoginPage(username,false),重定向页面到上一个试图访问的页面。

Membership API 还提供了在线用户统计功能,一个语句就可以实现,即 Membership.GetNumberOfUsersOnline()。这个方法和 web.config 或者 machine.config 文件中的<membership>配置节有关。如在 web.config 中配置如下代码:

```
<membership usersIsOnlineTimeWindow=15></membership>
```

15 表示每隔 15min 进行一次统计,检查用户是否在线。那么意味着在执行 GetNumberOfUsersOnline()时,该方法是统计过去 15min 曾经在线的用户。

7.4.2 使用 Role API 进行用户角色管理

除了通过 ASP.NET 管理站点的安全配置页面对用户的角色进行管理以外,还可以直接通过代码来获取、添加、删除角色以及为用户指定角色等。下面的代码演示了如何从 C#代码中添加角色和获取存在的用户角色。在 RoleApplication 站点中添加 AddRole.aspx 页面,如图 7-26 所示。

图 7-26 角色添加删除页面

页面的代码如下：

```aspx
<%@ Page Language="C#" AutoEventWireup="true" CodeFile="AddRole.aspx.cs" Inherits="AddRole" %>
<!DOCTYPE html PUBLIC "-//W3C//DTD XHTML 1.0 Transitional//EN" "http://www.w3.org/TR/xhtml1/DTD/xhtml1-transitional.dtd">
<html xmlns="http://www.w3.org/1999/xhtml" >
<head runat="server">
    <title>Untitled Page</title>
</head>
<body>
    <form id="form1" runat="server">
    <div>
        <asp:Label ID="Label2" runat="server" Text="现有角色"></asp:Label>
         
        <asp:DropDownList ID="DropDownList1" runat="server">
        </asp:DropDownList>
        <asp:Button ID="Button2" runat="server" OnClick="Button2_Click" Text="删除选定角色" /> <br />
         <br />
        <asp:Label ID="Label1" runat="server" Text="请输入角色名称："></asp:Label>
        <asp:TextBox ID="TextBox1" runat="server"></asp:TextBox>
        <asp:Button ID="Button1" runat="server" OnClick="Button1_Click" Text="添加" />
    </div>
    </form>
</body>
</html>
```

上述代码保存在代码包"第 7 章\membershipDemo\AddRole.aspx"中。

Addrole.aspx.cs 代码如下所示：

```csharp
public partial class AddRole : System.Web.UI.Page
{
    protected void Page_Load(object sender, EventArgs e)
    {
        if (!this.IsPostBack)
        {
            DropDownList1.DataSource = Roles.GetAllRoles();
            DropDownList1.DataBind();
        }
    }
    protected void Button1_Click(object sender, EventArgs e)
    {
        Roles.CreateRole(TextBox1.Text);
        DropDownList1.DataSource = Roles.GetAllRoles();
        DropDownList1.DataBind();
    }
    protected void Button2_Click(object sender, EventArgs e)
    {
        if (DropDownList1.SelectedIndex >= 0)
        {
            string role = DropDownList1.Items[DropDownList1.SelectedIndex].Value;
            Roles.DeleteRole(role);
            DropDownList1.DataSource = Roles.GetAllRoles();
            DropDownList1.DataBind();
        }
    }
}
```

上述代码保存在代码包"第 7 章\membershipDemo\AddRole.aspx.cs"中。

在上面的代码中，Roles.CreateRole 方法用来创建指定的角色；Roles.GetAllRoles()返回了所有登记在案的角色名称；Roles.Delete()方法则用来删除指定的角色名称。上面的代码中，仅仅向 ASP.NET 应用程序添加了用户的角色，并没有使用户与角色相关联。没有加入用户的角色是没有任何用处的，下面的例子演示了如何将现有的用户添加到一个新的角色中去。在 RoleApplication 站点中添加 ManageUserInRole.aspx 页面，代码如下：

```
<%@ Page Language="C#" AutoEventWireup="true" CodeFile="AddUserToRole.aspx.cs" Inherits="AddUserToRole"%>
<html xmlns="http://www.w3.org/1999/xhtml" >
<head runat="server">
    <title>Untitled Page</title>
</head>
<body>
    <form id="form1" runat="server">
    <div>
        <asp:Label ID="Label1" runat="server" Text="用户名："></asp:Label> 
        <asp:DropDownList ID="DropDownList1" runat="server" AutoPostBack="true" OnSelectedIndexChanged="DropDownList1_SelectedIndexChanged">
        </asp:DropDownList>
        <asp:Label ID="Label2" runat="server" Text="用户所属角色："></asp:Label>
        <asp:ListBox ID="ListBox1" runat="server"></asp:ListBox>
        <asp:Button ID="DeleteUserRoleBtn" runat="server" OnClick="DeleteUserRoleBtn_Click"
            Text="删除" /><br />
        <br />
        将用户添加到新的角色：<asp:ListBox ID="ListBox2" runat="server" SelectionMode="Multiple"></asp:ListBox>
        <asp:Button ID="AddToRoleBtn" runat="server" OnClick="AddToRoleBtn_Click" Text="添加" /></div>
    </form>
</body>
</html>
```

上述代码保存在代码包"第 7 章\membershipDemo\ManagerUserInRole.aspx"中。

页面如图 7-26 所示，用一个 DropDownList 来显示用户，一个 ListBox 控件用来列出用户所拥有的角色，还有一个删除按钮用来移除用户的一个角色。服务器端代码如下：

```csharp
public partial class AddUserToRole : System.Web.UI.Page
{
    protected void Page_Load(object sender, EventArgs e)
    {
        if (!this.IsPostBack)
        {
            DropDownList1.DataSource = Membership.GetAllUsers();
            DropDownList1.DataBind();
            ListBox1.DataSource = Roles.GetAllRoles();
            ListBox1.DataBind();
            ListBox2.DataSource = Roles.GetAllRoles();
            ListBox2.DataBind();
        }
    }

    protected void DropDownList1_SelectedIndexChanged(object sender, EventArgs e)
    {
        if (((DropDownList)sender).SelectedIndex >= 0)
```

```csharp
        {
            string[] roles = Roles.GetRolesForUser(DropDownList1.Items[((DropDownList)sender).SelectedIndex].Value);
            ListBox1.DataSource = roles;
            ListBox1.DataBind();
        }
    }
    protected void AddToRoleBtn_Click(object sender, EventArgs e)
    {
        if (ListBox2.SelectedIndex >= 0)
        {
            Roles.AddUserToRole(DropDownList1.Items[DropDownList1.SelectedIndex].Value,
                ListBox2.Items[ListBox2.SelectedIndex].Value);
            BindUserRole();
        }
    }

    protected void DeleteUserRoleBtn_Click(object sender, EventArgs e)
    {
        if (ListBox1.SelectedIndex >= 0)
        {
            Roles.RemoveUserFromRole(DropDownList1.Items[DropDownList1.SelectedIndex].Value,
                ListBox1.Items[ListBox1.SelectedIndex].Value);
            BindUserRole();
        }
    }
    private void BindUserRole()
    {
        ListBox1.DataSource = Roles.GetRolesForUser (DropDownList1.Items [DropDownList1.SelectedIndex].Value);
        ListBox1.DataBind();
    }
}
```

上述代码保存在代码包"第7章\membershipDemo\ManagerUserInRole.aspx.cs"中。

上面的代码演示了如何使用 Roles.AddUserToRole 方法来将用户添加到一个 Role 中；Roles.GetRolesForUser 方法用于获取用户所关联的角色；使用 Roles.RemoveUserFromRole 方法可以从某个角色中移除用户。其中，Roles.AddUserToRole 方法还有 3 个类似的方法，它们是 Roles.AddUsersToRole、Roles.AddUserToRoles 和 Roles.AddUsersToRoles 方法。根据这 3 个方法的名称就知道它们可以同时对多个用户或者多个角色进行操作。在适当的时候使用它们，将带来很大的方便。

7.5 ASP.NET 的 MemberShip Provider

在默认情况下，ASP.NET 4.0 中的成员管理功能来自两个自带的 Provider 类库。一个是 SqlMembershipProvider，另一个是 ActiveDirectoryMembershipProvider。根据它们的名字可以推断，SqlMembershipProvider 是与 SQL Server 协同工作对用户进行管理的，而 ActiveDirectoryMembershipProvider 则依赖 Active Directory（活动目录）对用户进行管理操作。

接下来对 SqlMembershipProvider 和 ActiveDirectoryMembershipProvider 进行说明。

7.5.1 SqlMembershipProvider

SqlMembershipProvider 提供了成员管理所需的所有功能，同时它也是 ASP.NET 应用程序首选的成员管理功能的提供者。使用 SqlMembershipProvider 可以非常容易地为不同规模的 ASP.NET 站点程序提供成员管理功能，站点可以只有寥寥数个用户，也可以有成千上万个用户。

SqlMembershipProvider 提供的成员管理功能依赖着 Microsoft SQL Server。站点用户或成员乃至相关的角色信息都存放在 SQL Server 数据库服务器中。所以，开发者使用 SqlMembershipProvider 进行成员管理的时候，也可以直接访问数据库的相关表对用户信息进行直接的操作。

1. Aspnetdb 数据库

为了比较清楚地描述用户、成员信息在 SQL Server 数据库中是怎样保存的，这里对 SQL Server 服务器上的 aspnetdb 数据库的结构进行讲解。Aspnetdb 数据库中有几个非常重要的与 membership 功能密切相关的数据表。下面对它们进行简单介绍。

1）Aspnet_Applications 表。主要存放应用程序的名称信息以及标识符（ID）。它的定义如下：

```
CREATE TABLE [dbo].aspnet_Applications (
    ApplicationName nvarchar(256) NOT NULL UNIQUE,
    LoweredApplicationName nvarchar(256) NOT NULL UNIQUE,
    ApplicationId uniqueidentifier PRIMARY KEY NONCLUSTERED
        DEFAULT NEWID(), Description nvarchar(256) )
```

虽然 Aspnet_Application 表的内容并不多，但是它非常重要，因为 ASP.NET 4.0 中，所有基于 SQL Server 的服务提供程序都会用到这个表内部的信息。举例来说，当 SqlMembershipProvider 查找用户名"abc"的时候，它会查找属于对应的应用程序的一个用户"abc"。

在 Aspnetdb 数据库中，还有一个 Aspnet_Applications_CreateApplication 存储过程，专门用来向 Aspnet_Application 表添加新的应用程序标识。

2）Aspnet_Users 表。存放着用户的基本信息，包括用户名、应用程序的标识符等。它的定义如下：

```
CREATE TABLE [dbo].aspnet_Users (
    ApplicationId uniqueidentifier NOT NULL FOREIGN KEY REFERENCES
        [dbo].aspnet_Applications(ApplicationId),
    UserId uniqueidentifier NOT NULL PRIMARY KEY NONCLUSTERED
        DEFAULT NEWID(),
    UserName nvarchar(256) NOT NULL,
    LoweredUserName nvarchar(256) NOT NULL,
    MobileAlias nvarchar(16) DEFAULT NULL,
    IsAnonymous bit NOT NULL DEFAULT 0,
    LastActivityDate DATETIME NOT NULL)
```

表中 ApplicationId 字段通过外键与 Aspnet_application 表关联了起来。每个 Users 表中的记录都有一个相关联的 ApplicationId 用来标识用户所属的应用程序。Aspnet_Users 表是其他成员和角色相关表的基础，ASP.NET 应用程序的用户和角色管理功能都与它有很大的关系。

Aspnet_users 表中的 userid 字段是一个 GUID 数据类型的标识符，和 ApplicationId 类似，它用来标识一个特定的用户，Aspnet_users 表将通过 userId 字段与其他的表相联系。LastActivityDate 字段可以用来判断用户是否在线和失效。LastActivityDate 字段的值会被下列的事件更新：

- 成员管理程序会在用户登录的时候更新 LastActivityDate 的状态。
- 角色管理程序可以在建立用户角色之前自动更新此状态。例如在角色管理程序和 Windows 认证结合使用的时候。
- 使用了用户档案对象。当用户档案被创建或者更新的时候，LastActivityDate 字段的值会被修改。
- Web Part（部件）的用户个性化信息被修改的时候。

在 aspnetdb 数据库中，有两个与 aspnet_users 表有关的存储过程：Aspnet_users_CreateUser 和 Aspnet_users_DeleteUser，它们用来添加和删除用户。

3）Aspnet_Membership 表。这个表提供了基本的成员管理功能相关的字段。它保存了用户的密码、身份的有效性、是否通过了验证及注册信息等。下面对 aspnet_membership 表的一些重要的字段进行说明，以便读者对 membership 数据表有更清晰的理解。

- ApplicationId：ApplicationId 指明了数据行中的用户与哪个应用程序相关联。
- UserId：这是 aspnet_membership 表的主键。
- Password：这个字段保存了用户的密码信息。它与 PasswordFormat 和 PasswordSalt 字段共同规定了密码的存放方式。密码可以有三种存放方式：明文方式存放、加密方式存放、散列加密存放。
- Email：用户的 Email 信息。
- PasswordQuestion：如果成员管理配置设定了使用密码提问和回答（Password Answer），那么在这个字段中将保存用户选定的密码提问。

4）Aspnet_Roles。Aspnet_Roles 表。保存了应用程序所设置的角色，以及这些角色的标识和描述等信息。

5）Aspnet_UsersInRole 表。具体定义了每个用户所属的角色。

2. SqlMembershipProvider 特有的配置参数

由于 SqlMembershipProvider 使用 SQL Server 作为其数据存储，所以在配置中存在与 SQL 相关的配置项：

- ConnectionStringName：一个有效的 ConnectStringName 的值，它会是一个存在于 machine.config 或者是 web.config 文件的<connectionstrings/>配置节点中的连接字符串。
- CommandTimeout：这个参数接受一个整型数作为它的值。这个值表示了成员管理程序执行 SQL 操作的有效时间。如果执行时间超过这个设定的值，那么就会超时。默认的情况下，这个值为 30s。

7.5.2 ActiveDirectoryMembershipProvider

ActiveDirectoryMembershipProvider 支持所有的成员管理功能。开发人员可以在 ActiveDirectory（活动目录）的基础上创建和管理用户。另外，还可以把 ActiveDirectory MembershipProvider 的使用扩展到非 ASP.NET 的应用程序中。

ActiveDirectoryMembershipProvider 的成员管理功能基于活动目录。这个 Provider 把活动目录当作 LDAP（轻量级目录访问协议）服务器进行访问。Provider 与 LDAP 服务器交互的时候，会以 LDAP 协议与服务器进行通信，然后返回结果给程序。Provider 并不会把活动目录作为一种身份认证的方式，它不会生成验证以后的身份认证。它仅仅返回与 LDAP 服务器通信的结果。

在某些企业或者组织中，活动目录相当复杂，可能包括数个域，同时域内部以及域之间的关系也可能非常复杂。于是，ASP.NET 4.0 中的单个 ActiveDirectoryMembershipProvider 只能对单个域或者单个域的子集进行操作。如果需要在多个域中工作，那么需要配置多个不同的 ActiveDirecotoryMembershipProvider 的实例。

ActiveDirectoryMembershipProvider 提供和 SqlMembershipProvider 相同的成员管理功能，但在配置上有一些区别。接下来介绍 ActiveDirectoryMembershipProvider 的配置。

1. Provider 的配置

下面是最简单的配置方法：

```
<connectionStrings>
    <add name="adconnection" connectionString="LDAP://domain.microsoft.com"/>
</connectionStrings>

<membership defaultProvider="myADProvider">
    <providers>
        <clear/>
        <add name="myADProvider"
            type="System.Web.Security.ActiveDirectoryMembershipProvider"
            connectionStringName="adconnection"/>
    </providers>
</membership>
```

上面的配置中，首先在 machine.config 或者 web.config 的 connectionStrings 部分添加对 LDAP 服务器的连接字符串。然后在 membership 配置节的 providers 中增加一个 ActiveDirectoryMembershipProvider 的定义，并让它使用前面定义好的连接字符串名。接着在 membership 的属性 defaultProvider 中指定刚刚定义的 provider 的名字，然后就可以让程序使用 ActiveDirectoryMembershipProvider 作为成员管理功能的提供者了。

2. 目录连接的设定

与 SQL Provider 类似，需要提供一个连接字符串让 Provider 知道从什么地方读取和写入信息。不过连接到活动目录服务器的连接字符串与 SQL Server 的有一些区别。除了不能在连接字符串的属性中指定用户名、密码以及安全性的设置以外，活动目录的连接字符串的格式与 SQL Server 的有较大的不同。连接字符串支持几种不同的格式。举例来说，如果应用程序工作在 Microsoft.com 域中，有一个域控制器叫做 domainController，那么下面几种连接字符串都可以被接受：

- LDAP://microsoft.com。
- LDAP://domainController.microsoft.com。
- LDAP://microsoft.com/OU=myOU,DC=Microsoft,DC=com。
- LDAP://domainController.microsoft.com/OU=myOU,DC=Microsoft,DC=com。

因为基于 SQL Server 的成员管理程序和 ActiveDirectoryMembershipProvider 的使用大同

小异，这里就不对 ActiveDirectoryMembershipProvider 进行过多的讲解了。

7.6 实现自定义的 MembershipProvider

很多业务程序都需要一个基于数据库的成员管理系统来管理用户和用户的相关信息。当然也可以使用活动目录甚至文本文件来保存这些信息。ASP.NET 自带的两种成员管理程序集可以依赖 SQL Server 和活动目录进行工作。不过程序工作的环境千差万别，很多时候企业或者组织不会使用 SQL Server 或者活动目录作为成员数据的存储。于是出现了自定义成员管理程序集。ASP.NET 4.0 中，成员管理的功能是以 Provider（提供者）模式进行设计的，这就使自定义成员管理程序集变得非常方便。

在前面的章节里，提到了 ActiveDirectoryMembershipProvider 和 SqlmembershipProvider，如果去查看它们的信息，就可以发现它们都是继承自 system.web.security.MembershipProvider 抽象类，所以要实现一个自定义的成员管理提供程序集就必须提供一个 MembershipProvider 的自定义实现，最后通过配置把这个自定义的 Provider 程序集插入到 ASP.NET 应用程序中。下面通过演示如何编写一个基于 Access 数据库的成员管理类来讲述如何实现一个自定义的成员管理类。

首先建立一个新的 ASP.NET 站点 AccessMembershipProvider。之后在站点下添加 App_Data 目录。打开目录所在物理路径的文件夹，在文件夹中新建 Access 数据库 members.mdb，在 members.mdb 中建立 membership 表，如图 7-27 所示。

图 7-27 membership 表

接着定义需要的成员管理类。在站点中添加一个类 AccessMembershipProvider，ASP.NET 自动将它添加到 App_Code 路径下。使类 AccessMembershipProvider 继承 MembershipProvider 抽象类，如下所示：

```
public class AccessMembershipProvider:MembershipProvider
{
    ……
}
```

为了实现一个 MembershipProvider 的基本功能，需要在 AccessMembershipProvider 类中提供抽象成员方法的具体实现。其中，Initialize 方法、CreateUser 方法和 ValidateUser 方法是非常重要的要素，必须为它们提供正确的实现，才能使 AccessMembershipProvider 正常工作。

下面来看看 Initialize 方法的实现：

```csharp
public override void Initialize(string name, System.Collections.Specialized.NameValueCollection config)
{
    if (config["requiresQuestionAndAnswer"] =="true")
        _requireQuestionAndAnswer = true;
    if (config["minRequiredPasswordLength"] != null)
    {
        _minRequiredPasswordLength = int.Parse(config["minRequiredPasswordLength"]);
    }
    else
        _minRequiredPasswordLength = 6;
    if (config["connectionString"] != null)
        _connstr = config["connectionString"];
    else
        throw new Exception("no connection string defined!");
    base.Initialize(name, config);
}
```

在 Initialize 方法的重载中，程序从配置属性中读取"requiresQuestionAndAnswer"、"minRequiredPasswordLength"以及"connectionString"属性的值，对 Provider 进行初始化。如果配置中缺少"connectionString"属性，则会抛出一个异常。配置的最后，执行基类的 Initialize 方法。读者可以发现，在 Initialize 方法中，获取了是否要求密码提问和答案的属性，还获得了最小密码长度的配置属性，默认值为 6，其中最重要的是连接字符串属性。这些配置的值都会保存在私有成员变量中。Initialize 方法成员管理类被实例化后调用。

成员管理有两个基本功能，其中一个是创建用户，这个功能通过 CreateUser 方法实现。下面是 CreateUser 方法的代码：

```csharp
public override MembershipUser CreateUser(string username,
                string password, string email, string passwordQuestion,
                string passwordAnswer, bool isApproved,
                object providerUserKey, out MembershipCreateStatus status)
{
    OleDbConnection oledbconnection = new OleDbConnection(_connstr);
    string sql = "INSERT INTO Membership values("+
                "@username,@password,@email,"+
                "@passwordQuestion,@passwordAnswer)";
    OleDbCommand oleCmd = new OleDbCommand(sql, oledbconnection);
    oleCmd.Parameters.AddWithValue("@username", username);
    oleCmd.Parameters.AddWithValue("@password", password);
    oleCmd.Parameters.AddWithValue("@email", email);
    oleCmd.Parameters.AddWithValue("@passwordQuestion", passwordQuestion);
    oleCmd.Parameters.AddWithValue("@passwordAnswer", passwordAnswer);
    try
    {
        oleCmd.Connection.Open();
        int ret = oleCmd.ExecuteNonQuery();
        oleCmd.Connection.Close();
        status = MembershipCreateStatus.Success;
        MembershipUser user = new MembershipUser
                    ("AccessMembershipProvider",
                    username, null, email, passwordQuestion,
                    null, true, false, DateTime.Now, DateTime.MinValue,
                    DateTime.MinValue, DateTime.MinValue, DateTime.MinValue);
        return user;
    }
```

```
            catch (Exception e)
            {
                status = MembershipCreateStatus.UserRejected;
                return null;
            }
        }
```

在 CreateUser 方法中，通过 oleDbConnection 打开对 Access 数据库的连接，使用 OleDbCommand 对象向 Access 数据库的 Membership 表中添加用户的注册信息。通过 status 输出参数来反映用户是否创建成功。最后返回一个 MembershipUser 对象，这个对象包含了用户注册时使用的信息。

成员管理的另一个基本功能就是对用户的登录进行验证，这个功能通过 ValidateUser 方法实现，代码如下：

```
        public override bool ValidateUser(string username, string password)
        {
            OleDbConnection conn = new OleDbConnection(_connstr);
            string sql = "Select * From Membership WHERE "+
                    "username=@username AND password=@password";
            OleDbCommand oleCmd=new OleDbCommand(sql,conn);
            oleCmd.Parameters.AddWithValue("@username", username);
            oleCmd.Parameters.AddWithValue("@password", password);
            try
            {
                oleCmd.Connection.Open();
                OleDbDataReader reader = oleCmd.ExecuteReader();
                if (reader.HasRows)
                    return true;
                else
                    return false;
            }
            catch (Exception e)
            {
                return false;
            }
            finally
            {
                conn.Close();
            }
        }
```

ValidateUser 方法通过对数据库中的记录进行搜索，查找是否有符合输入的用户名和密码来完成操作。

上面 3 个方法是 Provider 类基本的方法，所以必须提供准确的实现。至于其他方法，则可以先提供空方法，再一步一步进行完善。在实现了上面 3 个基本方法的基础上，笔者又实现了删除用户的 DeleteUser 方法、更改密码的 ChangePassword 方法和修改密码提问和答案的 ChangePasswordQuestionAnswer 方法。

AccessMembershipProvider 的代码实现了成员管理的基本功能，现在就在 AccessProviderDemo 站点中试着应用它。要使用这个 Provider，首先应该在 web.config 中添加下面的配置代码：

```
        <membership defaultProvider="AccessMembershipProvider">
            <providers>
```

```
            <add         name="AccessMembershipProvider"         type="AccessMembershipProvider"
requiresQuestionAndAnswer="true"         connectionString="Provider=Microsoft.Jet.OLEDB.4.0;Data
Source=C:\Projects\websites\websites\AccessproviderDemo\App_Data\Members.mdb;Persist Security Info=False"/>
            </providers>
        </membership>
```

其中使用 Add 配置节，添加刚才编写的 Provider，命名叫"AccessMembershipProvider"，type 属性的值应该为 Provider 的类名，这个必须一致。最后指定 Access 数据库的连接字符串。然后在 membership 配置节中指定默认的 provider 为"AccessMembershipProvider"，即可完成配置。

接着就可以在程序中使用 AccessMembershipProvider 的功能进行成员管理了。在 default.aspx 页面中，添加一个 CreateUserWizard 控件和一个 LoginView 控件。在 LoginView 的 sLogged 模板中，添加一个 LoginName 和一个 LoginStatus 控件。在 LoginView 的 Anonymou 模板中，添加 LoginStatus 控件。如图 7-28 所示。

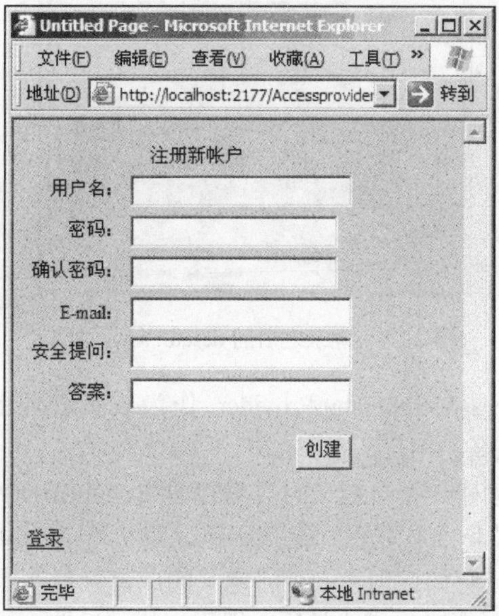

图 7-28 用户创建和登录

再添加一个 Login.aspx 页面，这个页面将提供登录的功能。Login.aspx 页面代码如下：

```
<%@ Page Language="C#" AutoEventWireup="true" CodeFile="login.aspx.cs" Inherits="login"%>
    <!DOCTYPE html PUBLIC "-//W3C//DTD XHTML 1.0 Transitional//EN" "http://www.w3.org/TR/xhtml1/DTD/xhtml1-transitional.dtd">
        <html xmlns="http://www.w3.org/1999/xhtml" >
        <head runat="server">
        <title>Untitled Page</title>
    </head>
    <body>
        <form id="form1" runat="server">
        <div>
            <asp:Login ID="Login1" runat="server">
            </asp:Login>
        </div>
        </form>
    </body>
    </html>
```

如果用户没有登录，在 default.aspx 页面中单击 Login，就会进入 Login.aspx 页面进行登录。如果用户通过登录将会返回 default.aspx 页面，此时 default.aspx 页面将会显示登录的用户名，如图 7-29 所示。

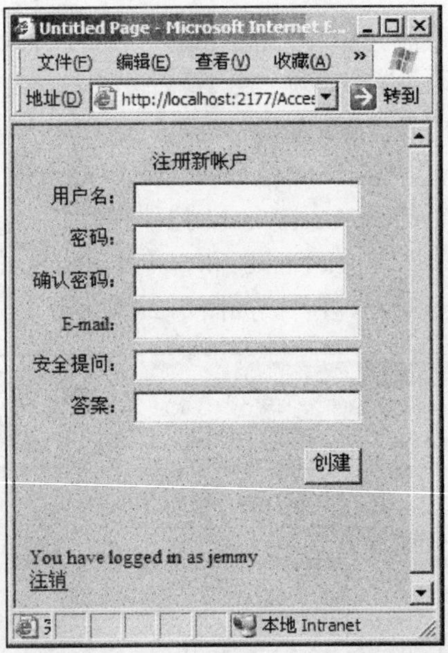

图 7-29　登录之后的 default.aspx 页面

上面的页面使用 AccessMembershipProvider 作为成员管理的服务提供者。可以通过 CreateUserWizard 控件添加新的用户。

本节详细说明了如何创建一个自定义的成员管理类，并以一个站点的示例证明了自定义的成员管理类库的可用性。所有代码保存在代码包"第 7 章\AccessProviderDemo"中。

这个例子可以让读者理解如何创建一个自定义的成员管理的服务类，更重要的是让读者能够理解 ASP.NET 通过 Provider 模式带给应用程序的灵活性。灵活性主要体现在可以自行扩展 ASP.NET 自带的服务类，并能够通过简单的配置用自定义的服务类替换默认的服务类。ASP.NET 4.0 中，广泛地使用了 Provider 模式，不仅仅是成员管理，也在角色管理、ADO.NET（数据库访问）、用户个性化等方面发挥了巨大的作用。

7.7　基于角色的站点导航

在本章前面的内容中，讨论了 ASP.NET 4.0 的成员和角色管理的基本内容，并讲解了如何实现自定义的成员管理服务类。现在来看一个比较实际的问题，然后使用本章的知识提出一种可行的解决方案。

ASP.NET 的会员系统提供了一个可编程的 API，而其中的角色管理部分使开发者能够定义一组角色并把用户和角色关联起来。开发者可以为角色指定不同的访问权限，从而通过角色和权限来为用户提供不同级别的服务。举例来说，ASP.NET 站点有一组管理页面——它允许一组可信任的用户访问它来执行一些管理操作。不要仅仅把它们隐藏起来并希望没有非授权用户会偶然访问到，也不要在每个这样的页面中加入对用户的判断代码从而实现对单个或者有限用户的授权。ASP.NET 4.0 中可以定义角色，这个角色可以访问这些管理页面，然后将相应的用户与这个角色关联起来。这样就可以实现一组页面对一组用户的授权。不过当建立站点导航图时，就不太好办了。因为按照一般的站点导航图的设计，导航图是静态的，也就是说，没有经过授权的用户也可以在导航图中看到授权页面的链接。我们希望能够对不同级别的用户显示不同的站点导航图。ASP.NET 4.0 的站点导航功能提供了安全修剪功能。当使用支持安全修剪功能的站点导航功能时，导航节点只对获得授权的用户进行显示，这意味着，不属于该用户授权范围的导航节点不会出现在导航菜单中。

这个功能非常实用，通过 ASP.NET 4.0 的会员和角色系统以及导航图，开发人员仅仅通过配置就可以实现基于角色的导航功能。接下来介绍如何实现基于角色的导航地图。

首先在 Visual Studio 中创建 RoleBasedNavigation 站点。在站点中加入 3 个文件夹：AdminPages、Guest 和 UserPages，在 3 个文件夹中加入 3 个页面文件，如图 7-30 所示。

然后打开 ASP.NET 配置站点，进入 Security 配置部分，对会员/角色系统进行设置。在单击 "enable role" 之后，创建 3 个角色，分别是 "Admin"、"Guest" 和 "User"。再创建 3 个用户——"guestuser"、"testuser" 和 "WebAdmin"。在创建用户的时候，为这 3 个用户分别指定相应的角色。为 guestuser 指定 "Guest" 角色，为 "TestUser" 指定 "User" 角色，为 "WebAdmin" 指定 "Admin" 和 "User" 角色。最后再加入一个 AnonymousUser，不过不为该用户指定任何角色属性。

图 7-30　站点文件夹

配置好站点的成员和角色以后，为站点中 3 个新添加的目录创建 "Access Rule"（访问规则）。规则如下：AdminPages 目录仅允许具有 Admin 角色的用户访问、UserPages 目录允许包括具有 User 或 Admin 角色的用户访问以及 Guest 目录允许经过授权的所有用户访问。

默认情况下，站点地图并没有启用安全修剪技术。不管什么角色的用户访问站点，也不论定义什么样的授权规则，只要用户有权查看页面，那么页面中的站点地图就会完全显示出来。通过启用安全修剪，站点地图中的节点将会和相应的页面的授权关联，从而对站点地图中的节点进行有选择的显示。

首先为站点提供一个站点地图，在解决方案窗口中，为站点新增一个 web.sitemap 站点地图。在站点地图定义文件中输入下面的配置代码：

```xml
<?xml version="1.0" encoding="utf-8" ?>
<siteMap xmlns="http://schemas.microsoft.com/AspNet/SiteMap-File-1.0" >
  <siteMapNode title="RootNode" roles="*">
    <siteMapNode title="Admin"   description="administration" roles="Admin">
      <siteMapNode url="~/Adminpages/adminpage1.aspx" title="adminpage1"/>
    </siteMapNode>
    <siteMapNode title="User" description="UserPages"   roles="Users,Admin">
      <siteMapNode url="~/UserPages/UserPage1.aspx" title="UserPage1"/>
```

```
            </siteMapNode>
            <siteMapNode title="Guest" description="GuestPages" roles="Guest,Users,Admin">
                <siteMapNode url="~/Guest/GuestPage1.aspx" title="GuestPage1"/>
            </siteMapNode>
            <siteMapNode title="DefaultPage" description="default" url="default.aspx"/>
        </siteMapNode>
    </siteMap>
```

上面的代码保存在代码包"第 7 章\RoleBasedNavigation\web.sitemap"中。

要使用站点地图的安全修剪功能，就要在站点地图的每个需要修剪的节点——siteMapNode 中使用 roles 属性，在 roles 属性中指定可以访问该节点的角色，并且可以指定多个角色，角色之间用逗号分割。为了使用站点地图，还必须在 web.config 中添加以下的配置代码：

```
<siteMap defaultProvider="XmlSiteMapProvider" enabled="true">
    <providers>
        <add name="XmlSiteMapProvider" description="Default SiteMap provider."
            type="System.Web.XmlSiteMapProvider " siteMapFile="Web.sitemap"
            securityTrimmingEnabled="true"/>
    </providers>
</siteMap>
```

上面的代码保存在代码包"第 7 章\RoleBasedNavigation\web.config"中。

在上面的配置中，指定了站点地图使用的服务类，默认是 XmlSiteMapProvider。在添加 siteMapProvider 的过程中，除了指定 provider 的准确名称以外，还需要指定 siteMapFile 的路径以及开启安全修剪选项，即令 securityTrimmingEnabled="true"。

为了能够实现不同的用户看见不同的导航地图，需要在 default.aspx 页面中添加一个 SiteMapDataSource 控件和一个 TreeView 控件 TreeView1。然后使 TreeView1 的 dataSource 属性使用 SiteMapDataSource 控件的名称。Default.aspx 页面的代码如下：

```
<body>
    <form id="form1" runat="server">
    <div>
        <asp:SiteMapPath ID="SiteMapPath1" runat="server" PathSeparator="-- > ">
        </asp:SiteMapPath>
        <asp:SiteMapDataSource ID="SiteMapDataSource1" runat="server" />
    </div>
        <asp:TreeView ID="TreeView1" runat="server" DataSourceID="SiteMapDataSource1" ShowLines="True">
        </asp:TreeView>
         
        <asp:LoginView ID="LoginView1" runat="server">
            <LoggedInTemplate>
                Logged as<asp:LoginName ID="LoginName1" runat="server" />
                <br />
                <asp:LoginStatus ID="LoginStatus1" runat="server" Width="75px" />
            </LoggedInTemplate>
            <AnonymousTemplate>
                <asp:Login ID="Login1" runat="server">
                </asp:Login>
            </AnonymousTemplate>
        </asp:LoginView>
    </form>
</body>
```

上面的代码保存在代码包"第 7 章\RoleBasedNavigation\default.aspx"中。

现在就可以试着运行 default.aspx 页面进入站点，尝试使用不同的用户登录，看看站点地图的显示有什么不同，如图 7-31～图 7-33 所示。

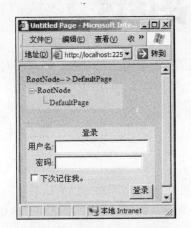
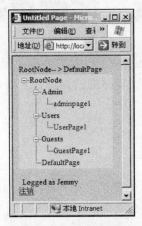
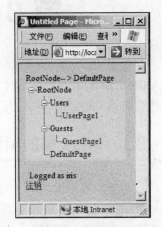

图 7-31　未登录时的站点地图　　　图 7-32　具有 Admin 角色的　　　图 7-33　Guest 角色用户
　　　　　　　　　　　　　　　　　　用户登录之后的站点地图　　　　　　登录后的站点地图

完整的实例存放在代码包"第 7 章\RoleBasedNavigation"目录下。

通过上面这个例子，将 ASP.NET 中的会员系统应用到了实际的问题中，轻松地解决了以前比较麻烦的问题。同时，读者也能更多地了解到会员和角色系统的巨大作用。

第8章 窗体页设计技巧

ASP.NET 4.0 不仅在结构上做出了巨大的改进，而且提供了更多有用的功能。本章将对 ASP.NET4.0 中新的小特性做出比较详细的讲解，主要讲述 ASP.NET 页面相关的新特性，还要讲述 Cache 的一些应用。

8.1 Page 类的新事件

与老版本相比，ASP.NET 4.0 提供了一种粒度更细的页面生命周期和相应的方法栈。在 ASP.NET 4.0 中，一个页面的生命周期的主要流程如图 8-1 所示，粗体字表示 ASP.NET 4.0 新增加的阶段页面事件。

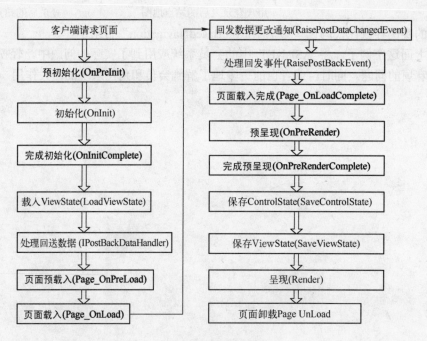

图 8-1 页面生命周期

下面是页面在每个阶段事件里进行的工作：

1）OnPreInit：是页面的第一个阶段，在此阶段，如果存在站点个性化信息或者页面主题以及 Master Page 定义，页面对象会将这些信息加载进来。

2）OnInit：OnInit 阶段会执行一些必要的步骤来实例化一个页面对象，同时属于该页面对象的服务器控件也将被初始化为默认状态。在这个阶段还不能访问页面的任何服务器控件。另外，控件皮肤和个性化信息将在此阶段被引用。

3）OnInitComplete：当页面初始化完成以后会进入该过程来引发 InitComplete 事件，除了页面视图状态（View State）数据之外，其余所有的服务器控件在这个时候已经可以访问。

4）载入页面视图状态（Load View State）：这个阶段通过 LoadViewState 方法来完成。该方法会恢复由上一个页面请求中 SaveViewState 方法保存的 View State 信息。每个服务器控件都可以重载该方法来对 View State 信息的恢复加入更多的控制。

5）处理回送数据：如果页面服务器控件实现了 IPostBackDataHandler 接口，那么页面将能自动加载回送的数据，然后进行一些处理。实现 IPostBackDataHandler 必须实现 LoadPostData 和 RaisePostDataChangedEvent 这两个方法，其中 RaisePostDataChangedEvent 将在回送更改通知阶段被调用。

6）OnPreLoad：ASP.NET4.0 在 Load 事件之前增加了一个预加载（Preload）事件，赋予用户对页面更细粒度的控制。所有的服务器控件已经被初始化完成，View State 和回送数据也都可以访问了。

7）OnLoad：当一个页面被加载时发生。

8）处理回送事件：回送开始时触发这个事件，要处理回送事件，页面必须定义 IPostBackEventHandler。

9）OnLoadComplete：页面加载完成时发生。另外为了确保 View-State 能够被动态创建的控件访问，控件必须在 PreRender 之前加载，也就是说 OnLoadComplete 阶段是最后一个动态创建服务器控件的阶段。

10）预呈现（PreRender）：在预呈现过程中，页面将通知每一个服务器控件在呈现阶段之前执行一些必要的操作。

11）OnPreRenderComplete：这个阶段，页面所有部分都已经准备好被呈现（Render）了，在此之后，页面将无法再进行任何呈现上的改动。

12）保存 ControlState：控件状态信息（ControlState）是 ASP.NET4.0 新增的属性，类似于 ViewState。ControlState 可以用来保存控件的状态，特别是当 ViewState 被禁用的时候还可以用它来保证对控件状态信息的读写。

13）保存 ViewState：和 ASP.NET1.x 相同，View State 被保存在 HTML 的 Hidden 节中。通过 LoadViewState 和 SaveViewState 方法，可以定制管理 View State 的细节。

14）呈现（Render）：将内容发送给 HtmlTextWriter 对象，它会把内容发送给浏览器。

15）UnLoad：这是页面生命周期的最后一个阶段，会执行一些清理操作，如关闭数据库连接、关闭文件、清理对象等。

通过上面的概述，相信读者对 ASP.NET 1.x 和 ASP.NET 4.0 的页面生命周期有了一定的了解。ASP.NET 4.0 一些新增的特性也与此有联系。所以学习这一节，可以对后面的内容有更加深入的理解。

8.2 添加标题

在 ASP.NET 4.0 的 System.Web.UI.Page 类中增加了一个 Header 属性，用于对 HtmlHead

页面头区域里的数据操作。通过查看 Header 属性的追踪，发现它实际上是一个 HtmlHead 对象，正是通过这个对象来实现对 HTML 页面头区域的数据操作的。

HtmlHead 对象有几个值得注意的属性：StyleSheet、Title。通过 StyleSheet 可以为页面添加样式表，对 Title 赋值可以为页面设定标题。来看下面这段代码：

```csharp
protected void Page_Load（object sender, EventArgs e）
{
    Style bodyStyle = new Style（）;
    bodyStyle.ForeColor = System.Drawing.Color.Blue;
    bodyStyle.BackColor = System.Drawing.Color.LightGray;
    //给页面添加样式表
    this.Header.StyleSheet.CreateStyleRule（bodyStyle, null, "BODY"）;
    //给 Head 区域增加元数据信息
    this.Header.InnerHtml = "<metadata name=\"author\" content=\"Jemmy\"/>";
    //指定页面标题
    this.Header.Title = "HtmlHead Example";
}
```

由它生成的页面的 HTML 代码的 Head 部分将会是：

```html
<head><metadata name="author" content="Jemmy"/>
<title>
    HtmlHead Example
</title>
<style type="text/css">
    BODY { color：Blue;background-color：LightGrey; }
</style></head>
```

通过这段简单的代码，读者应该可以对 System.Web.UI.Page 的 Header 属性有一定的了解。

8.3 设置焦点

熟悉 ASP.NET 1.x 的读者可能知道，要对页面设置焦点只有通过客户端代码来实现，要为 Form 设置一个默认焦点也是比较麻烦的。现在这些问题都不存在了，ASP.NET 4.0 轻松地实现了这些功能。

假设要为 TextBox1 设置焦点，现在可以这么做：

```csharp
this.setfocus（this.TextBox1）;
```

或者

```csharp
TextBox1.focus( );
```

同样，要为 Form 设置默认控件焦点，也是非常简单的：

```html
<form id="form1" runat="server" defaultfocus="TextBox2">
```

来看看下面这段简单的代码：

```csharp
protected void Button1_Click（object sender, EventArgs e）
    {this.SetFocus（TextBox1）;}
HTML：
<form id="form1" runat="server" defaultfocus="TextBox2"><div>
    <asp：TextBox ID="TextBox1" runat="server" ></asp：TextBox
```

```
        <asp：Button ID="Button1" runat="server" OnClick="Button1_Click" Text="Button" />
        <asp：TextBox ID="TextBox2" runat="server"></asp：TextBox>
</div></form>
```

这段代码在页面 HTML 和后台都实现了焦点功能。ASP.NET 4.0 提供了更多的方便，不过也要看到在点击按钮以后，为控件设置焦点的同时，也增加了一次页面的提交。当访问的页面在本地 Web 服务器上的时候还没什么，如果页面和服务器之间的延迟稍微大一些，通过增加一次提交来获得这么一点方便就不划算了。所以对这些新功能的使用，一定要仔细权衡。 如果界面需要将焦点放置在某个控件上，最佳做法是在类似 Page_Load 的事件处理方法中，用 setfocus 方法或者 control.focus 方法来执行操作。

8.4 为 Form 设定默认按钮

在 8.3 节中，介绍了怎样为一个 Form 设置默认焦点控件。类似地，也可以为 Form 设置一个默认按钮。在 ASP.NET 1.x 中要设置默认按钮只有靠客户端代码，而 ASP.NET 4.0 再次简化了开发工作。

在设置了默认按钮的情况下按 Enter 键，就相当于单击了设置好的默认按钮，而不论这个时候焦点在 Form 内的哪一个控件上。

下面的代码演示在有多个按钮的情况下如何设置 Enter 键对应的焦点按钮。

C#代码，Default.aspx.cs：

```
public partial class _Default ： System.Web.UI.Page
{
    protected void Page_Load（object sender, EventArgs e）{}
    protected void Button2_Click（object sender, EventArgs e）
    {
        TextBox1.Text = "Button2_Click";
    }
    protected void Button1_Click（object sender, EventArgs e）
    {
        TextBox1.Text = "Button1_click";
    }
}
```

Default.aspx 的 Form 元素 HTML：

```
<form id="form1" runat="server" defaultbutton="Button2" defaultfocus="Button1"><div>
        <asp：TextBox ID="TextBox1" runat="server" ></asp：TextBox>
        <asp：Button ID="Button1" runat="server" Text="Button1" OnClick="Button1_Click" /><br />
        <asp：Button ID="Button2" runat="server" Text="Button2" OnClick="Button2_Click"/>
</div></form>
```

读者可以将上面的代码复制到自己的代码文件中，试试页面运行的效果。然后把 defaultbutton="Button2" 删除，再重新运行。通过比较两次运行的结果可以发现，删除 defaultbutton 属性之前按下 Enter 键的时候，Button2 的 Click 事件发生了，删除 defaultbutton 属性以后再按 Enter 键，Button1 起了作用。

8.5 更好的输入验证控件

顾名思义，输入验证控件就是校验用户输入内容正确性的控件，如用户在文本框中输入数据后，便会显示一条信息表明用户是否输入了不合乎要求的数据。验证过程既可以在服务器上进行也可以在客户端的浏览器里执行，在浏览器里执行有利于提高服务器性能。

从 ASP.NET 1.0 就开始提供了必要的输入验证控件（RequiredFieldValidator）、比较验证控件（CompareValidator）、范围验证控件（RangeValidator）、正则表达式验证控件（RegularExpressionValidator），可定制的验证控件（CustomValidator）和综合验证控件（ValidationSummary），这六个验证控件使开发人员能在客户端和服务器端进行更为智能的验证。这几个验证控件用起来非常容易，不过有一个比较大的缺陷，即没有一个比较好的方法把这些验证控件组合在一起，以便验证页面的一个部分，并且不论页面其他部分的输入内容是什么，都可以回发数据。这个问题用通俗一点的话讲就是，要么全部通过，要么全部不通过。

ASP.NET 4.0 中的验证控件彻底解决了这个问题。现在可以使用验证控件的 ValidationGroup 属性来组合验证控件，同时用相同的方式将按钮控件分配给组，并且当一个组里所有的验证控件都对输入内容感到满意时，验证组才允许页面回发。下面的 Validate.aspx 将示范 validationGroup 的用法：

```html
<html xmlns="http://www.w3.org/1999/xhtml">
<head runat="server"><title>Untitled Page</title></head>
<body><form id="form1" runat="server"><div> <strong>
<span style="color: #3300cc">New User Registration: <br />
</span></strong><br />
<table style="width: 541px; height: 77px"><tr>
<td style="width: 128px; height: 20px">
New User Name: </td>
<td style="width: 158px">
<asp:TextBox ID="NewUserTextBox" runat="server"></asp:TextBox></td>
<td style="width: 311px">
<asp:RequiredFieldValidator ID="RequiredFieldValidator1" runat="server"
ControlToValidate="NewUserTextBox"
ErrorMessage="RequiredFieldValidator" ValidationGroup="NewUser">
</asp:RequiredFieldValidator></td></tr>
<tr><td style="width: 128px">Password: </td>
<td style="width: 158px">              <asp:TextBox ID="PasswordTextBox1" runat="server"></asp:TextBox></td>
<td style="width: 311px">
<asp:RequiredFieldValidator ID="RequiredFieldValidator2" runat="server"
ControlToValidate="PasswordTextBox1"
ErrorMessage="RequiredFieldValidator"
ValidationGroup="NewUser"></asp:RequiredFieldValidator></td></tr>
<tr><td style="width: 128px; height: 17px">
Confirm password: </td>
<td style="width: 158px; height: 17px">
<asp:TextBox ID="PasswordTextBox2" runat="server"></asp:TextBox></td>
<td style="width: 311px; height: 17px">
 <asp:CompareValidator ID="CompareValidator1" runat="server"
ControlToCompare="PasswordTextBox2"
ControlToValidate="PasswordTextBox1" ErrorMessage="Password not
equal" ValidationGroup="NewUser"></asp:CompareValidator></td></tr>
<tr><td style="width: 128px; height: 26px">Email: </td>
<td style="width: 158px; height: 26px">
```

```
                    <asp：TextBox ID="EmailTextBox" runat="server"> </asp：TextBox></td>
                <td style="width: 311px; height: 26px">
                    <asp : RegularExpressionValidator ID="RegularExpressionValidator1"
runat="server" ControlToValidate="EmailTextBox"
                    ErrorMessage="Invalid Email format" ValidationGroup="NewUser"
ValidationExpression="^（[\w-\.]+）@（（\[[0-9]{1,3}\.[0-9]{1,3}\.[0-9]{1,3}\.）|（（[\w-]+\.）+））（[a-zA-Z]{2,4}|[0-9]{1,3}）（\]?）$">
                    </asp：RegularExpressionValidator></td></tr>
                <tr><td colspan="3">
                    <asp：Button ID="ConfirmButton" runat="server" OnClick="ConfirmButton_Click" Text="Confirm"
                        Width="57px" ValidationGroup="NewUser" /></td>
                </tr></table></div>
                <span style="color: #3300cc"><strong>User Login：<br />
                </strong><table style="font-weight: normal; width: 371px">
                <tr><td style="width: 72px">
                <span style="color: #000000">Username：</span></td>
                <td style="width : 149px"><asp : TextBox ID="UsernameTextBox" runat="server"></asp：TextBox></td>
                <td><asp：RequiredFieldValidator ID="RequiredFieldValidator3" runat="server"
ControlToValidate="UsernameTextBox" ErrorMessage="Input Username" ValidationGroup="OldUser"
Width="109px"> </asp：RequiredFieldValidator></td></tr>
                <tr><td style="width: 72px"><span style="color: #000000">Password：</span></td>
                <td style="width: 149px"><asp：TextBox ID="PasswordTextBox" runat="server"></asp：TextBox></td>
                <td><asp：RequiredFieldValidator ID="RequiredFieldValidator4" runat="server" ControlToValidate=
"PasswordTextBox" ErrorMessage="Input password" ValidationGroup="OldUser" Width="107px"> </asp：RequiredFieldValidator></td></tr>
                <tr><td colspan="3"><asp：Button ID="LoginButton" runat="server" OnClick="LoginButton_Click"
Text="Login" Width="60px" ValidationGroup="OldUser"/></td></tr>
                </table></span></form>
</body></html>
Validate.aspx.cs：
public partial class _Default : System.Web.UI.Page {
    protected void ConfirmButton_Click（object sender, EventArgs e）{
        Response.Redirect（"welcome.aspx"）；
    }
    protected void LoginButton_Click（object sender, EventArgs e）{
        Response.Redirect（"start.aspx"）；
    }
}
```

　　该示例中使用了 RequiredFieldValidator、CompareValidator 以及 RegularExpressionValidator 的组合。从示例中可以看出，要使用验证组就要为每一个验证控件指定一个验证组的名称，名称可以随便定义，不过要保证组里的验证控件的组名称都相同。上面这个例子中，使用了两个验证组，NewUser 组和 Login 组，然后把相应的按钮也加入组中，这样就可以在按下按钮的时候，验证对应组的内容，如果验证通过就可以提交页面而且不用理会组以外验证控件的状态。

　　另外还增加了一个 SetFocusOnError 属性，可以在出错的时候将焦点移到控件上。这样就不会使用户在点击了按钮之后因为没看到错误提示而不知所措了。另外 CustomValidator 增加了 ValidateEmptyText 属性来让用户自定义验证控件在值为空时也进行验证。

　　ASP.NET 1.x 的验证功能还有一个问题，即它的验证功能是通过 IE 的 HTML 自定义属性来实现的,这就导致对 IE 以外的浏览器支持不佳,很多情况下,客户端验证是没有用的,只能把数据提交回服务器进行验证。在 4.0 中,使用了 JavaScript 来为控件添加验证功能,这个简单的改动就使得基本上所有的浏览器都可以进行客户端验证了。

8.6 使用 Page.Items 字典

在 ASP.NET 4.0 中,Page 对象新增了一个 Items 字典,它可以存放对象,且在整个页面的生命周期中都可以访问。需要注意的是,Page.Items 属性是一个只读属性,不能将一个 IDictionary 对象直接赋给它,不过可以对 Page.Items 属性返回的 IDictionary 对象进行添加、删除等操作。

看下面这个小例子:

```
public partial class _Default : System.Web.UI.Page {
    protected void Page_PreInit(object sender, EventArgs e)
    {
        this.Items.Add("Author", "Jemmy");
        this.Items.Add("Birthday", "01171980");
    }
    protected void Page_Init(object sender, EventArgs e)
    {
        if(this.Items["Author"] == "Jemmy")
            this.Items["Author"] += " Wang";
    }
    protected void Page_Load(object sender, EventArgs e)
    {
        Label1.Text = "Author";
        Label2.Text = "Birthday";
        TextBox1.Text = Items["Author"].ToString();
        TextBox2.Text = Items["Birthday"].ToString();
    }
}
```

在页面生命周期的开始加入要加入的键值对到 Items 字典中,那么就可以在页面生命周期稍后的事件中访问 Items 字典中的键值对。

8.7 使用跨页面传送功能

跨页面传送是 ASP.NET 4.0 提供的一个非常有用的功能,如果想在几个页面之间传送处理数据,这将是一个利器。先来复习一下将客户端数据与服务器交互的几种方法。

- Session
- Cookie
- AJAX
- Querystring
- Form

前三种暂不在讨论范围内,重点在后两种。

Querystring 适合传递少量文本数据,比较灵活,不过缺乏保密性,很多时候数据内容会

第8章 窗体页设计技巧

在地址栏显示出来，另外它也不适合传递大量数据和对象。Form 正好相反，非常适合传递大量比较复杂的数据，例如大量的文本内容、文件、图形等。在 ASP.NET 1.x 的服务器表单中，服务器控件的事件处理都是用表单提交来实现的，不过所有的服务器表单提交都是提交到当前页面，如果想提交到另外一页可以用 Server.Transfer(http://localhost/test.aspx)来实现。而 ASP.NET 4.0 的跨页面提交功能可以在不使用 Server.Transfer 的情况下使服务器表单中的内容直接提交到另一个 aspx 页面。

Default.aspx 演示了跨页面传送：

```
<html xmlns="http://www.w3.org/1999/xhtml" >
<head runat="server"><title>Untitled Page</title></head>
<body><form id="form1" runat="server">
    <div><asp: TextBox ID="TextBox1" runat="server"></asp: TextBox><br/>
        <asp: TextBox ID="TextBox2" runat="server"></asp: TextBox> <br />
        <asp: Button ID="Button1" runat="server" Text="提交到 print.aspx"/>
        <asp: Button ID="Button2" runat="server" Text="提交到 store.aspx" PostBackUrl="~/store.aspx" /></div></form>
</body></html>
```

Default.aspx.cs:
```
public partial class _Default : System.Web.UI.Page{
protected void Page_Load（object sender, EventArgs e）{
if（!IsPostBack）{
TextBox1.Text = "第一页";
    TextBox2.Text = "第二页";
}
else
    Server.Transfer（"print.aspx"）;
}
}
```

Print.aspx.cs:
```
public partial class Print : System.Web.UI.Page{
    protected void Page_Load（object sender, EventArgs e）{
        if（this.PreviousPage != null）{
            TextBox tb=（TextBox）this.PreviousPage.FindControl（"TextBox1"）;
            Response.Write（tb.Text）;
        }
    }
}
```

Store.aspx.cs:
```
public partial class Store : System.Web.UI.Page{
    protected void Page_Load（object sender, EventArgs e）{
        if（this.PreviousPage != null）{
            TextBox textBox=（TextBox）this.PreviousPage.FindControl（"TextBox2"）;
            if（textBox != null）
                Response.Write（textBox.Text）;
        }
    }
}
```

注意 Button2 的 PostBackUrl 属性，当 Button2 被按下以后，页面就被提交到 store.aspx，然后 store.aspx 的页面对象在 PreviousPage 属性中查找 default.aspx 的服务器控件和提交的内容。操作非常简单，只要给提交按钮的 PostBackUrl 指定相应的 URL，表单就会被自动提交到对应的页面。

读者会发现按下 Button1 以后，页面同样会通过 Server.transfer 提交到 Print.aspx，而且 Print.aspx 也同样可以通过 PreviousPage 查找 default.aspx 服务器表单中的内容。那么使用 PostBackUrl 和 Server.Transfer 来传送页面有什么不同呢？回到 Button 1 与 Button 2 被按下的时刻，当 Button 1 被按下，页面被提交给自己，然后根据页面生命周期的顺序，从 PreInit 事件开始，一步一步执行，直到到达 Page_Load 事件方法中的 Server.Transfer 操作，然后页面转到 Print.aspx 进行处理。当 Button2 被按下的时候，事情就不那么一样了。Button2 具有 PostBackUrl 属性，Button2 被按下以后就会被直接提交给 store.aspx，default.aspx 不再按照页面生命周期的顺序执行。用 MSDN 上的话讲就是：server.Transfer 是一个基于服务器的方法，而 PostBackUrl 是基于客户端的。从这个意义上来讲，跨页面传送同 Server.Transfer 相比更加便捷，有利于提高服务器的性能，减少了处理步骤。除去这一点，两者还是非常相似的，不过在 ASP.NET 4.0 中，跨页面传送显然是更好的选择。

如果要在后续页面中判断 PerviousPage 所引用的页面是通过跨页面提交而来的还是通过 Server.Transfer 方法传送而来的，可以通过 IsCrossPagePostBack 属性来进行判断：

```
if（PreviousPage != null）{
    if（PreviousPage.IsCrossPagePostBack == true）{
        Response.Write（"Cross-page post."）；
    }
}
else {
    Response.Write（"Not a cross-page post."）；
}
```

除了源页面的服务器控件内容以外，还可以在目标页面中访问源页面对象的公有属性和成员变量。在能得到源页面的公有成员之间，必须首先在目标页面添加对源页面的强类型引用，在<%@ Page …%>下面加入一行：<%@ PreviousPageType VirtualPath="~/Default.aspx"%>，现在就可以在目标页面直接访问源页面的公有成员了。如下面这个例子，显示了一个公有属性成员 Birthdate：

```
//Default.aspx.cs:
public DateTime Birthdate
{
    get{ return new DateTime（1980,3,17）;}
}
```

假设 Default.aspx 通过跨页面传送提交给了 Target.aspx，那么可以在 target.aspx 中访问 Birthdate 属性：

```
TextBox1.Text=this.PreviousPage.Birthdate.ToString（）;
```

有了跨页面传送，在处理数据提交的时候就又多了一种方法，更加灵活。有人大概认为，使用跨页面提交会增加页面间的耦合程度，会增加数据传送量，使用 querystring 和传统的 Form 就够了。其实和传统的 Form 提交方法相比页面间的耦合程度并没有提高。原因是当 Form 的内容提交以后，还是同样需要知道 Input 控件的 ID 才能访问对应的值，并且跨页面传送有利于将不相关的功能页面分离。

举个例子：现在有一个表单，里面填写了用户注册的信息，开发人员想为这个表单的内容做两件事，一件是将表单的内容存入数据库，另一件是将表单的内容发送给打印预览页面进行打印预览。ASP.NET 1.x 中的方法是，提供两个服务器按钮控件，然后将表单内容提交给当前页面，当前页面进行条件判断，然后用 Server.Transfer 转到相应的页面进行处理。如果使用跨页面传送功能，同样先提供两个服务器按钮控件，可以为每个按钮指派对应的 PostBackUrl，这样页面的内容就可以直接被提交到不同的页面，避免了在当前页面代码中出现更多的条件判断，减少了 Server.Transfer 的使用，不仅优化了设计也提高了效率。

8.8 高速缓存和 SQL Server Invalidation 功能

提高 Web 应用程序的性能是任何开发者都必须考虑的需求之一。浏览器可以在客户端将文本和图片保存到本地，以便下次请求该页面时直接从本地读取文本和图片，在一定程度上提高了页面的响应速度。然而要想大幅度提高应用程序的性能，就必须使用服务器端的缓存。

那么，什么是缓存呢？

缓存就是一种方法，它将经常使用的数据保存在服务器的内存中，以便下次请求时直接从内存中获取数据，而不必重新创建该数据。

对于数据库驱动的 Web 应用程序来说，从数据库中检索数据可能是执行得最慢的操作之一。如果能够将数据库中的数据缓存到内存中，就无需在请求每个页面时都访问数据库，从而可以大大提高应用程序的性能。

然而缓存有一个缺点，那就是数据过期的问题。如果将数据库的内容缓存到内存中，当数据库中的记录发生更改时，Web 应用程序将显示过期的、不准确的数据。对于某些类型的数据，即便显示的数据稍有些过期，影响也不会太大；但对于诸如股票价格和竞拍出价之类对实时性要求较高的数据，即使显示的数据稍微有些过期也是不可接受的。

ASP.NET 1.x Framework 没有针对此问题提供一个完善的解决方案，因此每当数据库中的记录发生更改时，我们不得不手工更改缓存在服务器内存中的数据。如果缓存的数据量非常大，这将是一个非常繁琐的工作，而且增加了应用系统的维护难度。

幸运的是，ASP.NET 4.0 Framework 提供了一项新功能，称为 SQL Cache Invalidation，可以解决这一棘手的问题。SQL Cache Invalidation 可以在数据库中的数据发生更改时自动更新缓存在内存中的数据。

8.9 配置 SQL Server Invalidation

在 Web 应用程序中使用 SQL Cache Invalidation 之前，还必须进行一些配置。

必须将 Microsoft SQL Server 配置为支持 SQL Cache Invalidation，还必须在应用程序的 Web 配置文件中添加必要的配置信息。

首先，使用 aspnet_regsql.exe 工具通过命令行来配置 SQL Server。

打开命令提示符窗口并浏览到 Windows\Microsoft.NET\Framework\[版本] 文件夹，执行以下命令：

```
aspnet_regsql -E -d Northwind –ed
```

以上命令将 Microsoft SQL Server 的示例数据库 Northwind 配置为支持 SQL Cache Invalidation，其中：

-E 选项用于在连接到数据库服务器时使用集成的安全设置。

-d 选项用于指定数据库名。

-ed 选项用于为指定的数据库启用 SQL Cache Invalidation。

之后，还需要使用以下命令从数据库中选择要启用 SQL Cache Invalidation 的特定表：

```
aspnet_regsql -E -d Northwind -t Customers –et
```

以上命令将 Microsoft SQL Server 的示例数据库 Northwind 中的 Customers 表配置为支持 SQL Cache Invalidation，其中：

-t 选项用于指定数据库表名。

-et 选项用于为指定的数据库表启用 SQL Cache Invalidation。

如果需要获取某个特定数据库中当前启用了 SQL Cache Invalidation 表的列表，可以使用以下命令：

```
aspnet_regsql -E -d Northwind –lt
```

其次，需要更新 Web 配置文件，以便让 ASP.NET Framework 轮询启用 SQL Cache Invalidation 的数据库：

```xml
<configuration>
<connectionStrings>
    <add name="NorthwindConnString"
      connectionString="Data Source=localhost;Initial Catalog=Northwind;
        Integrated Security=True" />
</connectionStrings>
<system.web>
    <caching>
      <sqlCacheDependency enabled="true" pollTime="20000">
        <databases>
          <add name="NorthwindDataBase"
            connectionStringName="NorthwindConnString" />
        </databases>
      </sqlCacheDependency>
    </caching>
</system.web>
</configuration>
```

<connectionStrings>配置节用于指定数据库连接字符串，以连接到本地 Northwind 数据库。

<caching>配置节用于配置缓存信息。

<sqlCacheDependency>配置节用于配置 SQL Cache Invalidation 轮询，其中 enabled 属性用于指定是否启用 SQL Cache Invalidation 轮询，pollTime 属性用于指定轮询数据库的时间间隔，以毫秒为单位。

<databases>配置节用于指定轮询的数据库，可以指定一个或多个数据库。

8.10 使用 SQL Server Invalidation 和数据源控件

ASP.NET 4.0 Framework 提供了一组新的控件，称为 DataSource 控件。可以使用这些控件来表示数据源,如数据库或 XML 文件。

使用 DataSource 控件,不仅可以更轻松地连接数据库,还可以使缓存数据更容易,只需设置一两个属性,就可以自动在内存中缓存由 DataSource 控件表示的数据。

以下代码展示了如何使用 SqlDataSource 控件来缓存数据:

```
<asp: SqlDataSource ID="SqlDataSourceNorthwind" runat="server"
    ConnectionString="Data Source=localhost;Initial Catalog=Northwind;
        Integrated Security=True"
    ProviderName="System.Data.SqlClient"
    SelectCommand="SELECT CustomerID, CompanyName, ContactName FROM Customers"
    CacheDuration="600"
    EnableCaching="True"
</asp: SqlDataSource>
```

EnableCaching 属性用于指定是否启用缓存,如果设置为 true,SqlDataSource 将自动缓存通过 SelectCommand 检索到的数据。

CacheDuration 属性用于指定缓存持续的时间,以秒为单位。

默认情况下,SqlDataSource 使用绝对过期策略来缓存数据,即每隔指定的秒数就从数据库中刷新一次。此外,还可以设置属性 CacheExpirationPolicy="Sliding" 选择使用可变过期策略。如果将 SqlDataSource 配置为使用可变过期策略,那么只要持续访问数据,数据就不会过期。如果需要缓存大量项目,使用可变过期策略将非常有用。

使用以上的设置无法在数据库记录发生更改时自动更改缓存在内存中的数据,要达到这个目的,需要联合前面所做的 SQL Server 的配置和 Web 配置文件的设定,设置 DataSource 控件的属性 Sqlcachedependency="NorthwindDataBase:Customers"。整个 DataSource 控件的设置如下:

```
<asp: SqlDataSource ID="SqlDataSourceNorthwind" runat="server"
    ConnectionString="Data Source=localhost;Initial Catalog=Northwind;
        Integrated Security=True"
    ProviderName="System.Data.SqlClient"
    SelectCommand="SELECT CustomerID, CompanyName, ContactName FROM Customers"
    CacheDuration="600"
    EnableCaching="True"
    SqlCacheDependency="NorthwindDataBase:Customers">
</asp: SqlDataSource>
```

ASP.NET 4.0 Framework 将根据 Sqlcachedependency 属性所设定的依赖关系按照 Web 配置文件所设定的时间间隔对 Northwind 数据库的 Customers 表进行轮询,以检查数据库的更改。

8.11 通过编程方式使用 SQL Server Invalidation

除了在 DataSource 控件中使用缓存技术以及 SQL Server Invalidation 技术,也可以在 Cache 对象中直接使用 SQL Cache Invalidation,以便最大程度地对 SQL Cache Invalidation 进行编程控制。

在 Cache 对象中使用 SQL Cache Invalidation,首先仍然需要按照前面所讲的方法对 Web 配置文件进行设置,然后创建一个 SqlCacheDependency 对象实例,并在使用 Insert 方法向 Cache 对象中插入需缓存的对象时，将 SqlCacheDependency 对象作为参数传到 Insert 方法中。

```
protected void Page_Load（object sender, EventArgs e）
{
    DataSet ds;
    ds =（DataSet）this.Cache["Customers"];
    if（ds == null）
    {
        string connString = "Data Source=localhost;Initial Catalog=Northwind;
            Integrated Security=True";
        string cmdText = "SELECT CustomerID, CompanyName, ContactName
            FROM Customers";

        SqlConnection connect = new SqlConnection（connString）;
        SqlDataAdapter adapter = new SqlDataAdapter（cmdText, connect）;
        ds = new DataSet（）;
        adapter.Fill（ds）;

        SqlCacheDependency dp =
            new SqlCacheDependency（"NorthwindDataBase", "Customers"）;
        this.Cache.Insert（"Customers", ds, dp, DateTime.Now.AddMinutes（30）,
            Cache.NoSlidingExpiration）;
    }
}
```

8.12　高速缓存的其他改进

在 ASP.NET 1.x Framework 中已经可以使用 CacheDependency 类对缓存依赖项进行操作，但是因为该类被标示为 sealed，因此无法对缓存系统进行扩展。

然而在 ASP.NET 2.0 Framework 中，该类已经不再是一个 sealed 的类了，它提供了一些可以 override 的方法以便开发者进行扩展。通过继承该类，开发者可以实现自己的缓存依赖策略。

同时，开发者可以使用 AggregateCacheDependency 类来整合多个缓存依赖项，如可以使缓存依赖于不同的数据库表。

8.13　使用页面高速缓存

ASP.NET 1.x Framework 提供了一种名为 Output Caching（页面输出缓存）的技术，允许在内存中缓存页面所显示的所有内容。同样在 ASP.NET 4.0 Framework 中可以使用 SQL Cache Invalidation 技术，当数据库表发生更改时自动更新缓存的页面。

要想在 Output Caching 中使用 SQL Cache Invalidation，只需要对页面做如下设定即可。

```
<%@ OutputCache SqlDependency=" Northwind：Customers"
    Duration="6000" VaryByParam="none" %>
```

第9章 使用 ASP.NET 4.0 Web Part 框架

现今门户应用非常流行。好门户的特点是：给访问者提供雅观的信息，并且这些信息都是通过模块化的、一致的、易于浏览的用户界面提供的。一些综合性的门户网站走得更远，它们甚至允许网站成员提供内容、上传文档以及设置个人化门户页面。

微软为 Windows Server 2008 平台增加了一个可扩展的门户应用框架，随之发布了一个 Windows SharePoint 服务，这个框架提供了门户应用框架必需的一些基本元素，其中包括站点成员的支持、内容和文档管理、使用 Web 部件以模块化的形式展示数据等。

Web 部件提供了支持自定义特性和个人化特性的基础功能。在 Windows SharePoint 服务网站里面，通过配置站点，门户应用的用户能够添加、配置、删除 Web 部件，这样他们就能轻松地设置个人化或者定制页面了。基于 Windows SharePoint 服务的站点还提供了一种简便而且强大的方法扩展站点的功能，那就是开发自定义 Web 部件。创建支持定制特性和个人化特性的 Web 部件时，只需要简单地在 Web 部件类里面增加一些属性以及设置几个特殊的标签就可以了。其他繁琐复杂的工作都由 Windows SharePoint 服务的 Web 部件基础结构来完成，如序列化、存储和读取与站点自定义特性和成员个人化特性相关的数据等。

ASP.NET 4.0 引入了一套 Web 部件控件集，这套控件集与 Windows SharePoint 服务提供的功能很相似，它们被设计用来完成序列化、存储和读取站点自定义特性和成员个人化特性相关数据等功能。但是它们更独特、更灵活，它们与 SQL Server 或 Active Directory 不是紧密耦合的。

9.1 常用 WebPart 控件

个性化设置是 WebPart 功能的基础。用户可以对页面上 WebPart 控件的布局、外观和行为进行修改或个性化设置。用户个性化设置可以一直保存，用户设置不仅在当前浏览器会话期间保留，而且当用户下次使用时该界面用户个性设置还将有效。WebPart 控件结构包括 3 层，如图 9-1 所示。

9.1.1 WebPartManager 控件

WebPartManager 控件对于包含 WebPart 的每个页面都起着中心枢纽的作用。一个 Web 部件页面需要一个 WebPartManager 控件（只能有一个）和一个或多个 WebPartZone 控件。需要注意的是，在.aspx 文件中，WebPartManager 控件的标签必须出现在与 Web 部件基础结构相关的任何其他控件标签之前，如 WebPartZone 控

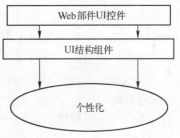

图 9-1 WebPart 控件层次结构

件、EditorZone 控件和 CatalogZone 控件。为了更好地控制 Web 部件页面的布局和表现形式，可以在 aspx 文件中使用 HTML 表格，将不同的 zone 控件放置到不同的地方。

WebPartManager 控件在一个页中起着中枢作用，如图 9-2 所示。

作为 WebPart 页的中枢，WebPartManager 控件对页中部件的控制范围见表 9-1。

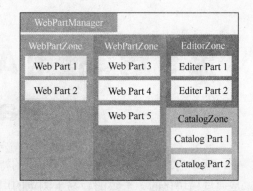

图 9-2　WebPartManager 控件

表 9-1　WebPartManager 控件功能

控制类型	功能说明
跟踪 Web 部件控件	跟踪在页上提供 Web 部件功能的各种类型的控件，包括 WebPart 控件、连接控件、区域控件以及其他控件
添加和移除 Web 部件控件	提供在页上添加、删除和关闭 WebPart 控件的方法
管理连接	在控件之间创建连接，监视这些连接以及这些连接的添加和移除过程
对控件和页进行个性化设置	使用户可以将控件移动至页上的不同位置，并启动用户可以在其中编辑控件的外观、属性和行为的视图。维护每一页上的用户特定的个性化设置
在不同页面视图之间切换	在页的不同专用视图之间切换，以便用户可以执行某些任务（如更改页面布局或编辑控件）
引发 Web 部件生命周期事件	定义、引发 Web 部件控件的生命周期事件，并允许开发人员使用这些事件（如在添加、移动、连接或删除控件时）
启用控件的导入和导出	导出包含 WebPart 控件属性的状态的 XML 流，并允许用户导入文件以便对其他页或站点中的复杂控件进行个性化设置
TableDirect	OleDbCommand cmd = new OleDbCommand（"Categories"，conn）；cmd.CommandType = CommandType.TableDirect

关于 WebPartManager 控件的 WebPartManager 类，需要特别注意的是它诸多的属性。这些属性可引用 WebParts 控件的集合或其他特殊 Web 部件对象的集合。如 WebPartManager 控件用于跟踪任务和其他管理任务的属性，如 AvailableTransformers、Connections、Controls、DisplayModes、DynamicConnections、SupportedDisplayModes、WebParts 和 Zones。

另外还需要注意一些提示性属性，包括 CloseProviderWarning、DeleteWarning 和 ExportSensitiveDataWarning 属性。

当需要调用 WebPartManager 控件来访问应用程序的当前状态时，需要设置状态类属性。如 DisplayMode 属性指示页的当前显示模式。EnableClientScript 属性指示控件是否可以呈现客户端脚本，客户端脚本的呈现与用户浏览器使用的功能或是否关闭了脚本有关。Internals 属性用于引用实用工具类，实用工具类包含对实现扩展功能的一些重要 Web 部件方法的调用。通过在单独的类（WebPartManagerInternals 类）中隐藏对这些方法的调用，简化了 WebPartManager 类的 API。Personalization 属性提供对个性化设置对象的访问，它能够对对象存储用户进行个性化设置并将个性化设置数据保存到永久存储区。SelectedWebPart 属性指示用户或应用程序当前选择的是页上的哪个 WebPart 控件。

WebPartManager 可控制的部件状态见表 9-2，如只能进行控件浏览的状态 BrowseDisplayMode、用户可以重新排列或删除控件以更改页面布局的状态 DesignDisplayMode 等。

表 9-2 控制模式

字 段	功 能 说 明
BrowseDisplayMode	网页的常规用户视图；默认显示模式，也是最常用的显示模式
DesignDisplayMode	在该视图中，用户可以重新排列或删除控件以更改页面布局
EditDisplayMode	在该视图中，编辑用户界面（UI）变得可见；用户可以编辑常规浏览模式中的可见控件的外观、属性和行为
CatalogDisplayMode	在该视图中，目录 UI 变得可见；用户可以从可用控件的目录中将控件添加到页
ConnectDisplayMode	在该视图中，连接 UI 变得可见；用户可以连接、管理或断开控件之间的连接

WebPartManager 控件位于 IDE 工具箱的 WebParts 栏，在使用时把其拖曳到目的页面即可，如图 9-3 所示。

WebPartManager 控件本身不显示也不提供其他的用户操作功能，它必须配合其他的 WebPart 部件才能运行，具体的控制 WebPart 部件和代码编写技术将在后面的章节介绍。

9.1.2　WebPartZone 控件

WebPartZone 控件使页面分为各个区域，开发人员可以在里面放置各式各样的控件运行时用户可以移动的就是该 WebPartZone 控件所在的区域。

具体可以认为 WebPartZone 控件就是专门容纳 WebPart 控件，以便形成 Web 部件应用程序的主用户界面。通过在网页上声明一个 WebPartZone 控件，开发人员便可以将这个控件作为模板使用，在元素 <asp:webpartzone>内添加服务器控件。任何类型的服务器控件在添加到 WebPartZone 区域以后，就可以在运行时作为 WebPart 控件使用。无论添加的是 WebPart 控件、用户控件、自定义控件，还是 ASP.NET 控件。

WebPartZone 控件位于 IDE 工具箱的 WebParts 栏，在使用时把其拖曳到目的页面指定区域即可，如图 9-4 所示。

图 9-3　WebPartManager 控件的添加

图 9-4　WebPartZone 控件的添加

WebPartZone 控件在使用上主要是配合界面的设计，在界面中需要为用户布局的部分放置 WebPartZone 控件。在设计布局区域时需要根据实际的操作区域和数量放置相应的 WebPartZone 控件。

下面将演示如何设计用户布局区域并添加 WebPartZone 控件。在布局区域内将拥有一个日期控件，用户可以把该日期控件拖动到任何一个设计的界面区域，从而实现界面的用户自定义。

首先创建一个名称为 Demo1.aspx 的页面，在界面中添加一个表格。通过合并、添加等操作为用户布局区域和 WebPartZone 控件的设计操作范围。设计好的表格包括左、中、右 3 个部分。3 个部分都将可以供用户进行拖曳控件的操作。如图 9-5 所示。

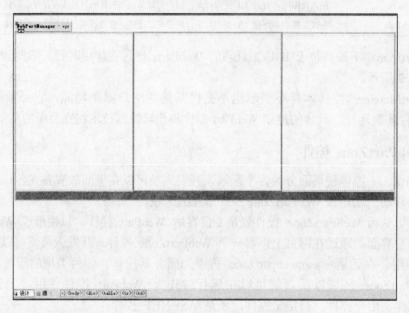

图 9-5　布局设计

为使预拖动的控件可以放置在左、中、右 3 个区域，需要在上述 3 个单元格内添加 WebPartZone 控件，如图 9-6 所示。

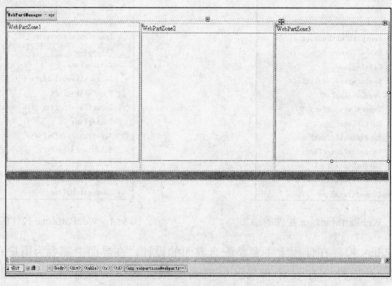

图 9-6　添加 WebPartZone 控件

使用 ASP.NET 4.0 Web Part 框架　　第9章

设计完成界面后，需要为范例添加一个控件，该控件为日期控件 Calendar。直接把它拖到任何一个 WebPartZone 控件的设计区域内即可，如图 9-7 所示。

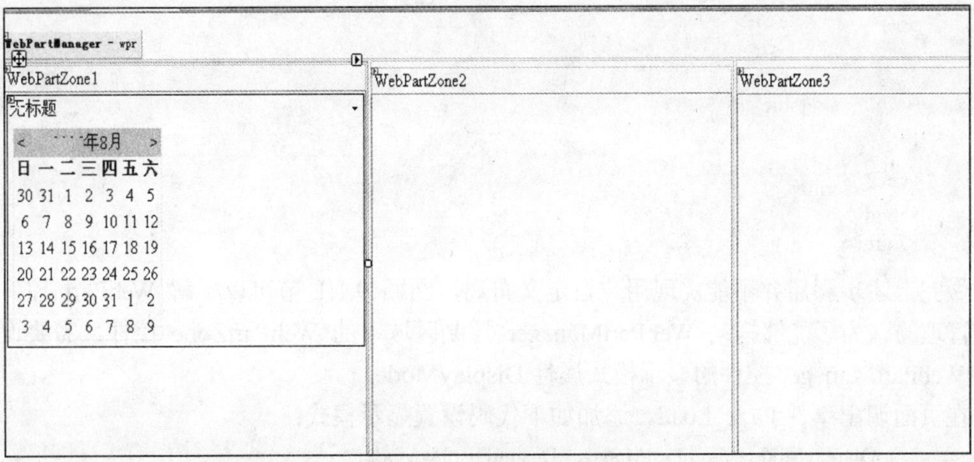

图 9-7　添加普通控件

Demo1.aspx 界面完成设计后的 HTML 代码如下：

```
<%@ Page Language="C#" AutoEventWireup="true" CodeFile="Demo1.aspx.cs" Inherits="_Default" %>
<!DOCTYPE html PUBLIC "-//W3C//DTD XHTML 1.0 Transitional//EN" "http://www.w3.org/TR/xhtml1/DTD/xhtml1-transitional.dtd">
<html xmlns="http://www.w3.org/1999/xhtml" >
<head runat="server">
    <title>无标题页</title>
</head>
<body>
    <form id="form1" runat="server">
    <div>
        <asp:WebPartManager ID="wpr" runat="server">
        </asp:WebPartManager>
        <table style="width: 939px">
            <tr>
                <td style="width: 361px; height: 376px; background-color: #0000cc;">
                    <asp:WebPartZone ID="WebPartZone1" runat="server" Height="329px" Width="370px" BackColor="#404040">
                        <ZoneTemplate>
                            <asp:Calendar ID="Calendar1" runat="server" BackColor="White" Width="355px"></asp:Calendar>
                        </ZoneTemplate>
                    </asp:WebPartZone>
                </td>
                <td style="width: 361px; height: 376px; background-color: #0000cc;">
                    <asp:WebPartZone ID="WebPartZone2" runat="server" Height="324px" Width="367px" BackColor="#004000">
                    </asp:WebPartZone>
                </td>
                <td style="height: 376px; width: 361px; background-color: #0000cc;">
                    <asp:WebPartZone ID="WebPartZone3" runat="server" Height="322px" Width="309px" BackColor="Red">
                    </asp:WebPartZone>
                </td>
```

```
                </tr>
                <tr>
                    <td colspan="3" rowspan="2" style="height: 4px; background-color: #6699ff">
                    </td>
                </tr>
                <tr>
                </tr>
            </table>
        </div>
    </form>
</body>
</html>
```

做完上述步骤后并不能实现用户自定义布局，回顾 9.1.1 节可以了解 WebPart 控件是如何被管理的。为了能够拖动 WebPartManager 控制区域下的 WebPartZone 控件，需要设置该页中 WebPartManager 控件的显示模式属性 DisplayMode。

在页面调出事件 Page_Load，添加如下代码设置显示模式：

```
wpr.DisplayMode = WebPartManager.DesignDisplayMode;
```

在范例中用户看上去拖动的是日期控件，实际上该布局行为依赖于 WebPartZone 控件，每一个需要放置拖动控件的区域都应该提供 WebPartZone 控件容纳它。

WebPartZone 控件结合 WebPartManager 控件的演示页 Demo1.aspx 的运行效果如图 9-8 所示。

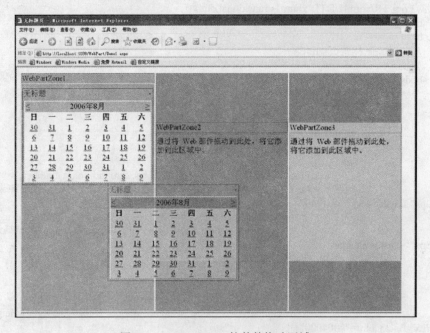

图 9-8　WebPartZone 控件的拖动区域

上面的代码保存在代码包"第 9 章\Demo1.aspx"中。

9.1.3　CatalogZone 控件和所属 CatalogPart 控件

WebPart 功能不仅要实现用户通过拖曳的操作进行自己习惯的界面结构布局，还应该允许用户通过删除的方式去掉自己不愿意显示在界面上的已有控件。CatalogZone 控件就属于这种区域控件,区域是指网页上包含 Web 部件控件的某个区域。Web 部件区域由区域控件创建,区域控件是设计用来包含其他控件的,区域的主要功能是对其所含的控件进行布局,并为这些控件提供公共的用户界面(UI)。

WebPart 部件的主要功能是使用户根据个人的喜好来修改(或个性化)网页,并保存个性化设置以供将来的浏览器会话使用。修改 Web 部件页的一个目的是将 WebPart 控件或其他服务器控件添加至 Web 部件页。CatalogZone 控件提供用户可以添加到界面的控件列表或目录。

CatalogZone 控件是 Web 部件控件集的一个基本控件。该控件从 CatalogZoneBase 类派生,且它的大多数行为也都是从该类继承的。CatalogZone 类实质上将一个区域模板添加至基类,该模板是 ITemplate 接口的实现。

CatalogZone 控件仅当用户将网页切换至目录显示模式(CatalogDisplayMode)时才变为可见。目录可以包含若干类型的 CatalogPart 控件。每个 CatalogPart 控件都是一类容器,包含用户可添加至页面的服务器控件。CatalogPart 控件因其包含的服务器控件的来源不同而功能各异。Web 部件控件集一起提供的 CatalogPart 控件见表 9-3。

表 9-3　CatalogPart 控件介绍

控　　件	功　能　说　明
PageCatalogPart	维护对页上已关闭的控件的引用。这些控件可由用户重新打开(添加回页面)
DeclarativeCatalogPart	包含对在网页标记中的 Web 部件目录中声明的控件的引用。这些控件可由用户添加至网页
ImportCatalogPart	提供用户界面,供用户向目录上载某个控件的定义文件(具有 .WebPart 扩展名及指定格式的 XML 文件,其中包含状态信息),从而可将该控件添加到网页中

通过表 9-3 可以基本了解主要 CatalogPart 控件及其作用,所有 CatalogPart 控件都必须位于 CatalogZoneBase 区域内。

目录模式是 WebPart 特有的一种技术,是指一个或多个可用 Web 服务器控件(包括 WebPart 控件、ASP.NET 服务器控件和自定义控件或用户控件)的列表,用户可将这些控件添加到网页。目录具有许多常用特性,包括向最终用户提供说明文本、描述每个服务器控件的文本、用于选择服务器控件并将它们添加到页中的帮助器控件、常用的页眉、页脚和边框,以及许多样式属性。

本节将通过一个综合性的范例来说明 CatalogZone 控件和所属 CatalogPart 控件的原理和使用方法。

范例中将实现用户编辑页面已有控件、添加已有控件并显示到界面、删除界面显示的控件并导出目前界面布局信息。

首先需要创建范例页,名称为 Demo2.aspx。为该页添加定位表格并在该表格内添加 CatalogZone、DeclarativeCatalogPart、PageCatalogPart1、ImportCatalogPart1、WebPartZone1 等控件。

创建好的界面如图 9-9 所示。

通过图 9-9 所示的界面可以了解到范例左边是 CatalogZone 区域,在该区域可以添加、编辑、修改、导出布局信息。界面右边是拖动区域,由两个 WebPartZone 控件组成。在范例中设置有一个 Login 登录控件,在运行该页时 DeclarativeCatalogPart 控件将显示目前系统已经存在并可以添加到界面的控件。CatalogZone 区域允许用户选择控件并自行决定添加到哪个 WebPartZone 区域。界面中呈现这些功能的部分如图 9-10 和 9-11 所示。

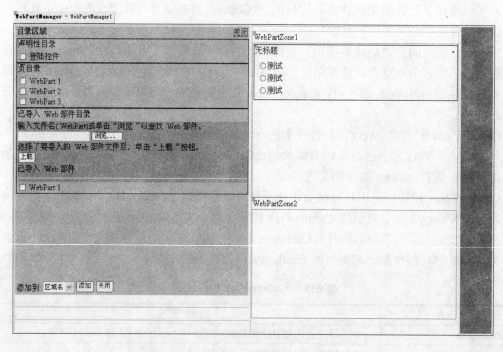

图 9-9 Demo2 范例界面

图 9-10 显示可添加控件区域　　　　　　　图 9-11 选择预添加区域

既然是动态添加控件并实施布局，就需要创建一个演示控件，名称为 demo2_1.ascx。该控件为一个普通用户控件，在该控件中添加一个 Login 服务器控件。

为演示动态添加控件的功能，需要为 DeclarativeCatalogPart 控件定义备选控件。只需要在已有 CatalogZone 下，对 DeclarativeCatalogPart 进行设置，把已有的控件写入即可，通用的定义方式如下：

```
<asp:DeclarativeCatalogPart ID="DeclarativeCatalogPart1" runat="server">
    <WebPartsTemplate>
        <uc1: demo2_1 title="显示的名称" ID="控件注册 ID" runat="server" />
    </WebPartsTemplate>
</asp:DeclarativeCatalogPart>
```

在范例中根据 demo2_1.ascx 注册信息的定义代码如下：

```
<asp:DeclarativeCatalogPart ID="DeclarativeCatalogPart1" runat="server">
    <WebPartsTemplate>
```

```
            <uc1:demo2_1 title="登陆控件" ID="democontrol"    runat=server/>
          </WebPartsTemplate>
        </asp:DeclarativeCatalogPart>
```

以上工作完成后就需要为 WebPartManager 控件设置显示模式，当需要显示 CatalogZone 区域时则使用.CatalogDisplayMode 模式。页面中调出事件 Page_Load 的代码如下：

```
protected void Page_Load(object sender, EventArgs e)
{
    WebPartManager1.DisplayMode = WebPartManager.CatalogDisplayMode;
}
```

范例页 Demo2.aspx 的界面代码如下：

```
<%@ Page Language="C#" AutoEventWireup="true" CodeFile="Demo2.aspx.cs" Inherits="Demo2" %>
<%@ Register Src="Controls/demo2_1.ascx" TagName="demo2_1" TagPrefix="uc1" %>
<!DOCTYPE html PUBLIC "-//W3C//DTD XHTML 1.0 Transitional//EN" "http://www.w3.org/TR/xhtml1/DTD/xhtml1-transitional.dtd">
<html xmlns="http://www.w3.org/1999/xhtml" >
<head runat="server">
    <title>无标题页</title>
</head>
<body>
    <form id="form1" runat="server">
    <div>
        <asp:WebPartManager ID="WebPartManager1" runat="server">
        </asp:WebPartManager>
        <table style="width: 1017px; border-left-color: #000000; border-bottom-color: #000000; border-top-style: solid; border-top-color: #000000; border-right-style: solid; border-left-style: solid; background-color: #ffffff; border-right-color: #000000; border-bottom-style: solid;" border="1">
            <tr>
                <td style="width: 457px">
                    <asp:CatalogZone ID="CatalogZone1" runat="server" Height="472px" Width="495px" BackColor="YellowGreen">
                        <ZoneTemplate>
                            <asp:DeclarativeCatalogPart ID="DeclarativeCatalogPart1" runat="server">
                                <WebPartsTemplate>
                                    <uc1:demo2_1 title="登陆控件" ID="democontrol" runat=server/>
                                </WebPartsTemplate>
                            </asp:DeclarativeCatalogPart>
                            <asp:PageCatalogPart ID="PageCatalogPart1" runat="server" />
                            <asp:ImportCatalogPart ID="ImportCatalogPart1" runat="server" BackColor="DarkOrange" />
                        </ZoneTemplate>
                    </asp:CatalogZone>
                </td>
                <td rowspan="3">
                    <asp:WebPartZone ID="WebPartZone1" runat="server" Height="303px" Width="433px">
                        <ZoneTemplate>
                            <asp:RadioButtonList ID="RadioButtonList1" runat="server">
                                <asp:ListItem>测试</asp:ListItem>
                                <asp:ListItem>测试</asp:ListItem>
                                <asp:ListItem>测试</asp:ListItem>
                            </asp:RadioButtonList>
                        </ZoneTemplate>
                    </asp:WebPartZone>
```

```
                            <asp:WebPartZone ID="WebPartZone2" runat="server" Height="213px" Width="431px">
                            </asp:WebPartZone>
                        </td>
                        <td style="width: 1890px; background-color: #3366ff;" rowspan="3">
                        </td>
                    </tr>
                    <tr>
                        <td style="width: 457px">
                        </td>
                    </tr>
                    <tr>
                        <td style="width: 457px; height: 21px;">
                        </td>
                    </tr>
                </table>
            </div>
        </form>
    </body>
</html>
```

在范例页 Demo2.aspx 运行时用户可以在"声明性目录"中找到备选控件"登录控件"。通过选择添加区域并添加该控件，就可以实现布局控件的创建，并且可以在右边的 WebPartZone1 和 WebPartZone2 区域自由拖动添加的控件或者移除它们。如图 9-12 和图 9-13 所示。

图 9-12　CatalogZone 和 CatalogPart 控件的使用（一）

使用 ASP.NET 4.0 Web Part 框架 第 9 章

图 9-13 CatalogZone 和 CatalogPart 控件的使用（二）

上面的代码保存在代码包"第 9 章\Controls\demo2_1.ascx 和 Demo2.aspx"中。

9.1.4 EditorZone 和 所属 EditorPart 控件

EditorZone 和 EditorPart 控件都是 WebPart 控件集中的基本控件。作为完整的解决方案，每个 WebPart 控件在运行时都需要为用户提供可以修改它们基本属性的功能，如颜色、大小、名称文字等信息。

通过使用 EditorZone 和 EditorPart 控件，用户可以编辑可见的 WebPart 控件的外观、布局、行为和其他属性。WebPart 控件集的几种控件（包括 EditorZone 控件）提供编辑功能，如后面会介绍的 AppearanceEditorPart、LayoutEditorPart 等。

在使用中开发人员可以在网页的声明性标记中放置 EditorZone 控件，添加子 <zonetemplate> 元素，并在该 <zonetemplate> 元素内添加对 EditorPart 控件的声明性引用。

与 EditorZone 控件配合使用的 EditorPart 控件见表 9-4。

表 9-4 EditorPart 控件的功能

控 件	功 能 说 明
AppearanceEditorPart	编辑关联控件的外观，包括其标题文本、高度、宽度和边框属性（Attribute）等属性（Property）
BehaviorEditorPart	编辑关联控件的某些行为，如是否可编辑、是否可关闭或是否可移到另一区域。仅当控件在共享个性化设置范围中进行编辑时，此控件才在页上可见
LayoutEditorPart	编辑关联控件的布局属性，如是否处于正常或最小化（折叠）状态，以及放置在哪个区域中
PropertyGridEditorPart	如果关联控件的属性（Property）是在源代码中用 WebBrowsable 属性（Attribute）声明的，则编辑这些属性（Property）

范例 Demo3.aspx 将演示其中一些控件的用法，会创建几个 EditorPart 控件和一个 EditorZone 控件并通过它们修改呈现的属性，如颜色、大小、文字等。需要注意的是这些控件的样式修改不只可以通过直接设置 EditorPart 控件的属性，还可以通过编写代码实现。

界面左边将放置 AppearanceEditorPart、LayoutEditorPart 等 EditorPart 控件，右边放置一个日期控件和一个友情链接，在最下方放置了几个单击后改变样式的功能按钮。界面如图 9-14 所示。

界面中属于右边的日期控件和 BulletedList 控件在运行时都可以被左边的 EditorPart 控件修改样式、文字等属性。范例界面代码如下所示：

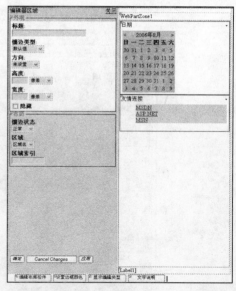

图 9-14　EditorZone 和 EditorPart 控件的使用

```
<%@ Page Language="C#" AutoEventWireup="true" CodeFile="Demo3.aspx.cs" Inherits="Demo3" %>
<!DOCTYPE html PUBLIC "-//W3C//DTD XHTML 1.0 Transitional//EN" "http://www.w3.org/TR/xhtml1/DTD/xhtml1-transitional.dtd">

<html xmlns="http://www.w3.org/1999/xhtml" >
<head runat="server">
    <title>无标题页</title>
</head>
<body>
    <form id="form1" runat="server">
    <div>
      <asp:WebPartManager ID="mgr" runat="server" />
        <table style="width: 1px; height: 811px;">
            <tr>
                <td colspan="1" rowspan="3" style="width: 739px; background-color: #ccccff; height: 249px;">
          <asp:EditorZone ID="EditorZone1" runat="server" Height="722px" Width="311px" >
            <VerbStyle Font-Italic="true" />
            <EditUIStyle BackColor="lightgray" />
            <PartChromeStyle BorderWidth="1" />
            <LabelStyle Font-Bold="true" />
            <CancelVerb Text="Cancel Changes" />
            <ZoneTemplate>
              <asp:AppearanceEditorPart ID="AppearanceEditorPart1"
                runat="server" BackColor="#FFFF80" />
              <asp:LayoutEditorPart ID="LayoutEditorPart1"
                runat="server" BackColor="#FFC0C0" />
            </ZoneTemplate>
          </asp:EditorZone>
                </td>
                <td colspan="4" rowspan="3" style="width: 1642px; height: 249px;">
                     <asp:WebPartZone ID="WebPartZone1" runat="server" Height="745px" Width="84px">
            <ZoneTemplate>
              <asp:Calendar ID="Calendar1" Runat="server"
```

```
                Title="日期" BackColor="Lime" />
            <asp:BulletedList
                ID="BulletedList1"
                Runat="server"
                DisplayMode="HyperLink"
                Title="友情连接" Width="261px" BackColor="#FFC0FF" Height="1px" >
                <asp:ListItem Value="http://msdn.microsoft.com">MSDN
                </asp:ListItem>
                <asp:ListItem Value="http://www.asp.net">ASP.NET
                </asp:ListItem>
                <asp:ListItem Value="http://www.msn.com">MSN
                </asp:ListItem>
            </asp:BulletedList>
        </ZoneTemplate>
    </asp:WebPartZone>
    <asp:Label ID="Label1" runat="server" /></td>
        </table>
            
    <asp:Button ID="Button1" runat="server" Width="107px"
        Text="编辑布局控件" OnClick="Button1_Click" />
    <asp:Button ID="Button2" runat="server" Width="97px"
        Text="设置边框颜色" OnClick="Button2_Click" />
    <asp:Button ID="Button3" runat="server" Width="111px"
        Text="显示编辑类型" OnClick="Button3_Click" />
    <asp:Button ID="Button4" runat="server" Width="107px"
        Text="文字说明" OnClick="Button4_Click" />
    <hr style="width: 595px; height: 1px" />
         <br />
    <br />
    <br />
    </div>
    </form>
</body>
</html>
```

界面部件和元素设计完成后，需要设计相关界面运行时的功能代码。在页面的调出事件 Page_Load 中需要设置 WebPart 的中枢控件 WebPartManager 的显示模式，由于需要允许用户编辑，所以应设置为编辑模式。代码如下：

```
mgr.DisplayMode = WebPartManager.EditDisplayMode;
```

设计完上述代码后，在界面运行时用户单击控件的编辑选项就可以进行控件状态的编辑了。如果要在代码中修改控件样式，范例也有相关演示。当用户单击 Button1 按钮改变编辑区域控件 EditorZone 的可用性时，事件 Button1_Click 代码如下：

```
protected void Button1_Click(object sender, EventArgs e)
{
    if (EditorZone1.ApplyVerb.Enabled == true)
        EditorZone1.ApplyVerb.Enabled = false;
    else
        EditorZone1.ApplyVerb.Enabled = true;
}
```

当用户需要改变编辑区域控件 EditorZone 的颜色时，功能按钮 Button2 的单击事件 Button2_Click 代码如下：

```
protected void Button2_Click(object sender, EventArgs e)
```

```
            {
                EditorZone1.BorderWidth = 2;
                EditorZone1.BorderColor = System.Drawing.Color.Red;
            }
```

当用户需要修改编辑区域控件 EditorZone 头部的说明文字信息时，功能按钮 Button4 的单击事件 Button4_Click 代码如下：

```
        protected void Button4_Click(object sender, EventArgs e)
        {
            EditorZone1.InstructionText = "一些说明文字";
        }
```

范例界面 Demo3.aspx 的运行效果如图 9-15 所示。

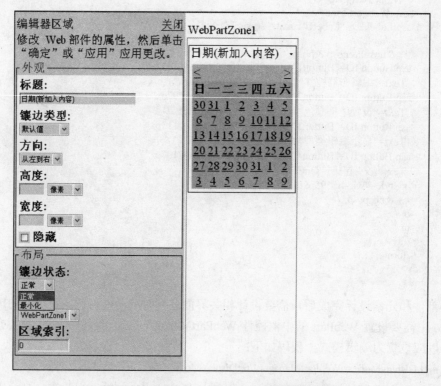

图 9-15　EditorZone 和 EditorPart 控件的使用

上面的代码保存在代码包"第 9 章\Demo3.aspx"中。

9.1.5　ConnectionsZone 控件和信息通信

ConnectionsZone 控件是 WebPart 工具区域控件之一。ConnectionsZone 控件便于用户根据需要连接控件。ConnectionsZone 控件提供一个用户界面，该用户界面使用户能够连接页面上满足形成连接所需条件的任何服务器控件或是断开这些控件的连接。

ConnectionsZone 控件设计为仅当其网页处于连接模式时才可见。在这种情况下（当页面上的 WebPartManager 控件的 DisplayMode 属性值设置为 ConnectDisplayMode 时），当用户将页面切换到连接模式后，必须在一个服务器控件的谓词菜单上单击连接谓词，连接用户界面才会变为可见。

使用 ASP.NET 4.0 Web Part 框架 第9章

ConnectionsZone 控件使 Web 部件之间能够进行动态连接。可以使用此控件来启用连接并设置连接的属性。

除了动态连接之外，通过使用 StaticConnections 属性，可以在 Web 部件之间进行静态连接。在利用 ConnectionsZone 控件连接用户界面中的控件时，会显示哪个控件为提供者，哪个控件为使用者。每个服务器控件下方都会显示一个下拉列表控件，列出控件的可用 ConnectionPoint 对象。可以从控件各自的下拉列表中为提供者选择一个 ProviderConnectionPoint 对象（以确定将与使用者共享的接口和数据），为将要连接到提供者的每个使用者选择一个 ConsumerConnectionPoint 对象。

ConnectionsZone 控件对于动态控件的连接功能将通过一个范例说明。范例中将介绍利用 ConnectionsZone 控件动态连接自定义控件。

首先在 Controls 文件夹创建一个自定义控件，名称为 Demo4_2.ascx。并为该控件编写相应的数据传输接口、提供者回调方法和订阅者回调方法。

1）设置接口。接口与通信过程中将要传输的对象有关。可以根据需要定义不同类型的接口、属性或者包含其他成员。本例中定义了一个返回一个字符的演示接口，代码如下：

```
public interface IConnectDemo1
{
    string Result { get; set;}
}
```

2）在提供者中实现接口成员。编写提供者的类，由于是 WebPart 部件，所以需要继承自 WebPart 基类并声明接口。在范例中接口成员为 Result，使订阅者可以获取一个字符串，代码如下所示：

```
public interface IConnectDemo1
{
    string Result { get; set;}
}
public class DemoWebPart1 : WebPart, IConnectDemo1
{
    public string Text = String.Empty;
    public DemoWebPart1()
    {
    }
    [Personalizable()]
    public virtual string Result
    {
        get { return Text; }
        set { Text = value; }
    }
}
```

3）提供者回调方法。当订阅者需要从提供者获取传递的信息时，就需要在提供者类中实现提供者回调方法。可以为执行回调的方法设置回调标签[ConnectionProvider]。在范例中的回调方法为 ProvideIConnect()，编写的代码如下：

```
[ConnectionProvider("Provider")]
public IConnectDemo1 ProvideIConnect()
{
    return this;
}
```

4）订阅者回调方法。当需要从订阅者获取信息时，就需要设置相应的订阅者回调方法。当设置了该特性后，WebPartManager 控件便可以识别该处为订阅者的连接点。同时，还可设置连接点名称 DisplayName、连接点标识 ID 等内容。代码如下：

```
public class DemoWebPart2 : WebPart
{
    private IConnectDemo1 _provider;

    [ConnectionConsumer("Consumer")]
    public void GetResult(IConnectDemo1 Provider)
    {
        _provider = Provider;
    }

}
```

当需要进行控件间信息共享和动态修改信息时，开发人员可通过添加 ConnectionsZone 控件并利用上述控件的相关特性编写代码即可完成。

作为应用的一部分，也有可能需要在几个固定的 WebPart 控件之间进行信息交换。欲实现上述功能，需要在 WebPartManager 控件中声明静态的连接，连接中需要提供者控件和订阅者控件的信息，如提供者标识 ProviderID、提供者连接点 ProviderConnectionPointID、订阅者标识 ConsumerID、订阅者连接点 ConsumerConnectionPointID 等，可以根据需要选择信息设置，代码如下：

```
<asp:WebPartManager ID="WebPartManager1" runat="server">
    <staticconnections>
        <asp:webpartconnection id="connection1"
            consumerid="Consumer"
            providerid="Provider" />
    </staticconnections>
</asp:WebPartManager>
```

上面的代码保存在代码包"第 9 章\Controls\Demo4_2.ascx 和 Demo4.aspx"中。

9.2 个性化 WebPart 的数据存储和转移

个性化界面布局是 WebPart 解决方案的重要概念，当最终用户使用 WebPart 解决方案设置自己喜欢的界面后，个性化数据将被保存。个性化设置不依赖于单个浏览器会话。每当用户访问特定页时，应用程序就可以检索该用户的 WebPart 配置数据。

个性化设置默认使用 ASP.NET 应用程序数据库存储个性化设置数据。在 ASP.NET 项目第一次使用个性化设置时，IDE 就会自动在名为"app_data"的子文件夹中创建个性化数据库，名称为 ASPNETDB.MDF。如图 9-16 所示。

图 9-16 个性化数据库

个性化数据库 ASPNETDB.MDF 中对于 WebPart 解决方案的数据存储主要涉及表 PersonalizationPerUser，结构如图 9-17 所示。

对于使用 WebPart 作为解决方案的项目，部署到生产环境时如果没有安装 SQL Server Express 将出现错误，并且 SQL Server Express 的效率是不够的。所以对于部署环节需要做数据转移部署。

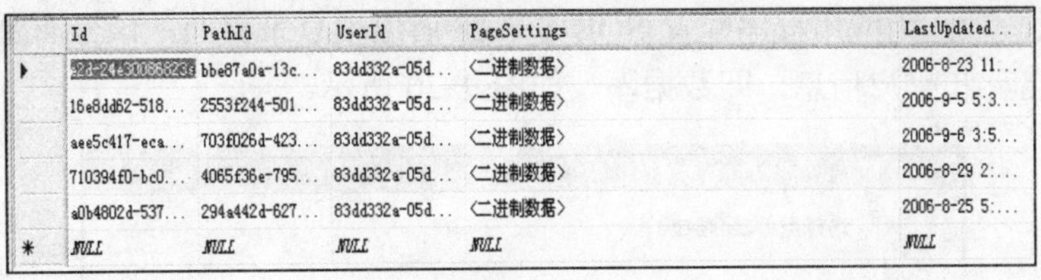

	Id	PathId	UserId	PageSettings	LastUpdated...
▶	2d-24e30086823d	bbe87a0a-13c...	83dd332a-05d...	<二进制数据>	2006-8-23 11:...
	16e8dd62-518...	2553f244-501...	83dd332a-05d...	<二进制数据>	2006-9-5 5:3...
	aee5c417-eca...	703f026d-423...	83dd332a-05d...	<二进制数据>	2006-9-6 3:5...
	710394f0-bc0...	4065f36e-795...	83dd332a-05d...	<二进制数据>	2006-8-29 2:...
	a0b4802d-537...	294a442d-627...	83dd332a-05d...	<二进制数据>	2006-8-25 5:...
*	NULL	NULL	NULL	NULL	NULL

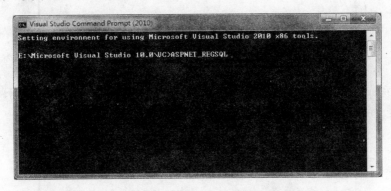

图 9-17　个性化数据表

通过如下的步骤将把基于 SQL Server Express 的 WebPart 作为解决方案转移到 SQL Server 2008 中。

（1）调用命令

使用 ASPNET_REGSQL 调出 ASP.NET SQL Server 安装向导。该命令直接在 VS2010 工具中的命令窗口执行即可，如图 9-18 所示。

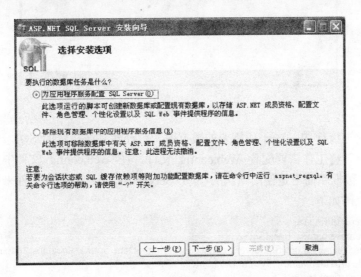

图 9-18　ASPNET_REGSQL 命令

（2）启动 ASP.NET SQL Server 安装向导

1）ASP.NET SQL Server 安装向导第一个配置界面对该向导的功能进行了介绍，单击“下一步”按钮进入“选择安装选项”界面，如图 9-19 所示。

图 9-19　ASPNET_REGSQL 命令

2）选择第一项，为应用程序配置 SQL Server 后出现登录界面，该界面要求输入目标数据库服务器的名称和账户信息，即数据库。如图 9-20 所示。

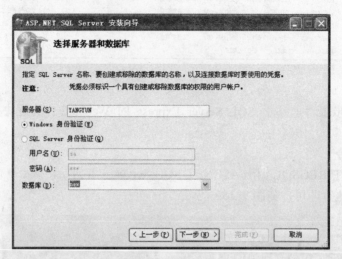

图 9-20　配置账户

3）配置完成后单击"下一步"按钮，系统将确认该次输入并开始配置数据信息到目标数据库服务器。所有任务完成后的提示如图 9-21 所示。

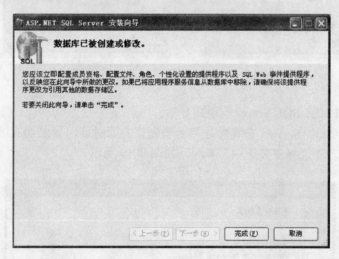

图 9-21　配置完成

通过配置向导执行 WebPart 所需要的数据库，已经建立在指定的 SQL Server 2008 数据库中。最后一个转移工作需要配置 Web.config 文件，在 Web.config 文件中指定已经配置好的 SQL Server 数据库而不是使用默认的 SQL Server Express 数据库文件来存储应用程序服务数据，配置代码如下：

```
<connectionStrings>
    <remove name="LocalSqlServer" />
    <add name="LocalSqlServer" connectionString="Data Source=localhost;Initial Catalog=new;User ID=sa;Password=sa" providerName="System.Data.SqlClient"/>
</connectionStrings>
```

第 10 章 创建 ASP.NET 服务器控件

在前面的章节中，阐述了 ASP.NET 各个方面的知识，在示例代码中大量地使用了 ASP.NET 内置的服务器控件。服务器控件是 ASP.NET 页面的重要组成部分，通常情况下，一个有意义的页面总会包含一个或多个 ASP.NET 服务器控件。从设计的角度上来看，页面也可以看作一个控件，它本身就是一棵由多层控件组成的结构树，树的顶层就是页面，之下又有树枝、树叶。树叶是不包括子控件的控件，树枝是包含子控件的控件。在页面初始化时，每层控件都会调用它的子控件的生成方法，子又调用孙的，如此进行下去，这就保证了页面中所有有效控件（一般是指 visible＝true 的控件）都会被初始化。下面介绍 ASP.NET 服务器控件的基本知识，让读者深入了解在页面的生命周期中如何处理服务器控件。

10.1 ASP.NET 服务器控件概述

服务器控件是 ASP.NET 页面中用来定义 Web 应用程序中用户界面的组件，是 Web Forms 编程模式的基本要素。它们构成了一个新的、基于组件的、直观的表单程序包的基础，大大简化了用户界面的开发。这和 VC++使用 MFC 框架简化 Win32 编程的方法很类似。从更高的层次上来说，服务器控件提供了 Web 应用程序所需技术的抽象表示。

服务器控件有以下特征和功能：

1）服务器控件隐藏了技术中潜在的不一致性和复杂性，给网页开发者创建了一个清晰的模型。ASP.NET 中的 TextBox 服务器控件是对这种特性一个非常好的示例。TextBox 服务器控件对应到 HTML，可能是<input type="text"/>、<input type="password"/>和<textarea/>这样的 HTML 元素。这些元素的基本功能比较相似，TextBox 就作为它们的抽象存在于页面中。

2）服务器控件对开发人员隐藏了客户端的不同。它提供了让控件适应不同的客户端的描绘方式。通过检查浏览器的特性，服务器端控件可以为用户在浏览页面时提供最好的体验。例如，一个设计良好的站点，必须兼顾主流的浏览器，然而 Firefox 浏览器和 IE 浏览器对 HTML、CSS 的解析不尽相同。如果不考虑浏览器的不同，则可能设计出来的站点在某个浏览器上的显示结果并不是想要达到的目标。而服务器控件可以在服务器端解决这个问题。

3）服务器控件是安全类型的组件。它提供了大量服务器端的编程模型，开发人员可以利用这些编程模型比较快速地实现复杂的控件。

4）服务器控件通过回送（postback）来管理控件的状态。服务器控件使用了 ASP.NET 的一大特性 ViewState 来管理跨 Web 请求的状态。在 ASP.NET 4.0 中，服务器控件有了新的利器 ControlState，它也是用来在不同的 Web 请求之间保存控件状态的，它去除了一些 ViewState 的缺点，后面的内容将对它做更详细的说明。

5）服务器控件包含了处理回送数据和处理用户事件的逻辑框架。开发人员可以自行定义如何处理回送的数据、要处理哪些事件和怎样处理事件。

6）服务器控件支持数据绑定。

ASP.NET 服务器端控件主要有三类：HtmlControl、WebControl 和 TemplateControl。它们的关系如图 10-1 所示。

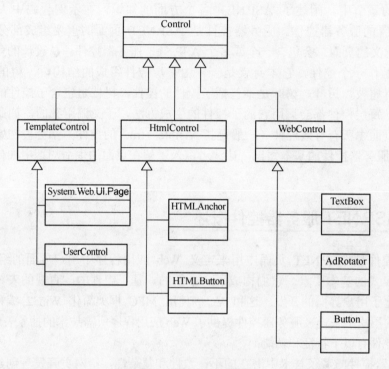

图 10-1　服务器控件的种类

三类服务器控件都派生自 Control 基类。开发人员用到最多的是 WebControl 类的服务器控件，应该说这类服务器控件可以满足大部分 Web 应用程序的需要，常见的控件一般都是属于这一类型的。其次是 HTMLControl，这类控件每一个都对应一个 HTML 元素，它赋予 HTML 元素在服务器端被操作的能力，例如 HTMLAnchor 类对应的 HTML 元素是<a>，HTMLButton 则对应了<input type="button">元素。至于 TemplateControl 使用得也不少，但是知道它的人不太多，其实它很强大。ASP.NET 页面类（System.Web.UI.Page）和 UserControl 用户控件类都继承自它。

前面提到的 ASP.NET 页面对象（System.Web.UI.Page）也是一种控件，从代码的继承关系来看也确实如此。不过 Page 对象比 Control 对象支持更多的事件类型，在生命周期内有着比一般控件更细的事件粒度。在 Control 类对象的生命周期内，它有 4 个相关的事件，Init、Load、PreRender 和 Unload，这一点在 WebControl、HTMLControl 和 TemplateControl 中是相同的。不同的是 Page 类增加了 PreInit、InitComplete、PreLoad、LoadComplete、PreRenderComplete 和 SaveStateComplete 事件。控件的处理和 Page 对象的生命周期有密切的联系，有必要对它们的关系进行一些说明。在第 8 章，曾经提到了 ASP.NET 4.0 的页面生命周期，如果记不清楚可以参看 8.1 节的内容。这里着重讲解服务器控件的生命周期，并对它们在页面生命周期中所处的位置进行说明。服务器控件的生命周期如图 10-2 所示。

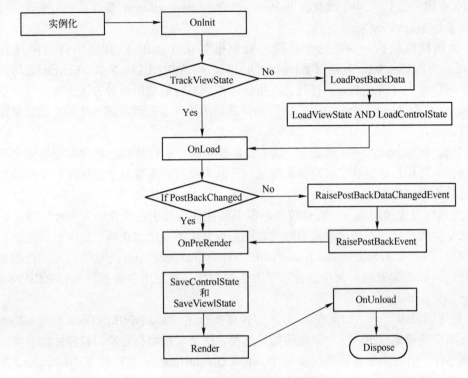

图 10-2 服务器控件生命周期

图 10-2 清晰地显示了服务器控件的生命周期。服务器控件的生命周期是创建服务器控件最重要的概念。如果要进行控件开发方面的工作，就必须对生命周期的概念非常熟悉。当然，熟悉需要一个过程，下面的内容将带领读者逐渐地熟悉控件的生命周期。

在服务器控件的生命周期的概念中，需要特别注意的是控件状态的保存与回复、控件的状态何时与页面或其他控件进行交互、何时可以执行重要的处理逻辑以及控件的状态何时可用等。从被实例化开始到页面对象被释放（Dispose）共经历了 11 个过程，下面就对这 11 个过程进行解释。

1）实例化——这是指控件对象在内存中生成的过程。一般是指控件被构造函数创建、在进程的堆栈中进行内存分配的过程。在创建服务器控件的过程中，一般不用进入这个过程。

2）初始化（Init）——在此阶段有两个主要的步骤。首先，初始化生命周期所需的设置，例如为页面和控件设置默认值，然后追踪视图状态，视图状态既可以是 ViewState 也可以是 ControlState，这取决于 ASP.NET 应用程序的设置。首先，页面对象引发 Init 事件，并调用页面的 OnInit()方法对页面进行初始化，在页面初始化的过程中，如果页面包含控件，那么会递归调用控件的 OnInit()对所有控件树中的控件进行初始化。一般来说，开发人员不用改动控件的初始化逻辑。初始化控件完成后，开始追踪控件的视图状态。追踪视图状态信息之前程序会判断页面请求是否为该客户端对这个页面发出的第一个请求，如果是第一个请求，那么跳过处理过程；如果是 PostBack 的请求，那么控件对 PostBack 的信息进行检查，如果 PostBack 中包含的信息与当前控件所包含的信息不一致，LoadPostData 方法会返回 true，那么在稍后的第 5 步中就会抛出 PostBackDataChangedEvent 事件。一般来说，开发人员不需要重写 TrackViewState 方法。

3）加载视图状态——在这个阶段，页面框架从 PostBack 数据中自动恢复页面的 ViewState 字典。ViewState 包括页面和控件的信息。在 ASP.NET 4.0 中，ViewState 可以被关闭，控件可以使用 ControlState 替代之。所以，在这里可能调用两种方法来加载视图状态，LoadViewState 和 LoadControlState。编写稍微复杂的控件时会涉及该方法的重载来自定义状态的恢复。

4）加载（OnLoad）——到这个阶段为止，控件树中的控件都已创建和初始化完毕，并且控件包含的数据已经包含了客户端的变化。开发人员可以重载这个方法来实现控件加载所需要的公共的操作流程。

5）发送回发更改通知——在此阶段，服务器控件通过引发事件作为一种信号，表明由于回发而发生的控件状态变化。检测回发数据是否发生了变化则在第二步中已经完成。在这一步，调用 IPostBackDataHandler.RaisePostBackDataChangedEvent()方法来通知控件的状态发生了变化。页面框架追踪所有状态发生了改变的控件，并对所有的控件执行 RaisePostBackDataChangedEvent 方法。

6）处理回发事件——如果在第 5 步中控件执行了 RaisePostBackDataChangedEvent 方法，那么顺理成章地就进入这一阶段的处理过程。这个阶段将会处理引起控件状态发生改变的客户端事件。开发人员可以通过实现 IPostBackEventHandler 接口的 RaisePostBackEvent() 方法来处理实现流程。

7）预呈现（PreRender）——该阶段将完成控件呈现到客户端之前所需的工作。如果控件有数据绑定的操作存在，那么该阶段也会对数据绑定进行操作。该阶段仍然可以对服务器控件的信息进行更改。

8）保存视图状态——在控件呈现之前，通过 SaveViewState 和 SaveControlState 方法将控件的视图信息保存。如果控件无法自动保存某些数据类型的数据，那么需要重载这两个方法来实现视图信息的保存。

9）呈现——呈现即是把控件内容以 HTML 格式加入输出流的过程。这个过程对于控件非常重要，因为它决定了控件呈现给客户端的最终形态。开发人员需要重写 Render 或者 RenderContent 方法来控制控件的输出样式，控件的外观将在重载的方法内被精确定义。

10）卸载（Unload）——这个阶段主要用来释放各种控件使用了却还没有销毁的资源。

11）析构——这个过程由.NET Framework 运行时来执行，它会释放为控件对象分配的内存。这个阶段不由开发人员控制。

了解控件的生命周期，对于更好地使用、创建控件和调试等工作都有重要的意义。.NET 框架已经为开发人员作了大部分的工作，有了很多成品和半成品，创建控件并非一切从头开始，开发人员只要直接继承已有的控件，如 TextBox、Button 等，然后略作修改就可以实现自己的功能。如果不能满足要求，也可以根据需要考虑从下面几个类继承：Control、WebControl、CompositeControl 和 TemplateControl。除了 Control 类适合派生出非可视的服务器组件，如数据源控件外，其余 3 个类根据不同需要可以派生出不同的服务器控件。

在整个服务器控件体系中，Control 类实现了大量与 HTML 请求和响应有关的方法，为控件基本功能的实现提供了所有必需的方法，使开发人员从低层的细节中解脱了出来。另外由 Control 类派生的控件可以被加入到页面的控件树中，因为页面（Page）对象本身也是自 Control 派生而来。WebControl 为表现 HTML 内容增加了一些新功能，增强了客户端的交互性。WebControl 还通过属性对样式提供了支持。在 WebControl 服务器控件的基础上，又有 TemplateControl 为控件提供模板特性的支持，以及 CompositeControl 为组合控件的开发提供了一个很好的基础。

10.2 服务器控件项目的设置

为了开始创建新的服务器控件，首先需要创建服务器控件的项目以及使用控件的站点项目。打开 VS2010，选择创建一个新的 Web 站点 ControlTestSite，然后在站点的解决方案中添加一个新项目，项目类型选择 Class Library，如图 10-3 所示。

然后为 Web 站点添加引用，直接引用 SimplestControl 项目，之后，SimplestControl 项目的输出结果会被添加到站点项目的 Bin 文件夹中。

图 10-3　控件测试站点

打开 SimplestControl 项目的 Class1.cs 文件，编辑类 SimplestControl 的代码如下：

```
public class SimplestControl:WebControl
{
    protected override void Render(HtmlTextWriter writer)
    {
        base.Render(writer);
        writer.WriteLine(@"<font color=""Red"">Hello Server Control.</font>");
    }
}
```

上面的代码保存在代码包"第 10 章\ControlTestSite\C:\Projects\websites\ControlLibraries\SimplestControl\Class1.cs"中。

然后打开 ControlTestSite 的 Default.aspx 页面，在页面的顶端添加下面的指令：

```
<%@ Register Assembly="SimplestControl" Namespace="SimplestControl" TagPrefix="mc" %>
```

Register 指令可以用来为页面引用要使用的服务器控件和用户控件。如果在 Register 指令中，使用 Assembly 指定程序集名称，那么就意味着引用的是服务器控件；如果在 Register 指令中使用 Src 来指定.ascx 文件的名称，那么就引用了一个用户控件。然后在页面中添加下面的 HTML 代码：

```
<mc:SimplestControl ID="control1" runat="server" />
```

这样就在页面中注册了一个自定义的服务器控件。

如果有几个页面希望同时使用某个自定义控件，那么可以在 web.config 配置文件中指定，这样可以避免在每个页面中重复使用 Register 指令来注册这个自定义控件。配置按以下格式进行：

```
<system.web>
```

```
<pages>
    <controls>
        <add tagPrefix="MyControls"
            namespace="ASPNET2.MyControls" />
    </controls>
</pages>
</system.web>
```

然后就可以运行 Web 站点查看控件的输出了。Default.aspx 页面在浏览器中如图 10-4 所示。

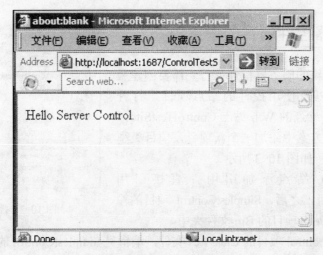

图 10-4　第一个服务器控件

这是最简单的服务器控件，除了显示一行字以外没有其他的功能。通过这个例子可以让读者了解到，创建服务器控件并不难。如果需要为控件添加更多的特性，那就需要对 SimplestControl 这个类进行更多的改进。

10.3　服务器控件的呈现

服务器控件一个主要的任务就是把控件想要表现的内容通过 HTML 标记输出到页面的输出流中，然后呈现到浏览器。如果客户端是标准的浏览器，那么输出的会是 HTML；如果客户端是非标准的 HTML 浏览器，例如 WAP 设备、手持设备或移动电话等，输出可能变为 WAP 或者 WML 格式。控件提供了检查客户端浏览器种类的能力，之后由服务器控件的开发人员负责为控件的输出指定相应的格式。为控件指定输出内容总是在重载的 Render 方法中完成的。在 Control 类中，Render 方法的原型是：

```
Protected internal virtual void Render(HtmlTextWriter writer)
{
}
```

注意参数 writer，就是由它将控件的输出内容加入到页面的输出流中去。Writer 是一个 HtmlTextWriter 类的对象，HtmlTextWriter 正如它的名字所表明的那样，它负责输出 HTML 格式的内容。HtmlTextWriter 类有许多与输出 HTML 标记有关的方法来帮助开发人员完成输出内容的设定。

10.3.1 输出控件的内容

使用 HtmlTextWriter 来输出 HTML 内容，涉及几个比较重要的方法，如 WriterBeginTag 和 RenderBeginTag。下面的代码示例了如何使用 RenderBeginTag 和 RenderEndTag 方法来输出一个 HTML 的<a>标记：

```
protected override void Render(HtmlTextWriter output)
{
    base.Render(writer);
    writer.RenderBeginTag(HtmlTextWriterTag.A);
    writer.WriteLine("http://www.microsoft.com");
    writer.RenderEndTag();
}
```

在 RenderBeginTag 方法中，用 HtmlTextWriterTag 枚举常量指定要输出的 HTML 标记。在上面的代码中，HtmlTextWriterTag.A 代表了 HTML 的<a>标记。在使用 RenderBeginTag 方法之后，一定要使用 RenderEndTag 方法来输出标记的结束部分，如</a>。所以 RenderBeginTag 和 RenderEndTag 总是成对出现的，并且，RenderBeginTag 总是和最靠近的 RenderEndTag 匹配。考虑嵌套的 HTML 标记，如<div><input></input></div>，那么在 Render 方法中相应的输出代码如下：

```
protected override void Render(HtmlTextWriter writer)
{
    base.Render(writer);
    writer.RenderBeginTag(HtmlTextWriterTag.Div);
    writer.RenderBeginTag(HtmlTextWriterTag.Input);
    writer.RenderEndTag();
    writer.RenderEndTag();
}
```

在页面中添加了这个服务器控件以后，在客户端的浏览器中，页面会有下面的 HTML 代码：

```
<html xmlns="http://www.w3.org/1999/xhtml" >
<head><title>
    Untitled Page
</title></head>
<body>
    <form name="form1" method="post" action="Default.aspx" id="form1">
<div>
<input type="hidden" name="__VIEWSTATE" id="__VIEWSTATE" value="/wEPDwUKLTkyNjY5MzI5OGRkbhYSV4lj9iHQ9zD2iiecJkAGtsc=" />
</div>
        <div>
            <div>
                <input />
            </div>
        </div>
        </form>
</body>
</html>
```

上面的 HTML 中的粗体字就是控件所输出的内容。

10.3.2 为 HTML 元素添加属性

类似上面的输出其实非常少见，常见的是为页面中的 HTML 元素加入各种属性来实现更为丰富的表现力。HtmlTextWriter 可以为输出的 HTML 标记加入属性的值。上面的例子中，仅仅在 HTML 输出流中添加了"<input/>"这样一个空<input>节点，实际使用中完全没有意义。更改上面例子中 Render 方法中的代码如下：

```
protected override void Render(HtmlTextWriter writer)
{
    base.Render(writer);
    writer.AddStyleAttribute(HtmlTextWriterStyle.BackgroundColor,"NavajoWhite");
    writer.AddStyleAttribute(HtmlTextWriterStyle.Width, "200px");
    writer.AddStyleAttribute(HtmlTextWriterStyle.Height, "30px");
    writer.AddAttribute(HtmlTextWriterAttribute.Align, "center");
    writer.AddAttribute(HtmlTextWriterAttribute.Valign, "middle");
    writer.RenderBeginTag(HtmlTextWriterTag.Div);
    writer.WriteLine("请输入姓名");
    writer.AddAttribute(HtmlTextWriterAttribute.Type, "text");
    writer.AddAttribute(HtmlTextWriterAttribute.Size, "10");
    writer.AddAttribute(HtmlTextWriterAttribute.Id, this.ClientID);
    writer.RenderBeginTag(HtmlTextWriterTag.Input);
    writer.RenderEndTag();
    writer.RenderEndTag();
}
```

则上面代码的输出效果如图 10-5 所示。

在上面的代码中，读者可能注意到在 RenderBeginTag 方法之前使用了数个 AddAttribute 或 AddStyleAttribute 方法。这两个方法都用来为 HTML 标签添加属性。它们的区别在于，AddAttribute 方法为元素添加标准属性，代码如下所示：

```
writer.AddAttribute(HtmlTextWriterAttribute.Type, "text");
```

图 10-5　控件输出结果

它为 input 元素的 type 属性增加了"text"的值。AddStyleAttribute 方法则为 HTML 标签添加一个样式属性。被添加的 CSS 属性（Cascading Style Sheet，CSS，层叠样式表，用来定义 HTML 标签的格式）和它的值会以"属性:值"的形式添加到 HTML 标签的"style"属性的值中，多个样式属性之间使用分号隔开。AddStyleAttribute 方法和 AddAttribute 方法的操作是按照代码执行顺序，按照最靠近它们的 HTML 标签实现。

虽然开发人员也可以用 writer.write 方法直接把 HTML 标签及其属性的内容直接放到输出流中，然而这并不是推荐的做法。直接使用 Write 或者 WriteLine 方法来输出 HTML 标记容易产生错误和混淆，建议只用 Writer 和 WriteLine 方法输出文本内容。从另一个角度看，使用 RenderBeginTage 和 AddAttribute 等方法，可以使开发人员避免手工输入"<"、"/"和">"；另外，使用 HtmlTextWriterTag 和 HtmlTextWriterAttribute 枚举类型值更避免了潜在的拼写错误。

10.3.3　控件的适应性

并不只有 Internet Explorer 和 Firefox 这样的主流浏览器会访问 ASP.NET 应用程序，其他浏览器也会通过不同的客户端对 ASP.NET 页面进行访问，如有一些不支持 HTML 4.0 版本的浏览器。一般情况下，控件的开发人员不需要为控件编写输出逻辑去支持不同的浏览器，因为 ASP.NET 的控件基类已经提供了自动机制，负责把页面内容传送给不同的浏览器。

根据浏览器的不同将不同格式的 HTML 信息发送到客户端的功能主要通过两个环节来实现。

第一，在 .NET Framework 中，提供了两个版本的 HtmlTextWriter 类，分别是 HtmlTextWriter 和 Html32TextWriter。HtmlTextWriter 类负责把内容以 HTML 4.0 版本的格式传送，而 Html32TextWriter 则把内容以 HTML 3.2 的格式进行传送。由于 HTML 3.2 不支持 CSS 样式属性，也不支持<div>标签等 HTML 4.0 的特性，所以在传送时，会做相应的转换。下面列出比较重要和常见的转换：

- HTML 4.0 中大多数标签可以使用 font-family、font-size 和 font-color 这样的 CSS 样式属性。HTML 3.2 不支持样式属性，只能以<font>标签中相应的属性作为替换。
- 将 HTML 4.0 中被 font-style CSS 属性修饰的内容放入<i>标签内部。
- 将 HTML 4.0 中被 font-weight CSS 属性修饰的内容放到<b>标签的内容中。
- 将 HTML 4.0 中的 text-decoration CSS 属性在 HTML 3.2 中用<u>或者<strike>标签来表达。
- 由于在 HTML 3.2 中，表格的字体定义不能影响每个单元格的字体定义，所以在转换以后，每个单元格标签内部都会有一个相同的<font>标签。
- HTML 3.2 不支持<div>格式的表格，所以<div>格式的表格将被替换为等价的<table>表格。
- Border 相关的 CSS 属性将被替换为<table>或<td>标签的对应属性。

第二，ASP.NET 提供了通过获取浏览器信息从而对浏览器的类型进行判定的方法。默认的情况下，ASP.NET 页面框架通过 HTTP 请求中的"USER-AGENT"的信息来判定浏览器的兼容性。USER-AGENT 信息可以通过 HttpRequest 对象的 UserAgent 属性进行读取。页面框架获取了 UserAgent 信息之后，在浏览器定义文件中查找和匹配定义过的浏览器种类。当页面框架找到匹配当前请求的浏览器类型时，就读取该浏览器定义中的浏览器的兼容性信息，例如浏览器支持的 HTML 版本号、是否支持 XHTML、是否支持 JavaScript 等。如果浏览器仅支持 HTML 3.2，ASP.NET 就会调用 Html32TextWriter 来输出内容。

浏览器的定义文件是扩展名为 browser 的文件，系统级的浏览器定义文件一般存放在"%SystemRoot%\Microsoft.NET\Framework\[*version*]\CONFIG\Browsers"路径下，应用程序级的定义文件存放在应用程序路径的 App_Browser 目录中。下面是一个浏览器定义的示例：

```
<browser id="IE5to9" parentID="IE">
    <identification>
        <capability name="majorversion" match="^[5-9]" />
    </identification>
    <capture>
    </capture>
    <capabilities>
        <capability name="activexcontrols"      value="true" />
        <capability name="backgroundsounds"     value="true" />
        <capability name="cookies"              value="true" />
        <capability name="css1"                 value="true" />
```

```
            <capability name="css2"                                  value="true" />
            <capability name="ecmascriptversion"                     value="1.2" />
            <capability name="frames"                                value="true" />
            <capability name="javaapplets"                           value="true" />
            <capability name="javascript"                            value="true" />
            <capability name="jscriptversion"                        value="5.0" />
            <capability name="msdomversion" value="${majorversion}${minorversion}" />
            <capability name="supportsCallback"                      value="true" />
            <capability name="supportsFileUpload"                    value="true" />
            <capability name="supportsMultilineTextBoxDisplay"       value="true" />
            <capability name="supportsMaintainScrollPositionOnPostback" value="true" />
            <capability name="supportsVCard"                         value="true" />
            <capability name="supportsXmlHttp"                       value="true" />
            <capability name="tables"                                value="true" />
            <capability name="tagwriter" value="System.Web.UI.HtmlTextWriter"/>
            <capability name="vbscript"                              value="true" />
            <capability name="w3cdomversion"                         value="1.0" />
            <capability name="xml"                                   value="true" />
        </capabilities>
    </browser>
```

上面的浏览器定义节选自.NET Framework 4.0 自带的 ie.browser 文件。另外，读者应该知道的是，在一个浏览器定义文件中可以有任意数量的浏览器定义。如果页面框架在浏览器的定义中发现一个以上的定义与 UserAgent 的信息匹配，那么浏览器的定义将按照被查找的顺序被读取。所以，在浏览器定义文件中，一定要把各种浏览器的定义放在文件的开始，往下则是同一浏览器不同版本的定义信息。如果开发人员要自行定义浏览器的兼容性信息，也要按这个排列顺序进行定义。

这种定义方式的好处在于，如果有新的浏览器出现，只需要添加一个定义文件就可以实现兼容性识别。

有了上面两个关键的特性，ASP.NET 的页面框架就可以根据浏览器来选择合适的输出方式了。

10.4 开始创建服务器控件

因为在页面中使用的服务器控件必须是一个装配件，并且在 ASP.NET 运行期的全过程中必须是可访问的，所以必须在站点中引用一个存在的装配件或者一个其他项目的输出结果。本章的第 2 节提到的如何创建一个服务器控件的项目中，站点项目就引用了一个 Library 项目的输出结果。此方法适用于所有版本的 ASP.NET。

在 ASP.NET 4.0 中，可以用另一种方式在项目中添加服务器控件，仍以上面创建的 ControlTestSite 站点为例。在 VS2010 中打开 ControlTestSite 站点。在站点的解决方案中添加一个类，这时 Visual Studio 会提示创建 App_Code 目录来存放这个类，选择"是"确定。前面的章节提到过，App_Code 目录是 ASP.NET 4.0 新增的特殊目录，存放在这个目录下的类代码会被即时编译，甚至在设计期也能享受到即时编译的待遇。存放在 App_Code 目录中的控件只能作为私有服务器控件在应用程序范围内使用，不能在不同程序之间共享。无论使用哪种方式创建服务器控件，对学习服务器控件的编写都没有障碍。接下来的内容将以私有自定义控件为基础进行讲解。

在开始编写服务器控件的代码之前，先描述一下这个将要编写的自定义控件所要实现的功能和外观。这个控件的基本作用是为站点提供一个标题框。下面是它的功能点：
- 接收一个字符串作为标题框中显示的内容。
- 接收一个颜色名称字符串作为标题框的背景色。
- 可以指定显示内容的字体信息。
- 可以指定显示内容在标题框中的位置，可选位置为左、中、右。

在 ControlTestSite 站点的 App_Code 目录下添加 SiteHeader 类，在 SiteHeader.cs 中让 WebControl 类成为 SiteHeader 的基类，如下所示：

```csharp
using System;
using System.Data;
using System.Configuration;
using System.Web;
using System.Web.UI;
using System.Web.UI.WebControls;
using System.ComponentModel;

[DefaultProperty("Text")]
public class SiteHeader:WebControl
{... ...}
```

WebControl 基类已经为开发人员提供了页面控件所需的基本属性和操作，使自定义控件自 WebControl 类派生，节约了开发人员的大量时间。为了定义控件在页面中显示，在代码中需要定义几个属性，见表 10-1。

表 10-1 增加的控件属性

属　性	类　型	描　述
Text	String	指定标题框中的内容
Align	String	指定文本在标题框中的位置

由于基类已经定义了大多数必要的属性，因此开发人员只需要添加需要的属性即可。例如添加属性 Text 和 Align，代码如下：

```csharp
            protected string _text;
            protected string _align;
            [Bindable(true)]
            [Category("Appearance")]
            [DefaultValue("You can display text here")]
    public string Text
            {
                get
                {
                    if (_text != null || _text != string.Empty)
                        return _text;
                    else
                    {
                        _text = "You can display text here";
                        return _text;
                    }
                }
                set
                {
                    _text=value;
```

211

```
            }
        }

        [Bindable(true)]
        [Category("Appearance")]
        [DefaultValue("left")]
        [Description("possible value:left,center,right")]
        public string Align
        {
            get
            {
                if (_align != null || _align != string.Empty)
                    return _align;
                else
                {
                    _align = "left";
                    return "left";
                }
            }
            set
            {
                _align=value;
            }
        }
```

上面代码保存在代码包"第 10 章\ControlTestSite\App_CodeSiteHeader.cs"中。

　　上面的代码为 SiteHeader 类定义了两个公有属性 Text 和 Align，它们的作用见表 10-1。为了保存这两个属性，SiteHeader 类定义了两个成员变量，_text 和 _align。Text 和 Align 属性的代码是比较容易理解的。需要说明的是它们的元数据属性（meta attribute）。在 Text 属性上，代码中分别添加了 Bindable、Category 和 DefaultValue 3 个元数据属性。它们的作用分别是：

　　1）Bindable：这个属性接受一个 bool 类型的值，指明这个属性是否可以被数据绑定。

　　2）Category：这个属性接受一个字符串作为值，它决定了控件属性在 Visual Studio 的属性窗口中被显示的位置。举例来说，如果 Category 的值是"Appearance"，那么属性就会被添加到"Appearance"组中。如果当前所有的组名称都不能与 Category 的值匹配，那么 Visual Studio 就会新建一个组，然后把属性放入到这个组中去。如图 10-6 所示，Text 和 Align 属性都属于 Appearance 这个组。

图 10-6 控件属性

常见的元数据类型如下：

● Accessibility（易用性）：增加控件易用性的属性。

● Action（行为）：一般是描述控件行为的属性。

- Appearance（外观）：描述控件外观的属性。
- Behavior（行为）：描述控件怎样执行的属性。
- Data（数据）：描述控件数据管理和数据绑定的相关属性。
- Design（设计期）：这个类型的属性仅在设计期有效。
- DragDrop（拖放）：与拖放行为有关的属性。在 ASP.NET 的控件中，这个属性没有用。
- Format（格式）：与控件内容格式化行为相关的属性。
- Layout（布局）：与控件布局相关的属性。
- Misc（杂项）：难以归入某一组中的属性可以放到杂项组中。

3）DefaultValue：这个元数据属性为对应的控件属性指定了一个默认值。如果控件在初始化时没有为该属性赋值，那么属性将会被初始化为默认值。

设计了属性以后，控件就可以通过属性来控制控件内容的输出。这要通过重载的 RenderContents 方法来实现。前面提到过，自定义控件需要重载 Render 方法，在 WebControl 类中，Render 方法通常由 RenderContents 方法来调用，现在要做的就是重载 RenderContents 方法。代码如下：

```csharp
protected override void RenderContents(HtmlTextWriter writer)
{
    writer.AddStyleAttribute(HtmlTextWriterStyle.BackgroundColor,
                             this.BackColor.ToKnownColor().ToString());
    writer.AddAttribute(HtmlTextWriterAttribute.Align, this.Align);
    writer.RenderBeginTag(HtmlTextWriterTag.Div);

    writer.AddStyleAttribute(HtmlTextWriterStyle.Position, "relative");
    writer.AddStyleAttribute(HtmlTextWriterStyle.Top, "10px");
    writer.RenderBeginTag(HtmlTextWriterTag.Span);
    writer.Write(this.Text);
    writer.RenderEndTag();
    writer.RenderEndTag();
}
```

上面的代码重载了 RenderContents 方法，然后使用了前面提到的 HtmlTextWriter 对象和它的方法进行页面的输出，从中读者可以发现控件属性 Align 和 Text 对输出的影响。然后这个简单控件的功能就已经完成了。控件代码完成以后，就需要在 ASP.NET 页面中对控件进行注册，并添加控件实例。在 ControlTestSite 中添加 ShowHeader.aspx 页面。页面代码如下：

```
<%@ Page Language="C#" AutoEventWireup="true" CodeFile="ShowHeader.aspx.cs" Inherits="ShowHeader" %>
<%@ Register Namespace="ASPNET40.Application.Controls" TagPrefix="AppControls"%>
<!DOCTYPE html PUBLIC "-//W3C//DTD XHTML 1.0 Transitional//EN"
    "http://www.w3.org/TR/xhtml1/DTD/xhtml1-transitional.dtd">

<html xmlns="http://www.w3.org/1999/xhtml" >
<head runat="server">
    <title>Untitled Page</title>
</head>
<body>
    <form id="form1" runat="server">
    <div>
        <AppControls:SiteHeader  runat="server"
         ID="SiteHeader1" BackColor="PaleGreen"
```

```
                Text="Site Header Test" Width="80%" Height="50px"
                Align="center" Font-Size="XX-Large" Font-Names="Consolas" />
        </div>
        </form>
    </body>
</html>
```

上面代码保存在代码包 "第 10 章\ControlTestSite\ShowHeader.aspx" 中。

由于使用了 App_Code 目录，控件的装配件会在编译时生成，但是名称还没有定，所以在 ShowHeader.aspx 页面的控件注册语句中不需要指定 Assembly 属性，只需要指定装配件的命名空间和前缀即可。在注册控件以后，就可以在页面中需要的地方添加控件实例了。在这个例子中，为控件指定 ID 为 "SiteHeader1"，Text 属性为 "Site Header Test" 以及 Align 设置为 "center" 等，控件的效果如图 10-7 所示。

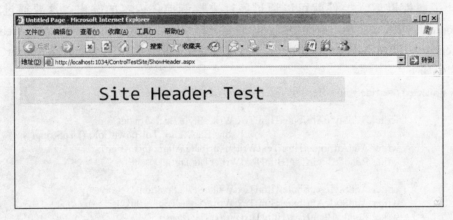

图 10-7 ShowHeader.aspx 页面的输出

可以看到控件在指定的背景色上按照 Align 属性指定的位置显示了 Text 属性指定的内容。到目前为止，控件的功能还非常简单。接下来为控件添加一个功能——为控件指定一个图片的地址作为页面的 Logo。为了实现这个功能，在代码中添加 ImageUrl 和 ImageWidth 两个公有属性，代码如下所示：

```
[Bindable(false)]
[Category("Appearance")]
public string ImageUrl
{
    get
    {
        return _imageurl;
    }
    set
    {
        _imageurl = value;
    }
}
[Bindable(true)]
[Category("Appearance")]
[TypeConverter(typeof(int))]
[Description("图片会占据的宽度")]
public int ImageWidth
```

```
    {
        get
        {
            return _imageWidth;
        }
        set
        {
            _imageWidth = value;
        }
    }
}
```

为了存取属性，类 SiteHeader 还定义了两个私有变量：_imageurl 和 _imageWidth。

在 ImageWidth 属性方法中，使用了一个新的元数据属性 TypeConverter，这被称为类型转换器。类型转换器在控件设计中非常有用，它可以把字符串转换为指定类型的数据。大家知道，在 ASPX 页面的控件声明的代码中，所有属性的值都是以字符串的形式赋予的，所以类型转换非常常见。如果不使用类型转换器，类型转换将不得不由开发者在代码中显示执行；另外，如果不使用类型转换器，编译器就无法在编译的时候对控件属性的值的合法性进行检查。例如：在 ImageWidth 这个属性中，如果控件声明代码中指定了 ImageWidth="100xyz"，在使用了类型转换器的情况下，编译将失败，警告如下：

> "Error   1   Cannot create an object of type 'System.Int32' from its string representation '100xpz' for the 'ImageWidth' property."

如果不使用 TypeConverter，那么页面在运行时才能捕获到这个类型转换的失败。

因此，推荐为每一个非 String 类型的属性应用类型转换器，由 ASP.NET 引擎来执行类型转换。

TypeConverter 的语法如下：

[TypeConverter(typeof(数据类型))]

使用属性的数据类型替换"数据类型"。如果属性是 System.Drawing.Color 类型的，那么 TypeConverter 的属性即为：[TypeConverter(typeof(System.Drawing.Color))]。

对类型转换器进行一个概括，它有以下的特点：

1）TypeConverter 从 System.ComponentModel.TypeConverter 类派生。

2）使用[TypeConverter(typeof(你的类型))]绑定到属性。

3）在设计期和运行期，TypeConverter 都非常有用。因为这两个阶段都会涉及特定类型与字符串之间的转换。

4）可把属性转换为字符串显示在属性浏览器中，以及把属性浏览器或者控件声明部分指定的属性的值转换为属性需要的类型。

5）可以为子属性提供一个折叠/展开的 UI。如图 10-8 所示。

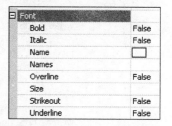

图 10-8 折叠/展开的子属性

要实现控件属性的可折叠，需要让控件的属性通过类型转换器关联到转换器类 System.ComponentModel.ExpandableObjectConverter，或者继承自这个类的转换器，下面是一个简单的示例：

```
public class MyConverter:ExpandableObjectCoverter
{....}

public class MyControl:WebControl
```

```
        {
            [TypeConverter(typeof(MyConverter))]
            public PropertyType ExpandableProperty
            {
                …
            }
```

6)为控件实现了一个设计期在属性浏览器中显示下拉列表。

7)ASP.NET 已经为开发人员提供了必要的类型转换器。

接着改进 SiteHeader 控件,在添加了必要的属性之后,需要对已有的 RenderContents 方法进行改造,改造后的 RenderContents 方法如下:

```
        protected override void  RenderContents(HtmlTextWriter writer)
        {
            writer.AddStyleAttribute("border", "#ccc solid 1px");
            writer.AddStyleAttribute(HtmlTextWriterStyle.Width, this.Width.ToString());
            //writer.AddStyleAttribute("float", "left");
            writer.RenderBeginTag(HtmlTextWriterTag.Div);

            if (_imageurl != string.Empty)
            {
                writer.AddStyleAttribute("float", "left");
                writer.AddStyleAttribute(HtmlTextWriterStyle.Width, _imageWidth.ToString());
                writer.AddStyleAttribute(HtmlTextWriterStyle.Height, "100%");
                writer.AddStyleAttribute(HtmlTextWriterStyle.Padding, "5");
                writer.AddStyleAttribute(HtmlTextWriterStyle.TextAlign, "center");
                writer.RenderBeginTag(HtmlTextWriterTag.Div);
                writer.AddAttribute(HtmlTextWriterAttribute.Src, _imageurl);
                writer.RenderBeginTag(HtmlTextWriterTag.Img);
                writer.RenderEndTag();
                writer.RenderEndTag();
            }

            writer.AddStyleAttribute(HtmlTextWriterStyle.BorderStyle, "solid");
            writer.AddStyleAttribute(HtmlTextWriterStyle.BorderWidth, "1px");
            writer.AddStyleAttribute(HtmlTextWriterStyle.BorderColor, "#cccccc");
            writer.AddStyleAttribute("float", "left");
            writer.AddStyleAttribute(HtmlTextWriterStyle.Height, this.Height.ToString());
            writer.AddStyleAttribute(HtmlTextWriterStyle.BackgroundColor,
                            this.BgColor.ToKnownColor().ToString());
            writer.AddStyleAttribute("line-height", "200%");

            int content_div_length = 0;
            if (this._imageWidth != 0)
                content_div_length = (int)(this.Width.Value - this._imageWidth - 2);
            else
                content_div_length = (int)this.Width.Value - 2;
            writer.AddStyleAttribute(HtmlTextWriterStyle.Width, content_div_length.ToString()+"px");
            writer.AddAttribute(HtmlTextWriterAttribute.Align, this.TextAlign);
            writer.RenderBeginTag(HtmlTextWriterTag.Div);
            writer.AddStyleAttribute(HtmlTextWriterStyle.TextAlign, this.TextAlign);
            writer.AddStyleAttribute(HtmlTextWriterStyle.Margin, "0px");
            writer.AddStyleAttribute(HtmlTextWriterStyle.Padding, "0px");
           writer.AddStyleAttribute(HtmlTextWriterStyle.PaddingTop, "5px");
            writer.AddStyleAttribute(HtmlTextWriterStyle.PaddingLeft, "5px");
            writer.RenderBeginTag(HtmlTextWriterTag.P);
            writer.Write(this.Text);
            writer.RenderEndTag();
```

```
            writer.RenderEndTag();
            writer.RenderEndTag();
        }
```

上面的代码保存在代码包"第 10 章\ControlTestSite\SiteHeader.cs"中。

控件代码修改完毕,需要在 ShowHeader.aspx 页面中修改控件的声明如下:

```
<AppControls:SiteHeader   runat="server"
            ID="SiteHeader1" BgColor="PaleGreen"
            Text="Site Header Test" Width="1024" Height="70px"
            TextAlign="center" Font-Size="XX-Large" Font-Names="Harlow Solid Italic"
            ImageUrl="img\1.gif" ImageWidth="70xx"
            BorderStyle="None" BorderWidth="1px" />
```

上面的代码保存在代码包"第 10 章\ControlTestSite\ShowHeader.aspx"中。在 Visual Studio 中,选择在浏览器中运行 ShowHeader.aspx 页面,控件的效果如图 10-9 所示。

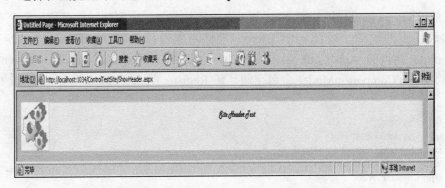

图 10-9　修改后的 SiteHeader 控件效果

10.5　创建复合控件

在 10.4 节中,创建了第一个服务器控件,这个服务器控件派生自 WebControl 类,之后重载了 WebControl 类的 RenderContents 方法以实现控件内容的输出。除了自 WebControl 派生出新控件以外,还可以通过 CompositeControl 类来创建自定义服务器控件。WebControl 类只为页面服务器控件实现了基本的属性和方法。CompositeControl 则在 WebControl 的基础上提供了一个命名的容器以及为组合控件提供了设计时的支持。也就是说,CompositeControl 类提供了一个容器,开发人员可以非常方便地将其他控件添加进来,通过不同控件的组合来完成一个功能比较复杂的控件。ASP.NET 4.0 中的 Login 控件、Wizard 控件等都是派生自 CompositeControl 类。

CompositeControl 是一个抽象类,不能直接使用。CompositeControl 类实现了 INamingContainer 接口,这个接口要求所有子控件的 ID(标识符)在页面中是唯一的,这样在页面回送(PostBack)的数据中能够查找到子控件的对应信息。

如果要创建一个 CompositeControl 类型的复合控件,就让它派生自 CompositeControl。CompositeControl 抽象类已经提供了检查子控件是否被创建的机制。它会在子控件被访问前调用,以确保访问的合法性。另外,CompositeControl 类还提供了 ReCreateChildControls 方法,它用来在设计期创建子控件,从而提供更好的设计期体验。为了实现一个自复合控件,需要重载3个方法：ReCreateChildControls、CreateChildControls 和 Render 方法。

下面举例说明如何编写一个复合控件。示例中的复合控件完成用户注册信息收集的工作。这个复合控件使用了一些其他的服务器控件作为它的子控件，并以这些子控件为基础构建了用户界面和执行逻辑。由于复合控件可以依赖子控件的现成特性，如事件处理、外观和属性等，这就使开发复合控件成为一件比较轻松的事情。在这个例子中，信息注册控件使用了一些 TextBox 控件和 Button 控件来构建它的功能，这个信息注册控件将会依赖 TextBox 来处理 PostBack 数据，依赖 Button 控件的 PostBack 事件处理机制。在开始编写控件之前，先设想一下控件的基本效果，控件的预期效果如图 10-10 所示。

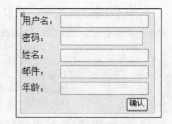

图 10-10 预期的注册控件的效果

根据效果图，可以设想控件需要 5 个 Label 控件来显示填写项目的名称，5 个 TextBox 控件来接收用户的输入，以及一个 Button 控件来引发控件的 PostBack。于是，需要在 ControlTestSite 站点的 App_Code 目录中添加一个新类——Register。修改 Register.cs 的代码，添加 System.ComponentModel 命名空间，使 Register 类自 CompositeControl 派生。如下所示：

```csharp
using System;
using System.Data;
using System.ComponentModel;
using System.Configuration;
using System.Web;
using System.Web.Security;
using System.Security.Permissions;
using System.Web.UI;
using System.Web.UI.WebControls;
using System.Web.UI.WebControls.WebParts;
using System.Web.UI.HtmlControls;

namespace ASPNET40.Application.Controls
{
    public class Register : CompositeControl
    {... ...}
}
```

之后，就需要定义上面的提到的那些子控件，它们将被用来组成控件的外观和功能。除了创建子控件，还需要创建相应的公有属性供外部存取子控件的内容。代码如下：

```csharp
… …
public class Register : CompositeControl
    {
        private Button submitButton;
        private TextBox usernameTextBox;
        private TextBox passwordTextBox;
        private TextBox nameTextBox;
        private TextBox emailTextBox;
        private TextBox ageTextBox;

        private Label usernameLabel;
        private Label passwordLabel;
        private Label nameLabel;
```

```csharp
private Label emailLabel;
private Label ageLabel;
[
Bindable(true),
Category("Default"),
DefaultValue(""),
Description("用户名")
]
public string UserName
{
    get
    {
        EnsureChildControls();
        return usernameTextBox.Text;
    }
    set
    {
        EnsureChildControls();
        usernameTextBox.Text = value;
    }
}
[
Bindable(true),
Category("Appearance"),
DefaultValue(""),
Description("用户名标签")
]
public string UserNameLabelText
{
    get
    {
        EnsureChildControls();
        return usernameLabel.Text;
    }
    set
    {
        EnsureChildControls();
        usernameLabel.Text = value;
    }
}
[
Bindable(true),
Category("Default"),
DefaultValue(""),
Description("密码")
]
public string Password
{
    get
    {
        EnsureChildControls();
        return passwordTextBox.Text;
    }
    set
    {
        EnsureChildControls();
        passwordTextBox.Text = value;
    }
}
```

```csharp
}
[
Bindable(true),
Category("Appearance"),
DefaultValue(""),
Description("密码标签")
]
    public string PasswordLabelText
    {
        get
        {
            EnsureChildControls();
            return passwordLabel.Text;
        }
        set
        {
            EnsureChildControls();
            passwordLabel.Text = value;
        }
    }
[
Bindable(true),
Category("Appearance"),
DefaultValue(""),
Description("显示在 SubmitButton 上的文字")
]
public string ButtonText
{
    get
    {
        EnsureChildControls();
        return submitButton.Text;
    }
    set
    {
        EnsureChildControls();
        submitButton.Text = value;
    }
}
[
Bindable(true),
Category("Default"),
DefaultValue(""),
Description("用户的姓名")
]
public string Name
{
    get
    {
        EnsureChildControls();
        return nameTextBox.Text;
    }
    set
    {
        EnsureChildControls();
        nameTextBox.Text = value;
    }
}
```

```csharp
[
Bindable(true),
Category("Appearance"),
DefaultValue(""),
Description("The text for the name label.")
]
public string NameLabelText
{
    get
    {
        EnsureChildControls();
        return nameLabel.Text;
    }
    set
    {
        EnsureChildControls();
        nameLabel.Text = value;
    }
}
[
Bindable(true),
Category("Default"),
DefaultValue(""),
Description("The e-mail address.")
]
public string Email
{
    get
    {
        EnsureChildControls();
        return emailTextBox.Text;
    }
    set
    {
        EnsureChildControls();
        emailTextBox.Text = value;
    }
}
[
Bindable(true),
Category("Appearance"),
DefaultValue(""),
Description("The text for the e-mail label.")
]
public string EmailLabelText
{
    get
    {
        EnsureChildControls();
        return emailLabel.Text;
    }
    set
    {
        EnsureChildControls();
        emailLabel.Text = value;
    }
}
[
```

```
            Bindable(true),
            Category("Default"),
            DefaultValue(""),
            Description("用户年龄")
            ]
            public string Age
            {
                get
                {
                    EnsureChildControls();
                    return ageTextBox.Text;
                }
                set
                {
                    EnsureChildControls();
                    ageTextBox.Text = value;
                }
            }
            [
            Bindable(true),
            Category("Appearance"),
            DefaultValue(""),
            Description("用户年龄")
            ]
            public string AgeLabelText
            {
                get
                {
                    EnsureChildControls();
                    return ageLabel.Text;
                }
                set
                {
                    EnsureChildControls();
                    ageLabel.Text = value;
                }
            }
        ... .....
        }
```

上面的代码除定义私有的控件变量之外，还添加了属性供外部存取这些私有控件的内容。控件的调用者可以通过这些属性定义控件的标签所要显示的内容，可以访问注册控件中子控件的内容，还可以设定按钮控件所显示的内容。有了上面这些成员控件变量之后，还需要把这些子控件加入到复合控件的控件树中去，这项任务通过重载 CreateChildControls 来实现，如下所示：

```
        protected override void CreateChildControls()
        {
            Controls.Clear();
            usernameLabel = new Label();
            usernameTextBox = new TextBox();
            usernameTextBox.ID = "usernameTextBox";

            passwordLabel=new Label();
            passwordTextBox = new TextBox();
            passwordTextBox.ID = "passwordTextBox";
            passwordTextBox.TextMode = TextBoxMode.Password;
```

创建 ASP.NET 服务器控件 第 10 章

```
        nameLabel = new Label();
        nameTextBox = new TextBox();
        nameTextBox.ID = "nameTextBox";

        emailLabel = new Label();
        emailTextBox = new TextBox();
        emailTextBox.ID = "emailTextBox";

        ageLabel = new Label();
        ageTextBox = new TextBox();
        ageTextBox.ID = "ageTextBox";

        submitButton = new Button();
        submitButton.ID = "button1";

        this.Controls.Add(usernameLabel);
            this.Controls.Add(usernameTextBox);
            this.Controls.Add(passwordLabel);
            this.Controls.Add(passwordTextBox);
            this.Controls.Add(nameLabel);
        this.Controls.Add(nameTextBox);
        this.Controls.Add(emailLabel);
        this.Controls.Add(emailTextBox);
        this.Controls.Add(ageLabel);
        this.Controls.Add(ageTextBox);
        this.Controls.Add(submitButton);
    }
```

在上面这个重载的 Render 方法中，对每个子控件进行了初始化，然后把子控件加入到 Controls 这个子控件集合中去了。添加了子控件之后，就可以为控件提供一个新的 Render 方法对控件的界面进行定制。在该例中，控件的 Render 方法如下：

```
    protected override void Render(HtmlTextWriter writer)
    {
        AddAttributesToRender(writer);

        writer.AddAttribute(HtmlTextWriterAttribute.Cellpadding, "1", false);
        writer.RenderBeginTag(HtmlTextWriterTag.Table);

        RenderTableRow(writer, usernameLabel, usernameTextBox);
        RenderTableRow(writer, passwordLabel, passwordTextBox);
        RenderTableRow(writer, nameLabel, nameTextBox);
        RenderTableRow(writer, emailLabel, emailTextBox);
        RenderTableRow(writer, ageLabel, ageTextBox);

        writer.RenderBeginTag(HtmlTextWriterTag.Tr);
        writer.AddAttribute(HtmlTextWriterAttribute.Colspan, "2", false);
        writer.AddAttribute(HtmlTextWriterAttribute.Align,"right", false);
        writer.RenderBeginTag(HtmlTextWriterTag.Td);
        submitButton.RenderControl(writer);
        writer.RenderEndTag();
        writer.RenderBeginTag(HtmlTextWriterTag.Td);
        writer.Write(" ");
        writer.RenderEndTag();
        writer.RenderEndTag();
        writer.RenderEndTag();
    }
```

```
private void RenderTableRow(HtmlTextWriter writer,Control control1,Control control2)
{
    writer.RenderBeginTag(HtmlTextWriterTag.Tr);
    writer.RenderBeginTag(HtmlTextWriterTag.Td);
    control1.RenderControl(writer);
    writer.RenderEndTag();
    writer.RenderBeginTag(HtmlTextWriterTag.Td);
    control2.RenderControl(writer);
    writer.RenderEndTag();
    writer.RenderEndTag();
}
```

在 Render 方法中使用了 HTML 中的 Table 元素来对界面进行组织，使用 Table 表格的行、列和单元格对控件的界面进行格式化。此时，控件的外观已经构建完毕，如果在页面中添加控件，除必要属性之外，在各项属性为空的情况下，其效果应该如图 10-11 所示。

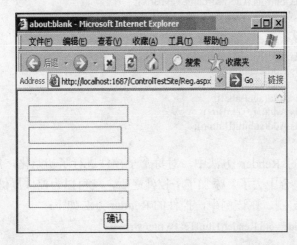

图 10-11 空白的控件

在未设置标签的内容以及背景之前，控件显得比较简陋，但是也说明它可供用户定制的地方比较多。到目前为止，register 复合控件已经有了一个完整的界面，它还需要拥有为用户注册的方法。可以在按钮单击事件的处理方法中提供用户注册的逻辑。因此，还需要为 Register 控件提供事件处理机制。在 Register 类中，添加如下的代码：

```
[
Category("Action"),
Description("Raised when the user clicks the button.")
]
public event EventHandler Submit
{
    add
    {
        Events.AddHandler(EventSubmitKey, value);
    }
    remove
    {
        Events.RemoveHandler(EventSubmitKey, value);
    }
}
```

```csharp
// The method that raises the Submit event.
protected virtual void OnSubmit(EventArgs e)
{
    EventHandler SubmitHandler =
        (EventHandler)Events[EventSubmitKey];
    if (SubmitHandler != null)
    {
        SubmitHandler(this, e);
    }
}
// Handles the Click event of the Button and raises
// the Submit event.
private void _button_Click(object source, EventArgs e)
{
    OnSubmit(EventArgs.Empty);
}
```

另外，在 CreateChildControls 方法中为 Button 控件增加一行代码来绑定按钮单击事件，如下所示：

```csharp
submitButton.Click += new EventHandler(_button_Click);
```

以上 Register 控件的代码保存在代码包"第 10 章\ControlTestSite\App_Code\Register.cs"中。

下面来解释上面代码中的事件处理机制是怎样工作的。首先提供一个按钮点击的事件处理方法 _button_Click，并将该事件处理方法与 Button 子控件绑定。这样，在 Button 子控件被单击的时候，将会调用 _button_Click 方法对按钮单击事件进行处理。_button_Click 方法处理 Button 的单击事件时，会调用 OnSubmit 方法，来获取外部绑定的事件处理方法进行处理。这样，在控件外部可以用下面两种方式对控件的 Submit 事件进行绑定：

1）在页面中控件的声明部分增加如下代码：

```
OnSubmit="{事件处理方法}"
```

2）在页面的服务器端代码中增加如下代码：

```
register.Submit+=new EventHandler({事件处理方法});
```

本文的例子中将采用第一种方式。

至此，控件的基本功能已经完成。为了测试控件，可在 ControlTestSite 站点中添加 Reg.aspx 页面。在页面中，加入控件命名空间的注册和控件的声明代码，页面代码如下所示：

```
<%@ Page Language="C#" AutoEventWireup="true" CodeFile="Reg.aspx.cs" Inherits="Reg"%>
<%@ Register Namespace="ASPNET40.Application.Controls"    TagPrefix="AppControls"%>
<!DOCTYPE html PUBLIC "-//W3C//DTD XHTML 1.0 Transitional//EN"
"http://www.w3.org/TR/xhtml1/DTD/xhtml1-transitional.dtd">
<html xmlns="http://www.w3.org/1999/xhtml" >
<head runat="server">
    <title>Untitled Page</title>
</head>
<body>
    <form id="form1" runat="server">
    <div>
        <AppControls:Register ID="register1" runat="server"
        ButtonText="确认" EmailLabelText="邮件："
        NameLabelText="姓名：" AgeLabelText="年龄："
```

```
                BackColor="#B9FBEC" PasswordLabelText="密码："
                UserNameLabelText="用户名：" OnSubmit="Register_Submit" />
        </div>
    </form>
</body>
</html>
```

上面的代码保存在代码包"第 10 章\ControlTestSite\Reg.aspx"中。

在 Reg.aspx 页面代码中，加入了一个 Register 控件的实例 register1，并为该控件的 Submit 事件绑定了名为"Register_Submit"的事件处理方法。Register_Submit 方法在 Reg.aspx.cs 代码后置文件中实现，如下所示：

```
protected void Register_Submit(object sender, EventArgs e)
{
    Register register = (Register)sender;

    string username = register.UserName;
    string password = register.Password;
    string name = register.Name;
    string email = register.Email;
    string age = register.Age;

    register.Visible = false;
    Response.Write(username + " 注册成功<br/>");
    Response.Write("注册信息如下：<br/>");
    Response.Write("用户名：" + username + "<br/>");
    Response.Write("姓名 ：" + name + "<br/>");
    Response.Write("邮件 ：" + email + "<br/>");
    Response.Write("年龄 ：" + age + "<br/>");
}
```

在 Register_Submit 方法中，从 Register 控件中取出用户输入的信息并获取相关数据，然后显示到页面上。Reg.aspx 页面运行时的效果如图 10-12 和图 10-13 所示。

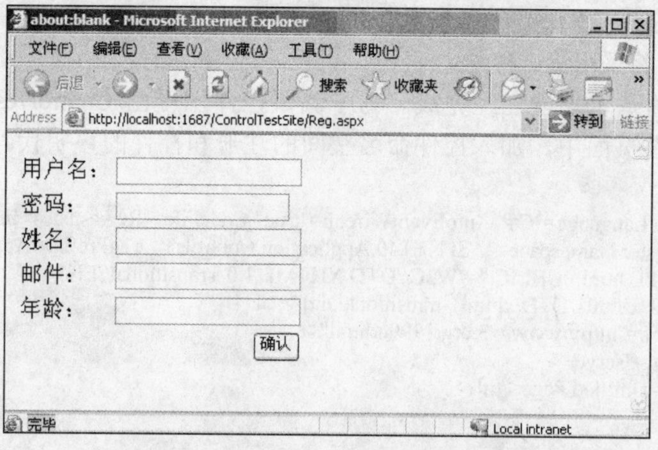

图 10-12　Reg.aspx 页面显示效果

在浏览器中的 Reg.aspx 页面中输入必要的信息之后，单击"确认"键，将得到如图 10-13 所示的结果：

图 10-13 reg.aspx 运行结果

10.6 为控件添加更多功能

在 10.5 节中，演示了如何从无到有地创建一个比较有意义的服务器控件。控件基本成型，不过功能仍然比较简单。本节将为 Register 控件添加更多的功能，使它更加实用。

10.6.1 为控件添加输入验证

本节将为控件实现用户输入验证，以及更多的注册信息。为了增加用户输入验证，可在 Register 自定义服务器控件添加密码再次输入框以及数个验证控件，对用户的输入进行有效性验证。在 Register 类的成员变量中添加下面的私有变量：

```
private TextBox password2TextBox;
private Label password2Label;
private RequiredFieldValidator usernameValidator;
private RequiredFieldValidator nameValidator;
private RequiredFieldValidator passwordValidator;
private CompareValidator passwordCompValidator;
private RegularExpressionValidator emailValidator;
```

上面的代码中添加了 password2TextBox 控件，它用来接收用户第二次输入的密码；usernameValidator 验证控件检查用户是否输入了用户名；nameValidaotr 检查用户是否有输入姓名，passwordValidator 也是如此；passwordCompValidator 检查用户两次输入的密码是否一致；emailValidator 验证控件使用正则表达式来验证用户输入的邮件地址格式是否符合要求。接着在 CreateChildControls 方法中实例化这些验证控件，把验证控件与被验证的控件关联起来：

```
password2Label = new Label();
password2TextBox = new TextBox();
password2TextBox.ID = "password2TextBox";
password2TextBox.TextMode = TextBoxMode.Password;

nameValidator = new RequiredFieldValidator();
nameValidator.ID = "nameValidator";
nameValidator.ControlToValidate = nameTextBox.ID;
```

227

```csharp
        nameValidator.Text = "请输入姓名";
        nameValidator.Display = ValidatorDisplay.Static;

        emailValidator = new    RegularExpressionValidator();
        emailValidator.ID = "emailValidator";
        emailValidator.ValidationExpression=@"\w+([-+.']\w+)*@\w+([-.]\w+)*\.\w+([-.]\w+)*";
        emailValidator.ControlToValidate =emailTextBox.ID;
        emailValidator.Text = "请输入合法的 email 地址";
        emailValidator.Display = ValidatorDisplay.Static;

        usernameValidator = new RequiredFieldValidator();
        usernameValidator.ID = "usernameValidator";
        usernameValidator.ControlToValidate = usernameTextBox.ID;
        usernameTextBox.Text = "请输入用户名";
        usernameValidator.Display = ValidatorDisplay.Static;

        passwordValidator = new RequiredFieldValidator();
        passwordValidator.ID = "passwordValidator";
        passwordValidator.ControlToValidate = passwordTextBox.ID;
        passwordValidator.Text = "请输入密码";
        passwordValidator.Display = ValidatorDisplay.Static;

        passwordCompValidator = new CompareValidator();
        passwordCompValidator.ID = "passwordCompValidator";
        passwordCompValidator.ControlToValidate = password2TextBox.ID;
        passwordCompValidator.ControlToCompare = passwordTextBox.ID;
        passwordCompValidator.Text = "密码不一致";
        passwordCompValidator.Display = ValidatorDisplay.Static;
```

要将验证控件与需要被验证的控件关联，可使用下面的语法：

```csharp
        validatorControl.ControlToValidate=Control.ID;
```

将验证控件与被验证的控件绑定之后，将验证控件也加到 Register 控件的子控件集合中，如下所示：

```csharp
        this.Controls.Add(password2Label);
        this.Controls.Add(password2TextBox);
        this.Controls.Add(usernameValidator);
        this.Controls.Add(passwordValidator);
        this.Controls.Add(passwordCompValidator);
        this.Controls.Add(nameValidator);
        this.Controls.Add(emailValidator);
```

在验证控件被加入到子控件集合之后，也需要像其他子控件那样在执行控件 Render 的时候，向输出流输出相应的内容，这可通过修改 Render 方法中的代码来完成。首先修改之前的 RenderTableRow 方法，修改后的 RenderTableRow 方法如下所示：

```csharp
        private void RenderTableRow(HtmlTextWriter writer,params Control[] controls)
        {
            writer.RenderBeginTag(HtmlTextWriterTag.Tr);
            foreach (Control control in controls)
            {
                writer.RenderBeginTag(HtmlTextWriterTag.Td);
                control.RenderControl(writer);
                writer.RenderEndTag();
            }
            writer.RenderEndTag();
```

}

然后修改 Render 方法如下：

```
Protected override void Render(HtmlTextWriter writer)
{
……..
RenderTableRow(writer, usernameLabel, usernameTextBox,usernameValidator);
RenderTableRow(writer, passwordLabel, passwordTextBox,passwordValidator);
RenderTableRow(writer, password2Label, password2TextBox, passwordCompValidator);
RenderTableRow(writer, nameLabel, nameTextBox,nameValidator);
RenderTableRow(writer, emailLabel, emailTextBox,emailValidator);
RenderTableRow(writer, ageLabel, ageTextBox);
RenderTableRow(writer, regionLabel, RegionList);
… …
}
```

这样就为控件添加了输入验证的功能。如果 reg.aspx 页面的访问者不输入或者输入不恰当的值，都会导致控件中出现错误信息的提示。

10.6.2 控件的子属性

添加了输入验证功能以后，Register 控件将再次加入一个输入项。之前用户都是通过 TextBox 控件输入的，这次添加一个 DropDownList 控件，控件中包括一个地理区列表，让用户可以从列表中进行选取。那么列表中的信息从何而来呢？由于不能把列表的每一项都放到控件的一般属性中，因此这里引入子属性的概念。希望能通过下面的方式来对 DropDownList 中的表项进行指定：

```
<AppControls:Register ID="register1" runat="server">
    <Regions>
        <AppControls:Region>北京</AppControls:Region>
        <AppControls:Region>上海</AppControls:Region>
        <AppControls:Region>天津</AppControls:Region>
        <AppControls:Region>重庆</AppControls:Region>
        <AppControls:Region>四川</AppControls:Region>
        <AppControls:Region>广东</AppControls:Region>
        <AppControls:Region>湖南</AppControls:Region>
        <AppControls:Region>河南</AppControls:Region>
    </Regions>
</AppControls:Register>
```

效果如图 10-14 所示。

在此之前，Register 控件中使用的都是简单属性——即基本类型和字符串的属性。这一节中将介绍复杂属性的一些内容。这类属性不能用基本类型来表示。在创建自己的控件时，如果遇到了复杂属性，那么为了支持声明持久性还要做额外的工作，并进行状态管理。本节将通过上面的 Regions 嵌套子属性集合的实现来对相关的内容进行讲解。

有两种子属性，一种是写在<>标签内部的子属

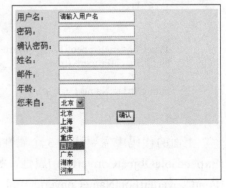

图 10-14 控件的嵌套子属性

性，通过"-"字符连接父属性和子属性，如 Font-Size、Font-Family 等，Family 就是 Font 属性的子属性；另一种则是更为复杂的嵌套子属性，如上面提到的 Regions 属性集合以及它的子元素，常见的 DropDownList 控件也是典型的例子。

为了在服务器控件标签中持久地保存某个子属性的值，页面的开发人员需要用"-"符号把属性名和子属性名连接起来。下面的 Label 控件的声明标签中指定了 Font-Name 和 Font-Size 这样的属性：

```
<asp:Label ID="label1" Font-Name="Times new roman" Font-Size="16pt" runat="server" Text="This is a label"/>
```

如果存在与子属性的类型相关的类型转换器，那么编译时就可以自动处理带有"-"字符的子属性了。因此不仅要让编译器能识别带"-"字符的子属性，还应该让设计器能够产生子属性的语法提示，此时就必须对属性和子属性应用特定的元数据属性。下面的代码来自 Label 服务器控件：

```
[
DesignerSerializationVisibility(DesignerSerializationVisibility.Content),
NotifyParentProperty(true),
]
public FontInfo Font
{
    get
    {
        return this.ControlStyle.Font;
    }
}
```

DesignerSerializationVisibility(DesignerSerializationVisibility.Content)元数据属性告诉设计期的串行器进入子属性，并将子属性的值串行化。设计期在控件的标签中持久地保持属性，并对每个子属性产生带"-"符号的语法。标签中的值和属性浏览器中所设定的值会通过设计器相互转换和同步。NotifyParentProperty(true)属性使属性浏览器中对子属性所做的修改一直上传到对象模型，并对被修改了属性的控件发出修改通知。注意仅仅对主属性出标记是不够的，还需要对属性的类型做一些改动：

```
[TypeConverter(typeof(ExpandableObjectConverter)),
AspNetHostingPermission(SecurityAction.LinkDemand,
Level=AspNetHostingPermissionLevel.Minimal)]
public sealed class FontInfo
{
    …
    [
    TypeConverter(typeof(FontConverter.FontNameConverter)) ,
    NotifyParentProperty(true)
    ]
    public string Name { get; set; }
    …
}
```

上面的代码中需要注意 3 个属性，一个是对 FontInfo 类应用的 TypeConverter(typeof(ExpandableObjectConverter))]属性，另外两个是针对类的公有属性的 TypeConverter(typeof(FontConverter.FontNameConverter)) 和 NotifyParentProperty(true)。对于 TypeConverter，在 10.4 节中已经提到过了，该类应用了 ExpandableObjectConverter 类型转换器，在属性浏览器

中，该类型的属性和其子属性可以支持展开和折叠操作。TypeConverter(typeof(FontConverter FontNameConverter))则可以把字符串形式的字体名称转换为字体对象。NotifyParentProperty (true)和主属性的意义相同，都是通知上级有属性发生了改变。这样子属性就可以在代码中和设计期使用了。

子属性还有另一种持久保存的形式。这种持久形式是由控件标签中嵌套的子属性形成的。这种形式叫做内部属性持久性（InnerDefaultProperty）。DropDownList 即是一个非常典型的示例，如下所示：

```
<asp:DropDownList ID="ddL" runat="server">
    <asp:ListItem value="x">1</asp:ListItem>
    <asp:ListItem value="y">2</asp:ListItem>
</DropDownList>
```

如果希望如 DropDownList 控件那样把子属性直接嵌入进去，那么可以这样做：

```
[
…
ParseChildren(true,"items"),
…
]
public class DropDownList
{
…
[
PersistenceMode(PersistenceMode.InnerDefaultProperty)
]
public ListItemCollection Items
{get;}
}
```

如代码中所示，为了使用内部默认属性持久性，必须用 ParseChildren 属性来指定控件的分析逻辑，它有一个 bool 参数，true 表示标签中的内容为属性，而不是子控件。解析器用一套内定的控件生成器来解析嵌套的属性、子属性、模版和集合属性。还可以用 ParseChildren(true,"属性名")来指定嵌套内容传入哪个属性。在上面的例子中，嵌套的内容就传入了 Items 属性。如果 ParseChildren 参数为 false，那么解析器将使用控件相关的 ControBuilder 来解释控件开始和结束标签之间的内容，将里面的内容解释为对象，文本也会被解释为 LiteralControls，然后通过控件的 AddParsedSubObject 方法添加到控件的子控件集合中。

10.6.3 为 Register 控件增加嵌套子属性

在了解了服务器控件的一些相关元数据属性以后，继续来修改之前的 Register 控件。首先增加一个私有成员 private List<Region> regions，然后为控件增加 Regions 属性。下面的代码显示了服务器控件类属性的主属性需要应用的元数据属性：

```
[
Bindable(true),
Category("Appearance"),
DefaultValue(""),
Description("Regions"),
NotifyParentProperty(true),
DesignerSerializationVisibility(DesignerSerializationVisibility.Content),
```

```
    PersistenceMode(PersistenceMode.InnerDefaultProperty),
    ]
    public List<Region> Regions
    {
        get
        {
            if (this.regions == null)
            {
                this.regions = new List<Region>();
            }
            return this.regions;
        }
    }
```

这里需要注意的是使用了 List<Region>这个范型集合来作为 Regions 属性的类型。现在为控件类增加两个属性，如下所示：

```
ParseChildren(true,"Regions"),
PersistChildren(false)
```

ParseChildren 属性的意义前面已经讲过，这里意味着把获取的嵌套属性放到 Regions 中。PersisteChildren(false)是指控件的子元素不会被解析为控件对象，只会被解析为子属性。

除了对 Regions 属性应用元数据属性，还应该对新增的 Region 类增加一些必要的属性，如下所示：

```
[ParseChildren(true, "Text"),
TypeConverter(typeof(ExpandableObjectConverter)),
AspNetHostingPermission(SecurityAction.LinkDemand,
Level=AspNetHostingPermissionLevel.Minimal)]
public class Region
{
    private string text;
    public Region(string n)
    {
        text = n;
    }
    public Region()
    { }

    [
    DefaultValue(""),
    NotifyParentProperty(true),
    PersistenceMode(PersistenceMode.EncodedInnerDefaultProperty)
    ]
    public string Text
    {
        get
        {
            return text==null?string.Empty:text;
        }
        set
        {
            text = value;
        }
    }
}
```

这时，控件的属性结构已经完备了。不过还没有把获取到 Regions 集合的子属性的值加入到 DropDownList 中去。可以重载 OnLoad 或者 OnPreRender 方法，把 Regions 集合中的子属性的值加入到 DropDownList 控件的的 Items 集合中去。本例重载了 OnPreRender 方法，如下所示：

```
protected override void OnPreRender(EventArgs e)
{
    base.OnPreRender(e);
    foreach (Region r in regions)
      this.RegionList.Items.Add(r.Text);
}
```

在 Reg.aspx 页面中，修改 Register 控件的声明标签如下：

```
<AppControls:Register ID="register1" runat="server"
    ButtonText="确认" EmailLabelText="邮件："
    NameLabelText="姓名：" AgeLabelText="年龄："
    BackColor="#B9FBEC" PasswordLabelText="密码："
    passwordLabel2Text="确认密码：" regionText="您来自："
    UserNameLabelText="用户名：" OnSubmit="Register_Submit">
        <Regions>
            <AppControls:Region>北京</AppControls:Region>
            <AppControls:Region>上海</AppControls:Region>
            <AppControls:Region>天津</AppControls:Region>
            <AppControls:Region>重庆</AppControls:Region>
            <AppControls:Region>四川</AppControls:Region>
            <AppControls:Region>广东</AppControls:Region>
            <AppControls:Region>湖南</AppControls:Region>
            <AppControls:Region>河南</AppControls:Region>
        </Regions>
</AppControls:Register>
```

再次编译站点，运行 Reg.aspx 页面，此时控件的运行效果如图 10-15 所示。

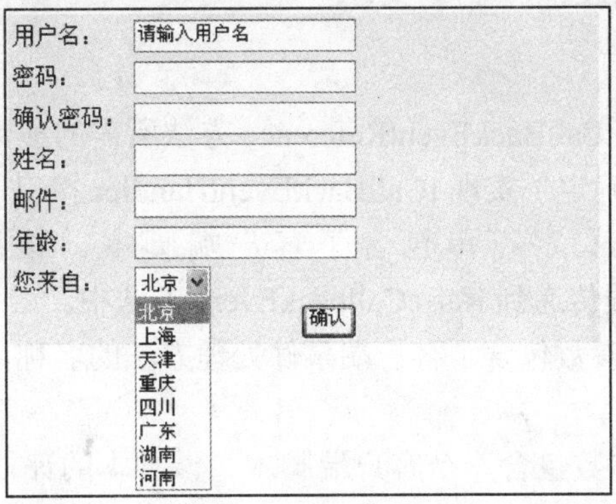

图 10-15　Register 控件修改后的运行效果

10.7　控件的回调示例——异步请求

标准的 Web 协议设计用于同步的通信，每个请求被响应的速度与服务器生成数据的速度相同。但是在需要的时候必须另行对其他页面进行请求，获得响应结果。在 HTML 中，一般来说，执行异步请求的方法是在 JavaScript 中使用 XMLHTTP 对象，如果客户端为 IE

浏览器，那么可以使用下面的 JavaScript 代码对其他页面执行请求：

```
function GetResponse()
{
    var XmlHttp=new ActiveXObject("msxml2.XMLHTTP.4.0");
    XmlHttp.open("GET","http://www.microsoft.com",false);
    XmlHttp.send();
    return XmlHttp.responseText;
}
```

如果是其他浏览器如 Firefox、Opera 等，则可以通过 window.XMLHttpRequest 来创建 xmlhttp 对象，如下所示：

```
function GetResponse()
{
    var XmlHttp= new XMLHttpRequest();
    XmlHttp.open("GET","http://www.microsoft.com",false);
    XmlHttp.send();
    return XmlHttp.responseText;
}
```

由于这种方式不会干扰页面代码在客户端浏览器中的执行，所以常常用来进行异步请求，再通过请求的响应使用 JavaScript 代码对页面的内容进行修改。

ASP.NET 4.0 概括了 XMLHTTP 的使用并且提供了内置的回调功能。新的功能包含了两个关键项——System.Web.UI.ICallbackEventHandler 接口和 Page.GetCallbackEventReference 方法。

Page.GetCallBackEventReference 方法用于指定将参与回调的控件对象和 Javascript 方法，如下所示：

```
public string GetCallBackEventReference(
    Control control,
    string argument,
    string clientCallBack,
    string context
);
```

上面的代码显示了 GetCallBackEventReference 方法所需的参数，说明如下。

- control：这个参数确定了实现 ICallBackEventHandler 接口的类对象。
- argument：argument 字符串包含了客户端脚本。该脚本的执行结果将作为 eventArgument 参数传递到 RaiseCallbackEvent 方法中。
- clientCallBack：该参数包含了客户端事件处理方法的名称，该方法将接收服务器端事件的结果。
- context：context 参数包含一个客户端脚本。该脚本的评估结果将传递到客户端事件处理程序，该处理程序在 clientCallBack 方法中被指定为 context 参数。

下面用一个简单的例子来说明如何在服务器控件中实现回调。继续在现有的 Register 自定义控件的基础上进行改进，下面的代码将会为 Register 控件增加异步查询服务器时间的功能。首先，让 Register 类实现 ICallbackEventHandler，如下所示：

```
public class Register : CompositeControl,ICallbackEventHandler
{
    ......
        #region ICallbackEventHandler Members
```

创建 ASP.NET 服务器控件 第10章

```csharp
            private string servertime;

            public string GetCallbackResult()
            {
                System.Threading.Thread.Sleep(2000);
                return servertime;
            }

            public void RaiseCallbackEvent(string eventArgument)
            {
                servertime = DateTime.Now.ToLongTimeString();
            }

            #endregion
        }
```

再为 Regisert 添加一个 Button 控件和一个 TextBox 控件，分别用来发出请求和显示结果，如下所示：

```csharp
        private Button GetTimeButton;
        private TextBox TimeTextBox;

        protected override void CreateChildControls()
        { ... ...
            TimeTextBox = new TextBox();
            TimeTextBox.ID = "TimeTextBox";
            TimeTextBox.Width = 150;
            GetTimeButton = new Button();
            GetTimeButton.Text = "Get Server Time";
            GetTimeButton.UseSubmitBehavior = true;
            GetTimeButton.OnClientClick="CallServer1('','TimeTextBox');"+
              "return false;";
        }
```

注意 GetTimeButton 的 OnClientClick 属性，该属性的值为一个客户端的脚本方法的字符串，这里指定了需要调用的客户端方法为 CallServer1。在这种情况下，在浏览器中单击 GetTimeButton，就会优先触发客户端脚本而不是立即执行页面回发。接下来在 Reg.aspx 页面中定义所需的 Javascript 方法，如下所示：

```html
        <script type="text/javascript">
        function CallServer1(inputcontrol, context)
        {
            document.getElementById(context).value = "Loading...";
            var arg = "";
            <%= ClientScript.GetCallbackEventReference(register1, "arg", "ReceiveServerData1", "context")%>;
        }

        function ReceiveServerData1(result, context)
        {
             document.getElementById(context).value = "当前时间：" + result;
        }
        </script>
```

在 CallServer1 这个 JavaScript 方法中，调用了 ClientScript.GetCallbackEventReference 方法来启动回调方法，并将客户端回调方法（ReceiveServerData1）注册。context 参数作为一个上下文变量传入，一般可以把一个 HTML 元素的 ID 传入，从而可以在客户端回

235

调方法中对这个 HTML 元素的内容进行改动。这样一个简单的回调就实现了。控件的运行效果如图 10-16 和图 10-17 所示。

图 10-16　正在请求 Loading　　　　　　图 10-17　控件回调的结果

第 11 章　ASP.NET 4.0 中的页面主题/皮肤

本章将讲解 ASP.NET 4.0 的主题和皮肤功能。通过主题和皮肤的结合,在实际开发中可以创造出丰富的用户体验界面。该技术大大增强了界面的灵活性和可扩展性,在开发过程中其简便的使用方法和代码编写也是一大亮点。

11.1　页面主题概述

主题的概念可以解释为:它提供一种简易方式,可以独立于应用程序的页为站点中的控件和页定义统一的样式设置。主题功能在设计站点时可以不考虑样式,在应用样式时也无需更新页或应用程序代码。而已部署的系统还可以从外部源获得自定义主题,以便将样式设置应用于整个解决方案。

主题(即皮肤技术)对系统的规范化设计具有很大的作用,在众多项目中,美工和开发人员一直存在着很多矛盾。每个 UI 部分的修改往往涉及开发人员和美工的不同设置,页面之间的规范统一样式也经常会被错误地改变。主题在 IDE 中的运用将把开发和美工有效地分开,提高开发效率。

主题的概念主要是针对 ASP.NET 的控件样式展开的,在该技术出现之前,CSS 技术承担界面 UI 样式设置的主要手段。

主题的使用并不影响级联样式表(.css 文件)。在每个主题文件夹中都可以将 .css 文件放在主题目录中,样式表会自动作为主题的一部分在系统中应用。ASP.NET 4.0 使用文件扩展名 .css 在主题文件夹中定义所需要的样式表。

主题文件夹可以包含变换主题所需要的图形文件和其他资源,如脚本文件或声音文件等。对于控件可能在变换样式后需要同时变化其图片,如要变化 TreeView 控件的外观可能需要在主题中包含表示展开和折叠节点的图形文件。

1) 主题与外观(皮肤)文件的关系。主题的资源文件与该主题的外观文件位于同一个文件夹中,这些资源文件也可以在 Web 解决方案的其他地方,如主题目录的某个子文件夹中。若要引用主题目录的某个子文件夹中的资源文件,可以参考使用如下方式:

　　Path="Subfolder/filename"

当资源文件保存在主题目录以外的位置时,如果使用颚化符 (~) 语法来引用资源文件,则 Web 应用程序将自动查找相应的图像。例如,要将主题的资源放在应用程序的某个子目录中,则可以参考使用如下格式。

　　Path= ~/Folder/filename

2) 主题的类型。主题包括单页主题、全局主题和服务器全局主题。定义主题之后可以使用 Page 指令中的 Theme 或 StyleSheetTheme 属性将该主题放置在单个页上。可以设置应用程序配置文件中的<pages>元素将指定的主题应用于程序中的所有界面页。如果在服务器配置文件 Machine.config 中定义了<pages>元素，则该主题将应用于服务器上的所有 Web 解决方案。它们的区别和使用方法将在 11.2.2 节讲解。

3）主题结构。在一个 VS2010 项目中，主题的基本结构主要包括页面主题中的主题文件夹，文件夹包含控件外观、样式表、图形文件和其他资源。该文件夹是作为网站中的 \App_Themes 文件夹的子文件夹创建的。每个主题都是 \App_Themes 文件夹的不同的子文件夹。结构如图 11-1 所示。

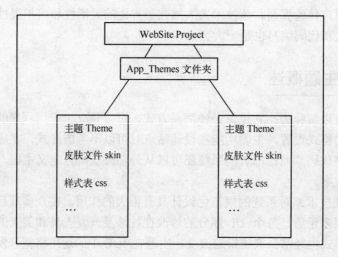

图 11-1　主题结构层次

11.2　页面主题的运用

本节将介绍如何在实际项目中使用和设置主题功能，如何通过页面设置全局和局部主题，以及配置文件的使用等。

11.2.1　App_Themes 目录

App_Themes 文件目录存放整个项目的主题资源文件。该目录下可以包括任意数量的主题子文件夹。例如，要创建名为 RedTheme 的主题，则应创建名为 \App_Themes\RedTheme 的文件夹。

1）App_Themes 目录的创建。在项目工程中添加名称为 App_Themes 的新文件夹。具体方法是：单击工程，选择"添加 ASP.NET 文件夹"并选择"主题"选项。IDE 将自动为项目创建名称为 App_Themes 的主题文件夹，如图 11-2 所示。

2）主题文件的添加。所有的页主题都必须放在文件夹的某个自定义文件夹里，例如，系统主题文件夹下的主题名称为"Theme1"文件夹 Theme1 下的 SkinFile.skin 皮肤文件，其主题文件扩展名必须为 .skin。创建的时候用鼠标右键单击相应的文件夹即可选择创建皮肤资源文件，如图 11-3 所示。

第 11 章　ASP.NET 4.0 中的页面主题/皮肤

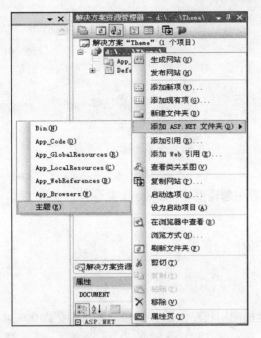

图 11-2　添加主题文件夹

图 11-3　主题文件的添加

11.2.2　全局页面主题和局部页面主题

全局页面主题是可以应用于服务器上的所有网站的主题。当需要维护同一个服务器上的多个网站时，可以使用全局主题定义整体外观。

全局页面主题与局部页面主题类似，它们都包括属性设置、样式表设置和图形。全局页面主题保存的位置和普通局部页面主题不同，它存储在 Web 服务器的名为 Themes 的全局文件夹中。服务器上的任何网站以及任何网站中的任何页面都可以引用全局主题。

1）创建全局主题。全局主题需要创建在 Web 服务器根目录中，全局主题的文件夹名称是 Themes 而不是 App_Themes，因为后者用于页面主题。

例如，假如 IIS 的默认 Web 根文件夹位于服务器上的 C:\Inetpub\wwwroot 中，则新的 Themes 文件夹为：C:\Inetpub\wwwroot\aspnet_client\system_web\version\Themes。

创建好全局主题文件夹后便可以创建主题子文件夹。比如需要创建一个名为 RedTheme 的全局主题，则创建路径为...\Themes\RedTheme。

2）创建网站应用主题。当需要让主题对所有该站点的页面起作用时，就需要使用网站应用主题。通过设置站点中的配置文件 Web.config，可将主题应用于整个站点域。

Web.config 文件中的主题设置遵循常规的配置层次结构约定。在实际的开发中可以使用默认的根 Web.config 文件设置站点主题，或者按照页面为每个页面文件夹添加一个单独的 Web.config 文件。

如要对一部分页应用某主题，可以将这些页与它们自己的 Web.config 文件放在一个文件夹中，或者在根 Web.config 文件中创建一个<location>元素以指定文件夹，当需要使用<location>元素指定文件夹时，它的用法如下：

```
<configuration>
```

```
            <system.web>
            </system.web>
        <!--特定文件夹 test -->
        <location path="test">
            <system.web>
                <httpHandlers>
                    <add verb="*" path=" " type=" " />
                    <add verb="*" path=" " type=" " />
                </httpHandlers>
            </system.web>
        </location>
</configuration>
```

在应用程序配置文件 Web.config 中设置主题需要将<pages>元素设置为主题名称，如下面的 XML 所示：

```
<configuration>
    <system.web>
        <pages theme="ThemeName" />
    </system.web>
</configuration>
```

如果在项目中设置了应用程序主题和全局应用程序主题并同名，则页面主题优先。

要将主题设置为样式表主题并作为本地控件设置的从属设置，则需要使用 StyleSheetTheme 属性，其 XML 配置如下：

```
<configuration>
    <system.web>
        <pages StyleSheetTheme="Themename" />
    </system.web>
</configuration>
```

3）创建单页应用主题。主题的设置和创建不仅可以影响全局和站点样式，还可以通过设置为每个页面呈现单独的主题信息，该主题及其对应的样式和外观仅应用于声明它的单页。

对于普通页面和自定义用户控件页只需要在页面头声明需要呈现的主题信息即可。具体做法是将 Page 指令的 Theme 或 StyleSheetTheme 属性设置为要使用的主题的名称，如下面的声明所示：

```
<%@ Page Theme="ThemeName" %>
<%@ Page StyleSheetTheme="ThemeName" %>
```

4）为特定控件设置主题。在实际项目开发中通常可以利用前面介绍的做法来设置主题、统一风格。但有时候可能并不需要该样式应用于所有同类控件，这时就需要为特定的控件设置主题皮肤信息。

每个控制都包括主题皮肤属性 SkinID，在使用该方式时只要单独为控件指定该属性的样式名称即可。当控件并不需要通过主题皮肤功能呈现样式时，则可以去掉该属性。其声明方法如下：

```
<asp:Calendar runat="server" ID="Picker" SkinID="ThemeCalendar" />
```

11.3 皮肤文件和主题的使用

皮肤功能是配合主题功能使用的，皮肤文件是实现每个主题的关键。皮肤文件必须以.skin 作为文件后缀。

每个皮肤文件都必须包含在主题文件夹下，皮肤文件包含主题所应用的一个或多个控件外观。可以将 Skin 文件命名为任何名称，只要以扩展名 .skin 结尾即可。

皮肤文件的内容实质就是控件定义（如果这些定义出现在页面中）。一个外观文件可以包含多个控件定义，如每种控件类型可以包含一个定义。在主题中定义的控件属性自动重写应用了主题的目标页中同一类型控件的本地属性值。

在定义皮肤文件内容时，需要根据页面设置将使用的控件。每种类型的控件可以设置不同的样式，通过 SkinID 进行区别。如果没有使用 SkinID，则该样式在运行时将针对未设置属性 SkinID 的控件有效。

假如一个界面包括输入框控件 TextBox 和按钮控件，那么皮肤文件可以按照如下的格式编写：

```
<asp:TextBox
    BackColor="Red"
    ForeColor="Green"
    Runat="Server" />

<asp:Button
    BackColor="Orange"
    ForeColor="Green"
    Font-Bold="True"
    Runat="Server" />
```

在皮肤文件中声明的控件属性是有限的。通常，可以仅设置外观属性。例如，可以设置 TextBox 控件的 BackColor、ForeColor、Text 属性，但是不能在 Skin 文件中设置 TextBox 控件的 AutoPostBack 等属性。

下面结合实例讲述皮肤功能的实际运用。

1. 皮肤文件的使用

首先为演示实例在 App_Themes 中创建一个名称为 Demo1 的主题文件夹，并添加一个名称为 DemoSkin1.skin 的文件，如图 11-4 所示。

皮肤文件创建完成后需要创建一个普通窗体页，名称为 DemoTheme1.aspx。该窗体需要添加两个控件，一个是 TextBox，另一个是 Button。完成后如图 11-5 所示。

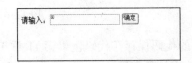

图 11-4　创建皮肤文件　　　　　　　　图 11-5　DemoTheme1 界面

创建完成后需要为皮肤文件 DemoSkin1.skin 编写控件样式，该皮肤文件只包括界面中已有的两种控件类型，其代码如下：

```
<asp:TextBox
```

```
        BackColor="black"
        ForeColor="white"
        Runat="Server" />

<asp:Button
        BackColor="red"
        ForeColor="DarkGreen"
        Font-Bold="True"
        Runat="Server" />
```

所有以上工作完成后，为窗体页声明主题信息即可。声明的方式主要是在页头编写如下代码。

```
<%@ Page Theme="Demo1" %>
```

其中的 Theme 表示该页的主题名称为 Demo1。窗体页 DemoTheme1.aspx 代码如下：

```
<%@ Page Language="C#" AutoEventWireup="true" CodeFile="DemoTheme1.aspx.cs" Inherits="DemoTheme1" Theme="Demo1"%>
<!DOCTYPE html PUBLIC "-//W3C//DTD XHTML 1.0 Transitional//EN" "http://www.w3.org/TR/xhtml1/DTD/xhtml1-transitional.dtd">
<html xmlns="http://www.w3.org/1999/xhtml" >
<head runat="server">
    <title>无标题页</title>
</head>
<body>
    <form id="form1" runat="server">
    <div>
        请输入：<asp:TextBox ID="TextBox1" runat="server"></asp:TextBox>
        <asp:Button ID="Button1" runat="server" Text="确定" /></div>
    </form>
</body>
</html>
```

运行窗体页 DemoTheme1.aspx 将按照主题 Demo1 的规定显示控件颜色等样式，如图 11-6 所示。

图 11-6　运行主题 Demo1

上面的代码保存在代码包"第 11 章 Theme\DemoTheme1.aspx"中。

2．外观的多态性

一个外观皮肤中能需要对同一类控件定义多个样式信息。这样同一个页面就可以对一种控件展现不同的样式。当使用外观的多态性设置控件样式时必须指定皮肤 ID 属性 SkinID，该 ID 属性必须是界面和皮肤文件中一一对应才能有效。如果界面控件没有指定属性 SkinID，则按照皮肤文件中的默认样式显示或者无样式。

ASP.NET 4.0 中的页面主题/皮肤 第11章

在下面的范例中，界面包括 3 个下拉控件 DropDownList，在运行时将显示不同的颜色、字体等样式。范例界面文件名称为 DemoTheme2.aspx，3 个下拉控件分别调用的皮肤 ID 属性 SkinID 为"RedDpList"、"BlackDpList"和"YellowDpList"。界面如图 11-7 所示。

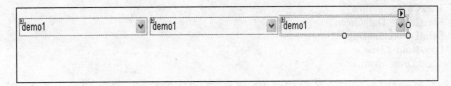

图 11-7　DemoTheme2.aspx 界面

范例 DemoTheme2.aspx 界面代码如下：

```
<%@ Page Language="C#" AutoEventWireup="true" CodeFile="DemoTheme2.aspx.cs" Inherits="DemoTheme2" Theme="Demo2"%>
<!DOCTYPE html PUBLIC "-//W3C//DTD XHTML 1.0 Transitional//EN" "http://www.w3.org/TR/xhtml1/DTD/xhtml1-transitional.dtd">
<html xmlns="http://www.w3.org/1999/xhtml" >
<head runat="server">
    <title>无标题页</title>
</head>
<body>
    <form id="form1" runat="server">
    <div>
        <asp:DropDownList ID="DropDownList1" runat="server" Width="203px" SkinID="RedDpList">
            <asp:ListItem>demo1</asp:ListItem>
            <asp:ListItem>demo2</asp:ListItem>
            <asp:ListItem>demo3</asp:ListItem>
        </asp:DropDownList>
        <asp:DropDownList ID="DropDownList2" runat="server" Width="203px" SkinID="BlackDpList">
            <asp:ListItem>demo1</asp:ListItem>
            <asp:ListItem>demo2</asp:ListItem>
            <asp:ListItem>demo3</asp:ListItem>
        </asp:DropDownList>
        <asp:DropDownList ID="DropDownList3" runat="server" Width="203px" SkinID="YellowDpList">
            <asp:ListItem>demo1</asp:ListItem>
            <asp:ListItem>demo2</asp:ListItem>
            <asp:ListItem>demo3</asp:ListItem>
        </asp:DropDownList></div>
    </form>
</body>
</html>
```

创建一个新的主题文件夹，名称为 Demo2。添加一个皮肤外观文件，名称为 DemoSkin2.skin。在该皮肤文件中主要针对界面中出现的多个下拉控件进行对应的样式编写，代码如下：

```
<asp:DropDownList  runat="server" Width="203px"
BackColor="red"
ForeColor="DarkGreen"
SkinID="RedDpList"
Font-Bold="True">
</asp:DropDownList>
<asp:DropDownList  runat="server" Width="203px"
BackColor="black"
```

243

```
                ForeColor="DarkGreen"
                SkinID="BlackDpList"
                Font-Bold="True">
            </asp:DropDownList>
            <asp:DropDownList    runat="server" Width="203px"
                BackColor="yellow"
                ForeColor="DarkGreen"
                SkinID="YellowDpList"
                Font-Bold="True">
            </asp:DropDownList>
```

范例在运行时将显示符合各自皮肤 ID 属性 SkinID 的样式。DemoTheme2.aspx 运行界面如图 11-8 所示。

图 11-8 多态外观

上面的代码保存在代码包"第 11 章\Theme\DemoTheme2.aspx"中。

3. 站点主题外观的应用

站点主题外观是一个大概念，在实际运用中包括主题定义和皮肤定义。在一个完整的站点解决方案中可能需要多套外观主题，供管理人员更换。在以往的技术中，特别是 ASP.NET 1.1 时代，要实现主题更换，往往需要为每个主题创建功能相同但样式不同的控件，并在更换时动态加载。在 ASP.NET 4.0 中结合前面一节介绍的内容，可以比较方便地在系统中实现多套主题的变更。

对于一个页面级别的主题应用，本节前面已经讲述过，从中可以看出该方式并不能满足站点整体风格的变换。如果要让站点的所有页都按照指定的主题加载统一的样式，就需要使用站点级主题功能。

做法和页面级主题并没有很大的不同，最主要的一步不是为每一个页声明主题而是为站点配置文件添加主题信息。

通过配置文件 Web.Config 将把主题应用于尚未在"页面"指令中指定主题的所有页面。同一应用程序可以包含用于指定主题的多个 Web.Config 文件。可以将不同的 Web 配置文件添加到不同的子文件夹中，每个 Web 配置文件都可以指定不同的主题。

配置文件 Web.Config 一般需要进行类似如下的 XML 声明：

```
<configuration>
    <system.web>
    <pages theme="Theme" />
    </system.web>
</configuration>
```

本环节的范例将通过修改配置文件 Web.Config 中主题的名称，改变整个站点的页面风格。

为范例创建 3 个窗体文件，名称分别是 DemoTheme3_1.aspx、DemoTheme3_2.aspx 和 DemoTheme3_3.aspx。为方便观看随着主题变换的页面的变化，3 个页都放置不同的控件。

窗体 DemoTheme3_1.aspx 放置文本输入框和按钮控件，其界面如图 11-9 所示。

在界面代码部分由于采用站点主题，所以不需要任何声明工作。窗体 DemoTheme3_1.aspx 代码如下：

```
<%@ Page Language="C#" AutoEventWireup="true" CodeFile="DemoTheme3_1.aspx.cs" Inherits="DemoTheme3_1" %>
<!DOCTYPE html PUBLIC "-//W3C//DTD XHTML 1.0 Transitional//EN" "http://www.w3.org/TR/xhtml1/DTD/xhtml1-transitional.dtd">

<html xmlns="http://www.w3.org/1999/xhtml" >
<head runat="server">
    <title>无标题页</title>
</head>
<body>
    <form id="form1" runat="server">
    <div>
        <asp:TextBox ID="TextBox1" runat="server"></asp:TextBox>
        <asp:Button ID="Button5" runat="server" Text="Button" /><br />
        <asp:TextBox ID="TextBox2" runat="server"></asp:TextBox>
        <asp:Button ID="Button1" runat="server" Text="Button" /><br />
        <asp:TextBox ID="TextBox5" runat="server"></asp:TextBox>
        <asp:Button ID="Button2" runat="server" Text="Button" /><br />
        <asp:TextBox ID="TextBox3" runat="server"></asp:TextBox>
        <asp:Button ID="Button3" runat="server" Text="Button" /><br />
        <asp:TextBox ID="TextBox4" runat="server" OnTextChanged="TextBox4_TextChanged"></asp:TextBox>
        <asp:Button ID="Button4" runat="server" Text="Button" /></div>
    </form>
</body>
</html>
```

窗体 DemoTheme3_2.aspx 放置了 4 个下拉控件 DropDownList 和 4 个按钮控件 Button，界面如图 11-10 所示。

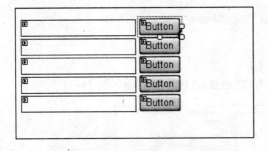

图 11-9 DemoTheme3_1 界面

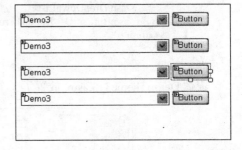

图 11-10 窗体 DemoTheme3_2 界面

窗体 DemoTheme3_2.aspx 界面代码如下：

```
<%@ Page Language="C#" AutoEventWireup="true" CodeFile="DemoTheme3_2.aspx.cs" Inherits="DemoTheme3_2" %>
<!DOCTYPE html PUBLIC "-//W3C//DTD XHTML 1.0 Transitional//EN" "http://www.w3.org/TR/
```

```
xhtml1/DTD/xhtml1-transitional.dtd">
    <html xmlns="http://www.w3.org/1999/xhtml" >
    <head runat="server">
        <title>无标题页</title>
    </head>
    <body>
        <form id="form1" runat="server">
        <div>
            <asp:DropDownList ID="DropDownList1" runat="server" Width="222px">
                <asp:ListItem>Demo3</asp:ListItem>
                <asp:ListItem>Demo3</asp:ListItem>
                <asp:ListItem>Demo3</asp:ListItem>
                <asp:ListItem>Demo3</asp:ListItem>
                <asp:ListItem>Demo3</asp:ListItem>
            </asp:DropDownList>
            <asp:Button ID="Button1" runat="server" Text="Button" /><br />
            <br />
            <asp:DropDownList ID="DropDownList2" runat="server" Width="222px">
                <asp:ListItem>Demo3</asp:ListItem>
                <asp:ListItem>Demo3</asp:ListItem>
                <asp:ListItem>Demo3</asp:ListItem>
                <asp:ListItem>Demo3</asp:ListItem>
                <asp:ListItem>Demo3</asp:ListItem>
            </asp:DropDownList>
            <asp:Button ID="Button2" runat="server" Text="Button" /><br />
            <br />
            <asp:DropDownList ID="DropDownList3" runat="server" Width="222px">
                <asp:ListItem>Demo3</asp:ListItem>
                <asp:ListItem>Demo3</asp:ListItem>
                <asp:ListItem>Demo3</asp:ListItem>
                <asp:ListItem>Demo3</asp:ListItem>
                <asp:ListItem>Demo3</asp:ListItem>
            </asp:DropDownList>
            <asp:Button ID="Button3" runat="server" Text="Button" /><br />
            <br />
            <asp:DropDownList ID="DropDownList4" runat="server" Width="222px">
                <asp:ListItem>Demo3</asp:ListItem>
                <asp:ListItem>Demo3</asp:ListItem>
                <asp:ListItem>Demo3</asp:ListItem>
                <asp:ListItem>Demo3</asp:ListItem>
            </asp:DropDownList>
            <asp:Button ID="Button4" runat="server" Text="Button" /></div>
        </form>
    </body>
    </html>
```

窗体 DemoTheme3_3.aspx 放置了 3 个复选控件 CheckBoxList，其界面如图 11-11 所示。

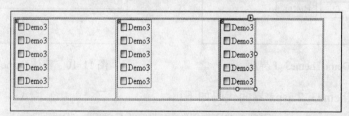

图 11-11　窗体 DemoTheme3_3 界面

窗体 DemoTheme3_3.aspx 界面代码如下：

```
<%@ Page Language="C#" AutoEventWireup="true" CodeFile="DemoTheme3_3.aspx.cs" Inherits="DemoTheme3_3" %>
<!DOCTYPE html PUBLIC "-//W3C//DTD XHTML 1.0 Transitional//EN" "http://www.w3.org/TR/xhtml1/DTD/xhtml1-transitional.dtd">
<html xmlns="http://www.w3.org/1999/xhtml" >
<head runat="server">
    <title>无标题页</title>
</head>
<body>
    <form id="form1" runat="server">
    <div>
        <table style="width: 645px">
            <tr>
                <td rowspan="3">
                    <asp:CheckBoxList ID="CheckBoxList2" runat="server">
                        <asp:ListItem>Demo3</asp:ListItem>
                        <asp:ListItem>Demo3</asp:ListItem>
                        <asp:ListItem>Demo3</asp:ListItem>
                        <asp:ListItem>Demo3</asp:ListItem>
                        <asp:ListItem>Demo3</asp:ListItem>
                    </asp:CheckBoxList></td>
                <td rowspan="3">
                    <asp:CheckBoxList ID="CheckBoxList1" runat="server">
                        <asp:ListItem>Demo3</asp:ListItem>
                        <asp:ListItem>Demo3</asp:ListItem>
                        <asp:ListItem>Demo3</asp:ListItem>
                        <asp:ListItem>Demo3</asp:ListItem>
                        <asp:ListItem>Demo3</asp:ListItem>
                    </asp:CheckBoxList></td>
                <td rowspan="3">
                    <asp:CheckBoxList ID="CheckBoxList3" runat="server">
                        <asp:ListItem>Demo3</asp:ListItem>
                        <asp:ListItem>Demo3</asp:ListItem>
                        <asp:ListItem>Demo3</asp:ListItem>
                        <asp:ListItem>Demo3</asp:ListItem>
                        <asp:ListItem>Demo3</asp:ListItem>
                    </asp:CheckBoxList></td>
        </table>
    </div>
    </form>
</body>
</html>
```

窗体文件创建后，需要再创建可提供主题变更的主题外观，范例中将创建 3 个主题，名称分别是 Demo3_1、Demo3_2 和 Demo3_3。每个主题文件夹下再分别创建一个皮肤外观文件，名称为 DemoSkin1.skin。具体创建方法可以参考本节前面部分的介绍。

3 个主题的皮肤外观文件 DemoSkin1.skin 中都需要定义整个站点中需要变换样式的控件属性。在本范例中没有为控件设置皮肤 ID 属性 SkinID，所以系统在运行时将为所有同类控件加载所属默认样式，否则将按照 SkinID 的对应原则加载。

主题 Demo3_1 的 DemoSkin1.skin 定义如下：

```
<asp:TextBox
    BackColor="black"
    ForeColor="white"
    Runat="Server" />

<asp:Button
    BackColor="red"
    ForeColor="DarkGreen"
    Font-Bold="True"
    Runat="Server" />

<asp:DropDownList    runat="server" Width="203px"
BackColor="yellow"
ForeColor="DarkGreen"
Font-Bold="True">
</asp:DropDownList>

<asp:CheckBoxList    runat="server"
BackColor="yellow"
ForeColor="DarkGreen"
Font-Bold="True">
</CheckBoxList>
```

主题 Demo3_2 的 DemoSkin1.skin 定义如下：

```
<asp:TextBox
    BackColor="Blue"
    ForeColor="white"
    Runat="Server" />

<asp:Button
    BackColor="red"
    ForeColor="DarkGreen"
    Font-Bold="True"
    Runat="Server" />

<asp:DropDownList    runat="server" Width="203px"
BackColor="white"
ForeColor="DarkGreen"
Font-Bold="True">
</asp:DropDownList>

<asp:CheckBoxList    runat="server"
BackColor="Black"
ForeColor="DarkGreen"
Font-Bold="True">
</CheckBoxList>
```

主题 Demo3_3 的 DemoSkin1.skin 定义如下：

```
<asp:TextBox
    BackColor="Green"
    ForeColor="white"
    Runat="Server" />

<asp:Button
    BackColor="red"
```

```
            ForeColor="DarkGreen"
            Font-Bold="True"
            Runat="Server" />

        <asp:DropDownList   runat="server" Width="203px"
        BackColor="white"
        ForeColor="DarkGreen"
        Font-Bold="True">
        </asp:DropDownList>

        <asp:CheckBoxList   runat="server"
        BackColor="Blue"
        ForeColor="DarkGreen"
        Font-Bold="True">
        </CheckBoxList>
```

所有上述工作完成后，需要在范例中的配置文件 Web.Config 中添加声明站点主题的节点。配置代码如下：

```
        <?xml version="1.0"?>
        <configuration>
            <appSettings/>
            <connectionStrings/>
            <system.web>
            <pages theme="Demo3_1"/>
                <compilation debug="true"/>
                <authentication mode="Windows"/>
            </system.web>
        </configuration>
```

其中<pages theme="Demo3_1"/>中的主题名称 Demo3_1 可以在已有的主题名称间变换，以此来达到变更站点页面主题外观效果的作用。

分别运行 3 个范例页 DemoTheme3_1.aspx、DemoTheme3_2.aspx 和 DemoTheme3_3.aspx，并改变主题名称为 Demo3_1、Demo3_2 和 Demo3_3，可以发现每启用一个主题，所有页的外观样式都发生了变化。其中部分范例页的运行效果如图 11-12、图 11-13、图 11-14 所示。

图 11-12　窗体页 DemoTheme3_1.aspx

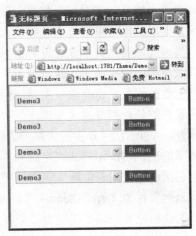

图 11-13　窗体页 DemoTheme3_2.aspx

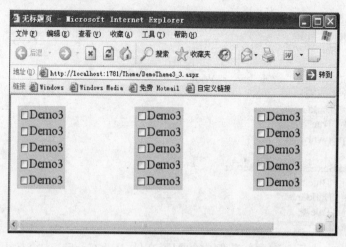

图 11-14　窗体页 DemoTheme3_3.aspx

上面的代码保存在代码包"第 11 章\Theme\DemoTheme3_1.aspx、DemoTheme3_2.aspx、DemoTheme3_3.aspx"中。

11.4　使用样式表主题

样式表主题的功能和使用方法与一般主题基本是一样的，样式表主题被单独提出来作为一个技术还需要从使用范围上讨论。一般的主题外观功能可以允许开发人员为界面控件指定皮肤 ID 属性 SkinID，也可以不指定。按照默认形式，系统会把所有定义的预装载皮肤外观呈现给对应控件，这无法满足所有的情况。

StyleSheetTheme 的工作方式与级联样式表（css）更为相似。可以用指定给个别 HTML 标记的样式规则替代级联样式表规则，使用相同的方式也可以将 StyleSheetTheme 属性设置换成个别控件的属性设置。

样式表主题从功能上可以弥补一些普通主题形式的不足，比如界面可以通过主题控制大部分控件，但少数控件样式需要允许单独通过界面修改。如果不启用样式表主题而按照通常的做法修改界面控件属性，将出现无效的情况。这是由于主题应用于页面时，主题中所设置的任何控件属性都优先于页面中所设置的任何属性。ASP.NET 4.0 主题属性和界面属性的处理优先级别如图 11-15 所示。

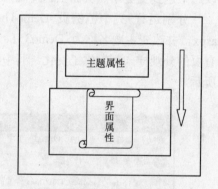

图 11-15　属性处理优先级别

本节的范例将演示样式表主题和界面样式如何共存，并进行实际的合并呈现。在实例中界面将包括使用样式表主题呈现的外观，也有通过界面设置颜色的复选控件 CheckBoxList。创建的范例名称为 DemoTheme4_1.aspx，按照布局，左边和中间部分的控件根据样式表主题呈现，右边根据界面调整属性设置呈现，如图 11-16 所示。

ASP.NET 4.0 中的页面主题/皮肤　第11章

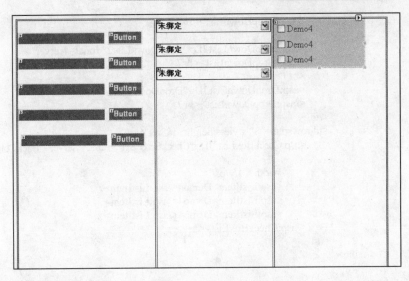

图 11-16　样式表主题

为演示效果，在界面中需要设置 CheckBoxList 的颜色为浅紫色，默认将按照皮肤中深蓝色呈现。为界面声明样式表主题时并不是使用原来的 theme，而改用 StylesheetTheme，使用的主题名称为 "Demo4_1"，界面代码如下：

```
<%@ Page Language="C#" AutoEventWireup="true" CodeFile="DemoTheme4_1.aspx.cs" Inherits="DemoTheme4_1"  StylesheetTheme="Demo4_1"%>
<!DOCTYPE html PUBLIC "-//W3C//DTD XHTML 1.0 Transitional//EN" "http://www.w3.org/ TR/xhtml1/DTD/xhtml1-transitional.dtd">
<html xmlns="http://www.w3.org/1999/xhtml" >
<head runat="server">
<title>无标题页</title>
</head>
<body>
    <form id="form1" runat="server">
    <div>
        <table style="width: 658px; height: 391px">
            <tr> <td rowspan="3" style="width: 241px; height: 188px">
                <asp:TextBox ID="TextBox1" runat="server"></asp:TextBox>
                <asp:Button ID="Button1" runat="server" Text="Button" /><br />
                <br />
                <asp:TextBox ID="TextBox5" runat="server"></asp:TextBox>
                <asp:Button ID="Button5" runat="server" Text="Button" /><br />
                <br />
                <asp:TextBox ID="TextBox2" runat="server" OnTextChanged="TextBox2_ TextChanged"></asp:TextBox>
                <asp:Button ID="Button2" runat="server" Text="Button" /><br />
                <br />
                <asp:TextBox ID="TextBox3" runat="server"></asp:TextBox>
                <asp:Button ID="Button3" runat="server" Text="Button" /><br />
                <br />
                 <asp:TextBox ID="TextBox4" runat="server"  OnTextChanged="TextBox4_ TextChanged"></asp:TextBox>
                <asp:Button ID="Button4" runat="server" Text="Button" /><br />
            </td>
            <td rowspan="3" style="width: 94px; height: 188px">
                <asp:DropDownList ID="DropDownList1" runat="server">
```

```
            </asp:DropDownList><br />
            <br />
            <asp:DropDownList ID="DropDownList2" runat="server">
            </asp:DropDownList><br />
            <br />
            <asp:DropDownList ID="DropDownList3" runat="server">
            </asp:DropDownList><br />
        </td>
        <td rowspan="3" style="height: 188px">
            <asp:CheckBoxList ID="CheckBoxList1" runat="server" BackColor="#C0C0FF" Height="81px"
                Width="159px">
                <asp:ListItem>Demo4</asp:ListItem>
                <asp:ListItem>Demo4</asp:ListItem>
                <asp:ListItem>Demo4</asp:ListItem>
            </asp:CheckBoxList><br />
        </td>
    </table>
    </div>
    </form>
</body>
</html>
```

样式表主题使用的主题为 Demo4_1，其中皮肤外观文件为 DemoSkin1.skin。该文件中定义了界面中使用到的几个控件的样式属性，定义如下：

```
<asp:TextBox
    BackColor="Green"
    ForeColor="white"
    Runat="Server" />

<asp:Button
    BackColor="red"
    ForeColor="DarkGreen"
    Font-Bold="True"
    Runat="Server" />

<asp:DropDownList   runat="server" Width="203px"
BackColor="white"
ForeColor="DarkGreen"
Font-Bold="True">
</asp:DropDownList>

<asp:CheckBoxList   runat="server"
 BackColor="Blue"
ForeColor="DarkGreen"
 />
```

上面的代码保存在代码包"第 11 章\Theme\DemoTheme4_1.aspx"中。

在运行该范例界面时会发现界面中单独设置的控件样式生效了。在实际开发中该方法不一定是唯一的解决方法，但综合使用普通主题和样式表主题能收到更好的效果。

11.5 资源与主题

主题中可以包括图像、文件等多种资源。不论是页面主题、站点主题还是全局主题都是

第11章 ASP.NET 4.0中的页面主题/皮肤

如此。在实际的项目开发中免不了要在控件中显示一些图像信息，如何避免重复设置样式并提供完整的主题更换效果是本节要介绍的内容。

当需要控件重复显示某些数据并伴有图片信息（如 DataList、TreeView 或 Repeat 控件）时，在主题中添加图像将是非常灵活的方案。

在范例中将通过主题功能为 TreeView 控件声明图片信息并呈现出来。在范例 DemoTheme5_1.aspx 中需要添加一个树控件 TreeView 并添加几个节点和子节点，界面如图 11-17 所示。

在界面代码中需要声明主题信息，名称为"Demo5_1"。界面代码如下：

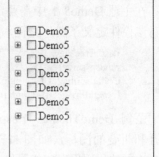

图 11-17 DemoTheme5_1 设计界面

```
<%@ Page Language="C#" AutoEventWireup="true" CodeFile="DemoTheme5_1.aspx.cs" Inherits="DemoTheme5_1" Theme="Demo5_1" %>
<!DOCTYPE html PUBLIC "-//W3C//DTD XHTML 1.0 Transitional//EN" "http://www.w3.org/TR/xhtml1/DTD/xhtml1-transitional.dtd">
<html xmlns="http://www.w3.org/1999/xhtml" >
<head runat="server">
    <title>无标题页</title>
</head>
<body>
    <form id="form1" runat="server">
    <div>
        <asp:TreeView ID="TreeView1" runat="server" ExpandDepth="0" Height="241px" Width="212px">
            <Nodes>
                <asp:TreeNode Text="Demo5" Value="Demo5" ShowCheckBox="True">
                    <asp:TreeNode Text="Demo5" Value="Demo5">
                        <asp:TreeNode Text="新建节点" Value="新建节点"></asp:TreeNode>
                    </asp:TreeNode>
                </asp:TreeNode>
                <asp:TreeNode Text="Demo5" Value="Demo5" ShowCheckBox="True">
                    <asp:TreeNode Text="Demo5" Value="Demo5"></asp:TreeNode>
                </asp:TreeNode>
                <asp:TreeNode Text="Demo5" Value="Demo5" ShowCheckBox="True">
                    <asp:TreeNode Text="新建节点" Value="新建节点"></asp:TreeNode>
                </asp:TreeNode>
                <asp:TreeNode Text="Demo5" Value="Demo5" ShowCheckBox="True">
                    <asp:TreeNode Text="新建节点" Value="新建节点"></asp:TreeNode>
                </asp:TreeNode>
                <asp:TreeNode Text="Demo5" Value="Demo5" ShowCheckBox="True">
                    <asp:TreeNode Text="新建节点" Value="新建节点"></asp:TreeNode>
                </asp:TreeNode>
                <asp:TreeNode Text="Demo5" Value="Demo5" ShowCheckBox="True">
                    <asp:TreeNode Text="新建节点" Value="新建节点"></asp:TreeNode>
                </asp:TreeNode>
                <asp:TreeNode Text="Demo5" Value="Demo5" ShowCheckBox="True">
                    <asp:TreeNode Text="新建节点" Value="新建节点"></asp:TreeNode>
                </asp:TreeNode>
            </Nodes>
        </asp:TreeView>
    </div>
    </form>
```

```
</body>
</html>
```

在主题 Demo5_1 中需要定义树控件 TreeView 的属性，在皮肤外观文件 DemoSkin1.skin 中对该控件定义了图片路径，声明如下：

```
<asp:TreeView
runat="server"
CollapseImageUrl="folder.gif"
ExpandImageUrl="folderopen.gif"/>
```

范例 DemoTheme5_1.aspx 在运行时将为每个节点添加展开和折叠的图标，如图 11-18 所示。

上面的代码保存在代码包"第 11 章\Theme\DemoTheme5_1.aspx"中。

图 11-18　带图片的外观

11.6　动态加载页面主题

动态加载页面主题可以理解为用户的一种交互行为。动态加载将提供用户自行修改页面呈现所需要的主题样式。该功能极大地提高了用户自定义自己界面的能力，改善了系统的友善程度。

在实际实现过程中需要通过修改 Page 对象的 theme 属性值，ASP.NET 处理程序可以在运行时修改页面使用的主题。可以将任何已有主题的名称指派给此属性。Page 对象的 theme 属性值只能在预初始化事件 Page PreInit 触发过程中或发生之前设置。

在下面的范例中，将在界面设置一些常用控件，并提供一个可以选择主题的下拉控件。页面名称为 DemoTheme6_1.aspx，界面设计如图 11-19 所示。

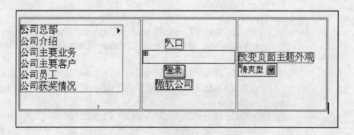

图 11-19　动态加载外观

界面中用到下拉控件 DropDownList，需要设置它的两个值分别为主题的名称，并把自动回发设置为 True。

界面 DemoTheme6_1.aspx 代码如下：

```
<%@ Page Language="C#" AutoEventWireup="true" CodeFile="DemoTheme6_1.aspx.cs" Inherits="DemoTheme7" %>
<!DOCTYPE html PUBLIC "-//W3C//DTD XHTML 1.0 Transitional//EN" "http://www.w3.org/TR/xhtml1/DTD/xhtml1-transitional.dtd">
<html xmlns="http://www.w3.org/1999/xhtml" >
<head runat="server">
    <title>无标题页</title>
```

```
            </head>
            <body>
                <form id="form1" runat="server">
                    <div>
                        <table style="width: 522px; height: 109px">
                            <tr>
                                <td rowspan="3" style="height: 146px; text-align: justify; width: 204px;">
                                    <asp:Menu ID="Menu1" runat="server" Width="175px">
                                        <Items>
                                            <asp:MenuItem Text="公司总部" Value="公司总部">
                                                <asp:MenuItem Text="总裁" Value="总裁"></asp:MenuItem>
                                            </asp:MenuItem>
                                            <asp:MenuItem Text=" 公 司 介 绍 " Value=" 公 司 介 绍 "></asp:MenuItem>
                                            <asp:MenuItem Text="公司主要业务" Value="公司主要业务"></asp:MenuItem>
                                            <asp:MenuItem Text="公司主要客户" Value="公司主要客户"></asp:MenuItem>
                                            <asp:MenuItem Text=" 公 司 员 工 " Value=" 公 司 员 工 "></asp:MenuItem>
                                            <asp:MenuItem Text="公司获奖情况" Value="公司获奖情况"></asp:MenuItem>
                                        </Items>
                                    </asp:Menu>
                                </td>
                                <td rowspan="3" style="height: 146px; text-align: center; width: 108px;">
                                    <asp:Label ID="Label1" runat="server" Text="入口"></asp:Label>
                                    <asp:TextBox ID="TextBox1" runat="server"></asp:TextBox>
                                    <asp:Button ID="Button1" runat="server" Text="登录" />
                                    <br />
                                    <asp:LinkButton ID="LinkButton1" runat="server" PostBackUrl="">微软公司</asp:LinkButton></td>
                                <td rowspan="3" style="height: 146px; text-align: left;">
                                    <asp:Label ID="Label2" runat="server" Text="改变页面主题外观"></asp:Label>
                                    <asp:DropDownList ID="DropDownList1" runat="server" AutoPostBack="True">
                                        <asp:ListItem Value="Demo6_1" Selected=True>清爽型</asp:ListItem>
                                        <asp:ListItem Value="Demo6_2">严肃型</asp:ListItem>
                                    </asp:DropDownList></td>
                            </tr>
                            <tr>
                            </tr>
                            <tr>
                            </tr>
                        </table>
                    </div>
                </form>
            </body>
        </html>
```

为实现范例中的动态加载主题，需要两个主题，名称分别为 Demo6_1 和 Demo6_2。它们都拥有皮肤外观文件 DemoSkin1.skin。皮肤外观文件中对于各自主题定义的控件颜色等属性是不同的。

主题 Demo6_1 的皮肤外观文件 DemoSkin1.skin 的定义内容如下：

```
        <asp:Menu
```

```
        runat="server"
        Width="175px"
     BackColor="white"
     ForeColor="DarkGreen"
     />
      <asp:TextBox
         BackColor="Green"
         ForeColor="white"
         Runat="Server" />

     <asp:Button
         BackColor="red"
         ForeColor="DarkGreen"
         Font-Bold="True"
         Runat="Server" />

     <asp:DropDownList
     runat="server" Width="203px"
     BackColor="white"
     ForeColor="DarkGreen"
     Font-Bold="True">
     </asp:DropDownList>

     <asp:CheckBoxList   runat="server"
      BackColor="Blue"
     ForeColor="DarkGreen"
     />
     <asp:Label
     runat="server"
     BackColor="white"
     ForeColor="DarkGreen"
     Font-Bold="True"/>

     <asp:LinkButton
       runat="server"
     BackColor="white"
     ForeColor="DarkGreen"
      />
```

主题 Demo6_1 的皮肤外观文件 DemoSkin1.skin 的定义内容如下：

```
     <asp:Menu
       runat="server"
       Width="175px"
       BackColor="Black"
     ForeColor="DarkGreen"
     />
      <asp:TextBox
         BackColor="white"
         ForeColor="Black"
         Runat="Server" />

     <asp:Button
         BackColor="White"
         ForeColor="DarkGreen"
         Font-Bold="True"
         Runat="Server" />

     <asp:DropDownList
```

ASP.NET 4.0 中的页面主题/皮肤 第11章

```
         runat="server" Width="203px"
         BackColor="white"
         ForeColor="DarkGreen"
         Font-Bold="True">
         </asp:DropDownList>

         <asp:CheckBoxList    runat="server"
          BackColor="White"
         ForeColor="DarkGreen"
         />
         <asp:Label
         runat="server"
         BackColor="white"
         ForeColor="DarkGreen"
         Font-Bold="True"/>

         <asp:LinkButton
         runat="server"
         BackColor="white"
         ForeColor="DarkGreen"
          />
```

关于创建外观和皮肤文件的方法可以参考 11.1.2 和 11.3 节。

上述创建和设置完成后就要为动态加载功能编写相关代码了。根据主题加载原则，需要为页面添加预初始化事件 Page_PreInit。在该事件中需要为页面指定当前主题名称，由于 Page_PreInit 事件在页面执行之前，因此无法获取 DropDownList 控件的数据，所以范例中使用 Request 请求对象。

预初始化事件 Page_PreInit 代码如下：

```
void Page_PreInit(object sender, EventArgs e)
{
    Page.Theme = Request["DropDownList1"];
}
```

通过运行该范例页 DemoTheme6_1.aspx，可以发现当选择下拉列表中的主题信息后页面的外观样式也随之改变，如图 11-20 和图 11-21 所示。

上面的代码保存在代码包"第 11 章\Theme\DemoTheme6_1.aspx"中。

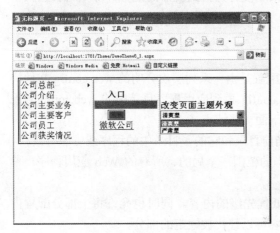
图 11-20 "清爽"型主题界面

图 11-21 "严肃"型主题界面

第12章 ASP.NET 4.0 配置详解

前面讲解了大量 ASP.NET 的相关知识。在许多示例中，都或多或少地对 web.config 文件的配置进行了增加、删除或者改动。这些对 web.config 配置文件的改动过程涉及许多部分，读者可能觉得 web.config 的配置比较复杂。实际上，ASP.NET 4.0 中的配置文件非常强大，也非常有条理，读者只要掌握了规律就不会无所适从。本章就对 ASP.NET 的配置框架进行详细的解析。

12.1 ASP.NET 配置的基本结构

12.1.1 .NET 应用程序的配置体系

所有的.NET 应用程序都会默认继承一个全局的配置，这个全局配置存放在"系统根目录\Microsoft.NET\Framework\v4.0\CONFIG\Machine.config"中。所以在当前计算机中运行的相关程序都默认地继承 Machine.config 中的配置。

.NET 应用程序，包括控制台程序和 Windows 程序，都使用"应用程序名.config"的配置文件。这个配置文件中的配置将会替代相应的 Machine.config 的配置。类似地，ASP.NET 应用程序使用 weh.config 配置文件来进行配置。

ASP.NET 应用程序使用的 web.config 配置文件也有一个全局版本，它存放在与 Machine.config 相同的目录中。这个全局的 web.config 会继承 machine.config 的所有配置，它包含的配置将默认应用到所有的 ASP.NET 应用程序，之后只需要在 ASP.NET 应用程序的路径下添加一个 web.config 文件，就可以对应用程序进行程序级的配置了。一个 ASP.NET 应用程序在查找配置项时，会首先查找当前路径的 web.config 是否存在所需的配置，然后查找上一级目录，直到 Web 服务器的根目录，如果还没有查找到所需的配置，那么就会查找全局 web.config 和 machine.config 配置文件。

12.1.2 ASP.NET 配置结构

由上面的叙述可知，ASP.NET 应用程序的配置是由一系列层次分明的 web.config 文件构成的。自全局 web.config 到 IIS 根目录的 web.config 再到应用程序目录中的 web.config，配置的优先级逐渐升高。这样的层次型的配置有下面一些特点：

1）当前目录中的 web.config 配置文件对当前目录和它的子目录中的程序或资源有效。

2）允许将 web.config 中的配置应用到恰当的范围：全局的、所有的 Web 应用程序、单独的应用程序或者应用程序的某个子目录。

3）高优先级的配置将在应用程序中替代低优先级的内容。同时也允许将一部分配置内容锁定，这意味着没有其他的配置文件中的内容可以替代被锁定的部分。

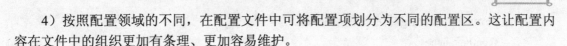

4)按照配置领域的不同,在配置文件中可将配置项划分为不同的配置区。这让配置内容在文件中的组织更加有条理、更加容易维护。

12.1.3　.NET 配置文件基本结构

现在介绍一个.NET 配置文件包含哪些大的部分。有些部分是必须包含的,另外一部分则可以根据需要进行增删。下面就是一个 web.config 或者 machine.config 的基本结构:

```
<configuration>
    <startup>…</startup>
    <assemblyBinding>…</assemblyBinding>
    <runtime>…</runtime>
    <system.runtime.remoting>…</system.runtime.remoting>
    <system.net>…</system.net>
    <mscorlib>…</mscorlib>
    <configSections>…</configSections>
    <system.diagnostics>…</system.diagnostics>
    <location>
      <system.web>
      …
      </system.web>
    </location>
</configuration>
```

上面就是一个 Machine.config 或者 web.config 可以包含的所有配置节,<configuration/>是每个配置文件必须有的根节点,每个配置节下面还有非常多的配置项。

对于 ASP.NET 应用程序来说,最重要的两个配置节是<configSections/>和<system.web/>。

12.1.4　配置区域和配置组

前面提到了.NET 按配置领域的不同,把配置项分为不同的区域。这里说到的配置区域(configSection)是专门为添加自定义配置内容而设置的区域。<configSections>配置节的结构如下:

```
<configuration>
    <configSections>
        <clear>
        <remove>
        <section>
        <sectionGroup>
            <section>
    <appSettings>
    <Custom element for configuration section>
    <Custom element for configuration section>
        <add>
        <remove>
        <clear>
```

<clear>节点用来清除所有在此之前定义的配置节,如果使用了这个选项,所有在此之前定义的<section>节点将被清除。这意味着所有之前定义的<section>在使用这个配置文件的应用程序中无效。与<clear>节点不分青红皂白将所有之前定义的<section>全部清除有所不同的是,<Remove>节点仅移除指定的<section>节点或者<sectionGroup>节点。例如下面所示的一

段代码是在 machine.config 中定义的<section>:

```
<configuration>
  <configSections>
    <section name="mySection"
             type="System.Configuration.SingleTagSectionHandler" />
  </configSections>
  <sampleSection setting1="a" setting2="b" setting3="c " />
</configuration>
```

下面的这段配置内容则出现在应用程序的 web.config 中，使用<remove>节点删除了 mySection 的定义：

```
<configuration>
  <configSections>
    <remove name="mySection"/>
  </configSections>
</configuration>
```

在<configSections>节点中，最重要的无疑是<section>节点和<sectionGroup>节点，machine.config 和 web.config 配置文件中定义了大量的<section>和<sectionGroup>节点供上层的应用程序使用。machine.config 文件中有超过一半的地方是关于<section>和<sectionGroup>节点的定义，下面是 machine.config 配置文件的一小段：

```
<configuration>
  <configSections>
    <section name="appSettings" type="System.Configuration.AppSettingsSection, System.Configuration, Version=4.0.0.0, Culture=neutral, PublicKeyToken=b03f5f7f11d50a3a" restartOnExternalChanges="false" requirePermission="false" />
    <sectionGroup name="system.runtime.serialization"
         type="System.Runtime.Serialization.Configuration.SerializationSectionGroup, System.Runtime.Serialization, Version=3.0.0.0, Culture=neutral, PublicKeyToken=b77a5c561934e089">
      <section name="dataContractSerializer"
               type="System.Runtime.Serialization.Configuration.DataContractSerializerSection, System.Runtime.Serialization, Version=3.0.0.0, Culture=neutral, PublicKeyToken=b77a5c561934e089" />
    </sectionGroup>
```

<configSections>在 MSDN 中被定义为包含配置区域和命名空间声明的节点。<section>节点包含了配置区域的声明，它的语法如下：

```
<section
    name="配置区域名"
    type="程序集类型"
    allowDefinition="Everywhere|MachineOnly|MachineToApplication"
    allowLocation="true|false" />
```

其中，name 和 type 属性为必需的属性，allowDefinition 和 allowLocation 属性只有 ASP.NET 应用程序能够使用。allowDefinition 属性可能的值为：

- EveryWhere：表示这个配置节可以在所有的配置文件中使用。
- MachineOnly：表示只能在 Machine.config 中使用。有这个属性的<section>节点所定义的配置区域只能在 Machine.config 中使用。
- MachineToApplication：不是在 Machine.config 中使用就是在 web.config 中使用。

通过添加 section 配置节可以使应用程序能够识别和访问新增加的配置区域名所代表的配置区域。例如，在上面 machine.config 的示例部分，<section>节点添加了 appSettings 节点，这样在其他配置文件中，以及 machine.config 的其他部分，就可以使用<appSettings>节点了。

<sectionGroup>节点可以包含一组<section>配置节，并且声明了一个标签用来包含这些通过<section>配置节声明的自定义配置区域。如下所示：

```
<configuration>
    <configSections>
        <sectionGroup name="mySectionGroup">
            <section name="mySection"
                type="System.Configuration.NameValueSectionHandler,System" />
        </sectionGroup>
    </configSections>
    <mySectionGroup>
        <mySection>
            <add key="key1" value="value1" />
        </mySection>
    </mySectionGroup>
</configuration>
```

12.1.5　添加自定义的配置节

在上面的一些例子中，已经提到了如何定义<section>和<sectionGroup>节点，不过对于在定义这两个节点的过程中 type 属性指定的类，读者可能还比较迷惑。本小节就对 type 所指定的类与定义的 section 之间的关系进行说明。

在<section>和<sectionGroup>配置区域定义中，type 属性可以使用的值有 3 个，它们分别是：System.Configuration.SingleTagSectionHandler、System.Configuration.DictionarySectionHandler,System 和 System.Configuration.NameValueSectionHandler,System。

1）使用 SingleTagSectionHandler 为 type 属性的值得到<section>定义如下：

```
<configSections>
    <section name="mySection" type=" System.Configuration.SingleTagSectionHandler"/>
</configSections>
```

然后可以使用 mySection 配置节，使用<mySection>节点的语法如下：

```
<mySection key1="value1" key2="value2" key3="value3"/>
```

<mySection>节点中可以带数量不限的属性和值的组合。

2）使用 DictionarySectionHandler 和 NameValueSectionHandler：NameValueSectionHandler 和 DictionarySectionHandler 的使用几乎没什么差别。还是来看一个例子：

```
configuration>
    <configSections>
        <section name="dictSection"
            type="System.Configuration.DictionarySectionHandler,System"/>
        <sectionGroup name="mySectionGroup">
            <section name="nameSection"
                type="System.Configuration.NameValueSectionHandler,System" />
        </sectionGroup>
    </configSections>
    <dictSection>
        <add key="keyname" value="keyValue"/>
    </ dictSection >
    <mySectionGroup>
```

```
        <nameSection>
            <add key="keyname" value="keyvalue" />
        </nameSection>
    </mySectionGroup>
</configuration>
```

在上面这个例子中，分别使用 DictionarySectionHandler 类和 NameValueSectionHandler 类定义了 dictSection 和 nameSection 这两个配置区域，它们的使用方式相同，都是在配置区起始标签与结束标签之间使用<add key="keyname" value="keyvalue"/>的形式添加自定义信息。.NET 应用程序中常见的<appSettings>配置节点就是一个例子。下列代码就是一个使用<appSettings>配置节点进行配置的典型例子：

```
<appSettings>
    <add key="MSCOM/Reachout/ConfigFilePath" value="MSCOM.Config" />
    <add key="MSCOM/Reachout2/ConfigEnvironment" value="MSCOMTest" />
    <add key="MSCOM/Communities/3.0/ConfigFilePath"
        value="D:\api\CMTYAPI\config\CMTYAPI300.MSCOM.config" />
</appSettings>
```

12.1.6 使用 location 节点和 path 属性

<location>配置节为某个路径的资源指定了某种配置内容。<location></location>标签内部可以指定上面提到的那些配置节点。<location>节点使用 path 属性来指定要配置的资源。在<location>节点内部的配置内容仅对 path 属性指定的资源有效。下面的例子限制了 default.aspx 页面仅允许角色为 "user" 的用户进行访问：

```
<location path="default.aspx">
    <system.web>
        <authorization>
            <allow roles="User"/>
            <deny roles="?"/>
        </authorization>
    </system.web>
</location>
```

再看一个例子，这个例子示例了如何为 "fileupload.aspx" 页面配置一个文件大小的限制，如下所示：

```
<configuration>
    <location path="FileUpload.aspx">
        <httpRuntime maxRequestLength="4096"/>
    </location>
</configuration>
```

<httpRuntime maxRequestLength="4096"/>规定了客户端请求的最大尺寸为 4096，这里的单位是 KB，也就是 4MB。

<location>节点还有一个作用，即使用 allowOverride 属性可以锁定配置。如下所示：

```
<configuration>
    <location path="myWebSite" allowOverride="false">…</location>
</configuration>
```

这样，下一级的配置文件就不能覆盖 location 标签内部的内容了。如果设置为 true，就使<location>标签内部的配置内容可以被 myWebSite 虚拟目录中的 web.config 配置覆盖。

12.1.7 ASP.NET 常用配置节点

除了.NET 应用程序通用的配置区域，ASP.NET 的 web.config 配置文件中还包含了 ASP.NET 程序运行所需的必要的配置内容。与 ASP.NET 相关的配置节点都在<system.web>节点下。

下面显示了所有<system.web></system.web>标签内可能的配置节点：

```
<system.web>
<authentication>
    <forms>
        <credentials></credentials>
</forms>
        <passport>
</authentication>
    <authorization>
        <allow>
        <deny>
</authorization>
        <browserCaps>
            <result>
            <use>
            <filter>
            <case>
</browserCaps>
        <clientTarget>
            <add>
            <remove>
            <clear>
</clientTarget>
        <compilation>
            <compilers>
                <compiler>
</compilers>
        <assemblies>
            <add>
            <remove>
            <clear>
</assemblies>
        <customErrors/>
        <globalization></globalization>
        <httpHandlers>
<add>
            <remove>
            <clear>
</httpHandlers>
        <httpModules>
            <add>
            <remove>
            <clear>
</httpModules>
        <httpRuntime>
        <identity>
        <machineKey>
        <pages>
        <processModel>
        <securityPolicy>
            <trustLevel>
```

```xml
        </securityPolicy>
        <sessionState>
        <trace>
        <trust>
        <webServices>
            <protocols>
                <add>
                <remove>
                <clear>
            <serviceDescriptionFormatExtensionTypes>
                <add>
                <remove>
                <clear>
            <soapExtensionTypes>
                <add>
                <clear>
            <soapExtensionReflectorTypes>
                <add>
                <clear>
            <soapExtensionImporterTypes>
                <add>
                <clear>
            <WsdlHelpGenerator>
        </webServices>
</system.web>
```

这是 ASP.NET 应用程序可能用到的所有配置节点。下面对一些重要的节点进行说明。

1）<authentication>。指定应用程序的认证方式，通过<authentication>节点的 mode 属性来指定。如果指定 mode="windows"，那么程序将使用 Windows 方式对用户进行认证。如果 mode="forms"，那么需要使用<forms>子节点来设置详细的认证信息。另外还可以指定程序使用 passport 进行登录，这个不是很通用。

2）<authorization>。配置如何对使用 ASP.NET 应用程序的用户授权。使用<allow>和<deny>子节点对用户进行授权。

3）<authorization>。定义浏览器的种类。通过定义浏览器的种类，为对应的浏览器应用不同的兼容性配置。

4）<compilation>。为 ASP.NET 应用程序的编译指定需要的设置。

5）<customErrors>。为 ASP.NET 应用程序指定错误信息的显示方式以及自定义的错误信息页面。<customErrors>通过 Mode 属性指定错误信息的显示方式。Mode 属性可能的值有"On"、"Off"和"RemoteOnly"，如果值为"On"，那么自定义错误信息被启用，这种情况下不会显示具体的错误信息；如果为"Off"，则程序会显示详细的错误信息；若为"RemoteOnly"，如果客户端从同一台计算机发出了请求，详细的错误信息会显示在浏览器中，如果客户端从远程访问程序则显示自定义的错误信息，这是默认设置。在<customErrors>内部，可以使用<error>子节点，对特定的错误信息号码分别指定自定义的错误页面。下面举例说明：

```xml
<customErrors defaultRedirect="GenericError.htm"
            mode="On">
    <error statusCode="403"
            redirect="non-authorized.htm"/>
</customErrors>
```

在上面这个例子中,在 customErrors 节点中,配置自定义错误显示模式为开启(On),并且使用 defaultRedirect 属性指定了 GenericError.htm 页面为一般的自定义错误信息页面。使用<error>子节点指定为错误号为 403 的错误显示 non-authorized.htm。

6)<globalization>。设置站点的全球化属性。

7)<httpHandlers>。将客户端的请求映射到对应的 IHttpHanlder 或者 IHttpHandlerFactory 的实现类。最常见的就是将包含 .aspx 的请求映射到 PageHandlerFactory 类,如下所示:

```
<httpHanlders>
    <add path="*.aspx" verb="*" type="System.Web.UI.PageHandlerFactory"
            validate="true" />
</HttpHanlders>
```

可以添加任意数量的 HttpHanlder。

8)<httpModule>。为应用程序添加或者删除 HttpModule 类。

9)<httpRuntime>。为应用程序指定 Http 运行时的配置信息。在 httpRuntime 节点中可以指定下面的属性:

- appRequestQueueLimit:指定 ASP.NET 请求队列所能容纳的最大值。当请求队列中的请求数量达到了最大值,那么新的请求将被拒绝,并收到"503 — Server too busy"这样的信息。
- executionTimeout:一个请求能持续执行的最长时间,单位是 s。
- enable:值可以为 true 和 false。默认是 true,如果值为 false,则实际上 ASP.NET 应用程序被禁用。客户端的请求将收到 404 错误信息。
- idleTimeOut:应用程序域(Application Domain)将在指定的时间以后被卸载。默认为 20min。
- enableKernelModeCache:指定是否为应用程序启用缓存。在这里设置了启用缓存,还需要在页面指令中进行配置。应用这个属性还有一个前提,即 Web 服务器须为 IIS6.0 及以上的版本。
- maxRequestLength:指定客户端请求的大小的限制。单位是 KB。
- minFreeLocalRequestFreeThreads:指定 ASP.NET 应用程序为本地请求保留的最小空闲线程数。
- minFreeThreads:指定 ASP.NET 应用程序保留的最小空闲线程数。保留空闲线程的原因在于某些请求需要额外的线程来完成任务的执行。

10)<identity>。指定是否为客户端请求启用本地模拟(impersonation)。如果启用用户扮演,则需要提供用户名和密码。

11)<machineKey>。用来配置应用程序加密所需的密钥。它可以用来为 forms 认证的存储的 cookie 数据进行加密和解密;还可以用于进程外会话状态信息的验证。<machineKey>可用配置如下所示:

```
<machineKey validationKey="AutoGenerate|value[,IsolateApps]"
            decryptionKey="AutoGenerate|value[,IsolateApps]"
            validation="SHA1|MD5|3DES"/>
```

validationKey 的值用来验证加密的数据。还可以用来为 ViewState 信息生成认证码(MAC)。还可以用来生成进程外会话的标识符(ID),可以保证会话的 ID 唯一性。

descryptionKey 则指定用以加密的密钥。Validation 属性则指定了加密和加密的算法，其中以 3DES 的安全性最高。

12）<pages>。这个节点指定了与页面相关的配置。

13）<processModel>。该节点配置 ASP.NET 的进程模型。

14）<sessionState>。为当前的应用程序配置与会话状态保持有关的设置。<sessionState> 节点的可用属性如下所示：

```
<sessionState mode="Off|InProc|StateServer|SQLServer"
    cookieless="true|false"
    timeout="number of minutes"
    stateConnectionString="tcpip=server:port"
    sqlConnectionString="sql connection string"
    stateNetworkTimeout="number of seconds"/>
```

其中 mode 属性为必要属性，可以为 mode 属性指定 Off、InProc、StateServer 和 SQLServer 几种方式。如果指定了 Off，则禁止了应用程序使用会话状态信息，一般不要设置为 Off；设定了 InProc，会使应用程序在进程内管理会话状态信息，此时会话状态信息不能被多个进程之间、多个应用程序之间共享；若为 StateServer，则会话信息保留在一台远程服务器上，此时需要指定 stateConnection 属性；若为 SQLServer，则会话信息保留在 SQLServer 数据库服务器中，这种情况也需要指定 sqlConnectionString 作为连接字符串使应用程序能够访问 SQLServer 存取会话信息。

Cookieless 属性可为 true 或者 false。如果为 true，则使用 cookie 在客户端保持会话的 ID；反之则使用 URL 来保持会话 ID。

15）<webServices>。这个节点中的配置内容控制着 ASP.NET 创建的 Web Service 应用的设置。

以上就是<system.web>下关于 ASP.NET 应用程序的配置框架，如果要了解进一步的信息，可以查阅 MSDN。

12.2 获取配置信息

知道了如何对应用程序进程配置，还需要了解怎样在程序中对配置好的节点和内容进行访问。

大多数与配置相关的工作可以通过 System.Configuration.Configuration 类完成。在 ASP.NET 4.0 中，使用 WebConfigurationManager 对象来获取 Configuration 类的实例。每个 Configuration 类的实例都是一个配置区域（Section 或 SectionGroup）。跟配置相关的 API 都是针对特定版本的，不能用于除当前版本外的其他版本的配置文件。

1）获取全局配置对象。通过 WebConfigurationManager 类的 OpenMachineConfiguration 静态方法，可以获取全局配置。下面的例子说明了如何使用 OpenMachineConfiguration 方法来获取全局的配置：

```
System.Configuration.Configration globalConfig=
    System.Web.Configuration.WebConfigurationManager.OpenMachineConfig();
```

2）获取 Web.config 中的内容。和获取全局配置内容类似，使用 OpenWebConfiguration

方法来读取 web.config 中的配置，它返回一个 Configuration 对象，包含了 web.config 中的配置内容以及其他继承自上层配置文件的配置内容。下面的代码使用 OpenWebConfiguration 方法读取了名为"ControlTestSite"应用程序中的 web.config 内容：

```
System.Configuration.Configuration webConfig=
    System.Web.Configuration.WebConfigurationManager.OpenWebConfiguration();
```

OpenWebConfiguration()方法在 web.config 文件不存在的情况下也可以成功地返回一个 Configuration 对象，这时，Configuration 对象包含了自上层配置文件所继承的所有内容。

3）获取一个配置区域（Section）或者配置组（sectionGroup）。在使用上面两个方法之一获取了应用程序的配置以后，就需要访问配置区域对具体的内容进行读取。这个工作通过 Configuration 类的 GetSectionGroup(string sectionGroup)来获得一个配置区域或者配置组。

下面的例子将演示如何获取配置区域和配置组。新建一个 ASP.NET 应用程序 ConfigDemo。在 ConfigDemo 站点中添加一个 web.config 文件，如图 12-1 所示。

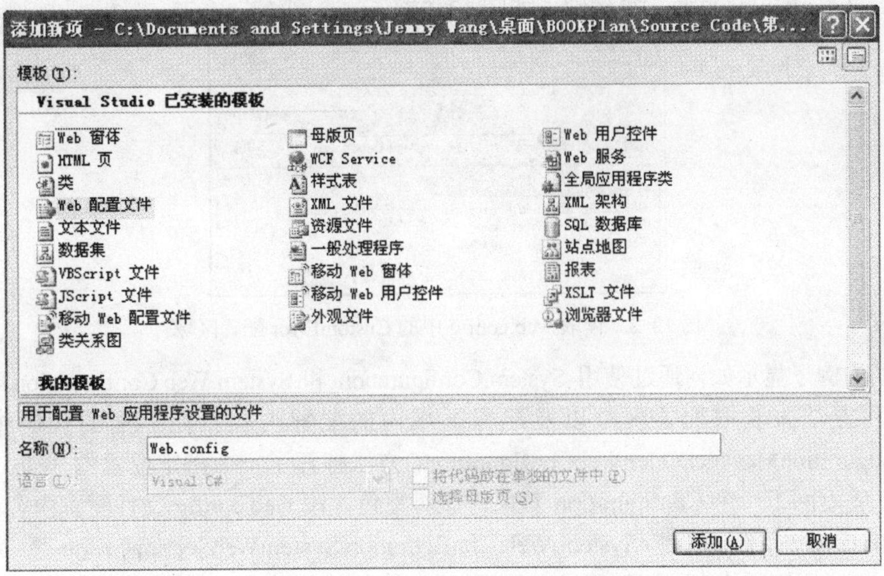

图 12-1 添加 web.config

接着，在 web.config 文件中添加配置，使<system.web>节点的内容如下所示：

```
<system.web>
<compilation debug="false" />
<authentication mode="Windows" />
<customErrors mode="RemoteOnly" defaultRedirect="GenericErrorPage.htm">
        <error statusCode="403" redirect="NoAccess.htm" />
        <error statusCode="404" redirect="FileNotFound.htm" />
    </customErrors>
</system.web>
```

在 Default.aspx.cs 代码文件中，添加下面的代码：

```
protected void Page_Load(object sender, EventArgs e)
{
    Configuration webconfig =
```

```
            (Configuration)System.Web.Configuration.WebConfigurationManager.OpenWebConfiguration
("/ConfigDemo");
            System.Web.Configuration.SystemWebSectionGroup systemwebGroup =
                webconfig.GetSectionGroup("system.web")
                as System.Web.Configuration.SystemWebSectionGroup;
            System.Web.Configuration.CustomErrorsSection customerrors =
                systemwebGroup.CustomErrors;
            if (null != customerrors)
            {
                Response.Write("CustomErrors Mode:" + customerrors.Mode.ToString()+ "<br/>");
                Response.Write("CustomErros DefaultRedirect URL:" +
                    customerrors.DefaultRedirect + "<br/>");
                for (int i = 0; i < customerrors.Errors.Count; i++)
                {
                    Response.Write("For code "+customerrors.Errors[i].StatusCode + ":" + customerrors.Errors[i].Redirect+"<br/>");
                }
            }
        }
```

运行 default.aspx 页面，得到结果如图 12-2 所示。

图 12-2　读取 web.config 中的 CustomError 配置区域

上面的例子显示如何通过使用 System.Configuration 和 System.Web.Configuration 命名空间中的类和方法来获取配置区域以及配置区域内的配置内容。在上面的代码中，使用 WebConfigurationManager.OpenWebConfiguration()方法打开了一个指定位置的 web.config 配置文件，它返回了一个 Configuration 对象，该对象包含该 web.config 文件配置内容和所有继承而来的配置内容。通过 System.Web.Configuration.SystemWebSectionGroup 类对象获取<system.web>标签所代表的配置组。有了配置组以后，可以使用 CustomErrosSection 这样的继承自 ConfigurationSection 抽象类的对象来获取<system.web>内的配置区域。

4）获取 appSettings 配置区域的信息。在.NET 的各种应用程序中，开发人员经常需要在配置文件中保存一些自定义的信息。这里面最常见的就是<appSettings>配置区域中使用<add>节点添加的配置信息。下面是一个简单的例子：

```
        <?xml version="1.0" encoding="utf-8" ?>
        <configuration>
            <appSettings>
                <add key="Application1" value="MyApplication1" />
                <add key="Setting1" value="MySetting" />
            </appSettings>
        </configuration>
```

如上所示，在<appSettings>配置区内，使用<add>节点添加键-值对。在 ASP.NET 应用程序中，可以使用 WebConfigurationManager.AppSettings 对象来获取配置内容中的

AppSettings 的内容。下面的代码演示了如何获取 appSettings 中的内容。在 web.config 添加上面的<appSettings>配置区域中的内容，然后用下面的代码对 appSettings 的内容进行读取：

```
NameValueCollection appsettings =
        (NameValueCollection)WebConfigurationManager.AppSettings;
Response.Write("AppSettings<br/>");
Response.Write(string.Format("Application1:{0}<br/>", appsettings["Application1"]));
Response.Write(string.Format("Setting1:{0}<br/>", appsettings["Setting1"]));
```

获取内容如图 12-3 所示。

和 appSettings 类似的还有 connectionStrings，即连接字符串配置区。connectionStrings 使用和访问 appSettings 相同的方式对配置进行访问。

图 12-3　获取 appSettings 的内容

12.3　使用 ASP.NET 配置管理接口

在 12.2 节中，已经用到了 ASP.NET 配置管理接口，本节着重对它进行更有条理的讲述。

使用 ASP.NET 配置管理接口可以使应用程序配置任务在不同阶段能够在一个统一的编程接口中完成。ASP.NET 的配置管理接口提供的功能覆盖了配置管理所需的所有方面，开发人员甚至可以仅使用托管代码来创建配置区、修改设置或者删除一项配置元素。ASP.NET 配置管理接口包含了一整套的 ASP.NET 管理对象，开发人员可以使用这一系列的管理对象对 Web 站点进行全方位的控制。ASP.NET 管理对象是.NET Framework 所提供的。

为了简化配置工作，配置管理接口将所有的 ASP.NET 应用程序的配置内容映射到 Configuration 对象中。Configuration 对象包含了合并的配置内容，包含了应用程序的配置内容，还包含了应用程序继承而来的配置内容。这就使得所有的配置管理都通过单一的对象来完成，不用为不同的配置文件调用不同的对象。另外，配置管理接口允许开发人员不对 XML 格式的配置文件进行编辑就可以通过代码对配置进行管理。为了高效地完成配置管理工作，ASP.NET 还为开发人员提供了贴心的工具，如站点配置管理工具。

配置管理接口不仅支持本地程序的配置管理，还可以连接到别的计算机，对远程的服务器进行管理。

12.3.1　使用配置管理接口访问程序配置

如上所述，配置管理接口使用 Configuration 对象作为应用程序所有配置内容的容器。这个程序可以是本地的，也可以在远程的服务器上。当应用程序的当前路径下不存在配置文件时，那么 Configuration 对象就代表了默认的配置内容，一般是 machine.config 和全局 web.config 文件中的配置项。

根据应用程序种类的不同，可以通过两种方式来获取 Configuration 对象：

1）客户端应用程序，包括控制台程序、Windows 程序、Windows 服务程序和类库程序，使用 ConfigurationManager 类的 OpenExeConfiguration 静态方法来获取配置。

2）Web 应用程序，包括 ASP.NET 应用程序和 ASP.NET Web Service 应用，可以使用 WebConfigurationManager 类的 OpenWebConfiguration 静态方法来返回 Configuration 对象。

在获得了 Configuration 对象以后，就可以通过 Configuration 对象获取更加详细的配置信息了，如配置区域（section）和配置组（sectionGroup）。通过 section 或 sectionGroup 获取了配置信息之后，就可以对配置信息的某项属性进行修改，修改完成以后通过 Configuration 对象的 Save 方法对修改的配置进行保存。下面的例子演示了如何更新配置并保存：

```
Configuration config = WebConfigurationManager.OpenWebConfiguration("/ConfigDemo");
AppSettingsSection appsettings=config.AppSettings;

Response.Write("AppSettings<br/>");
Response.Write(string.Format("Application1:{0}<br/>",
                appsettings.Settings["Application1"].Value));
Response.Write(string.Format("Setting1:{0}<br/>", appsettings.Settings["Setting1"].Value));
appsettings.Settings["Application1"].Value = "修改后的内容";
config.Save();
```

12.3.2 对配置内容加密

读者可能知道，Web 应用程序放在 Web 服务器上供用户访问，用户数量少则数十，多则数以百万、千万计。Web 应用程序一直是最容易被恶意用户攻击的，因此它的安全性也格外受到关注。ASP.NET 在安全性方面做了非常大的努力，从各个方面都尽力减少被攻击和恶意入侵的可能性。对于配置文件中的内容，.NET Framework 也提供了一些方法对配置内容进行加密，使未授权用户即使获取了配置文件也无法得到敏感的配置信息。

.NET Framework 为配置文件提供的加密功能可以加密大多数的配置节，只有少数的配置节，如：processModel、runtime、mscorlib、startup、system.runtime.remoting、configProtectedData、satelliteassemblies、crytographySettings、cryptoNameMapping 和 cryptoClasses 等配置节不能使用配置保护功能。不过仍然有其他方法可以对上述这些配置节进行加密，如使用 aspnet_setreg.exe 工具。

对 web.config 中的某个配置节加密最方便的办法就是使用 .NET Framework 提供的 aspnet_regiis.exe 工具。接下来的这个例子使用了 aspnet_regiis.exe 对 ConfigDemoIIS 站点的 web.config 配置文件中的 connectionStrings 部分进行了加密，加密以前，connectStrings 部分的代码如下：

```
<connectionStrings>
    <add name="mysqlserver" connectionString="data source=Michaelsoft;
initial catalog=aspnetdb"/>
</connectionStrings>
```

然后使用下面的命令进行加密：

```
Aspnet_regiis –pe "connectionStrings" –app "/configdemoiis" –prov
```

"RsaProtectedConfigurationProvider"

这里对 aspnet_regiis 中的参数进行一下解释，-pe 参数指定了要加密的配置节；-app 参数指定了要加密的应用程序；-prov 参数则指定了加密使用的类。系统内置了两个可用于配置文件加密的类，分别是 RsaProtectedConfigurationProvider 和 DAPIProtectedConfigurationProvider，这两个类都能提供安全性较高的保护。需要注意的是，如果希望在多台机器中共享相同的配置文件，那么只能使用 RsaProtectedConfigurationProvider。加密以后，connectionStrings 配置节变为：

```xml
<connectionStrings configProtectionProvider="RsaProtectedConfigurationProvider">
    <EncryptedData Type="http://www.w3.org/2001/04/xmlenc#Element"
      xmlns="http://www.w3.org/2001/04/xmlenc#">
        <EncryptionMethod Algorithm="http://www.w3.org/2001/04/xmlenc#tripledes-cbc" />
        <KeyInfo xmlns="http://www.w3.org/2000/09/xmldsig#">
            <EncryptedKey xmlns="http://www.w3.org/2001/04/xmlenc#">
                <EncryptionMethod Algorithm="http://www.w3.org/2001/04/xmlenc#rsa-1_5" />
                <KeyInfo xmlns="http://www.w3.org/2000/09/xmldsig#">
                    <KeyName>Rsa Key</KeyName>
                </KeyInfo>
                <CipherData>
                    <CipherValue>UTgNpkP01FeW1lBZmyuZylA1Cgm2HBUlHuiE7fA3PJs4pJ4AUkuLoFpKn5wpUqUW+dBIIosd5xaoAiPHsfNpLaAtdWqlZwM+gbE0weZzUiAxDnEAaGjRxgeZFyAFSwZHRr0zvemyO082B808Oh4J/le3GaWGGR/WLyhgKe0+IOg=</CipherValue>
                </CipherData>
            </EncryptedKey>
        </KeyInfo>
        <CipherData>
            <CipherValue>+ElRXZeNahb2e0MeIl9mVqs5wrpQ+ZxLD58dP5jJnGojrlf87xumIXbY31MXRnKDdYCvy1qwkMh5IX8FZ97x4WY2VBUXi940d3spmnyOLa5EEPmn5dregKve5Yhikw+kEk4wCW5u68o6NAhL/uFjwu+8h33T2xBW02UEd5apTmmNUXq+CGjNLT7Ywu0fL94rtGaolHNIS0o=</CipherValue>
        </CipherData>
    </EncryptedData>
</connectionStrings>
```

从该配置节的变化可以发现，aspnet_regiis 工具对连接字符串的名称和值分别进行了加密。同理，可以对其他的配置节进行加密。

想要将加密以后的配置文件解密还原，可以使用下面的命令：

```
aspnet_regiis -pd "connectionStrings" -app "/configdemoiis"
```

这里使用的-pd 的参数指定要解密的配置节，以及使用-app 指定要解密的应用程序。

在上面的加密命令行参数中，使用-prov 指定了加密解密所要使用的提供者（Provider）类，除了使用内置的两个类以外，开发人员如果有自定义的类，也可以在配置文件中指定自定义的类，然后就可以在命令行参数中使用，如下所示：

```xml
<configuration>
    <configProtectedData defaultProvider="SampleProvider">
        <providers>
            <add name="SampleProvider"
              type="System.Configuration.RsaProtectedConfigurationProvider,
                  System.Configuration, Version=4.0.0.0, Culture=neutral,
                  PublicKeyToken=b03f5f7f11d50a3a,
                  processorArchitecture=MSIL"
              keyContainerName="SampleKeys"
              useMachineContainer="true" />
        </providers>
```

            </configProtectedData>
        </configuration>

这里为 RsaProtectedConfigurationProvider 类赋予了一个新名字：SampleProvider，那么在 aspnet_regiis.exe 的-prov 参数中就可以指定使用"SampleProvider"对配置文件进行加密了。

12.4 使用 ASP.NET 配置工具

.NET Framework 提供了一系列工具供用户来简化配置工作，使一般用户可以在不理解配置文件的语法的情况下，对.NET 的全局配置以及 ASP.NET 应用程序的配置进行修改。

12.4.1 使用 ASP.NET 管理控制台

通过 IIS 可以打开 ASP.NET 管理控制台。首先单击桌面左下角的"开始"菜单或是"Start"，然后选择"运行"或者"Run"菜单项，在运行对话框中输入：inetmgr，单击"确定"按钮打开互联网信息服务管理器（IIS）。如图 12-4 所示。

在 IIS 中，展开计算机名称节点，用鼠标右键单击"Web Sites"节点，选择"属性"，在窗口中选择"ASP.NET"标签，单击"Edit Configuration"启动 ASP.NET 管理控制台，如图 12-5 所示。

图 12-4 运行 IIS

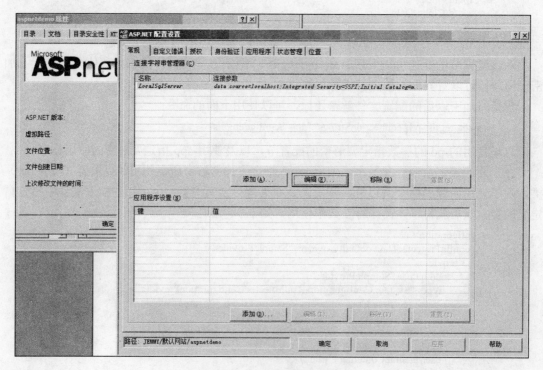

图 12-5 ASP.NET 管理控制台

单击"Web Sites"节点启动的管理控制台是针对 ASP.NET 的全局配置进行操作的，如果希望使用管理控制台针对每个站点进行配置，那么在相应的站点处使用相同的方式启动管理控制台即可。

ASP.NET 管理控制台包含了几个选项卡，分别对应了不同的配置内容。下面对这些选项卡所代表的配置项目进行简要的介绍。

1)"常规"选项卡：常规选项卡内，可以对连接字符串和应用程序设置的内容进行配置。通过"添加"、"编辑"、"移除"和"重置"按钮可以方便地对配置的条目进行增、删、改。

2)"自定义错误"选项卡：在此选项卡内，可以对配置文件中<customErrors>配置节对应的所有内容进行配置，包括错误显示模式、默认自定义错误页面以及针对特定错误代码的错误页面。

3)"授权"选项卡：配置用户授权的相关信息，为指定的资源指定用户授权规则。这对应着配置文件中的<authorization>配置节。

4)"身份验证"选项卡：这个选项卡管理着站点的身份验证方式以及每种验证方式的细节设置。如图 12-6 所示，这是当选择身份验证方式为"Forms"时选项卡内的内容。

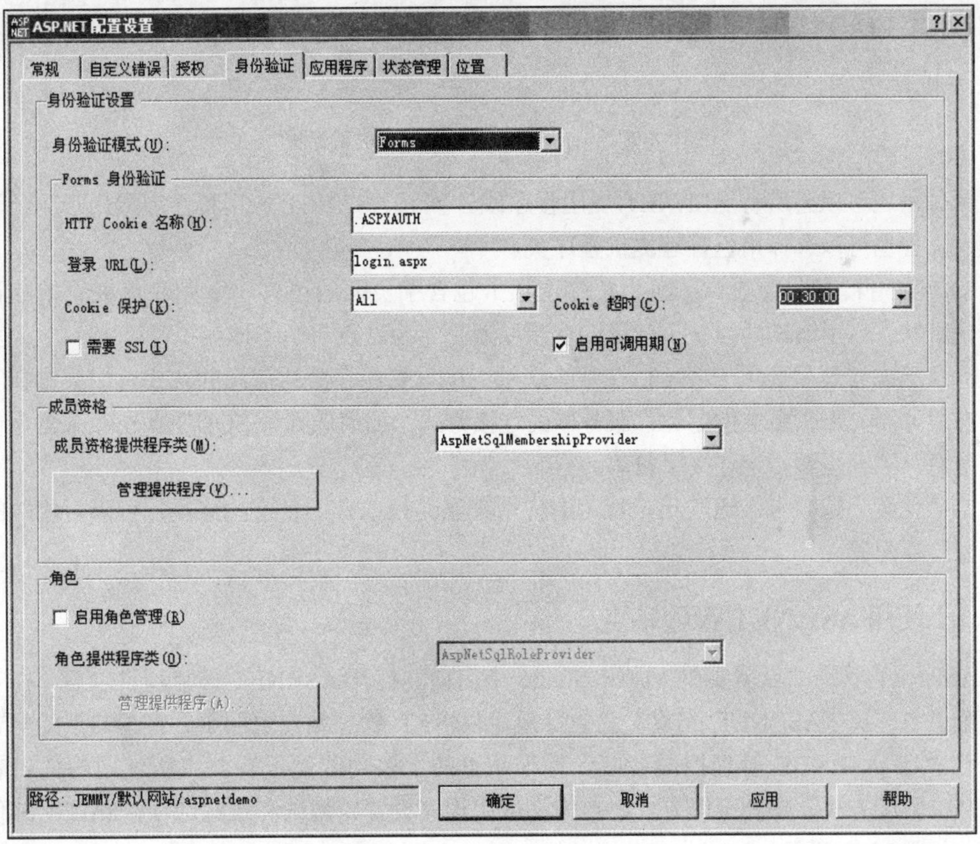

图 12-6 身份验证选项卡

选择 Forms 验证方式时，还可以规定客户端 cookie 的名称、登录页面的地址、cookies 内容的保护机制以及 cookie 的过期时间等。除了为站点或者应用程序设置身份验证方式以外，还可以选择成员资格提供程序类，单击"管理提供程序"，就可以选择现存于系统中的身份验证提供程序类了，并且可以为身份验证提供程序类设置相应的参数，如图 12-7 所示。

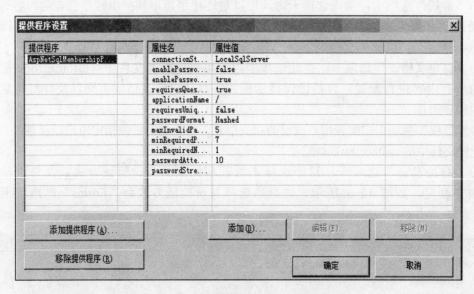

图 12-7　选择身份验证提供程序类对话框

另外，还可以为所有 ASP.NET 应用程序或者单个 ASP.NET 应用程序启用用户角色管理功能，并且也可以选择角色管理提供程序类。

5)"应用程序"选项卡：应用程序选项卡包含了页面的语言、主题和母板页的默认设置、是否默认启用调试功能、全球化的选项以及是否为站点启用本地模拟。

6)"状态管理"选项卡：可以在状态选项卡中设置保存会话信息的方式，如果选择了远程状态服务器，那么要求指定远程服务器的连接方式；如果选择了 SQL Server 服务器来保存状态信息，那么需要指定连接字符串。

7)"位置"选项卡：通过指定特定的应用程序路径或者子目录的路径，可以对相应的下级资源进行配置。

12.4.2　使用 ASP.NET 管理站点

ASP.NET 管理站点需要在 Visual Studio 中启动。打开 ASP.NET 站点项目以后，在"网站"菜单中选择"ASP.NET 配置"就会打开 ASP.NET 管理站点页面了。管理站点的配置内容都包含在 ASP.NET 管理控制台中。管理站点的主要功能是配置站点所使用的提供者程序、身份验证方式、角色管理方式、自定义应用程序设置、调试和跟踪选项、SMTP 邮件设置等，如图 12-8 所示。

ASP.NET 4.0 配置详解 第12章

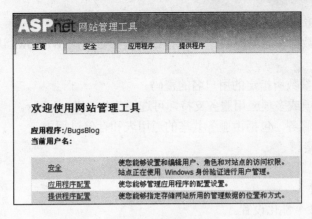

图 12-8 管理站点

在前面的章节中,已经在不同的地方提到了如何使用管理站点,不再赘述。

12.4.3 使用 ASPNET_REGSQL 工具

ASPNET_REGSQL 是 ASP.NET 的 SQL Server 注册工具,它用来创建供 ASP.NET 的 SQL Server 提供者程序使用的数据库,或者对现在的数据库进行改动。Aspnet_regsql.exe 位于%windir%\Microsoft.NET\Framework\v4.0.50727\文件夹中。

aspnet_regsql.exe 的参数比较多,如果使用无参数的命令,将启动一个向导来指引用户完成操作,如图 12-9 所示。

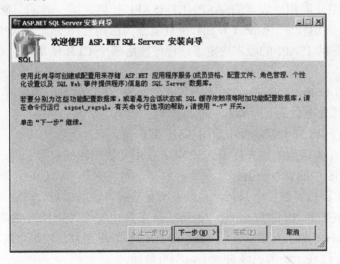

图 12-9 aspnet_regsql.exe 向导

如果是第一次执行 aspnet_regsql.exe 工具,建议使用向导来完成操作,在使用向导时可以仔细阅读对话框中的提示。

aspnet_regsql.exe 工具有比较复杂的参数,下面列举比较重要的几个参数进行说明。其余的参数,读者可以查阅相关资料。

1)-W:指定 aspnet_regsql.exe 工具在向导模式下运行。这个是默认的。

2)-C:位工具指定连接字符串。

3）-S：指定可访问的数据库服务器。

4）-U：可登录数据库的用户名。若使用-E 参数指定使用 Windows 认证，那么此参数不必要。

5）-P：对应-U 参数所指定的用户名的密码。

6）-A：添加一项或多项应用服务支持，可选的值为 all|m|r|p|c|w。

- all -- 所有的服务，包括由服务共享的通用表和存储过程。
- m -- 成员资格。
- r -- 角色管理器。
- p -- 配置文件。
- c -- Web 部件个性化设置。
- w -- Web 事件。

7）-R：与-A 参数相似，-R 参数也可以指定上面的这些选项，不过是将它们从系统中移除，使系统不再支持指定的服务。

8）-d <数据库名>：指定 SQL Server 缓存依赖或者会话信息保存所要使用的数据库。

9）-ed：为 SQL 缓存依赖启用数据库。

10）-dd：为 SQL 缓存依赖禁用数据库。

12.4.4 使用 ASPNET_REGIIS 工具

aspnet_regiis.exe 工具在和 aspnet_regsql.exe 工具相同的目录中。aspnet_regiis.exe 工具用来在 IIS 服务器中注册相应版本的 ASP.NET ISAPI 扩展。同一时间只能有一个 ASP.NET ISAP 映射到某个应用程序。aspnet_regiis 工具就是为应用程序注册 ISAPI 扩展的。注册到 ASP.NET 应用程序的 ISAPI 的版本决定了该程序使用哪个 CLR 的版本。与注册 ISAPI 相关的重要参数如下：

- -i：安装与 aspnet_regiis.exe 版本相关联的 ASP.NET 版本，并更新 IIS 元数据库根目录和虚拟目录根目录下的脚本映射。
- -enable：在 IIS 安全控制台中启用 ASP.NET。
- -ga [用户]：为指定的用户授予 ASP.NET 使用元数据库的权限。
- -r：更新 IIS 中的脚本映射。
- -s path：更新指定路径下及其子路径下所有的脚本映射信息。
- -u：卸载安装到 IIS 的与 aspnet_regsql.exe 工具相关的 ASP.NET 版本。

Aspnet_regiis.exe 除了为 IIS 安装/卸载 ASP.NET 版本之外，还可以对 ASP.NET 的配置进行加密和解密，这在上一节已经讲到了，不再赘述。

12.5 ASP.NET 页面配置

当开发 ASP.NET 应用程序时，需要为目录下的页面配置一些公共的属性，这就需要使用<pages>配置节，从而可以避免在每个页面文件中重复加入配置指令。下面是一个完整的<pages>配置节所包含的配置属性和指令：

```
<configuration>
```

```
            <pages buffer="true"
                   enableSessionState="true"
                   enableViewState="true"
                   enableViewStateMac="true"
                   autoEventWireup="true"
                   smartNavigation="false"
                   masterPageFile="~/myMasterPage.master"
                   pageBaseType="System.Web.UI.Page"
                   userControlBaseType="System.Web.UI.UserControl"
                   compilationMode="Auto"
                   validationRequest="true">
                <imports>
                    <add namespace="MyApp.Sites"/>
                </imports>
                <RegisterTagPrefixes>
                    <add tagPrefix="appsites" namespace="MyApp.Controls"/>
                </RegisterTagPrefixes>
            </pages>
</configuration>
```

下面给出这些属性和指令的解释。

1）buffer：指定是否为基于 URL 的相应缓存。默认的值是"true"。

2）enableSessionState：为该配置文件所包括的路径下的应用程序指定是否会启用会话信息保存。其值可以为：False、ReadOnly 和 True。如果值为 False，则为禁止会话状态信息；若为 True 则启用会话信息的访问；若为 ReadOnly，则只能读取会话信息中的内容，不能向它写入数据。

3）enableViewState：指定是否为页面启用 ViewState 上下文，以及是否在请求之间保持 ViewState 信息，默认值也是"True"。

4）enableViewStateMac：指定是否对发往客户端的 ViewState 信息添加验证信息（其实就是加密），然后当客户端再将 ViewState 从请求中发回以后，ASP.NET 应用程序可以检查 ViewState 是否在客户端被修改过。

5）autoEventWireup：指定页面事件是否被自动激活。如果自动事件激活被启用，则当页面事件发生后，ASP.NET 页面框架会自动将一个特殊签名的事件处理程序指定为这个事件的处理器。

6）smartNavigation：指定是否为页面使用智能导航。使用智能导航需要 IE5.5 及以上版本的浏览器。启用智能导航以后，用户可以获得以下好处：

- 消除页面闪烁现象。
- 在请求之间保持页面的浏览位置。
- 在不同请求之间保持页面元素的焦点。
- 浏览器历史记录只保留页面的最后状态。

在 ASP.NET 4.0 中，还可以使用 maintainScrollPositionOnPostBack 属性来保持页面浏览状态。

7）masterPageFile：为指定范围中的页面指定默认的母板页文件。

8）pageBaseType：为页面指定默认基类。默认值为"System.Web.UI.Page"类，如果开发人员创建了自定义的页面基类，那么可以在这里对一组页面指定它的自定义页面基类。

9）userControlBaseType：指定用户控件的基类，默认为"System.Web.UI.UserControl"。

10）compilationModel：指定是否为页面启用动态编译。可能选择的值为 Always、Auto 和 Never。如果选择 Always，那么页面将在执行时被动态编译；如果选择 Auto，那么 ASP.NET 尽量不去编译页面（如果页面中含有服务器端代码，那么将进行动态编译）；如果是 Never，那么 ASP.NET 不论何种情况下都不会动态编译页面，如果页面中含有服务器端代码或者需要服务器端操作的指令，页面将返回一个错误信息。

11）ValidateRequest：指定是否为页面启用请求验证。请求验证将检查所有的用户输入以发现其中潜在的安全性问题。ASP.NET 默认状态下已经启用这个选项，建议不要关闭。

12）Imports：指定在编译时需要引用的额外的命名空间。

12.6 配置 ASP.NET 进程模型

在前面提到 ASP.NET 的配置文件时，曾经提到了<processModel>节点，<processModel>节点的内容就是专门针对 ASP.NET 的进程模型的。进程模型关系到 ASP.NET 的运行模型，涉及 ASP.NET 运行时的各个方面，非常重要，因此专门用一个小节来解释<processModel>节点中一些属性的含义。

首先来看一个包含所有属性的<processModel>节点，如下所示：

```
<processModel
    enable="true|false"
    timeout="hrs:mins:secs|Infinite"
    idleTimeout="hrs:mins:secs|Infinite"
    shutdownTimeout="hrs:mins:secs|Infinite"
    requestLimit="num|Infinite"
    requestQueueLimit="num|Infinite"
    restartQueueLimit="num|Infinite"
    memoryLimit="percent"
    webGarden="true|false"
    cpuMask="num"
    userName="username"
    password="password"
    logLevel="All|None|Errors"
    clientConnectedCheck="hrs:mins:secs|Infinite"
    comAuthenticationLevel="Default|None|Connect|Call|
                Pkt|PktIntegrity|PktPrivacy"
    comImpersonationLevel="Default|Anonymous|Identify|
                Impersonate|Delegate"
    responseDeadlockInterval="hrs:mins:secs|Infinite"
    responseRestartDeadlockInterval="hrs:mins:secs|Infinite"
    autoConfig="true|false"
    maxWorkerThreads="num"
    maxIoThreads="num"
    minWorkerThreads="num"
    minIoThreads="num"
    serverErrorMessageFile=""
    pingFrequency="Infinite"
    pingTimeout="Infinite"
    maxAppDomains="2000"
/>
```

下面对 processModel 节点中的属性进行说明，让读者明白它们的含义并能够应用它们。

1）enable=true | false：enable 属性指定了是否为 ASP.NET 应用程序启用进程模型。

2）timeout：指定一个数，代表了多少分钟，指定的时间一到 ASP.NET 就会启用一个新的进程来继续运行程序，并且销毁原有的进程。默认值是无穷大。

3）maxWorkerThreads：配置 ASP.NET 执行进程中线程池中工作线程的最大数量。该属性值的范围是 5~100，默认为 20，它必须大于等于 httpRuntime 设置的 minFreeThreads 属性的值。建议将值设为 100。maxWorkerThreads 的实际值为设置值乘以 CPU 的数量。

4）maxIoThreads：配置 ASP.NET 进程用户 I/O 操作的最大工作线程数。这个与 maxWorkerThreads 配置类似。

5）maxconnection：配置客户端发起的最大数量的 HTTP 连接数。这里 ASP.NET 应用程序所在的服务器就是客户端。默认值为 2，建议可以设为 12，这个的实际数目也会乘以 CPU 的数量。

6）maxAppDomains：ASP.NET 进程中能够包含应用程序域的最大数量。默认值为 2000，一般情况下，使用默认值即可。

7）logLevel：指定要记录的事件的类型，可以是 All，即记录所有事件；也可以是 Errors，只记录错误；最后可以指定为 None，什么都不记录。

8）autoConfig：指定 true 或者 false。如果指定为 true，那么由 ASP.NET 自动设定下列属性，以便达到该机器的最优性能：

- maxWorkerThreads 属性。
- maxIoThreads 属性
- httpRuntime 元素的 minFreeThreads 属性。
- httpRuntime 元素的 minLocalFreeThreads 属性。
- maxConnection 属性。

9）idleTimeout：指定一个时间长度，ASP.NET 自动结束在该时间长度内没有活动的进程，采用小时：分钟：秒字符串格式来表示时间，默认值为无穷大。

10）pingFrequency：指定一个时间间隔，ISAPI 每隔这个时间间隔就会对进程执行 ping 命令以检查其是否处于正常运行，如果进程没有运行，那么在 pingTimeout 时间以后，ISAPI 扩展将重启该进程。

11）requestQueueLimit：队列中最多容纳的请求个数。超出这个数量的请求将不会被接受，服务器会返回 503 错误。默认值为 5000。

以上就是 ProcessModel 配置中比较重要的部分，还有一些参数读者可以查阅相关文档进行获取。

第 13 章 站点的国际化和本地化

互联网几乎连接着地球的每个国家、每个城市甚至每个人。互联网的用户说着不同的语言，有着不同的文化和表达方式，这是互联网用户的基本特征。Web 应用程序自诞生起就面向了全世界的用户，虽然英语是世界上最普及的语言，但是如果能为每个用户提供他母语的用户界面，无疑将让更多的用户去使用这个 Web 应用程序。在这个用户的满意度是衡量站点成功与否的标志的年代，国际化的门户站点和面向多国用户的商业站点都不约而同地实现了用户界面多语言化，再根据用户需要提供特定的界面。

13.1 国际化和本地化

13.1.1 什么是国际化和本地化

国际化（Internationalization）和本地化（Localization）是两个非常容易混淆的概念，即使是有多年开发经验的工程师也不一定对这两个概念非常熟悉。国际化与本地化是两个相异又有联系的概念，国际化是指应用程序具备适用于任何地方的能力，本地化是指让程序更适合在特定环境下（尤其是指其他民族和文化）工作。

国际化和本地化的工作焦点在于：
- 时间/日期格式。
- 货币表示方法。
- 语言（字母、数字、文字方向）。
- 文化禁忌。
- 名称和称谓（中国与西方多数国家在人的姓名上的表述顺序是一个典型的案例）。
- 度量衡。
- 身份证、社会保险号和护照号等证件标号格式。
- 电话、地址以及邮编。

上面列举的内容属于国际化和本地化都要关注的内容，例如，国际化需要使软件能比较容易地自定义时间/日期格式的表述方式，在所有的版本中都要注意不能冒犯某国的文化、政策等。上面的内容是属于两者都比较关注的，下面的这些则属于本地化的范围：
- 针对某种语言对应用程序中内容的翻译。
- 针对某些语言的特定支持（例如 Windows 和 Office 针对东亚语言的特别支持）。
- 符合当地的习惯。
- 符合当地的道德观念。
- 针对当地的特定内容。
- 符号。

- 美学。
- 当地的文化价值和社会环境。

越是具体的内容越容易实现，相反，比较抽象的内容，如美学、文化价值等较难实现。在设计应用程序的时候就需要考虑到国际化和本地化的工作，通常的做法是使用资源文件来保存文字和图片，然后只需要替换相应的资源文件即可实现本地化工作。

13.1.2　ASP.NET 4.0 对国际化的支持

ASP.NET 在设计时已经对应用程序的国际化和本地化做了大量的考虑，在程序中可以方便地创建和访问 .NET 资源文件，从而实现通过识别客户端的语言设置来加载对应的资源文件，由此实现界面的本地化。ASP.NET 4.0 在以前版本的基础上，增强了客户端语言的自动识别能力；增加了声明式的资源数据访问功能，使开发人员不用编写资源文件的加载代码就可以轻松自如地访问资源文件；ASP.NET 4.0 还支持在运行时根据需要自动加载对应的标准资源文件 .resx。

13.2　自动检测浏览器语言

13.2.1　在浏览器中设置语言偏好

HTTP 允许在请求中包含浏览器的语言设置信息，Web 服务器从 Web 请求头部的 Accept-language 部分获取浏览器的语言设置信息。对于 Internet Explorer，可以按照下面的步骤设置语言偏好：

1）在 Internet Explorer 浏览器窗口的菜单中选择"Tools"，再选择"Internet Options"。
2）单击"语言"按钮。
3）在弹出的对话框的列表中添加语言偏好，使用"添加"按钮进行添加或者"删除"按钮删除一个已经存在的语言选项，以及使用"上移"和"下移"按钮来设置多个语言偏好选项之间的优先级。
4）单击"确定"按钮，设置就生效了。

如果没有对 Internet Explorer 浏览器进行设置，它默认的语言偏好与浏览器的界面语言一致。

13.2.2　使 ASP.NET 页面能够自动检测浏览器语言文化设定

浏览器中设置的语言偏好可以用来为用户指定合适的显示方式，如货币符号、日期和时间等。ASP.NET 现在提供了相关的方法，从而非常容易地检测浏览器的首选语言。首先在页面中增加下面的指令：

```
<%@ Page Culture="auto:en-US" %>
```

上面这行指令的意义是——如果浏览器中指定的首选语言在 .NET Framework 的支持之列，那么 ASP.NET 应用程序会设置当前的工作线程的 CurrentCulture 属性为浏览器中所设置的语言所代表的 Culture。如果客户端浏览器中设置的首选语言不在 .NET Framework 支持之列，那么就会将 CurrentCulture 设置为"auto："之后指定 Culture 值。

ASP.NET 页面早在页面声明周期最初的 PreInit 阶段就已经从请求的语言文化设置中初始化了语言文化的设定。ASP.NET 页面对浏览器语言文化设置的自动检测功能可以在很多地方声明并启用，如配置文件中的<globalization>配置区。自动检测功能也对本地化功能起作用，这将在下面的内容中提到。下面的例子将演示如何在服务器端代码中获取浏览器的语言设置，然后使用语言文化设置查询该文化是否使用公制作计量单位。如果使用公制，那么页面将让用户输入一个摄氏温度，然后单击按钮后获取华氏温度。反之，则让用户输入一个华氏温度获取一个摄氏温度。Default.aspx.cs 后置代码如下：

```csharp
public partial class _Default : System.Web.UI.Page
{
    protected void Page_Load(object sender, EventArgs e)
    {
        RegionInfo region;
        if (!IsPostBack)
        {
            region = new RegionInfo(CultureInfo.CurrentCulture.Name);
            if (region.IsMetric)
            {
                Label1.Text = "Input a °C temperature:";
                GetTempButton.Text = "Get °F temperature";
            }
            else
            {
                Label1.Text = "Input a °F temperature:";
                GetTempButton.Text = "Get °C temperature";
            }

            Session["IsMetric"] = region.IsMetric;
        }
    }

    double calculateTemp(double temperature)
    {
        bool ismetric = (bool)Session["IsMetric"];
        if (ismetric != null)
        {
            if (ismetric)
                return C2F(temperature);
            else
                return F2C(temperature);
        }
        return double.NaN;
    }

    double C2F(double temperature)
    {
        return temperature * 9.0 / 5.0 + 32;
    }

    double F2C(double temperature)
    {
        return (temperature - 32) * 5.0 / 9.0;
    }
    protected void GetTempButton_Click(object sender, EventArgs e)
    {
        double temp = calculateTemp(double.Parse(TempTextBox.Text));
```

```
        TempTextBox.Text = ((bool)Session["IsMetric"]) ? temp.ToString() + "°C" : temp.ToString() + "°F";
    }
}
```

Default.aspx 页面的代码如下：

```
<%@ Page Language="C#" AutoEventWireup="true" CodeFile="Default.aspx.cs" Inherits="_Default" Culture="auto:en-US"%>

<!DOCTYPE html PUBLIC "-//W3C//DTD XHTML 1.0 Transitional//EN" "http://www.w3.org/TR/xhtml1/DTD/xhtml1-transitional.dtd">
<html xmlns="http://www.w3.org/1999/xhtml" >
<head runat="server">
    <title>Untitled Page</title>
</head>
<body style="background-color: #adff88">
    <form id="form1" runat="server">
    <div>
        <asp:Label ID="Label1" runat="server" Text="Label"></asp:Label>
        <asp:TextBox ID="TempTextBox" runat="server"></asp:TextBox>
        <asp:Button ID="GetTempButton" runat="server" BorderStyle="Solid" OnClick="GetTempButton_Click"
            Text="Button" />

    </div>
    </form>
</body>
</html>
```

上面的代码保存在代码包"第 13 章\CultureDemo\default.aspx"中。

当浏览器的语言文化偏好设置为"en-US"时，页面显示如图 13-1 所示。

图 13-1   EN-US 设置下的页面

图 13-2 显示的是当浏览器设置中文（zh-cn）为首选语言时所显示的结果。

图 13-2   ZH-CN 设置下的页面

在示例的服务器端代码中，引用了 System.Globalization 命名空间，这个命名空间里包含了应用程序国际化所需要的类和方法。示例中使用 RegionInfo 这个类来获取某个被 .NET Framework 支持的文化的具体信息。上面这个示例演示如何获取浏览器的语言文化设置，因为在页面初始化时，已经将当前线程的文化语言设置为与请求中的语言文化设置一致，所以只需要访问 CurrentCulture 属性就可以获取客户端的语言文化设置了。

13.3 ASP.NET 程序中的本地化

ASP.NET 4.0 中赋予页面框架对浏览器语言文化设置的自动检测功能，为本地化工作的简化打下了良好的基础，本节对如何在 ASP.NET 4.0 中实现应用程序的本地化进行讲解。

支持本地化的应用程序一般都有某种存放字符串数据以及其他多语言内容的方法和格式。最常见的方式就是使用资源文件。在 .NET 程序中，资源文件是后缀为 .resx 的文件。在 ASP.NET 中，开发人员可以设置某个页面或者整个应用程序使用某个特定的资源文件从而达到本地化的目的。

在 ASP.NET 4.0 以前，如果使用资源文件和 ResourceManager 类来完成本地化工作，那么需要自行为需要本地化的内容加载资源，需要编写一些代码。在 ASP.NET 4.0 中，大大简化了本地化这一工作，甚至可以不编写任何代码即可完成这一工作。

在 ASP.NET 4.0 中，与本地化相关的改进有以下 6 条：
1）自动设置 HTTP 请求的 Accept-language 属性，从而获取客户端的语言配置。
2）声明式的资源数据与空间属性的绑定。
3）以编程的方式访问资源和强类型的资源。
4）自动编译、连接资源文件到运行时的附属程序集。
5）更好的资源文件创建的设计时支持。
6）更具有扩展性的构架，可以使资源文件被轻松地替换。

13.3.1 无代码本地化

1．使用隐式表达式（Implicit Expressions）

ASP.NET 4.0 允许开发人员不用编写一行代码就可以本地化一个 Web 应用程序。下面是一个非常简单的例子，使用了隐式表达（Implicit Expressions）和本地资源来进行本地化。本地化最容易使用的方法就是使用隐式表达加页面级的或者应用程序级别的资源文件。示例如下，在 CultureDemo 站点中，添加 localizationText.aspx 页面，在页面中添加几个控件：

```
<%@ Page Language="C#" %>
……………………………………..
<asp:Label ID="Label1" runat="server" Text="Label" meta:resourcekey="Label1Resource1"/>
<asp:TextBox ID="TextBox1" runat="server" Text="Text" meta:resourcekey="TextBox1Resource1" />
<asp:Button ID="Button1" runat="server" Text="Button" meta:resourcekey="Button1Resource1" />
```

切换到页面的设计模式，在菜单"工具"中选择"生成本地资源"，这一步操作自动创建了一个英语版本的资源文件，并把一个资源标识符添加到每个控件和页面指令中，还添加了 Culture="auto" 和 UICulture="auto" 这两个属性，如下所示：

```
<%@ Page Language="C#" AutoEventWireup="true" CodeFile="localizationText.aspx.cs" Inherits=
"localizationText" Culture="auto" meta:resourcekey="PageResource1" UICulture="auto"%>
<html xmlns="http://www.w3.org/1999/xhtml" >
<head runat="server">
    <title>Untitled Page</title>
</head>
<body>
    <form id="form1" runat="server">
        <div>
            <asp:Label ID="Label1" runat="server" Text="Label" meta:resourcekey=
                "Label1Resource1" />
            <asp:TextBox ID="TextBox1" runat="server" Text="Text" meta:resourcekey=
                "TextBox1Resource1" />
            <asp:Button ID="Button1" runat="server" Text="Button" meta:resourcekey=
                "Button1Resource1" /></div>
    </form>
</body>
</html>
```

现在页面的指令中以及每个控件中都包括了由 meta:resourcekey 来指定的资源标识符。这种由 meta:resourcekey 来指定资源标识符的方法就是隐式表达。除此之外，生成本地资源的操作还创建了一个 App_LocalResource 的目录，然后在这个目录中创建了默认语言的资源文件，资源文件以页面文件名加上 .resx 后缀为它的文件名。在解决方案浏览器中，双击资源文件打开刚才生成的资源文件，如图 13-3 所示。

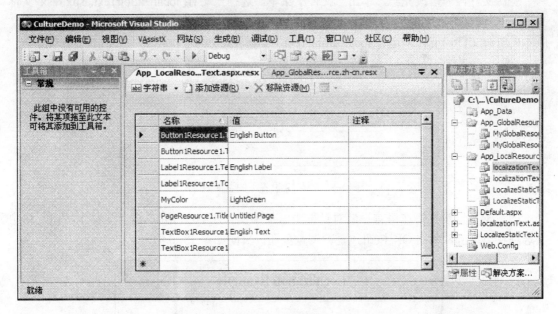

图 13-3　资源文件

资源文件中包含了控件的一些属性。ASP.NET 是怎样决定把什么属性添加到资源文件中的呢？在 ASP.NET 的很多服务器控件中，它们的属性（Property），如 Text、TooTip 等，包含了一个元数据属性（Attribute）Localizable，当这个值被设定为 true 的时候，ASP.NET 就认为这个控件的属性是可以被本地化的。如下所示：

```
...
[Localizable(true)]
public string controlProperty
{...}
```

被标记为 Localizable(true)的控件属性将被自动添加到本地资源文件中去。现在为页面添加另一个语言版本的资源文件。直接在 localizationText.aspx.resx 资源文件中修改，修改后的内容如图 13-4 所示。

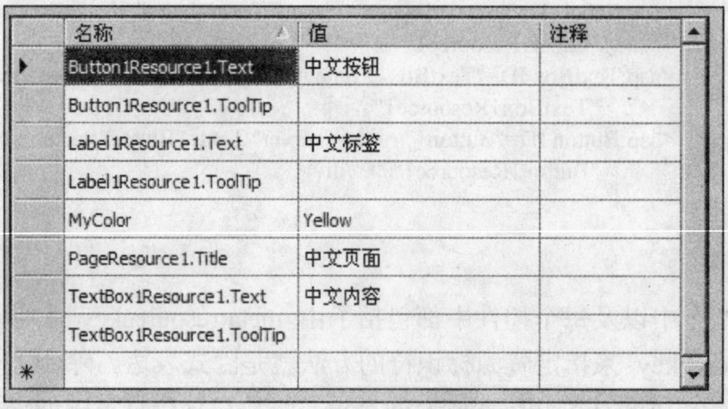

名称
值
注释
Button1Resource1.Text
中文按钮
Button1Resource1.ToolTip
Label1Resource1.Text
中文标签
Label1Resource1.ToolTip
MyColor
Yellow
PageResource1.Title
中文页面
TextBox1Resource1.Text
中文内容
TextBox1Resource1.ToolTip

图 13-4　中文资源文件

资源文件内容修改完毕，单击“文件”菜单，选择“另存 localizationText.aspx.resx 文件为”，把资源文件改名另存为“localizationText.aspx.zh-cn.resx”。这样，页面就有了一个中文版本的资源文件，现在来运行 localizationText，如图 13-5 所示。

Localization Example
English Label
English Text
English Button

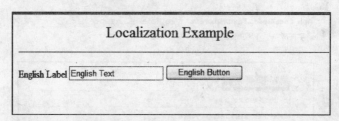

图 13-5　EN-US 设置下的页面效果

改变浏览器设置，在语言设置对话框中添加中文（zh-cn），并单击“上移”按钮，将中文选项移至顶部，单击 OK 按钮，重新浏览页面，页面如图 13-6 所示。

Localization Example
中文标签
中文内容
中文按钮

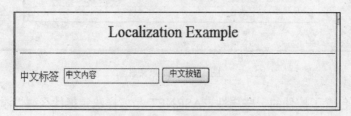

图 13-6　ZH-CN 设置下的页面

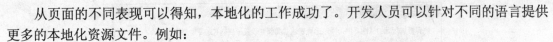

从页面的不同表现可以得知，本地化的工作成功了。开发人员可以针对不同的语言提供更多的本地化资源文件。例如：
- 提供德语的资源文件，则将资源文件命名为：localizationText.aspx.de.resx。
- 提供日语的资源文件，则将资源文件命名为：localizationText.aspx.ja.resx。
- 提供法语的资源文件，则将资源文件命名为：localizationText.aspx.fr.resx。
- ……

以此类推，其中 de 是德语的缩写，ja 是日语的缩写、fr 是法语的缩写。中文则是一个比较特殊的例子，因为中文分为简体中文和繁体中文，不同国家和地区的中文有所区别。如果要提供简体中文，则应该使用 zh-cn 作为缩写。除此之外，中文还有下面几种：zh-mo、zh-hk、zh-tw 和 zh-sg，开发人员可以根据需要进行选择。

存放在 App_LocalResource 目录下的资源只能由对应的页面进行访问。使用隐式表达时，只能使用存放在 App_LocalResource 目录下的资源文件。使用显式表达（Explicit Expression）则可以访问全局资源，全局资源文件存放在 App_GlobalResource 目录下。

2. 使用资源的显式表达方式（Explicit Expression）

使用显式表达式允许开发人员用声明的方式去指定大部分控件或者对象的属性，显示表达式使用下面的语法：

```
<%$ Resource: [命名空间，] [类名.]ResourceKey %>
```

在上面讲解隐式表达方式的时候，提到了 ASP.NET 能够自动识别标记为 Localizable 元数据属性等于 true 的控件属性，并把它们添加到资源文件中。因此对于这些属性的本地化非常方便。不过大多数属性不具备 Localizable 的特征，所以需要使用显式表达来指定资源文件。例如，想要针对不同国家和地区的用户提供不同的用户界面，不仅仅是文字上的不同，还希望对色彩进行改变，那么就需要对某些控件的 BackColor 属性进行本地化。BackColor 属性默认是不支持本地化的，这时就需要用到显式表达式。使用显式表达式，需要为每个资源文件添加 BackColor 的值。开发人员可以双击资源文件进行添加，也可以直接使用文本编辑器打开资源文件进行添加，添加如下所示的 XML：

```
<!-- Default resx -->
<data name="MyColor" xml:space="preserver">
    <value>Green</value>
</data>

<!-- ZH-CN resx -->
<data name="MyColor" xml:space="preserver">
    <value>Yellow</value>
</data>
```

这里的 MyColor 是字符串类型，ASP.NET 会将它自动转换到恰当的类型。现在就可以使用显式表达式来表示控件属性指定的资源文件里的数据了。打开 localizationText.aspx 页面，选择控件 TextBox1 的属性进行查看，在属性窗口中，单击"表达式"打开表达式窗口，为 BackColor 属性选择 Resource 中的"MyColor"字段，如图 13-7 所示。

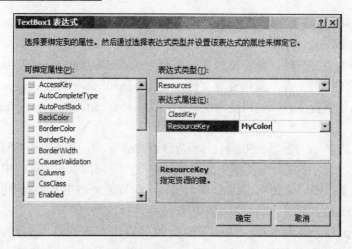

图 13-7 表达式窗口

单击"确定"按钮,表达式对话框就为控件 TextBox1 创建了一个显式表达式,如下所示:

```
<asp:TextBox ID="TextBox1" runat="server" Text="Text" meta:resourcekey=
"TextBox1Resource1"   BackColor= "<%$ Resources:MyColor %>" />
```

BackColor=<%$ Resources:MyColor%>表示了 BackColor 将使用本地资源中的 MyColor 资源。显然不使用表达式对话框也可以为控件属性直接指定显式表达式。ASP.NET 将在运行时根据客户端浏览器的语言,提取相应资源文件中的 MyColor 内容。

3.使用全局资源

本地资源只能被某个特定的页面所访问。那么,要保存一些公有的资源数据就最好使用全局资源文件。所有应用程序级别的资源文件都保存在 App_GlobalResource 目录下。之后可以用资源文件名加资源名的方式进行使用。下面举例说明如何使用全局资源。在 CultureDemo 站点中添加 App_GlobalResources 目录,在该目录下添加一个 MyGloabalResource.resx 资源文件,在这个资源文件中,添加一个字符串类型的资源 TextBox2Text,值为"Global English Text"。接着,在 CultureDemo 站点的 LocalizationText.aspx 页面中添加一个 TextBox 控件 TextBox2,代码如下:

```
<asp:TextBox ID="TextBox2" runat="server" Text="<%$ Resources: MyGlobalResource,
    TextBox2Text %>" Width="240px"></asp:TextBox>
```

运行页面,如图 13-8 所示。

在 TextBox2 的声明中,使用了<%$ Resources:MyGlobalResource,TextBox2Text%>来指定全局资源中的资源文本,其中"MyGlobalResource"是全局资源文件的名称,"TextBox2Text"是资源文件中资源的名称。

与使用本地资源类似的是,ASP.NET 在处理全局资源的时候也可以根据浏览器的语言设置从对应的资源文件中提取资源。下面的例子在 App_GlobalResources 目录下添加 MyGlobalResource.zh-cn.resx 资源文件,资源文件中设置 TextBox2Text 资源的值为"全局资源"。调整浏览器的设置,使中文成为首选语言,在此运行 LocalizationText.aspx 页面,运行结果如图 13-9 所示。

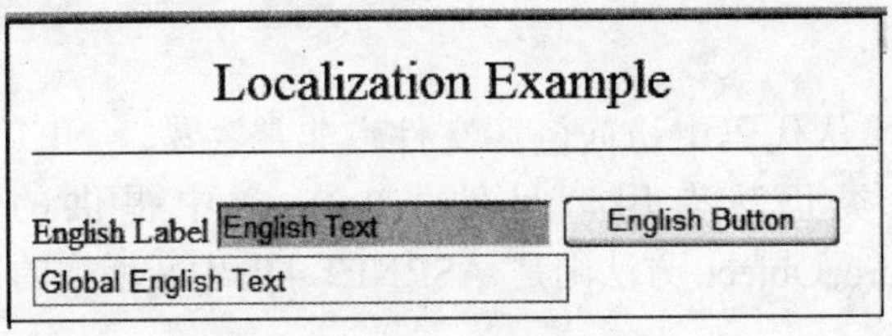

第13章 站点的国际化和本地化

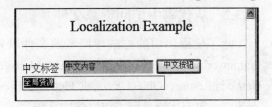

图 13-8 全局资源　　　　　　　　图 13-9 中文全局资源的使用

如上所示，只需要添加资源而不需要修改代码即可实现页面的本地化。

4．对静态文本的本地化

除了对控件的属性进行本地化以外，还可以对页面中的静态文本进行本地化。ASP.NET 使用<asp:Localize>来完成这个工作。将需要本地化的静态文本放到<asp:Localize> </asp:Localize>标签之间，再按照使用本地资源本地化的过程进行操作即可。下面是一个简单的例子，提供中文和英文两个资源文件对静态文本进行显示。如图 13-10 和图 13-11 所示。

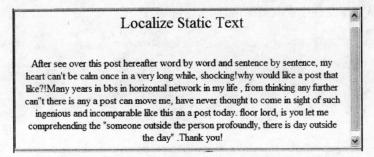

图 13-10 英文版本的静态文本

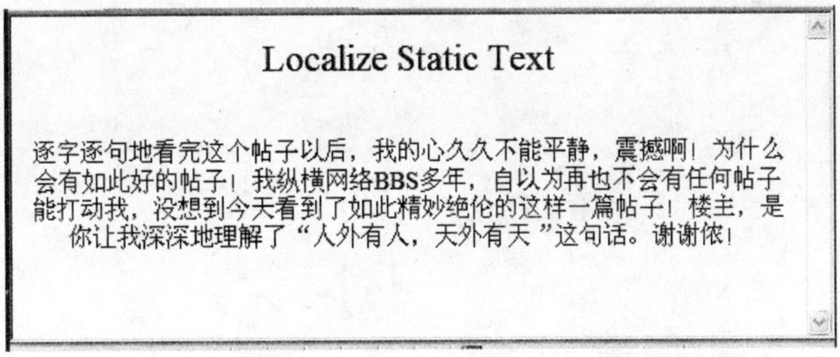

图 13-11 中文版本的静态文本

5．将指定内容排除在本地化之外

在为页面生成本地资源文件时，ASP.NET 默认为页面中所有控件的可本地化属性在资源文件中生成数据。有时候需要为某些控件在所有语言页面中保持一致性，那么需要将它们从本地化的控件集合中排除出去。可以使用 meta:localize="false"这个属性来实现，如下所示：

```
<asp:Button ID="Button1" Runat="server"
        Text="Don't Localize Me!"
        meta:localize="false" />
```

这样，在对页面生成本地资源文件的时候，Button1 就不会包含在内了。

13.3.2 从代码中访问资源文件

除了使用声明的方式使用资源文件以外，从代码中访问资源文件也非常容易。.NET Framework 2.0 中使用的 ResourceManager 类仍然有用，另外，Page 类中提供的 GetLocalResourceObject 方法和 GetGlobalResourceObject 方法则是 ASP.NET 4.0 中新增加的方法，下面的代码示例了如何使用这两个方法：

```
protected void Page_Load(object sender, EventArgs e)
{
    Page.Title = GetLocalResourceObject("PageTitle").ToString();
    Button1.Text = GetLocalResourceObject("MyButtonText").ToString();
    String clrName=GetGlobalResourceObject("MyResources", "MyColor").ToString();
    Color clr = Color.FromName(clrName);
    Button1.BackColor = clr;
    TextBox1.Text =GetGlobalResourceObject("MyResources", "MyTextBoxText" ).ToString();
}
```

可见，通过简单的 GetLocalResourceObject 和 GetGlobalResourceObject 方法就可以实现以编程的方式从资源文件中读取资源信息。

第14章 开发电子商务交易系统

如今 Internet 高速发展，网上金融服务已在世界范围内开展。网络金融服务可满足人们的各种需要，包括网上消费、网上银行、个人理财、网上投资交易、网上炒股等。这些金融服务的特点是通过电子货币进行及时的电子支付与结算。

网络购物作为其中的主力军，越来越受到大家的重视。现在比较完备的网络购物系统都具备购物外加及时支付的功能，这对于电子商务来说是至关重要的。

本章选用的电子商务交易系统是一款优秀的开源系统，具备了购物系统所需要的基本功能以及网络支付框架。通过学习，读者可以掌握基本的开发方法和设计思路。通过扩展，相信读者可以设计出功能更加完善的电子商务交易系统。

14.1 系统概述

本节将全面介绍电子商务交易系统的功能点、部署技术、操作流程。通过阅读本节，读者可以更加全面地了解整个系统的功能点和用户使用场景，为进一步的架构分析打下基础。

14.1.1 系统需求分析

电子商务交易系统遵循开放模式，注册用户可以按照自己的需要任意查看商品和账单结算。对于未注册用户也可以任意查看商品并购物，但在结算账单时要求正式登录系统。

下面将按照用户使用场景、需求功能、维护部署这三点进行讲解。

1. 用户使用场景

用户使用场景是指该系统的宏观需求概念，是站在用户的角度分析系统的用途和功能。电子商务交易系统的使用场景由 3 个部分组成，包括注册用户场景、未注册用户场景和管理员场景。

（1）注册用户场景

注册用户的定义：通过系统注册窗口填写个人账户资料并登录站点的用户。使用注册账户登录后，用户可以查看商品并加入到自己的购物车直至电子结账，也可以为商品打分并添加个人的评论信息。

假如用户对选购的商品需要调整，则可以单独管理自己的购物车信息。如果用户已经下了订单，则可以通过订单查看功能阅读其处理状态。

（2）未注册用户场景

未注册用户的定义是：未通过系统注册或者未使用账号登录系统的用户。当未注册用户访问系统时，可以正常查看商品信息并且购物，同时未注册用户也可以管理自己的购物车。

（3）管理员场景

管理员的定义是：用户账户拥有最大权限，可以进入管理页面并配置系统信息。使用该账户登录系统后，系统菜单将出现配置管理选项。管理员用户可以为系统设置配置信息或者添加商品信息。

2．需求功能

电子商务交易系统的功能需求是根据网络购物所需要达到的目的而设计的，主要分9个模块，具体描述如下。

1）注册登录模块的主要功能包括：添加新用户、用户登录、更新密码。

2）RSS 信息聚合模块的主要功能包括：导出商品信息。

3）首页编辑模块的主要功能包括：添加广告信息、编辑广告信息、删除广告信息。

4）分类商品显示模块的主要功能包括：显示商品列表、显示商品简要介绍。

5）商品详细信息模块的主要功能包括：显示商品信息和图片、对商品打分、添加商品评论。

6）购物车管理模块的主要功能包括：更新商品信息、查看商品种类、删除已购商品。

7）账单结算模块的主要功能包括：填写联系人信息、处理账单请求、交易确认。

8）商品搜索模块的主要功能包括：搜索结果列表。

9）系统管理模块的主要功能包括：管理订单、管理促销信息、管理批量商品、管理商品信息、管理商品分类、管理制造商信息、管理商品评论信息、设定支付流程、设定税率、管理快递公司配置信息。

电子商务交易系统的9个功能模块如图14-1所示，通过此图读者可更加清晰地了解到本系统所具有的功能，以及功能模块之间的关系。

3．维护部署

电子商务交易系统的数据库使用 Microsoft 的 SQL Server 2008 Express。如果需要部署的服务器没有安装 Visual Studio 2010，则可以单独下载 SQL Server Express 安装，安装地址为：http://go.microsoft.com/fwlink/?LinkId=65212。

SQL Server Express 和其他类型的 SQL Server 是可以无缝迁移的，当部署需要改变时可以通过执行脚本文件创建新的电子商务交易系统数据库。

系统的脚本文件保存在代码包"第14章\App_Data\"中。

电子商务交易系统可以直接部署到安装有.Net Framework 4.0 的服务器，Web 服务器可以是 IIS6.0 和 IIS5.0。

通过 IIS 设置虚拟目录并指定电子商务交易系统位置，本例使用名称为"Commerce Starter Kit 21"的文件夹为系统的虚拟目录，如图14-2所示。

开发电子商务交易系统 第14章

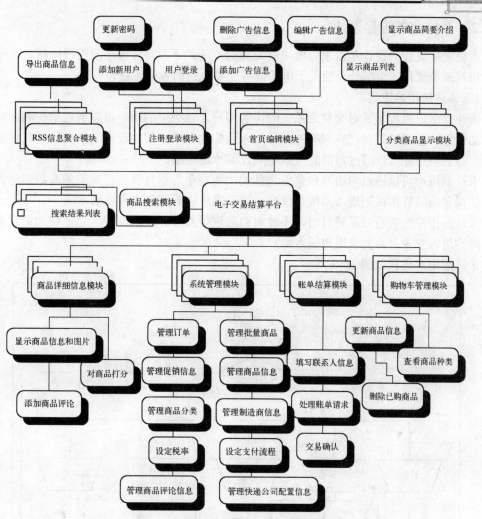

图 14-1 电子商务交易系统功能模块图

图 14-2 电子商务交易系统虚拟目录

14.1.2 系统业务流程设计

系统业务流程的设计是需求分析中很关键的一环，下面将分未注册用户流程、注册用户流程和管理员流程三个部分介绍关于电子商务交易系统的业务流程设计。

1. 未注册用户流程

未注册用户流程是针对未登录系统的访客用户。该类型的用户可以通过单击商品分类浏览商品信息，并可以把自己感兴趣的商品加入到购物车中。假如没有发现自己感兴趣的商品信息，该类型用户可以通过顶部的搜索功能查询特定商品。

未注册用户可以通过单击导航菜单顶部的"购物车"栏目管理已选购的商品信息。此时用户如果单击结算按钮则进入系统登录页，提示用户注册账户或者登录系统。

未注册用户在查看商品信息时，不能对商品进行打分和发表评论信息，假如用户单击这些功能则进入登录页并要求用户输入账户。

未注册用户流程如图 14-3 所示。

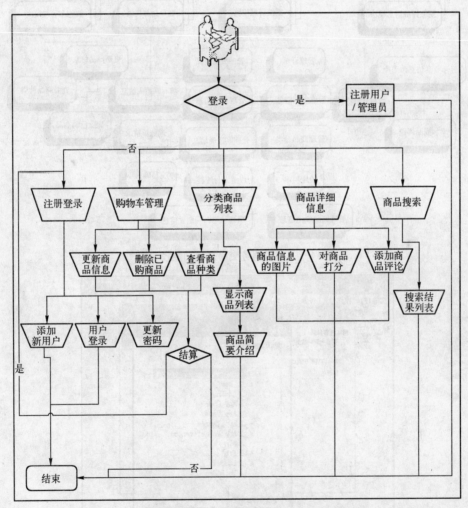

图 14-3 未注册用户流程

2. 注册用户流程

注册用户流程针对成功注册个人账户并登录系统的用户。注册用户可以通过单击左边的商品分类获取自己需要的商品列表。商品列表将显示商品的简介和图片，假如用户单击其中的某个商品图片，则显示商品的详细信息。假如没有发现自己感兴趣的商品信息，该类型用户可以通过顶部的搜索功能查询特定商品。

用户通过商品详细信息页可以为该商品打分或者评论，并且可以把该商品添加到自己的购物车中。注册用户可以通过单击导航菜单顶部的"购物车"栏目管理已选购的商品信息。此时用户如果单击结算按钮则进入账单结算页，提示用户确认订单信息。

注册用户流程如图 14-4 所示。

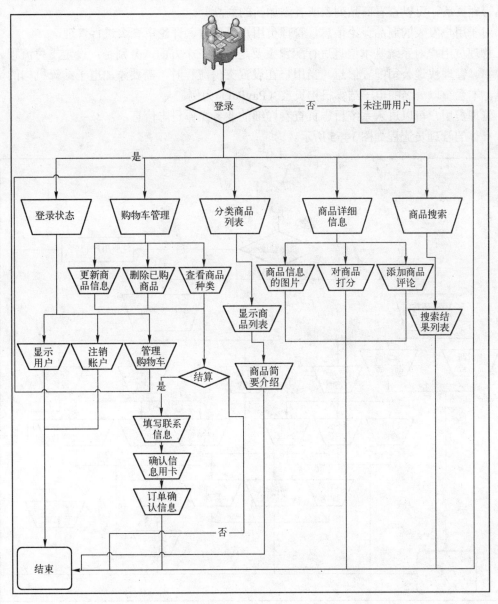

图 14-4 注册用户流程

3. 管理员流程

管理员流程针对成功注册任意账户并由 ASP.NET 配置站点授予权限的用户。使用管理员账户登录系统首页后，用户可以编辑或者添加首页的商品广告信息。

管理员用户可以单击界面顶部的导航菜单进入管理页面。管理页面左边是选项菜单，右边是信息操作区域。

当管理员用户选择订单管理，右侧将显示订单检索功能并允许管理员修改和处理订单信息。假如用户选择促销信息管理，则可以添加站点的促销活动和广告信息。如果管理员用户选择购物券管理，则可以添加购物券类型并可以创建新的购物券信息。

管理员用户在管理商品信息时，首先需要配置商品分类信息和制造商信息。用户在进入商品管理页后，可以查看商品列表或者添加新的商品。

对于用户发表的商品评论信息，管理员用户可以进入评论审查页进行管理。

管理员用户对系统基本信息进行配置主要是针对三个方面，分别是：设定支付流程、设定税率、管理快递公司配置信息。当用户在设置支付流程时，需要添加电子结算机构的认证信息，本系统以著名的电子结算机构贝宝（PayPal）为例。

管理员用户可以进入系统日志页查看详细的业务操作日志信息。

具体的管理员流程如图 14-5 所示。

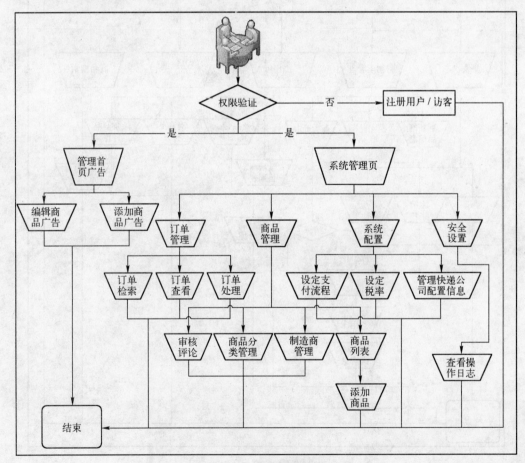

图 14-5　管理员流程

14.2 系统架构与功能模块

本节将介绍电子商务交易系统的总体架构模型,以及各模块的设计方法。还将重点讲解融入系统的 ASP.NET 4.0 全新技术,主要包括:站点主题技术、登录和注册套件、母版技术和 ASP.NET AJAX 技术。

本节将帮助读者掌握电子商务交易系统的系统架构模型。

电子商务交易系统的总体架构模块包括:业务逻辑层、数据访问层、通用层、用户交互层。它们的具体设计方法本节将分四点进行讲解。电子商务交易系统总体架构如图 14-6 所示。

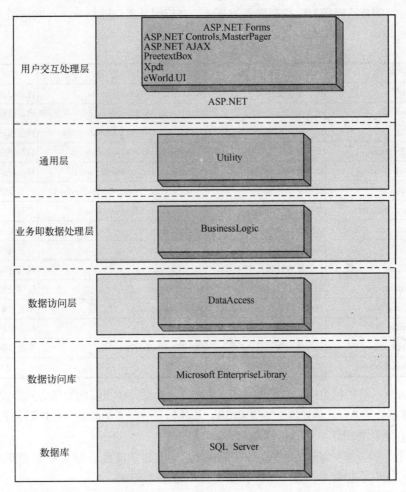

图 14-6 电子商务交易系统架构

1. 用户交互处理层

用户交互处理层承担与用户交互信息的功能,通过界面的各个功能把数据显示给用户并接收用户输入的数据。该层具体包括电子商务交易系统的用户自定义控件、功能页和主题信息。

电子商务交易系统的用户交互处理层充分利用了 ASP.NET 4.0 的技术特点。该层通过

IDE 集成的控件和用户自定义控件实现界面交互功能,主要包括有:异步通信技术 AJAX、母版页 MasterPager 实现整个系统的样式和布局、主题技术实现站点风格自定义、列表控件实现数据显示和登录注册套件实现用户登录与注册功能。

2. 数据库访问层

数据访问层(DAL)在整个架构中扮演着数据库操作的角色,它与业务逻辑层通信并接收和执行用户的操作指令。

电子商务交易系统的数据访问层名称为 DataAccess,该层的类库和代码使用名称为 SubSonic 的对象关系映射架构。数据访问层的数据库操作类采用强类型的数据集,代码分两个部分完成,分别是 SQL 语句构造类和实体方法类。SQL 语句构造类继承自强类型列表 ActiveList,实体方法类则继承自数据操作类 ActiveRecord。

数据访问层的数据操作类以数据库表为基础,并按照其表功能划分,详细说明见表 14-1。

表 14-1 数据访问层

方法名称	功能说明	方法名称	功能说明
Bundles\Bundle.cs	批发信息处理类	Store\Generated\OrderNote.cs	订单记录处理类
Bundles\BundleItem.cs	批发信息获取类	Store\Generated\Product.cs	商品信息处理类
Coupons\Coupon.cs	优惠券处理类	Store\Generated\ProductDescriptor.cs	商品描述信息处理类
Coupons\ICouponEditor.cs	优惠券处理类接口	Store\Generated\ProductRating.cs	商品评分信息处理类
Coupons\PercentOffCoupon.cs	优惠券辅助处理类	Store\Generated\ProductReview.cs	商品评论信息处理类
Promotions\Campaign.cs	促销活动处理类	Store\Generated\ProductReviewFeedback.cs	商品反馈信息处理类
Promotions\ProductDiscount.cs	打折信息处理类	Store\Generated\Transaction.cs	交易信息处理类
Promotions\Promotion.cs	促销信息处理类	Store\Address.cs	联系信息扩展类
Stats\Tracker.cs	邮递状态处理类	Store\Attribute.cs	商品属性处理类
Store\Generated\Ad.cs	商品广告处理类	Store\Category.cs	商品分类信息扩展类
Store\Generated\Address.cs	用户联系信息处理类	Store\Order.cs	订单处理扩展类
Store\Generated\Category.cs	商品分类信息处理类	Store\OrderItem.cs	单笔订单扩展类
Store\Generated\Image.cs	图片处理类	Store\Product.cs	商品信息扩展类
Store\Generated\Order.cs	订单处理类	Store\Transaction.cs	交易信息扩展类
Store\Generated\OrderItem.cs	单笔订单处理类		

通过表 14-1 了解数据访问层的整体结构后,将重点介绍其中主要的数据访问类设计方法,具体包括有:订单处理类和订单处理扩展类 Order、商品信息处理类和商品信息扩展类 Product。

(1)订单处理类和订单处理扩展类

订单处理类和订单处理扩展类名称为 Order,其主要功能是获取订单数据集和处理订单信息,主要方法有添加订单方法 Insert 和更新订单方法 Update。

订单处理类的局部类 OrderCollection 主要实现 SQL 查询条件的构造,操作的数据库表为"CSK_Store_Order"。

订单处理类的局部类 OrderCollection 主要程序代码如下:

```
public partial class OrderCollection : ActiveList<Order> {//订单集合处理类
    List<Where> wheres = new List<Where>();//构造 SQL 条件
    List<BetweenAnd> betweens = new List<BetweenAnd>();//构造限制条件
```

```csharp
        SubSonic.OrderBy orderBy;
        public OrderCollection OrderByAsc(string columnName) {//按照升序获取订单数据
            this.orderBy = SubSonic.OrderBy.Asc(columnName);
            return this;
        }
        public OrderCollection OrderByDesc(string columnName) {//按照降序获取订单数据
            this.orderBy = SubSonic.OrderBy.Desc(columnName);
            return this;
        }
    public OrderCollection WhereDatesBetween(string columnName, DateTime dateStart, DateTime dateEnd)
    {    //构造日期查询数据集
            return this;
        }
        public OrderCollection Where(Where where) {//添加查询条件语句
            wheres.Add(where);
            return this;
        }
        public OrderCollection Where(string columnName, object value) {//通过字段构造查询条件
            Where where = new Where();
            where.ColumnName = columnName;
            where.ParameterValue = value;
            Where(where);
            return this;
        }
        //通过字段，关系构建查询条件
        public OrderCollection Where(string columnName, Comparison comp, object value) {
            Where where = new Where();
            where.ColumnName = columnName;
            where.Comparison = comp;
            where.ParameterValue = value;
            Where(where);
            return this;
        }
        //通过字段，开始和结束时间构造查询条件
        public OrderCollection BetweenAnd(string columnName, DateTime dateStart, DateTime dateEnd) {
            BetweenAnd between = new BetweenAnd();
            between.ColumnName = columnName;
            between.StartDate = dateStart;
            between.EndDate = dateEnd;
            betweens.Add(between);
            return this;
        }
        public OrderCollection Load() {//加载方法
            Query qry = new Query("CSK_Store_Order");//执行存储过程"CSK_Store_Order"
            foreach (Where where in wheres) {
                qry.AddWhere(where);
            }
            foreach (BetweenAnd between in betweens) {//添加查询条件
                qry.AddBetweenAnd(between);
            }
            if (orderBy != null)//当排序条件非空
                qry.OrderBy = orderBy;
            IDataReader rdr = qry.ExecuteReader();//执行查询
            this.Load(rdr);
            rdr.Close();
        return this;
        }
```

}

订单处理类的局部类 Order 主要实现数据库订单表"CSK_Store_Order"的结构实体映射和订单更新与添加。

订单添加和更新的方法名称为 Insert 和 Update，这两个方法都能实现订单实体的赋值并调用数据驱动库 SubSonic 的保存方法 Save。

订单处理类的局部类 Order 主要程序代码如下：

```
public partial class Order : ActiveRecord<Order> {
    public static Query CreateQuery() {
        return new Query("CSK_Store_Order");}        //创建查询实例
    [XmlAttribute("OrderID")]
    public int OrderID {                              //获取和设置订单编号
        get {
            object result=this.GetColumnValue("OrderID");
            int oOut=0;
            try{oOut= int.Parse(result.ToString());}catch{}
            return oOut;
        }
        set {
            this.MarkDirty();
            this.SetColumnValue("OrderID", value);
        }
    }
    [XmlAttribute("OrderGUID")]
    public string OrderGUID {                         //获取和设置订单唯一编号
        get {
            object result=this.GetColumnValue("OrderGUID");
            string sOut=result==null? string.Empty : result.ToString();
            rcturn sOut;
        }
        set {
            this.MarkDirty();
            this.SetColumnValue("OrderGUID", value);
        }
    }
    [XmlAttribute("Email")]
    public string Email {                             //获取和设置邮件
        get {
            object result=this.GetColumnValue("Email");
            string sOut=result==null? string.Empty : result.ToString();
            return sOut;
        }
        set {
            this.MarkDirty();
            this.SetColumnValue("Email", value);
        }
    }
    public static void Insert(string orderGUID,string orderNumber,DateTime orderDate,int
orderStatusID,string userName,string email,string firstName,string lastName,string shipPhone,string
shippingMethod,decimal subTotalAmount,decimal shippingAmount,decimal handlingAmount,decimal
taxAmount,decimal taxRate,string couponCodes,decimal discountAmount,string specialInstructions,string
shipToAddress,string billToAddress,string userIP,string shippingTrackingNumber,int
numberOfPackages,string packagingNotes)  {           //通过订单参数为订单实体赋值
        Order item=new Order();
        item.OrderGUID=orderGUID;                     //订单编号
```

```csharp
        item.OrderNumber=orderNumber;                        //订单数
        item.OrderDate=orderDate;                            //日期
        item.OrderStatusID=orderStatusID;                    //订单状态
        item.UserName=userName;                              //用户名
        item.Email=email;                                    //邮件
        item.FirstName=firstName;                            //名
        item.LastName=lastName;                              //姓
        item.ShipPhone=shipPhone;                            //邮寄电话
        item.ShippingMethod=shippingMethod;                  //邮寄方法
        item.SubTotalAmount=subTotalAmount;                  //总价格
        item.ShippingAmount=shippingAmount;                  //邮寄价格
        item.HandlingAmount=handlingAmount;                  //处理价格
        item.TaxAmount=taxAmount;                            //税费
        item.TaxRate=taxRate;                                //税率
        item.CouponCodes=couponCodes;                        //优惠券
        item.DiscountAmount=discountAmount;                  //折扣
        item.SpecialInstructions=specialInstructions;        //特别说明
        item.ShipToAddress=shipToAddress;                    //投递地址
        item.BillToAddress=billToAddress;                    //账单地址
        item.UserIP=userIP;                                  //用户 IP
        item.ShippingTrackingNumber=shippingTrackingNumber;  //跟踪码
        item.NumberOfPackages=numberOfPackages;              //包裹数
        item.PackagingNotes=packagingNotes;                  //包裹备注
    item.Save(System.Web.HttpContext.Current.User.Identity.Name);  //保存订单信息
    }
    //Updates a record, can be used with the Object Data Source
    public static void Update(int orderID,string orderGUID,string orderNumber,DateTime orderDate,int orderStatusID,string userName,string email,string firstName,string lastName,string shipPhone,string
        shippingMethod,decimal subTotalAmount,decimal shippingAmount,decimal handlingAmount,decimal taxAmount,decimal taxRate,string couponCodes,decimal discountAmount,string specialInstructions,string
        shipToAddress,string billToAddress,string userIP,string shippingTrackingNumber,int numberOfPackages,string packagingNotes)    {
        Order item=new Order();
        item.OrderID=orderID;                                //订单编号
            item.OrderGUID=orderGUID;                        //订单唯一编码
            item.OrderNumber=orderNumber;                    //订单数
            item.OrderDate=orderDate;                        //日期
            item.OrderStatusID=orderStatusID;                //订单状态
            item.UserName=userName;                          //用户名
            item.Email=email;                                //邮件
            item.FirstName=firstName;                        //名
            item.LastName=lastName;                          //姓
            item.ShipPhone=shipPhone;                        //邮寄电话
            item.ShippingMethod=shippingMethod;              //邮寄方法
            item.SubTotalAmount=subTotalAmount;              //总价格
            item.ShippingAmount=shippingAmount;              //邮寄价格
            item.HandlingAmount=handlingAmount;              //处理价格
            item.TaxAmount=taxAmount;                        //税费
            item.TaxRate=taxRate;                            //税率
            item.CouponCodes=couponCodes;                    //优惠券
            item.DiscountAmount=discountAmount;              //折扣
            item.SpecialInstructions=specialInstructions;    //特别说明
            item.ShipToAddress=shipToAddress;                //投递地址
```

```
                    item.BillToAddress=billToAddress;                  //账单地址
                    item.UserIP=userIP;                                //用户IP
                    item.ShippingTrackingNumber=shippingTrackingNumber; //跟踪码
                    item.NumberOfPackages=numberOfPackages;            //包裹数
                    item.PackagingNotes=packagingNotes;                //包裹备注
              item.IsNew=false;                                        //不新增订单
              item.Save(System.Web.HttpContext.Current.User.Identity.Name); //保存订单信息
        }
    }
        …（略）
```

订单处理扩展类名称为 Order，该类被定位为局部类并与订单处理类属于同一个处理类。作为订单处理的扩展类，该类主要实现常规添加和更新方法的扩展，主要包括的方法有：计算订单价值方法 CalculateSubTotal、删除处理中的订单方法 DeletePermanent 和批量插入订单商品方法 SaveItems。

计算订单价值的方法名称为 CalculateSubTotal，其主要功能是获取订单中各商品项并计算总价值和折扣值。

删除处理中的订单方法名称为 DeletePermanent，该方法将删除与指定订单有关的所有表数据。删除方法将分别构造 4 个执行语句以便删除涉及的 4 个对象映射表，分别包括：订单记录 OrderNote、交易处理 Transaction、商品项 items 和订单信息 Order。

批量插入订单商品的方法名称是 SaveItems，该方法将通过循环语句从当前订单对象获取所有的商品项并添加到查询集合 QueryCommandCollection，并最终执行数据驱动库 SubSonic 的事务执行方法 ExecuteTransaction。

订单处理扩展类主要代码如下：

```
        public decimal CalculateSubTotal()              //计算总价格
        {   decimal dOut = 0;
            if (this.Items != null)
            {   foreach (OrderItem item in this.Items)  //循环获取商品信息
                {
                    dOut += item.LineTotal;             //累加价格
                }
                dOut = Math.Round(dzhuyaoOut, currencyDecimals);
                //apply any discounts
                dOut -= this.DiscountAmount;            //扣除折扣
            }
            else
            {   dOut = 0;
            }
            //using this for the save method
            return dOut;
        }
        //删除正在处理的订单
        public void DeletePermanent()                   //删除
        {   QueryCommandCollection coll = new QueryCommandCollection();
            if (this.OrderStatus == OrderStatus.NotProcessed)
            {   Query q = new Query(OrderNote.GetTableSchema()); //获取 OrderNote 表结构
                q.AddWhere("orderID", OrderID);         //添加查询条件
                coll.Add(q.BuildDeleteCommand());
                //transactions
                q = new Query(Transaction.GetTableSchema());     //获取 Transaction 表结构
```

```
                q.AddWhere("orderID", OrderID);
                coll.Add(q.BuildDeleteCommand());                //构建删除命令
                //商品信息
                q = new Query(OrderItem.GetTableSchema());       //获取 OrderItem 表结构
                q.AddWhere("orderID", OrderID);
                coll.Add(q.BuildDeleteCommand());
                q = new Query(Schema);
                q.AddWhere("orderID", OrderID);
                coll.Add(q.BuildDeleteCommand());
                DataService.ExecuteTransaction(coll);            //执行删除命令
            }
        }
        public void SaveItems(){
            //保存全部商品信息
            QueryCommandCollection coll = new QueryCommandCollection();
            //获取商品表架构
            Query qry = new Query(OrderItem.GetTableSchema());
            qry.AddWhere("orderID", this.OrderID);               //添加查询条件
            qry.QueryType = QueryType.Delete;
            coll.Add(qry.BuildCommand());
            QueryCommand insertItemCommand = null;
            foreach (OrderItem item in this.Items)               //循环依次添加商品信息
            {   insertItemCommand = item.GetInsertCommand(Utility.GetUserName());
                coll.Add(insertItemCommand);
            }
            DataService.ExecuteTransaction(coll);                //执行插入
        }
    ……（略）
```

（2）商品信息处理类和商品信息扩展类

商品信息处理类名称为 Product，其主要功能是获取商品数据集和处理商品信息，主要方法有：添加商品方法 Insert 和更新商品方法 Update。

商品信息处理类的局部类 ProductCollection 主要实现 SQL 查询条件的构造，操作的数据库表为"CSK_Store_Product"。

商品信息处理类的局部类 ProductCollection 主要程序代码如下：

```
    public partial class ProductCollection : ActiveList<Product> {
        List<Where> wheres = new List<Where>();
        List<BetweenAnd> betweens = new List<BetweenAnd>();     //创建强类型数组
        SubSonic.OrderBy orderBy;
        public ProductCollection OrderByAsc(string columnName) { //通过字段升序订单
            this.orderBy = SubSonic.OrderBy.Asc(columnName);
            return this;
        }
        public ProductCollection OrderByDesc(string columnName) { //降序排列订单信息
            this.orderBy = SubSonic.OrderBy.Desc(columnName);
            return this;
        }
     public ProductCollection WhereDatesBetween(string columnName, DateTime dateStart, DateTime dateEnd)
     {    return this;
     }
        public ProductCollection Where(Where where) {            //构建查询条件
            wheres.Add(where);
            return this;
        }
```

```csharp
        public ProductCollection Where(string columnName, object value) {        //通过字段构建商品查询条件
            Where where = new Where();
            where.ColumnName = columnName;
            where.ParameterValue = value;
            Where(where);
            return this;
        }
        //通过字段关系构建查询条件
        public ProductCollection Where(string columnName, Comparison comp, object value) {
            Where where = new Where();
            where.ColumnName = columnName;
            where.Comparison = comp;
            where.ParameterValue = value;
            Where(where);
            return this;
        }
        //通过字段开始和结束时间构造查询条件
        public ProductCollection BetweenAnd(string columnName, DateTime dateStart, DateTime dateEnd) {
            BetweenAnd between = new BetweenAnd();
            between.ColumnName = columnName;
            between.StartDate = dateStart;
            between.EndDate = dateEnd;
            betweens.Add(between);
            return this;
        }
    }
```

商品信息处理类的局部类 Product 主要实现数据库订单表"CSK_Store_Product"的结构实体映射和商品信息更新与添加。

商品信息添加和更新的方法名称为 Inscrt 和 Update，两个方法都将实现商品信息实体的赋值并调用数据驱动库 SubSonic 的保存方法 Save。

商品信息处理类的局部类 Product 主要程序代码如下：

```csharp
    public partial class Product : ActiveRecord<Product> {
        void SetSQLProps() {
            if (Schema == null)
                Schema = Query.BuildTableSchema("CSK_Store_Product");//创建商品信息表的结构
        }
        public static TableSchema.Table GetTableSchema() {
            Product item = new Product();
            return Product.Schema;
        }
        public static Query CreateQuery() {
            return new Query("CSK_Store_Product");
        }
        public   Product() {//构造商品信息
            SetSQLProps();
            SetDefaults();
            this.MarkNew();
        }
        public Product(object keyID) {        //获取特定商品
            SetSQLProps();
            base.LoadByKey(keyID);
        }
        public Product(string columnName, object columnValue) {    //通过字段列获取商品信息
            SetSQLProps();
```

```csharp
        base.LoadByParam(columnName,columnValue);
    }
    [XmlAttribute("ShortDescription")]
    public string ShortDescription {            //简短描述
        get {
            object result=this.GetColumnValue("ShortDescription");
            string sOut=result==null? string.Empty : result.ToString();
            return sOut;
        }
        set {
            this.MarkDirty();
            this.SetColumnValue("ShortDescription", value);
        }
    }
    //通过数据源插入商品信息
public static void Insert(string sku,string productGUID,string productName,string shortDescription,int
 manufacturerID,string attributeXML,int statusID,int productTypeID,int shippingTypeID,int
  shipEstimateID,int taxTypeID,string stockLocation,decimal ourPrice,decimal retailPrice,decimal
 weight,string currencyCode,string unitOfMeasure,string adminComments,decimal length,decimal
  height,decimal width,string dimensionUnit,bool isDeleted,int listOrder,int ratingSum,int
 totalRatingVotes,string defaultImage)  {
        Product item=new Product();
        item.Sku=sku;
            item.ProductGUID=productGUID;                //商品唯一编号
            item.ProductName=productName;                //商品名
            item.ShortDescription=shortDescription;       //描述
            item.ManufacturerID=manufacturerID;          //制造商编号
            item.AttributeXML=attributeXML;
            item.StatusID=statusID;                      //状态编号
            item.ProductTypeID=productTypeID;            //商品类型编号
            item.ShippingTypeID=shippingTypeID;          //邮寄类型编号
            item.ShipEstimateID=shipEstimateID;          //评价编号
            item.TaxTypeID=taxTypeID;                    //税类型编号
            item.StockLocation=stockLocation;            //库存位置
            item.OurPrice=ourPrice;                      //内部价格
            item.RetailPrice=retailPrice;                //零售价格
            item.Weight=weight;                          //重量
            item.CurrencyCode=currencyCode;              //货币类型
            item.UnitOfMeasure=unitOfMeasure;            //尺寸单位
            item.AdminComments=adminComments;            //管理员批注
            item.Length=length;                          //长度
            item.Height=height;                          //高度
            item.Width=width;                            //宽度
            item.DimensionUnit=dimensionUnit;
            item.IsDeleted=isDeleted;                    //是否删除
            item.ListOrder=listOrder;                    //订单列表
            item.RatingSum=ratingSum;                    //税率总计
            item.TotalRatingVotes=totalRatingVotes;      //投票数
            item.DefaultImage=defaultImage;              //图片
        item.Save(System.Web.HttpContext.Current.User.Identity.Name);       //保存商品信息
    }
    // 通过数据源更新商品信息
  public static void Update(int productID,string sku,string productGUID,string productName,string
 shortDescription,int manufacturerID,string attributeXML,int statusID,int productTypeID,int
    shippingTypeID,int shipEstimateID,int taxTypeID,string stockLocation,decimal ourPrice,decimal
```

```csharp
retailPrice,decimal weight,string currencyCode,string unitOfMeasure,string adminComments,decimal
length,decimal height,decimal width,string dimensionUnit,bool isDeleted,int listOrder,int ratingSum,int
totalRatingVotes,string defaultImage)  {
    Product item=new Product();
    item.ProductID=productID;                              //商品编号
    item.Sku=sku;
    item.ProductGUID=productGUID;                          //商品唯一编号
    item.ProductName=productName;                          //商品名
    item.ShortDescription=shortDescription;                //描述
    item.ManufacturerID=manufacturerID;                    //制造商编号
    item.AttributeXML=attributeXML;
    item.StatusID=statusID;                                //状态编号
    item.ProductTypeID=productTypeID;                      //商品类型编号
    item.ShippingTypeID=shippingTypeID;                    //邮寄类型编号
    item.ShipEstimateID=shipEstimateID;                    //评价编号
    item.TaxTypeID=taxTypeID;                              //税类型编号
    item.StockLocation=stockLocation;                      //库存位置
    item.OurPrice=ourPrice;                                //内部价格
    item.RetailPrice=retailPrice;                          //零售价格
    item.Weight=weight;                                    //重量
    item.CurrencyCode=currencyCode;                        //货币类型
    item.UnitOfMeasure=unitOfMeasure;                      //尺寸单位
    item.AdminComments=adminComments;                      //管理员批注
    item.Length=length;                                    //长度
    item.Height=height;                                    //高度
    item.Width=width;                                      //宽度
    item.DimensionUnit=dimensionUnit;
    item.IsDeleted=isDeleted;                              //是否删除
    item.ListOrder=listOrder;                              //订单列表
    item.RatingSum=ratingSum;                              //税率总计
    item.TotalRatingVotes=totalRatingVotes;                //投票数
    item.DefaultImage=defaultImage;                        //图片
    item.IsNew=false;
    item.Save(System.Web.HttpContext.Current.User.Identity.Name);   //保存商品信息
    }
}
…（略）
```

商品信息扩展类名称为 Product，该类被定位为局部类并与商品信息处理类属于同一个处理类。作为商品信息处理的扩展类，该类主要实现商品信息常量的获取和商品等级的计算，主要包括的属性有：商品类型 ProductType、邮递类型 ShippingType、商品状态 Status 和商品等级 Rating。

其中商品等级属性 Rating 将计算该商品的等级得分，计算的方式是用等级总数除以总投票数。

商品信息扩展类 Product 主要代码如下：

```csharp
public partial class Product : ActiveRecord<Product>
{   public Product(string sku)                    //通过 SKU 获取商品信息
    {   SetSQLProps();
        LoadByParam("sku", sku);
    }
    public ProductStatus Status {                 //商品状态信息
```

```csharp
        get {
            return (ProductStatus)this.GetColumnValue("statusID");
        }
        set {
            this.MarkDirty();
            this.SetColumnValue("statusID", value);
        }
    }
    public ProductType ProductType {        //商品类型
        get {
            return (ProductType)this.GetColumnValue("productTypeID");
        }
        set {
            this.MarkDirty();
            this.SetColumnValue("productTypeID", value);
        }
    }
    public ShippingType ShippingType {      //邮寄类型
        get {
            return (ShippingType)this.GetColumnValue("shippingTypeID");
        }
        set {
            this.MarkDirty();
            this.SetColumnValue("shippingTypeID", value);
        }
    }
    private decimal rating;
    public decimal Rating                   //评价等级
    {   get {
            if (this.TotalRatingVotes > 0)
            {
                rating = this.RatingSum / TotalRatingVotes;
            }
            else
            {
                rating = 4;
            }
            return rating;
        }
    }
    private decimal _youSavePercent;
    public decimal YouSavePercent           //节约百分比
    {   get
        {
            return _youSavePercent;
        }
        set
        {
            _youSavePercent = value;
        }
    }
    private decimal _youSavePrice;
    public decimal YouSavePrice             //节约的价格
    {   get
        {
            return _youSavePrice;
        }
```

```
                set
                {
                    _youSavePrice = value;
                }
            }
        }
    …（略）
```

数据库访问层的具体实现代码可以参考代码包"第 14 章\Commerce Starter Kit 21/App_Code\DataAccess/"文件。

3．业务逻辑层

系统业务逻辑层在整个电子商务交易系统的架构中属于业务处理层。该层与用户交互层通信，处理用户从界面发出的操作指令和业务规则。

电子商务交易系统的业务逻辑层按照功能可划分为 7 个功能类，见表 14-2。

表 14-2 业务逻辑层

业务逻辑文件名称	功能说明
AdController.cs	广告管理类
CategoryController.cs	商品分类管理类
MessagingController.cs	消息管理类
OrderController.cs	订单管理类
ProductController.cs	商品管理类
ProductRatingController.cs	商品等级管理类
PromotionService.cs	促销信息管理类

业务逻辑层即每个处理类按照功能点设计具体的业务逻辑方法，共同的特点是通过调用数据访问层实现对数据库的操作。

该小节选择 3 个主要的业务处理类进行讲解，分别是商品分类管理类 CategoryController、订单管理类 OrderController 和商品管理类 ProductController。

（1）商品分类管理类

商品分类管理类名称为 CategoryController，该类主要实现商品分类列表和详细分类信息的数据获取，主要方法有：查找分类信息方法 Find、获取分类列表方法 GetDataSetList 和获取综合分类信息方法 GetPageByID。

商品分类管理类结构如图 14-7 所示。

查找分类信息方法 Find 将根据分类编号获取指定的分类信息。该方法通过循环语句遍历当前分类集合 catList，并返回分类信息的实体 Category。

图 14-7 商品分类管理类

查找分类信息方法 Find 主要代码如下：

```
public static Category Find(int categoryID)
{
    Category cOut = null;
    foreach (Category cat in catList)           //循环查找分类信息
```

```
            if (cat.CategoryID == categoryID)
            {
                cOut = cat;
                break;
            }
        }
        return cOut;                        //返回查找结果
    }
```

获取分类列表方法 GetDataSetList 将获取全部商品分类信息,并通过数据集 DataSet 返回给调用者。获取分类列表方法 GetDataSetLis 主要代码如下:

```
    public static CategoryCollection GetByProductID(int productID)
    {               //通过存储过程获取商品信息
        IDataReader rdr = SPs.StoreCategoryGetByProductID(productID).GetReader();
        CategoryCollection list = new CategoryCollection();
        list.Load(rdr);                   //将数据结果加载到分类集合
        rdr.Close();                      //关闭读取
        return list;                      //返回分类数据集合
    }
```

获取综合分类信息方法 GetPageByID 将获取相关分类列表和涉及的商品信息。该方法使用的查询参数是分类编号 categoryID,返回的数据类型为数据集 DataSet。

获取综合分类信息方法 GetPageByID 主要代码如下:

```
    public static DataSet GetPageByID(int categoryID)
    {
        return SPs.StoreCategoryGetPageMulti(categoryID).GetDataSet();    //获取分类分页数据
    }
```

(2) 订单管理类

订单管理类名称为 OrderController,该类主要实现订单信息管理和购物车管理,主要方法有:添加商品到购物车方法 AddItem、更新购物量方法 AdjustQuantity、取消订单方法 CancelOrder 和退返订单方法 CanRefund。

订单管理类结构如图 14-8 所示。

添加商品到购物车方法 AddItem 将根据当前用户选择的商品添加信息到数据库。该方法需要获取当前用户名称和商品编号,并调用数据访问层 SPs 的购物车信息添加方法 StoreAddItemToCart。

图 14-8 订单管理类

添加商品到购物车方法 AddItem 主要代码如下:

```
    public static void AddItem(Product product)
    {               //处理出错信息
        int orderID = ProvisionOrder(Utility.GetUserName());    //获取当前订单编号
        string selectedAttrbutes = string.Empty;
        if (product.SelectedAttributes != null)
          selectedAttrbutes = product.SelectedAttributes.ToString().Trim();
        //获取商品折扣信息
        product.OurPrice -= product.DiscountAmount;
        //add the order using the CSK_Store_AddItemToCart SP
```

```
            SPs.StoreAddItemToCart(Utility.GetUserName(), product.ProductID,
            selectedAttrbutes, product.OurPrice, product.PromoCode, product.Quantity).Execute();
            //获取商品数量
            int oldQuantity = GetExistingQuantity(orderID,product);
        }
```

更新购物量方法 AdjustQuantity 将根据用户的需求调整购物车中指定商品的数量。该方法需要获取的参数包括：订单编号 orderID、商品编号 productID、商品品质 Attributes 和商品数量 newQuantity。

更新购物量方法最终将调用数据驱动库 SubSonic 的执行更新方法 Execute。

更新购物量方法 AdjustQuantity 主要代码如下：

```
public static void AdjustQuantity(int orderID, int productID, string selectedAttributes, int newQuantity)
{   //假如商品已存在就添加数量,否则新添加商品
    Query q = new Query(OrderItem.GetTableSchema());
    q.AddWhere("orderID", orderID);                              //订单编号
    q.AddWhere("productID", productID);                          //商品编号
    q.AddWhere("attributes", selectedAttributes);                //商品属性
    q.AddUpdateSetting("quantity", newQuantity);                 //数量
    q.AddUpdateSetting("modifiedOn", DateTime.UtcNow.ToString()); //修改时间
    q.AddUpdateSetting("modifiedBy", Utility.GetUserName());     //修改人
    //检查数据行的更新
    q.Execute();                                                  //执行更新操作
}
```

取消订单方法 CancelOrder 将更新订单取消信息和相关备注。该方法包括的参数有：订单信息处理对象 Order 和取消原因描述 cancellationReason。该方法首先调用订单信息处理类的处理人信息更新方法 Save，其次再调用订单记录处理类 OrderNote 的订单状态更新方法 Save。

取消订单方法 CancelOrder 主要代码如下：

```
public static void CancelOrder(Order order, string cancellationReason){
        //更新订单状态
        order.OrderStatus = OrderStatus.OrderCancelledPriorToShipping;
        order.Save(Utility.GetUserName());
        //添加订单取消备注
        OrderNote note = new OrderNote();                //创建备注实例
        note.OrderID = order.OrderID;
        note.OrderStatus =
                Enum.GetName(typeof(OrderStatus),OrderStatus.OrderCancelledPriorToShipping);
        note.Note = "Order Cancelled by "+Utility.GetUserName()+": " + cancellationReason;
        note.Save(Utility.GetUserName());                //保存备注信息
    }
```

退返订单方法 CanRefund 完成订单是否能被退订的判断。该方法通过订单处理类获取其订单状态属性 OrderStatus，并利用 switch 语句依次判断是否符合退订的条件。

退返订单方法 CanRefund 主要代码如下：

```
public static bool CanRefund(Order order)
{   bool bOut = false;
    //1.订单并未邮寄
    //2.该订单并未退返
```

```
//代码根据这些状态判断是否允许退返订单
switch (order.OrderStatus)
{
    case OrderStatus.NotProcessed:                          //未处理
        break;
    case OrderStatus.ReceivedAwaitingPayment:               //等待支付
        bOut = true;
        break;
    case OrderStatus.ReceivedPaymentProcessingOrder:        //接受支付处理
        bOut = true;
        break;
    case OrderStatus.GatheringItemsFromInventory:           //收集商品信息
        bOut = true;
        break;
    case OrderStatus.AwatingShipmentToCustomer:             //等待收货
        bOut = true;
        break;
    case OrderStatus.DelayedItemsNotAvailable:              //延迟商品支付
        break;
    case OrderStatus.ShippedToCustomer:                     //邮寄给客户
        break;
    case OrderStatus.DelayedReroutingShipping:              //重新选择邮寄地址
        break;
    case OrderStatus.DelayedCustomerRequest:                //延迟客户请求
        bOut = true;
        break;
    case OrderStatus.DelayedOrderUnderReview:               //延迟订单评论
        bOut = true;
        break;
    case OrderStatus.OrderCancelledPriorToShipping:         //取消订单优先级
        break;
    case OrderStatus.OrderRefunded:                         //订单退订
        break;
    default:
        break;
}
//计算总价值
if (order.CalculateSubTotal() <= 0)
    bOut = false;
return bOut;//退返订单状态
```

（3）商品管理类

商品管理类名称为 ProductController，该类主要实现商品及其附属信息的获取和更新，主要方法有：商品信息获取方法 LoadByDataSet、获取商品信息方法 GetProduct 和商品深层次获取方法 GetProductDeep。

商品管理类结构如图 14-9 所示。

商品信息获取方法 LoadByDataSet 将获取商品的附属信息，主要包括商品创建时间、商品图片、商品评论信息和商品描述信息。

图 14-9 商品管理类

该方法包括两个参数，分别是商品信息处理对象 Product 和商品信息数据集 DataSet。商品信息处理对象 Product 用于保存商品图片、商品描述等信息，商品信息数据集 DataSet 将作为赋值的数据源。

商品信息获取方法 LoadByDataSet 主要代码如下：

```
static void LoadByDataSet(Product product,DataSet ds)
{    //加载商品信息
    if (ds.Tables[0].Rows.Count > 0) {
        product.Load(ds.Tables[0].Rows[0]);
        product.ShippingEstimate = ds.Tables[0].Rows[0]["shippingEstimate"].ToString();
    }
    //创建图片数据集合实例
    product.Images = new ImageCollection();
    product.Images.Load(ds.Tables[1]);              //加载图片数据
    if (product.Images.Count > 0)
    product.ImageFile = product.Images[0].ImageFile;        //图片文件
    //评论信息
    product.Reviews = new ProductReviewCollection();
    product.Reviews.Load(ds.Tables[2]);             //加载商品评论信息
    //商品描述信息
    product.Descriptors = new ProductDescriptorCollection();
    product.Descriptors.Load(ds.Tables[3]);         //加载商品描述信息
}
```

获取商品信息方法 GetProduct 将获取指定的商品信息并返回相关实体信息。该方法通过调用数据访问层 Product 的商品获取方法 FetchByID 来实现指定商品信息的保存。获取商品图片信息则调用数据驱动库 SubSonic 的数据执行方法 ExecuteScalar。

获取商品信息方法 GetProduc 主要代码如下：

```
public static Product GetProduct(int productID){
    //load up the product
    Product product=Product.FetchByID(productID);
    //设置图片信息
    Query q = new Query(Commerce.Common.Image.GetTableSchema());   //获取图片表结构
    q.AddWhere("productID", productID);             //添加参数
    q.Top = "1";
    q.SelectList = "imageFile";
    string imgFile = q.ExecuteScalar().ToString();  //查询商品图片文件
    product.ImageFile = imgFile;                    //设置图片路径
    return product;                                 //返回商品信息实体
}
```

商品深层次获取方法 GetProductDeep 将查询商品的综合信息，涉及的数据表有：图片信息 Image、商品评论信息 ProductReview 和商品描述信息 ProductDescriptor。

该方法将最终通过数据驱动库 SubSonic 的 SQL 语句获取方法 GetSql 构建多表联查，并返回查询到的商品信息对象。

商品深层次获取方法 GetProductDeep 主要代码如下：

```
public static Commerce.Common.Product GetProductDeep(int productID)
{       //通过多数据源返回商品详细信息
        //for performance, queue up the 4 SQL calls into one
        string sql = "";
        Query q = new Query("vwProduct");
        q.AddWhere("productID", productID);              //添加商品编号参数
        //append
        sql += q.GetSql()+"\r\n";
        //图片
        q = new Query(Commerce.Common.Image.GetTableSchema());   //获取图片表结构
        q.AddWhere("productID", productID);
        q.OrderBy = OrderBy.Asc("listOrder");            //按照升序排列信息
        //扩展
        sql += q.GetSql() + "\r\n";
        //评论信息
        q = new Query(ProductReview.GetTableSchema());//获取评论信息表结构
        q.AddWhere("productID", productID);
        q.AddWhere("isApproved", 1);//设置审批状态参数
        //扩展
        sql += q.GetSql() + "\r\n";
        //描述信息
        q = new Query(ProductDescriptor.GetTableSchema());//获取描述信息表结构
        q.AddWhere("productID", productID);
        q.OrderBy = OrderBy.Asc("listOrder");//按照升序排列数据
        //扩展
        sql += q.GetSql() + "\r\n";//返回构造的查询 SQL
        QueryCommand cmd = new QueryCommand(sql);//执行查询 SQL
        cmd.AddParameter("@productID", productID,DbType.Int32);//添加商品参数
        cmd.AddParameter("@isApproved", true,DbType.Boolean);
        DataSet ds = DataService.GetDataSet(cmd);//获取查询结果数据集合
        Product product = new Product();
        LoadByDataSet(product, ds);//加载赋值商品信息实体
        return product;//返回商品信息实体
}
```

业务逻辑层的具体实现代码可以参考代码包"第 14 章\Commerce Starter Kit 21\App_Code\BusinessLogic"文件。

14.3 数据库设计与实现

电子商务交易系统的数据库设计遵循弱冗余的原则，每一个表和每一个字段都强调其规范性。本节将重点介绍数据库的总体设计和具体的表设计。

14.3.1 数据库需求分析

电子商务交易系统的数据库名称为 CSK，总共设计 48 个表。从功能角度分析，表与表之间的关系主要是围绕商品信息表 CSK_Store_Product 和订单信息表 CSK_Store_Order 展开的。

商品信息表 CSK_Store_Product 的主键名称为 productID，通过该主键外联与之相关的表

有23个，具体说明见表14-3。

表 14-3　商品信息表及其关联

表　名	中文说明	表　名	中文说明
CSK_Store_ProductRating	商品等级信息表	CSK_Promo	商品促销信息表
CSK_Store_ProductType	商品类型表	CSK_Store_Manufacturer	制造商信息表
CSK_Store_ProductReviewFeedback	商品评价反馈表	CSK_Tax_Type	税率类型表
CSK_Store_ProductReview	商品审批信息表	CSK_Store_Category	商品子分类信息表
CSK_Store_ProductStatus	商品状态信息表	CSK_Store_ShippingType	邮寄类型表
CSK_Store_Attribute	商品属性表	CSK_Store_ShippingEstimate	邮寄估价信息表
CSK_Promo_Product_Bundle_Map	商品批量信息映射表	CSK_Store_Product_Category_Map	商品分类信息映射表
CSK_Promo_Bundle	商品批量信息表	CSK_Store_Ad	广告信息表
CSK_Store_Image	商品图片表	CSK_Store_AttributeTemplate	属性信息模板表
CSK_Promo_Product_CrossSell_Map	交叉销售商品表	CSK_Store_ProductDescriptor	商品描述信息表
CSK_Promo_Product_Promo_Map	商品促销信息映射表	CSK_Promo_Campaign	促销活动信息表
CSK_Store_AttributeType	商品属性类型表		

电子商务交易系统的商品信息表结构及其外联关系表如图14-10所示。

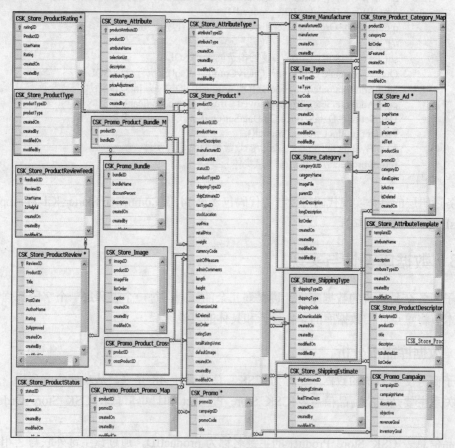

图 14-10　商品信息表及其外联表

订单信息表 CSK_Store_Order 的主键名称为 orderID，通过该主键外联与之相关的表有 5 个，具体说明见表 14-4。

表 14-4 订单信息表及其关联

表 名	中文说明	表 名	中文说明
CSK_Store_OrderNote	订单记录信息表	CSK_Store_TransactionType	订单交易类型表
CSK_Store_OrderStatus	订单状态信息表	CSK_Store_OrderItem	订单详细信息表
CSK_Store_Transaction	订单交易信息表		

电子商务交易系统的订单信息表结构及其外联关系表如图 14-11 所示。

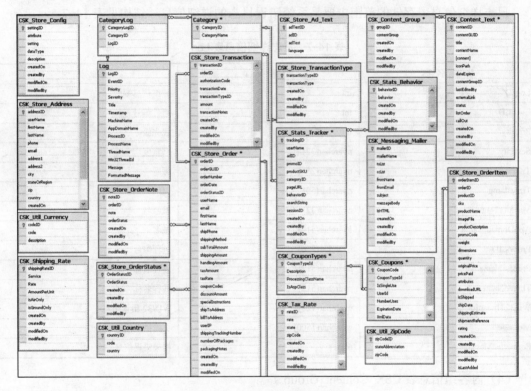

图 14-11 订单信息表及其外联表

14.3.2 数据表设计

电子商务交易系统的数据库各表结构如下：

（1）日志分类表 Category

日志分类表存储的范围主要是系统错误日志的分类信息，结构见表 14-5。

表 14-5 日志分类表 Category

字段名称	数据类型	功能说明
CategoryID	int	日志分类编号
CategoryName	nvarchar(64)	分类名称

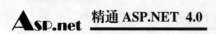

(2) 日志编号信息表 CategoryLog

日志编号信息表存储的范围主要是系统错误日志的编号信息，结构见表 14-6。

表 14-6　日志信息表 CategoryLog

字 段 名 称	数 据 类 型	功 能 说 明
CategoryLogID	int	错误信息编号
CategoryID	int	分类信息编号
LogID	int	详细信息编号

(3) 日志详细信息表 Log

日志详细信息表存储的范围主要是系统错误日志的详细信息，结构见表 14-7。

表 14-7　日志详细信息表 Log

字 段 名 称	数 据 类 型	功 能 说 明
LogID	int	详细信息编号
EventID	int	事件编号
Priority	int	优先级
Severity	nvarchar(32)	严重度
Title	nvarchar(256)	标题
Timestamp	nvarchar(50)	时间
MachineName	nvarchar(32)	机器名
AppDomainName	nvarchar(512)	域名
ProcessID	nvarchar(256)	进程编号
ProcessName	nvarchar(512)	进程名称
ThreadName	nvarchar(512)	线程名称
Win32ThreadId	nvarchar(128)	WIN32 错误信息
Message	nvarchar(1500)	页面错误信息
FormattedMessage	ntext	框架错误信息

(4) 内容组信息表 CSK_Content_Group

内容组信息表存储的范围主要是内容组和创建者信息，结构见表 14-8。

表 14-8　内容组信息表 CSK_Content_Group

字 段 名 称	数 据 类 型	功 能 说 明
groupID	int	组编号
contentGroup	varchar(50)	内容组信息
createdOn	nvarchar(50)	创建日期
createdBy	nvarchar(50)	创建者
modifiedOn	nvarchar(50)	修改日期
modifiedBy	nvarchar(50)	修改者

(5) 内容信息表 CSK_Content_Text

内容信息表存储的范围主要是用户留言的详细信息，结构见表 14-9。

表 14-9 内容信息表 CSK_Content_Text

字 段 名 称	数 据 类 型	功 能 说 明
contentID	int	内容编号
contentGUID	uniqueidentifier	唯一编号
title	nvarchar(500)	标题
contentName	nvarchar(50)	内容名称
[content]	ntext	留言信息
iconPath	nvarchar(250)	图标地址
dateExpires	nvarchar(50)	到期时间
contentGroupID	int	内容组编号
lastEditedBy	nvarchar(100)	最后编辑者
externalLink	nvarchar(250)	内部链接
status	nvarchar(50)	状态
listOrder	int	列表顺序
callOut	nvarchar(250)	插图编号
createdOn	nvarchar(50)	创建日期
createdBy	nvarchar(50)	创建者
modifiedOn	nvarchar(50)	修改日期
modifiedBy	nvarchar(50)	修改者

（6）优惠券信息表 CSK_Content_Text

优惠券信息表存储的范围主要是优惠券的详细信息，结构见表 14-10。

表 14-10 优惠券信息表 CSK_Content_Text

字 段 名 称	数 据 类 型	功 能 说 明
CouponCode	nvarchar(30)	优惠券编号
CouponTypeId	int	优惠券类型
IsSingleUse	bit	是否单独使用
UserId	uniqueidentifier	用户编号
NumberUses	int	使用数
ExpirationDate	nvarchar(50)	到期时间
XmlData	ntext	XML 数据

（7）优惠券类型表 CSK_CouponTypes

优惠券类型表存储的范围主要是优惠券的类型信息，结构见表 14-11。

表 14-11 优惠券类型表 CSK_CouponTypes

字 段 名 称	数 据 类 型	功 能 说 明
CouponTypeId	int	优惠券类型编号
Description	nvarchar(128)	描述信息
ProcessingClassName	nvarchar(256)	处理类名称
IsAspClass	bit	是否属于 ASP 类

（8）邮件信息表 CSK_Messaging_Mailer

邮件信息表存储的范围主要是系统发送的电子邮件详细信息，结构见表 14-12。

表 14-12 邮件信息表 CSK_Messaging_Mailer

字 段 名 称	数 据 类 型	功 能 说 明
mailerID	int	邮件编号
mailerName	nvarchar(50)	邮件名称
toList	nvarchar(500)	发送清单
ccList	nvarchar(500)	抄送清单
fromName	nvarchar(50)	发送者姓名
fromEmail	nvarchar(50)	发送者邮件
subject	nvarchar(50)	标题
messageBody	ntext	内容
isHTML	bit	是否为 HTML
createdOn	nvarchar(50)	创建时间
createdBy	nvarchar(50)	创建者
modifiedOn	nvarchar(50)	修改日期
modifiedBy	nvarchar(50)	修改者

（9）促销信息表 CSK_Promo

促销信息表存储的范围主要是管理员发布的商品促销公告信息，结构见表 14-13。

表 14-13 促销信息表 CSK_Promo

字 段 名 称	数 据 类 型	功 能 说 明
promoID	int	促销编号
campaignID	int	活动编号
promoCode	nvarchar(50)	促销代码
title	nvarchar(50)	标题
description	nvarchar(500)	描述
discount	money	折扣信息
qtyThreshold	int	最大数量
inventoryGoal	int	目标库存
revenueGoal	money	目标收入
dateEnd	nvarchar(50)	结束时间
isActive	bit	是否激活
createdOn	nvarchar(50)	创建日期
createdBy	nvarchar(50)	创建者
modifiedOn	nvarchar(50)	修改日期
modifiedBy	nvarchar(50)	修改者

（10）批量促销信息表 CSK_Promo_Bundle

批量促销信息表存储的范围主要是管理员发布的商品批量促销公告信息，结构见表14-14。

表 14-14　批量促销信息表 CSK_Promo_Bundle

字 段 名 称	数 据 类 型	功 能 说 明
bundleID	int	批量编号
bundleName	int	批量名称
discountPercent	nvarchar(50)	折扣百分比
description	nvarchar(50)	描述
createdOn	nvarchar(500)	创建日期
createdBy	nvarchar(50)	创建者
modifiedOn	int	修改日期
modifiedBy	int	修改者

（11）促销活动总汇表 CSK_Promo_Campaign

促销活动总汇表存储的范围主要是管理员发布的商品促销活动的总体概况信息，结构见表 14-15。

表 14-15　促销活动总汇表 CSK_Promo_Campaign

字 段 名 称	数 据 类 型	功 能 说 明
campaignID	int	活动编号
campaignName	nvarchar(50)	活动名称
description	nvarchar(50)	折扣百分比
objective	nvarchar(500)	描述
revenueGoal	money	促销价
inventoryGoal	int	存货量
dateEnd	nvarchar(50)	修改日期
isActive	bit	是否激活
createdOn	nvarchar(50)	创建日期
createdBy	nvarchar(50)	创建者
modifiedOn	nvarchar(50)	修改日期
modifiedBy	nvarchar(50)	修改者

（12）批量促销商品信息映射表 CSK_Promo_Product_Bundle_Map

批量促销商品信息映射表存储的范围主要是商品编号和批量信息编号，结构见表 14-16。

表 14-16　批量促销商品信息映射表 CSK_Promo_Product_Bundle_Map

字 段 名 称	数 据 类 型	功 能 说 明
productID	int	商品信息编号
bundleID	int	批量信息编号

(13) 交叉促销商品映射表 CSK_Promo_Product_CrossSell_Map

交叉促销商品映射表存储的范围主要是商品信息编号和交叉商品编号，结构见表 14-17。

表 14-17　交叉促销商品映射表 CSK_Promo_Product_CrossSell_Map

字 段 名 称	数 据 类 型	功 能 说 明
productID	int	商品信息编号
crossProductID	int	交叉商品编号

(14) 促销商品映射表 CSK_Promo_Product_Promo_Map

促销商品映射表存储的范围主要是商品信息编号和促销信息，结构见表 14-18。

表 14-18　促销商品映射表 CSK_Promo_Product_Promo_Map

字 段 名 称	数 据 类 型	功 能 说 明
productID	int	商品信息编号
promoID	nvarchar(50)	促销信息编号
createdOn	nvarchar(50)	创建日期
createdBy	nvarchar(500)	创建者
modifiedOn	nvarchar(50)	修改日期
modifiedBy	nvarchar(50)	修改者

(15) 邮递费用信息表 CSK_Shipping_Rate

邮递费用信息表存储的范围主要是邮递费用编号和价格信息，结构见表 14-19。

表 14-19　邮递费用信息表 CSK_Shipping_Rate

字 段 名 称	数 据 类 型	功 能 说 明
shippingRateID	int	邮递费用编号
Service	nvarchar(50)	服务商
Rate	nvarchar(50)	费用
AmountPerUnit	nvarchar(500)	单价
isAirOnly	money	是否空运
isGroundOnly	int	是否陆运
createdOn	nvarchar(50)	创建日期
createdBy	nvarchar(50)	创建者
modifiedOn	nvarchar(50)	修改日期
modifiedBy	nvarchar(50)	修改者

(16) 用户状态信息表 CSK_Stats_Behavior

用户状态信息表存储的范围主要是用户的操作信息，结构见表 14-20。

表 14-20 用户状态信息表 CSK_Stats_Behavior

字段名称	数据类型	功能说明
behaviorID	int	行为编号
behavior	nvarchar(50)	操作信息
createdOn	nvarchar(50)	创建日期
createdBy	nvarchar(50)	创建者
modifiedOn	nvarchar(50)	修改日期
modifiedBy	nvarchar(50)	修改者

(17) 跟踪信息表 CSK_Stats_Tracker

跟踪信息表存储的范围主要是系统跟踪记录的用户信息,结构见表 14-21。

表 14-21 跟踪信息表 CSK_Stats_Tracker

字段名称	数据类型	功能说明
trackingID	int	跟踪编号
userName	nvarchar(50)	用户名
adID	int	广告编号
promoID	int	促销编号
productSKU	nvarchar(50)	商品 SKU 编号
categoryID	nvarchar(50)	分类编号
pageURL	int	页面地址
behaviorID	nvarchar(100)	行为编号
searchString	int	查询字符串
sessionID	nvarchar(150)	会话编号
createdOn	nvarchar(50)	创建日期
createdBy	nvarchar(50)	创建者
modifiedOn	nvarchar(50)	修改日期
modifiedBy	nvarchar(50)	修改者

(18) 广告状态表 CSK_Store_Ad

广告状态表存储的范围主要是广告编号和布局信息,结构见表 14-22。

表 14-22 广告状态表 CSK_Store_Ad

字段名称	数据类型	功能说明
adID	int	广告编号
pageName	nvarchar(50)	页面名
listOrder	int	列表顺序
placement	nvarchar(50)	广告位置
adText	nvarchar(2500)	广告内容
productSku	nvarchar(50)	商品 SKU 编号
promoID	int	促销编号

（续）

字 段 名 称	数 据 类 型	功 能 说 明
categoryID	int	分类编号
dateExpires	int	到期时间
isActive	bit	是否激活
isDeleted	bit	是否被删除
createdOn	nvarchar(50)	创建日期
createdBy	nvarchar(50)	创建者
modifiedOn	nvarchar(50)	修改日期
modifiedBy	nvarchar(50)	修改者

（19）广告内容表 CSK_Store_Ad_Text

广告内容表存储的范围主要是广告描述信息，结构见表 14-23。

表 14-23　广告内容表 CSK_Store_Ad_Text

字 段 名 称	数 据 类 型	功 能 说 明
adTextID	int	广告内容编号
adID	int	广告编号
adText	nvarchar(1500)	广告内容
language	nvarchar(10)	语言信息

（20）地址信息表 CSK_Store_Address

地址信息表存储的范围主要是注册用户填写的地址区域信息，结构见表 14-24。

表 14-24　地址信息表 CSK_Store_Address

字 段 名 称	数 据 类 型	功 能 说 明
addressID	int	地址编号
userName	nvarchar(50)	用户姓名
firstName	nvarchar(50)	用户名
lastName	nvarchar(50)	用户姓
phone	nvarchar(50)	电话
email	nvarchar(50)	邮件地址
address1	nvarchar(50)	地址 1
Address2	nvarchar(50)	地址 2
city	nvarchar(50)	城市
stateOrRegion	nvarchar(50)	所在地区
zip	nvarchar(50)	邮编
country	nvarchar(50)	国家
createdOn	nvarchar(50)	创建日期
createdBy	nvarchar(50)	创建者
modifiedOn	nvarchar(50)	修改日期
modifiedBy	nvarchar(50)	修改者

(21) 商品属性表 CSK_Store_Attribute

商品属性表存储的范围主要是商品显示的属性信息,结构见表 14-25。

表 14-25 商品属性表 CSK_Store_Attribute

字 段 名 称	数 据 类 型	功 能 说 明
productAttributeID	int	商品属性编号
productID	nvarchar(50)	商品编号
attributeName	nvarchar(50)	属性名
selectionList	nvarchar(50)	选择清单
description	nvarchar(50)	描述
attributeTypeID	nvarchar(50)	属性类型编号
priceAdjustment	nvarchar(50)	价格范围调整
createdOn	nvarchar(50)	创建日期
createdBy	nvarchar(50)	创建者
modifiedOn	nvarchar(50)	修改日期
modifiedBy	nvarchar(50)	修改者

(22) 商品属性模板表 CSK_Store_AttributeTemplate

商品属性模板表存储的内容主要是注册用户填写的商品属性信息,结构见表 14-26。

表 14-26 商品属性模板表 CSK_Store_AttributeTemplate

字 段 名 称	数 据 类 型	功 能 说 明
templateID	int	模板编号
attributeName	nvarchar(50)	属性名
selectionList	nvarchar(3000)	选择列表
description	nvarchar(500)	描述信息
attributeTypeID	int	属性类型编号
createdBy	nvarchar(50)	创建者
modifiedOn	nvarchar(50)	修改日期
modifiedBy	nvarchar(50)	修改者

(23) 商品属性类型表 CSK_Store_AttributeType

商品属性类型表存储的范围主要是商品属性类型信息和编号,结构见表 14-27。

表 14-27 商品属性类型表 CSK_Store_AttributeType

字 段 名 称	数 据 类 型	功 能 说 明
attributeTypeID	int	属性类型编号
attributeType	nvarchar(50)	类型名称
createdOn	nvarchar(50)	创建日期
createdBy	nvarchar(50)	创建者
modifiedOn	nvarchar(50)	修改日期
modifiedBy	nvarchar(50)	修改者

(24)商品分类信息表 CSK_Store_Category

商品分类信息表存储的范围主要是商品类型信息和描述信息,结构见表 14-28。

表 14-28 商品分类信息表 CSK_Store_Category

字 段 名 称	数 据 类 型	功 能 说 明
categoryID	int	分类编号
categoryGUID	nvarchar(50)	全局编号
categoryName	nvarchar(50)	分类名称
imageFile	nvarchar(50)	图片文件
parentID	nvarchar(50)	父分类编号
shortDescription	nvarchar(50)	短描述
longDescription	nvarchar(50)	长描述
listOrder	nvarchar(50)	列表顺序
createdOn	nvarchar(50)	创建日期
createdBy	nvarchar(50)	创建者
modifiedOn	nvarchar(50)	修改日期
modifiedBy	nvarchar(50)	修改者

(25)配置信息表 CSK_Store_Config

配置信息表存储的范围主要是系统配置信息,结构见表 14-29。

表 14-29 配置信息表 CSK_Store_Config

字 段 名 称	数 据 类 型	功 能 说 明
settingID	int	配置编号
attribute	nvarchar(50)	属性信息
setting	nvarchar(150)	设置信息
dataType	nvarchar(50)	数据类型
description	nvarchar(250)	描述信息
createdOn	nvarchar(50)	创建日期
createdBy	nvarchar(50)	创建者
modifiedOn	nvarchar(50)	修改日期
modifiedBy	nvarchar(50)	修改者

(26)图片信息表 CSK_Store_Image

图片信息表存储的范围主要是商品图片信息和编号,结构见表 14-30。

表 14-30 图片信息表 CSK_Store_Image

字 段 名 称	数 据 类 型	功 能 说 明
imageID	int	图片编号
productID	int	商品编号
imageFile	nvarchar(500)	图片文件

字 段 名 称	数 据 类 型	功 能 说 明
ListOrder	int	列表顺序
caption	nvarchar(500)	标题信息
createdOn	nvarchar(50)	创建日期
createdBy	nvarchar(50)	创建者
modifiedOn	nvarchar(50)	修改日期
modifiedBy	nvarchar(50)	修改者

（27）商品制造商信息表 CSK_Store_Manufacturer

商品制造商信息表存储的范围主要是制造商名称和编号，结构见表 14-31。

表 14-31　商品制造商信息表 CSK_Store_Manufacturer

字 段 名 称	数 据 类 型	功 能 说 明
manufacturerID	int	制造商编号
manufacturer	nvarchar(50)	制造商名称
createdOn	nvarchar(50)	创建日期
createdBy	nvarchar(50)	创建者
modifiedOn	nvarchar(50)	修改日期
modifiedBy	nvarchar(50)	修改者

（28）订单信息表 CSK_Store_Order

订单信息表存储的范围主要是购物者填写的联系信息和订单状态，结构见表 14-32。

表 14-32　订单信息表 CSK_Store_Order

字 段 名 称	数 据 类 型	功 能 说 明
orderID	int	订单编号
orderGUID	nvarchar(50)	全局编号
orderNumber	varchar(50)	订单名称
orderDate	smalldatetime	订单日期
orderStatusID	int	订单状态编号
userName	varchar(100)	用户名
email	nvarchar(50)	邮件地址
firstName	nvarchar(50)	用户名
lastName	nvarchar(50)	用户姓
shipPhone	nvarchar(50)	邮寄电话
shippingMethod	varchar(100)	邮寄方式
subTotalAmount	money	订单小计
shippingAmount	money	邮寄总计
handlingAmount	money	处理总计

（续）

字段名称	数据类型	功能说明
taxAmount	money	购物税总计
taxRate	numeric(18, 0)	税务比例
couponCodes	nvarchar(50)	优惠券代码
discountAmount	money	折扣总计
specialInstructions	nvarchar(1500)	特殊说明
shipToAddress	nvarchar(500)	邮寄地址
billToAddress	nvarchar(500)	账单地址
userIP	nvarchar(50)	用户 IP
shippingTrackingNumber	nvarchar(150)	邮包跟踪码
numberOfPackages	int	邮包号
packagingNotes	nvarchar(500)	邮包记录
createdOn	nvarchar(50)	创建日期
createdBy	nvarchar(50)	创建者
modifiedOn	nvarchar(50)	修改日期
modifiedBy	nvarchar(50)	修改者

（29）订单商品项信息表 CSK_Store_OrderItem

订单商品项信息表存储的范围主要是购物者选购的商品项及其描述信息，结构见表 14-33。

表 14-33　订单商品项信息表 CSK_Store_OrderItem

字段名称	数据类型	功能说明
orderItemID	int	订单项编号
orderID	nvarchar(50)	订单编号
productID	varchar(50)	商品编号
sku	smalldatetime	SKU 编号
productName	int	商品名称
imageFile	varchar(100)	图片文件
productDescription	nvarchar(50)	商品描述
promoCode	nvarchar(50)	促销编码
weight	nvarchar(50)	重量
dimensions	nvarchar(50)	尺寸
quantity	varchar(100)	数量
originalPrice	money	原始价格
pricePaid	money	支付价格
attributes	money	商品属性
downloadURL	money	下载地址
isShipped	numeric(18, 0)	是否邮寄
shipDate	nvarchar(50)	邮寄日期

（续）

字 段 名 称	数 据 类 型	功 能 说 明
shippingEstimate	money	邮寄估价
shipmentReference	nvarchar(1500)	邮寄目录
rating	nvarchar(500)	商品估价
createdOn	nvarchar(50)	创建日期
createdBy	nvarchar(50)	创建者
modifiedOn	nvarchar(50)	修改日期
modifiedBy	nvarchar(50)	修改者
isLastAdded	bit	是不是最后添加的

（30）订单商品项信息表 CSK_Store_OrderItem

订单商品项信息表存储的范围主要是购物者选购的商品项及其描述信息，结构见表14-34。

表 14-34 订单商品项信息表 CSK_Store_OrderItem

字 段 名 称	数 据 类 型	功 能 说 明
noteID	int	记录编号
orderID	int	订单编号
note	nvarchar(1500)	记录内容
orderStatus	nvarchar(50)	订单状态
createdOn	nvarchar(50)	创建日期
createdBy	nvarchar(50)	创建者
modifiedOn	nvarchar(50)	修改日期
modifiedBy	nvarchar(50)	修改者

（31）订单记录信息表 CSK_Store_OrderNote

订单记录信息表存储的范围主要是订单备注信息和订单编号，结构见表14-35。

表 14-35 订单记录信息表 CSK_Store_OrderNote

字 段 名 称	数 据 类 型	功 能 说 明
noteID	int	记录编号
orderID	int	订单编号
note	nvarchar(1500)	记录内容
orderStatus	nvarchar(50)	订单状态
createdOn	nvarchar(50)	创建日期
createdBy	nvarchar(50)	创建者
modifiedOn	nvarchar(50)	修改日期
modifiedBy	nvarchar(50)	修改者

（32）订单状态信息表 CSK_Store_OrderStatus

订单状态信息表存储的范围主要是订单处理状态信息，结构见表14-36。

表 14-36 订单状态信息表 CSK_Store_OrderStatus

字 段 名 称	数 据 类 型	功 能 说 明
OrderStatusID	int	订单状态编号
OrderStatus	nvarchar(50)	订单状态信息
createdOn	nvarchar(50)	创建日期
createdBy	nvarchar(50)	创建者
modifiedOn	nvarchar(50)	修改日期
modifiedBy	nvarchar(50)	修改者

（33）商品信息表 CSK_Store_Product

商品信息表存储的范围主要是商品描述信息和销售信息，结构见表 14-37。

表 14-37 商品信息表 CSK_Store_Product

字 段 名 称	数 据 类 型	功 能 说 明
productID	int	商品编号
sku	nvarchar(50)	SKU 编号
productGUID	uniqueidentifier	商品全局编号
productName	nvarchar(150)	商品名称
shortDescription	nvarchar(1000)	简短描述
manufacturerID	int	制造商编号
attributeXML	ntext	商品属性的 XML 描述
statusID	nvarchar(50)	状态编号
productTypeID	int	商品类型编号
shippingTypeID	int	邮寄类型编号
shipEstimateID	int	邮寄估价编号
taxTypeID	int	税务类型编号
stockLocation	nvarchar(150)	仓库位置
ourPrice	money	进货价格
retailPrice	money	零售价格
weight	numeric(19, 4)	重量
currencyCode	char(3)	货币代码
unitOfMeasure	nvarchar(50)	单价
adminComments	nvarchar(1000)	管理员注释
length	numeric(18, 0)	长度
height	numeric(18, 0)	高度
width	numeric(18, 0)	宽度
dimensionUnit	varchar(10)	长度单位
isDeleted	bit	是否已删除

（续）

字段名称	数据类型	功能说明
listOrder	int	列表顺序
ratingSum	int	评定总计
totalRatingVotes	int	总计投票数
defaultImage	nvarchar(500)	默认图片
createdOn	nvarchar(50)	创建日期
createdBy	nvarchar(50)	创建者
modifiedOn	nvarchar(50)	修改日期
modifiedBy	nvarchar(50)	修改者

（34）商品分类信息映射表 CSK_Store_Product_Category_Map

商品分类信息映射表存储的范围主要是商品分类信息编号和标记信息，结构见表14-38。

表 14-38　商品分类信息映射表 CSK_Store_Product_Category_Map

字段名称	数据类型	功能说明
productID	int	商品编号
categoryID	int	分类编号
listOrder	int	列表顺序
isFeatured	bit	是否被标记过
createdOn	nvarchar(50)	创建日期
createdBy	nvarchar(50)	创建者
modifiedOn	nvarchar(50)	修改日期
modifiedBy	nvarchar(50)	修改者

（35）商品评分信息表 CSK_Store_ProductRating

商品评分信息表存储的范围主要是商品等级信息和编号信息，结构见表14-39。

表 14-39　商品评分信息表 CSK_Store_ProductRating

字段名称	数据类型	功能说明
ratingID	int	评分编号
productID	int	商品编号
UserName	nvarchar(256)	用户名
Rating	int	评分信息
createdOn	nvarchar(50)	创建日期
createdBy	nvarchar(50)	创建者
modifiedOn	nvarchar(50)	修改日期
modifiedBy	nvarchar(50)	修改者

(36) 商品审核信息表 CSK_Store_ProductReview

商品审核信息表存储的范围主要是用户发表的商品评论信息和编号信息，结构见表 14-40。

表 14-40　商品审核信息表 CSK_Store_ProductReview

字 段 名 称	数 据 类 型	功 能 说 明
ReviewID	int	审核编号
ProductID	int	商品编号
Title	nvarchar(100)	标题
Body	ntext	内容信息
PostDate	nvarchar(50)	发布日期
AuthorName	nvarchar(256)	作者名
Rating	int	评分信息
IsApproved	bit	是否通过
createdOn	nvarchar(50)	创建日期
createdBy	nvarchar(50)	创建者
modifiedOn	nvarchar(50)	修改日期
modifiedBy	nvarchar(50)	修改者

(37) 商品评分反馈信息表 CSK_Store_ProductReviewFeedback

商品评分反馈信息表存储的范围主要是商品反馈信息和编号信息，结构见表 14-41。

表 14-41　商品评分反馈信息表 CSK_Store_ProductReviewFeedback

字 段 名 称	数 据 类 型	功 能 说 明
statusID	int	反馈信息编号
status	int	审核编号
createdOn	nvarchar(50)	创建日期
createdBy	nvarchar(50)	创建者
modifiedOn	nvarchar(50)	修改日期
modifiedBy	nvarchar(50)	修改者

(38) 商品状态信息表 CSK_Store_ProductStatus

商品状态信息表存储的范围主要是商品显示状态和编号信息，结构见表 14-42。

表 14-42　商品评分反馈信息表 CSK_Store_ProductReviewFeedback

字 段 名 称	数 据 类 型	功 能 说 明
statusID	int	状态编号
status	int	商品状态信息
createdOn	nvarchar(50)	创建日期
createdBy	nvarchar(50)	创建者
modifiedOn	nvarchar(50)	修改日期
modifiedBy	nvarchar(50)	修改者

（39）商品类型信息表 CSK_Store_ProductType

商品类型信息表存储的范围主要是商品类型名称和编号，结构见表 14-43。

表 14-43 商品类型信息表 CSK_Store_ProductType

字段名称	数据类型	功能说明
productTypeID	int	商品类型编号
productType	nvarchar(50)	商品类型名称
createdOn	nvarchar(50)	创建日期
createdBy	nvarchar(50)	创建者
modifiedOn	nvarchar(50)	修改日期
modifiedBy	nvarchar(50)	修改者

（40）邮寄信息表 CSK_Store_ShippingEstimate

邮寄信息表存储的范围主要是商品邮寄时间信息和编号，结构见表 14-44。

表 14-44 邮寄信息表 CSK_Store_ShippingEstimate

字段名称	数据类型	功能说明
shipEstimateID	int	评估编号
shippingEstimate	nvarchar(150)	邮寄时间
leadTimeDays	int	邮寄周期
createdOn	nvarchar(50)	创建日期
createdBy	nvarchar(50)	创建者
modifiedOn	nvarchar(50)	修改日期
modifiedBy	nvarchar(50)	修改者

（41）邮寄类型表 CSK_Store_ShippingType

邮寄类型表存储的范围主要是商品邮寄类型信息和编号，结构见表 14-45。

表 14-45 邮寄类型表 CSK_Store_ShippingType

字段名称	数据类型	功能说明
shippingTypeID	int	邮寄类型编号
shippingType	nvarchar(50)	邮寄类型
shippingCode	nvarchar(10)	邮寄编码
isDownloadable	bit	是否可以下载
createdOn	nvarchar(50)	创建日期
createdBy	nvarchar(50)	创建者
modifiedOn	nvarchar(50)	修改日期
modifiedBy	nvarchar(50)	修改者

（42）交易信息表 CSK_Store_Transaction

交易信息表存储的范围主要是用户交易信息编号和备注信息，结构见表 14-46。

表 14-46　交易信息表 CSK_Store_Transaction

字 段 名 称	数 据 类 型	功 能 说 明
transactionID	int	交易编号
orderID	int	订单编号
authorizationCode	nvarchar(50)	认证编码
transactionDate	nvarchar(50)	交易日期
transactionTypeID	int	交易类型编号
amount	money	价格总计
transactionNotes	nvarchar(500)	交易备注信息
createdOn	nvarchar(50)	创建日期
createdBy	nvarchar(50)	创建者
modifiedOn	nvarchar(50)	修改日期
modifiedBy	nvarchar(50)	修改者

（43）交易类型信息表 CSK_Store_TransactionType

交易类型信息表存储的范围主要是交易类型名称和编号，结构见表 14-47。

表 14-47　交易类型信息表 CSK_Store_TransactionType

字 段 名 称	数 据 类 型	功 能 说 明
transactionTypeID	int	交易编号
transactionType	int	交易类型名称
createdOn	nvarchar(50)	创建日期
createdBy	nvarchar(50)	创建者
modifiedOn	nvarchar(50)	修改日期
modifiedBy	nvarchar(50)	修改者

（44）税率信息表 CSK_Tax_Rate

税率信息表存储的范围主要是税率信息和编号，结构见表 14-48。

表 14-48　税率信息表 CSK_Tax_Rate

字 段 名 称	数 据 类 型	功 能 说 明
rateID	int	税率编号
rate	int	税率信息
state	nvarchar(50)	地区信息
zipCode	nvarchar(50)	邮编
createdOn	nvarchar(50)	创建日期
createdBy	nvarchar(50)	创建者
modifiedOn	nvarchar(50)	修改日期
modifiedBy	nvarchar(50)	修改者

（45）税率类型表 CSK_Tax_Type

税率类型表存储的范围主要是税率类型名称和编号,结构见表14-49。

表 14-49　税率类型表 CSK_Tax_Type

字 段 名 称	数 据 类 型	功 能 说 明
taxTypeID	int	税率类型编号
taxType	nvarchar(50)	税率类型名称
taxCode	nvarchar(10)	税率编码
isExempt	bit	是否免税
createdOn	nvarchar(50)	创建日期
createdBy	nvarchar(50)	创建者
modifiedOn	nvarchar(50)	修改日期
modifiedBy	nvarchar(50)	修改者

(46) 国家信息表 CSK_Util_Country

国家信息表存储的范围主要是国家信息和编号,结构见表14-50。

表 14-50　国家信息表 CSK_Util_Country

字 段 名 称	数 据 类 型	功 能 说 明
countryID	int	国家编号
code	char(3)	国家代码
country	nvarchar(255)	国家名

(47) 货币信息表 CSK_Util_Currency

货币信息表存储的范围主要是货币名称和编号,结构见表14-51。

表 14-51　货币信息表 CSK_Util_Currency

字 段 名 称	数 据 类 型	功 能 说 明
countryID	int	国家编号
code	char(3)	货币代码
description	nvarchar(255)	描述

(48) 邮编信息表 CSK_Util_ZipCode

邮编信息表存储的范围主要是货币名称和编号,结构见表14-52。

表 14-52　邮编信息表 CSK_Util_ZipCode

字 段 名 称	数 据 类 型	功 能 说 明
zipCodeID	int	邮编编号
stateAbbreviation	nvarchar(2)	缩写信息
zipCode	nvarchar(12)	邮编

14.3.3　存储过程设计

电子商务交易系统与数据库之间通过存储过程进行数据交互。数据库总共设计有 52 个与业务相关的存储过程，每个过程都对应实现某功能所需要完成的数据库操作，具体说明见表 14-53。

表 14-53　电子商务交易系统存储过程

存储过程名称	功 能 说 明
AddCategory	添加日志分类信息
ClearLogs	清除日志
CSK_Content_Get	获取内容信息
CSK_Content_Insert	添加内容信息
CSK_Content_Save	保存内容信息
CSK_Content_Update	更新内容信息
CSK_Coupons_GetAllCouponTypes	获取优惠券类型集合
CSK_Coupons_GetCoupon	获取优惠券信息
CSK_Coupons_GetCouponType	获取优惠券类型
CSK_Coupons_SaveCoupon	保存优惠券信息
CSK_Coupons_SaveCouponType	保存优惠券类型
CSK_Promo_AddProduct	添加促销商品
CSK_Promo_Bundle_AddProduct	添加批量商品
CSK_Promo_Bundle_GetAvailableProducts	获取可用商品集合
CSK_Promo_Bundle_GetByProductID	获取批量商品信息
CSK_Promo_Bundle_GetSelectedProducts	获取已选择商品集合
CSK_Promo_EnsureOrderCoupon	确认订单优惠券
CSK_Promo_GetProductList	获取促销商品列表
CSK_Promo_ProductMatrix	获取综合促销商品信息
CSK_Promo_RemoveProducts	删除促销商品映射信息
CSK_Shipping_GetRates	获取邮寄费用信息
CSK_Shipping_GetRates_Air	获取空运费用信息
CSK_Shipping_GetRates_Ground	获取陆运费用信息
CSK_Stats_FavoriteCategories	获取用户喜爱的分类信息
CSK_Stats_FavoriteProducts	获取用户喜爱的商品信息
CSK_Stats_Tracker_GetByBehaviorID	通过操作编号获取用户访问记录
CSK_Stats_Tracker_GetByProductAndBehavior	通过商品 SKU 获取用户访问记录
CSK_Stats_Tracker_SynchTrackingCookie	更新用户操作记录
CSK_Store_AddItemToCart	添加商品到购物车
CSK_Store_Category_GetAllSubs	获取全部子分类信息
CSK_Store_Category_GetByProductID	通过商品编号获取分类信息
CSK_Store_Category_GetCrumbs	获取排序分类信息
CSK_Store_Category_GetPageByGUIDMulti	通过 GUID 获取多数据源
CSK_Store_Category_GetPageByNameMulti	通过分类名获取多数据源
CSK_Store_Category_GetPageMulti	通过分类 ID 获取多数据源
CSK_Store_CategoryGetActive	获取分类信息

(续)

存储过程名称	功能说明
CSK_Store_Config_GetList	获取配置信息
CSK_Store_Order_Query	获取订单查询信息
CSK_Store_Product_AddRating	添加等级信息
CSK_Store_Product_DeletePermanent	永久删除商品信息
CSK_Store_Product_GetByCategoryID	通过分类ID获取商品信息
CSK_Store_Product_GetByCategoryName	通过分类名获取商品信息
CSK_Store_Product_GetByManufacturerID	通过制造商获取商品信息
CSK_Store_Product_GetByPriceRange	通过价格范围获取商品信息
CSK_Store_Product_GetPostAddMulti	获取商品综合数据源
CSK_Store_Product_SmartSearch	商品查询
CSK_Tax_CalculateAmountByState	通过地区计算费用
CSK_Tax_CalculateAmountByZIP	通过邮编计算费用
CSK_Tax_GetTaxRate	获取税率
CSK_Tax_SaveZipRate	保存税率
InsertCategoryLog	插入日志分类信息
WriteLog	插入操作日志

本小节将重点介绍其中比较有代表性的 4 个存储过程和相关脚本，它们是：添加商品到购物车、获取全部子分类信息、添加促销商品和获取邮寄费用信息。

1．添加商品到购物车

添加商品到购物车的存储过程名称为 CSK_Store_AddItemToCart，该存储过程含有 6 个传递参数，具体包括：用户名@userName、商品编号@productID、商品属性@attributes、价格@pricePaid、促销代码@pricePaid 和数量@quantity。

该存储过程插入的目标表是订单商品项信息表 CSK_Store_OrderItem，其脚本代码如下：

```
set ANSI_NULLS ON
set QUOTED_IDENTIFIER ON
go
ALTER PROCEDURE [dbo].[CSK_Store_AddItemToCart]
 (@userName nvarchar(50),
  @productID int,
  @attributes nvarchar(4000)='',
  @pricePaid money,
  @promoCode nvarchar(50)='',
  @quantity int =1
 )
AS
--first, get the order ID
declare @orderID int
SELECT @orderID=orderID FROM CSK_Store_Order WHERE userName=@userName AND orderStatusID=9999
--reset any discounts/coupons (basket-wide) they don't apply anymore since we're
--adding an item
UPDATE CSK_Store_Order SET DiscountAmount=0, CouponCodes='' WHERE orderID=@orderID
--reset isLastAdded
```

```sql
            UPDATE CSK_Store_OrderItem SET isLastAdded=0 WHERE orderID=@orderID
            --next, see if the product is in the basket, with the same set of attributes
            IF EXISTS (SELECT productID FROM CSK_Store_OrderItem WHERE orderID=@orderID AND
            productID=@productID AND attributes=@attributes)
                    BEGIN
                            --update the quantity
                            --first reset the last item added
                            UPDATE CSK_Store_OrderItem
                            SET quantity=quantity+@quantity,isLAstAdded=1
                            WHERE orderID=@orderID AND productID=@productID AND attributes=@attributes
                    END
            ELSE
                    BEGIN
                            --the product's not in there, add it
                            INSERT INTO CSK_Store_OrderItem
                            (productID, sku, productName, orderID, imageFile, productDescription,
                            promoCode, quantity, originalPrice, pricePaid, attributes,
                            shippingEstimate, rating, isLastAdded,createdOn,
                            modifiedOn,createdBy,modifiedBy,weight)
                            SELECT   productID,   sku, productName, @orderID, defaultImage, shortDescription,
                            @promoCode, @quantity, retailPrice, @pricePaid,
                            @attributes, shippingEstimate, rating, 1,
                            getdate(),getdate(),@userName,@userName,
                            weight   FROM
                            vwProduc WHERE
                            productID=@productID
                    END
            RETURN
```

2. 获取全部子分类信息

获取全部子分类信息的存储过程名称为 CSK_Store_Category_GetAllSubs，该存储过程的传递参数是：父分类编号@parentID。

该存储过程查询的目标表是商品子分类信息表 CSK_Store_Category，其脚本代码如下：

```sql
set ANSI_NULLS ON
set QUOTED_IDENTIFIER ON
go
ALTER PROCEDURE [dbo].[CSK_Store_Category_GetAllSubs]
 (
        @parentID int
 )
AS
SELECT categoryID, categoryGUID, categoryName, imageFile, parentID, shortDescription,
longDescription, listOrder   FROM   CSK_Store_Category
WHERE categoryID IN (SELECT id FROM dbo.GetChildren(@parentID))
AND categoryID<>@parentID
ORDER BY listOrder
RETURN
```

3. 添加促销商品

添加促销商品的存储过程名称为 CSK_Promo_AddProduct，该存储过程含有两个传递参数，具体包括：促销编号@promoID 和商品编号@productID。

该存储过程执行的目标表是商品促销信息映射表 CSK_Promo_Product_Promo_Map，其脚本代码如下：

```
set ANSI_NULLS ON
set QUOTED_IDENTIFIER ON
go
ALTER PROCEDURE [dbo].[CSK_Promo_AddProduct]
  (@promoID int,
   @productID int   )
AS
  INSERT into CSK_Promo_Product_Promo_Map (promoID, productID)
  VALUES (@promoID, @productID)
  RETURN
```

4. 获取邮寄费用信息

获取邮寄费用信息的存储过程名称为 CSK_Shipping_GetRates，该存储过程的传递参数是：商品重量@weight。

该存储过程执行的目标表是邮递费用信息表 CSK_Shipping_Rate，其脚本代码如下：

```
set ANSI_NULLS ON
set QUOTED_IDENTIFIER ON
go
ALTER PROCEDURE [dbo].[CSK_Shipping_GetRates]
  (@weight money   )
AS
  --this is a very simple rate calculator that does not take into account
  --distance. Use only for testing
  SELECT    shippingRateID, Service, AmountPerUnit, @weight * AmountPerUnit AS Rate, isAirOnly
isGroundOnly
  FROM    CSK_Shipping_Rate
  RETURN
```

以上是数据库部分具有代表性的存储过程，全部存储过程可以查看脚本文件，不做赘述。

为了方便读者搭建数据库，电子商务交易系统的数据库文件即配套的脚本创建文件可以在代码包"第 14 章\Commerce Starter Kit 21\Install\InstallScripts\"中获取。

14.4 用户交互处理层设计与实现

本节将具体介绍用户交互处理层，对其中的主要界面、操作逻辑、用户自定义控件、主题显示、ASP.NET AJAX 等技术进行详细介绍。

14.4.1 用户交互处理层结构

用户交互处理层主要包括用户控件、交互界面、主题母版和主题资源包，详细内容和说明见表 14-54。

表 14-54　用户交互处理层结构

文件/文件夹名称	功 能 说 明
App_Themes	主题资源文件夹
Images	系统图片文件夹
admin.master	管理页母版页
site.master	站点母版页

(续)

文件/文件夹名称	功能说明
Admin\Admin_Bundles.aspx	批量商品管理页
Admin\Admin_Campaigns.aspx	活动信息管理页
Admin\Admin_Categories.aspx	分类信息管理页
Admin\Admin_Coupons.aspx	优惠券管理页
Admin\Admin_CouponTypes.aspx	优惠券类型管理页
Admin\Admin_Logs.aspx	管理日志页
Admin\Admin_Mailers.aspx	邮件管理页
Admin\Admin_Manufacturers.aspx	制造商管理页
Admin\Admin_Orders.aspx	订单列表页
Admin\Admin_Orders_Details.aspx	订单查看管理页
Admin\Admin_Product_Add.aspx	商品添加页
Admin\Admin_Product_Details.aspx	商品信息修改页
Admin\Admin_productreviews.aspx	评论审核页
Admin\Admin_Products.aspx	商品信息列表页
Admin\Admin_Promos.aspx	促销信息管理页
Admin\Admin_Reviews.aspx	审核列表页
Admin\Content_Ad_Editor.aspx	广告管理页
Admin\Content_Editor.aspx	内容编辑页
Admin\Default.aspx	管理系统首页
Admin\PaymentConfiguration.aspx	支付信息配置页
Admin\ShippingConfiguration.aspx	邮寄信息配置页
Admin\TaxConfiguration.aspx	税率信息配置页
Modules\Admin\ProductAttributes.ascx	商品属性管理控件
Modules\Admin\ProductCategories.ascx	商品分类管理控件
Modules\Admin\ProductCrossSells.ascx	交叉销售信息保存控件
Modules\Admin\ProductDescriptors.ascx	商品描述信息管理控件
Modules\Admin\ProductImages.ascx	图片信息添加控件
Modules\Checkout\PaymentBox.ascx	支付信息填写控件
Modules\Content\Paragraph.ascx	内容信息双击控件
Modules\Content\TitleAndParagraph.ascx	内容信息编辑控件
Modules\Products\AttributeSelection.ascx	商品属性选择控件
Modules\Products\BundleDisplay.ascx	批量商品信息显示控件
Modules\Products\FeedBackDisplay.ascx	用户反馈信息显示控件
Modules\Products\ProductDescriptorDisplay.ascx	商品描述信息显示控件
Modules\Products\ProductSummaryDisplay.ascx	商品概况显示控件
Modules\Products\ProductTopDisplay.ascx	商品详细信息显示控件
Modules\Products\RatingDisplay.ascx	商品评分显示控件
Modules\Products\ReviewDisplay.ascx	审核信息显示控件
Modules\AdContainer.ascx	广告信息显示控件

(续)

文件/文件夹名称	功能说明
Modules\AddressEntry.ascx	联系信息填写控件
Modules\CatalogList.ascx	分类列表显示控件
Modules\ImageManager.ascx	图片管理控件
Modules\MainNavigation.ascx	导航菜单控件
Modules\MiniCart.ascx	小型购物车控件
Modules\RecentCategories.ascx	曾访问分类显示控件
Modules\RecentProductsViewed.ascx	曾访问商品显示控件
Modules\ResultMessage.ascx	提示信息显示控件
AddItemResult.aspx	购物车详细信息显示页
AffiliateFeed.aspx	RSS 导出页
Basket.aspx	购物车管理页
Catalog.aspx	分类信息显示页
Checkout.aspx	结账信息页
CheckoutPPStandard.aspx	电子结算信息页
Default.aspx	系统首页
ExceptionPage.aspx	系统错误页
Login.aspx	登录页
MyOrders.aspx	用户订单显示页
PasswordRecover.aspx	密码恢复页
Product.aspx	商品详细信息页
Receipt.aspx	订单状态信息页
Register.aspx	注册页
Search.aspx	搜索结果页
web.config	系统配置文件

14.4.2　系统的主题

电子商务交易系统使用了 ASP.NET 4.0 的站点主题技术，具体主题方案名称为"Default"。

该主题方案以素色为主，文件夹中包括 1 个样式表 Default.css 和 1 个控件样式文件 Default.skin，它们的主要用途是定义系统界面颜色样式和控件样式，项目文件结构如图 14-12 所示。

控件样式文件名称为 Default.skin，其中被定义样式的控件有：列表控件 GridView、列表控件 DataGrid、图片按钮控件 ImageButton、链接按钮控件 LinkButton 和 WebPartZone 控件。

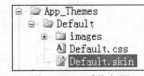

图 14-12　系统主题

控件样式文件 Default.skin 主要代码如下：

```
<asp:GridView runat="server" Style="border-right: gainsboro 1px solid;
    border-top: gainsboro 1px solid; font-size: 8pt; border-left: gainsboro 1px solid;
    color: dimgray; border-bottom: gainsboro 1px solid; font-family: verdana" BackColor="White"
    BorderColor="#999999" BorderStyle="None" BorderWidth="1px" CellPadding="3" GridLines="Vertical">
    <FooterStyle BackColor="#CCCCCC" ForeColor="Black" />
```

```
            <RowStyle BackColor="#EEEEEE" ForeColor="Black" />
            <PagerStyle BackColor="#999999" ForeColor="Black" HorizontalAlign="Center" />
            <SelectedRowStyle BackColor="#ffffcc" Font-Bold="True" ForeColor="White" />
            <HeaderStyle BackColor="gainsboro" Font-Bold="True" ForeColor="black"   />
            <AlternatingRowStyle BackColor="white" /></asp:GridView>
        <asp:DataGrid runat="server" Style="border-right: gainsboro 1px solid;
            border-top: gainsboro 1px solid; font-size: 8pt; border-left: gainsboro 1px solid;
            color: dimgray; border-bottom: gainsboro 1px solid; font-family: verdana" BackColor="White"
      BorderColor="#999999" BorderStyle="None" BorderWidth="1px" CellPadding="3" GridLines="Vertical">
            <FooterStyle BackColor="#CCCCCC" ForeColor="Black" />
            <ItemStyle BackColor="#EEEEEE" ForeColor="Black" />
            <PagerStyle BackColor="#999999" ForeColor="Black" HorizontalAlign="Center" />
            <SelectedItemStyle BackColor="#ffffcc" Font-Bold="True" ForeColor="White" />
            <HeaderStyle BackColor="gainsboro" Font-Bold="True" ForeColor="black"   />
            <AlternatingItemStyle BackColor="white" /></asp:DataGrid>
        <asp:Image runat="server" Imageurl="images/headers/h_favorites.gif" skinid="HeadersRecentCategories" />
        <asp:Image runat="server" Imageurl="images/headers/h_recent.gif" skinid="HeadersRecentProducts" />
        <asp:Image runat="server" Imageurl="images/headers/checkout.gif" skinid="HeadersCheckout" />
        <asp:Image runat="server" Imageurl="images/headers/receipt.gif" skinid="HeadersReceipt" />
        <asp:Image runat="server" Imageurl="images/headers/billing.gif" skinid="HeadersBilling" />
        <asp:Image runat="server" Imageurl="images/headers/checkout_confirm.gif"
            skinid="HeadersCheckoutConfirm" />
        <asp:Hyperlink runat="server" Imageurl="images/button-proceedcheckout.gif" skinid="Checkout" />
        <asp:Hyperlink runat="server" skinid="HeaderCartText" NavigateUrl="~/basket.aspx" Text="My Cart" />
        <asp:Hyperlink runat="server" skinid="HeaderMyOrders" NavigateUrl="~/myorders.aspx" Text="My
            Orders" /><asp:ImageButton runat="server" Imageurl="images/button-go.gif" skinid="doSearch" />
        <asp:ImageButton runat="server" Imageurl="images/button-addtocart.gif" skinid="AddToCart" />
        <asp:LinkButton runat="server" skinid="HeaderLogout" Text="Log out" />
        <asp:WebPartZone runat="server" Width="100%" PartChromeType="TitleOnly"
           BorderColor="#CCCCCC" Font-Names="Verdana" Padding="6">
            <EditVerb Text="Modify" ImageUrl="~/images/icons/edit.gif"/>
            <DeleteVerb Text="Delete" ImageUrl="~/images/icons/delete.gif"/>
            <MinimizeVerb ImageUrl="~/images/icons/minus.gif"/>
            <CloseVerb ImageUrl="~/images/icons/cancel.gif"/>
            <PartChromeStyle BackColor="White" BorderStyle="Dashed" Font-Names="Verdana"
       ForeColor="White" /><MenuLabelHoverStyle ForeColor="#E2DED6" />
            <EmptyZoneTextStyle Font-Size="0.8em" />
            <MenuLabelStyle ForeColor="Black" />
            <MenuVerbHoverStyle BackColor="#F7F6F3" BorderColor="#CCCCCC" BorderStyle="Solid"
                BorderWidth="1px" ForeColor="#333333" />
            <HeaderStyle Font-Size="10px" ForeColor="#666666" HorizontalAlign="Center" />
            <MenuVerbStyle BorderColor="AliceBLue" BorderStyle="Solid" BorderWidth="1px"
       ForeColor="Black" /><PartStyle Font-Size="0.8em" ForeColor="#333333" />
            <TitleBarVerbStyle Font-Size="12px" Font-Underline="False" ForeColor="White"
       Font-Names="Verdana"/><MenuPopupStyle BackColor="AliceBlue" BorderColor="SteelBlue
       " BorderWidth="1px"   Font-Names="Verdana"   Font-Size="0.6em" />
            <PartTitleStyle   CssClass="GridHeader" /></asp:WebPartZone>
```

14.4.3 ASP.NET AJAX 技术的运用

AJAX 技术的运行机制是异步回传。用户在单击一个按钮或触发一个服务器事件后，页面将不回发和刷新，用户还可以在该页面上进行其他操作。当服务器返回数据后，只有界面的修改部分才会局部刷新，该技术可有效避免整个页面的回发和刷新。

电子商务交易系统在一些页面使用了 ASP.NET AJAX 技术，通过该技术实现用户操作的异步通信，这些措施大大提高了用户的使用体验。

下面介绍 AJAX 技术的运用范围和该技术在电子商务交易系统中的实际运用。

（1）AJAX 技术的运用范围

电子商务交易系统使用最新版本的 ASP.NET AJAX 1.0，并包括其必备核心组件 AJAX Extensions 1.0。

AJAX 技术主要运用在信息添加和数据提交的功能页，使用该技术的电子商务交易系统功能页见表 14-55。

表 14-55　使用 AJAX 技术的功能页

文 件 名 称	功 能 说 明
Admin_Bundles.aspx	批量商品管理页
Admin_Product_Add.aspx	商品添加页
Admin_Categories.aspx	分类信息管理页
Admin_Products.aspx	商品信息列表页
Admin_Orders_Details.aspx	订单查看管理页
TaxConfiguration.aspx	税率信息配置页
ProductReview.aspx	商品评论页
ShippingConfiguration.aspx	邮寄信息配置页
PaymentConfiguration.aspx	支付信息配置页
RatingDisplay.ascx	评定信息显示控件
ReviewDisplay.ascx	审核信息显示控件
Checkout.aspx	结账信息页

（2）电子商务交易系统中的 AJAX 技术

对于使用 AJAX 技术的功能页，需要在页面中声明 3 个控件，分别是脚本管理控件 ScriptManager、更新面板控件 UpdatePanel 和刷新提示控件 UpdateProgress。

脚本管理控件 ScriptManager 的主要功能是管理系统自动生成的脚本。更新面板控件 UpdatePanel 的主要功能是负责声明一个刷新区域，当出现数据请求时只刷新 UpdatePanel 内部的用户控件。刷新提示控件 UpdateProgress 的主要功能是显示处理信息，并在服务器返回数据后自动消失。

该小节将以支付信息配置页 PaymentConfiguration.aspx 为例，讲解 AJAX 技术在电子商务交易系统中的实际运用。

支付信息配置页的主要功能是设置站点的货币单位和支付网关的配置信息。界面中包括 3 个 AJAX 的控件，分别是脚本管理控件 ScriptManager、更新面板控件 UpdatePanel 和刷新提示控件 UpdateProgress。

更新面板控件 UpdatePanel 将在用户点击设置按钮后，通过异步的方法帮助系统与服务器通讯。更新面板控件中声明的主要控件有：提示信息自定义控件 ResultMessage.ascx、设置按钮控件 Button、文本控件 TextBox、勾选控件 CheckBox 和下拉列表控件 DropDownList。

刷新提示控件 UpdateProgress 的主要作用是显示提交进度信息和图片，该控件在用户点击设置按钮后触发，运行效果如图 14-13 所示。

图 14-13 异步操作

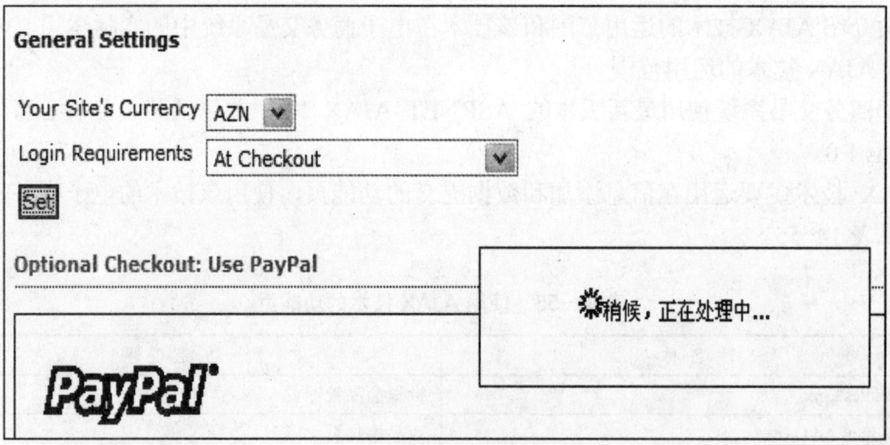

支付信息配置页 PaymentConfiguration.aspx 主要代码如下：

```
<%@ Page Language="C#"   AutoEventWireup="true" CodeFile="PaymentConfiguration.aspx.cs"
  Inherits="Admin_PaymentConfiguration" Title="Payment Configuration"
  MasterPageFile="~/admin.master"%>
<%@ Register Src="../Modules/ResultMessage.ascx" TagName="ResultMessage" TagPrefix="uc1" %>
<asp:Content ID="Content1" ContentPlaceHolderID="AdminPlaceHolder" Runat="Server">
<asp:ScriptManager   ID="scriptManager" runat="server" EnablePartialRendering="true">
</asp:ScriptManager >
    <asp:UpdateProgress ID="uProgress" runat="server">
        <ProgressTemplate>
        <div class="loadingbox">
            <img src="../images/spinner.gif" alt=""/>稍候，正在处理中...</div>
        </ProgressTemplate>
    </asp:UpdateProgress>
<div id="centercontent">
    <asp:UpdatePanel ID="WizUpdatePanel" runat="server" UpdateMode="Conditional" >
    <ContentTemplate>
    Your Site's Currency</td>
        <td class="adminitem">
    <asp:DropDownList ID="ddlCurrencyType" runat="server">
    </asp:DropDownList></td>Login Requirements</td>
        <td class="adminitem"><asp:DropDownList ID="ddlLogin" runat="server">
            <asp:ListItem Selected="True" Value="checkout">At Checkout</asp:ListItem>
            <asp:ListItem Value="basket">When Adding to Basket</asp:ListItem>
            <asp:ListItem Value="never">Never - Anonymous Shopping</asp:ListItem>
        </asp:DropDownList></td>
        <asp:Button ID="btnSetGeneral" runat="server" Text="Set"
  OnClick="btnSetGeneral_Click" CssClass="frmbutton" /></td><td>
            <uc1:ResultMessage ID="ResultMessage1" runat="server" /></td></tr>
        </table> </div>
    </ContentTemplate>
    </asp:UpdatePanel>
</asp:Content>
```

14.4.4 电子结算模块

电子商务交易系统的电子结算模块负责实现用户购物后的实时付款。购物系统的结算功能需要适应不同用户的信用卡或者支付账户。

目前的电子商务支付平台主要分为 3 大类，分别是：全球电子支付网关 PayPal、中国的支付宝和各银行的支付网关。

电子商务交易系统的支付模块使用 PayPal 作为结算网关，该支付模块通过如下 4 个操作环节实现在线支付：

（1）用户在线选购商品并接受系统结算。
（2）通过 PayPal 账户或信用卡支付金额。
（3）支付模块接收用户的支付结果。
（4）电子商务交易系统的管理员根据支付状态发货。

电子结算模块的电子结算与支付流程如图 14-14 所示。

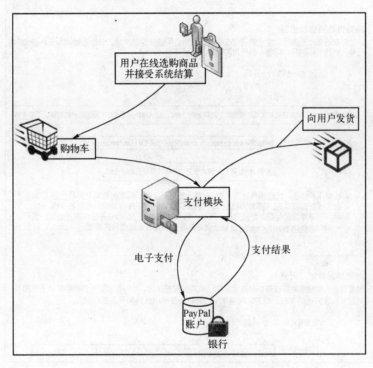

图 14-14　电子结算模块

电子商务交易系统的电子结算模块兼容 PayPal 网关的两种支付模式，分别是支付数据传输（PDT-Payment Data Transfer）和即时付款通知（IPN-Instant Payment Notification）。

支付数据传输 DPT 主要实现用户的货币支付并返回原始购物系统，而即时付款通知 IPN 则直接通过购物系统提交支付信息。

本节将主要讲解电子结算模块的支付数据传输方法（PDT）。该种支付方式主要通过 URL 的链接传输用户交易信息，并与本地购物系统的认证令牌编码 PDTID 进行匹配。如果令牌编码匹配成功，则 PayPal 网关返回电子商务交易系统并显示支付结果。

对于支付数据传输方式（PDT），则将分令牌申请与设置和数据传输两点讲述。

1．令牌申请与设置

电子商务交易系统的开发人员需要登录 PayPal 网关并注册接口账户。账户注册成功后需要到 PayPal 网关的测试环境 sandbox 建立企业账户。注册地址为 https://developer.paypal.com。

通过登录网关测试环境的后台，开发人员能够进入"网站付款习惯设定"页面。在该页需要开启"自动返回"和"付款数据传输"两个选项。开发人员在选择完成后，点击页面的保存按钮则可以从页面下方获取一串名为"身份标记"的字符串，该字符串就是需要申请的令牌编码，如图 14-15 所示。

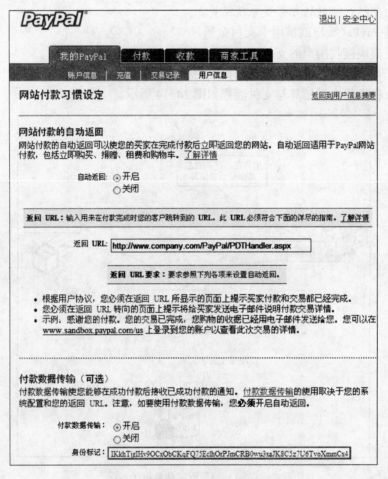

图 14-15　令牌申请

开发人员申请到的令牌编码将供系统结算时使用。该令牌编码保存在电子商务交易系统的配置文件 web.config 中，配置节的名称为 PayPalStandardSettings。

令牌编码的配置节代码样式如下：

```
<PayPalStandardSettings isActive="true" useSandbox="true" businessEmail="your@yourrmail.com"
    PDTID="IKkhTjgIHv9OCxObCKqFQ75EclhOrPJmCRB0wu3xaJK8C5z7U6TvoXmmCx4" />
```

2．数据传输

电子结算模块的支付数据传输方式（PDT）可实现用户结算数据的构造、信息验证和结算信息反馈。

（1）结算数据的构造

电子结算模块的支付数据传输页名称为 CheckoutPPStandard.aspx，该页主要实现用户购物信息的获取并向支付网关提交结算请求，运行效果如图 14-16 所示。

图 14-16 支付数据传输页

支付数据传输页的程序代码主要实现订单信息实体 order 的赋值，并获取与请求支付网关。当用户点击页面的完成按钮"Finish"，将触发点击事件 btnContinue_Click。该事件获取用户填写的联系信息，并调用电子结算构造类 PayPalHelper 的请求链接构造方法 GetUploadCartUrl。

结算按钮点击事件 btnContinue_Click 程序代码如下：

```
protected void btnContinue_Click(object sender, EventArgs e) {
    //设置订单的用户名和用户 IP 地址信息
    order.UserIP = Request.UserHostAddress;
    order.UserName = Utility.GetUserName();//获取用户名
    //set the billToAddress to something
    order.BillToAddress = "Paid for at PayPal";//设置支付方式
    order.ShippingAddress = AddressEntry1.SelectedAddress;//设置邮寄地址 1
    order.ShipToAddress = AddressEntry1.SelectedAddress.ToHtmlString();//设置地址 2
    string orderNumber = "CSK-STD-" + Utility.GetRandomString();//获取订单号
    order.OrderNumber = orderNumber;
    order.OrderDate = DateTime.Now;//获取订单日期
    order.Save(Utility.GetUserName());//保存订单结算信息
    //当操作成功将连接到支付网关
    string sUrl = PayPalHelper.GetUploadCartUrl(order);//调用网关地址构造方法
    sUrl += "&custom=" + order.OrderGUID.ToString();
    Response.Redirect(sUrl, false);//请求网关服务
}
```

电子结算数据的构造类名称为 PayPalHelper.cs，该类主要的数据构造方法为 GetUploadCartUrl。该方法的主要功能是利用订单实体参数 Order 获取用户联系信息，并附加结算功能和取消功能的页面信息，最终构造成请求网关的链接 URL。

数据构造方法 GetUploadCartUrl 主要程序代码如下：

```csharp
public static string GetUploadCartUrl(Order order)
{
    decimal total = order.CalculateSubTotal();//获取总价值
    decimal tax = order.TaxAmount;//获取税务费用
    decimal shipping = order.ShippingAmount;//获取邮寄费用
    total = Math.Round(total, 2);
    tax = Math.Round(tax, 2);
    shipping = Math.Round(shipping, 2);
    StringBuilder url = new StringBuilder();
    string serverURL = "https://www.sandbox.paypal.com/us/cgi-bin/webscr";//支付网关地址
    if (!SiteConfig.UsePPStandardSandbox)//判断是否为标准支付状态
    { serverURL = "https://www.paypal.com/us/cgi-bin/webscr";
    }
    url.Append(serverURL + "?cmd=_xclick&currency_code=" + SiteConfig.CurrencyCode +
    "&business=" +HttpUtility.UrlEncode(SiteConfig.BusinessEmail));//构造支付请求的 URL
    if (total > 0)
        url.Append("&amount=" + total.ToString().Replace(",", "."));//金额
    if (order.TaxAmount > 0)
        url.AppendFormat("&tax=" + tax.ToString().Replace(",", "."));//税费
    if (order.ShippingAmount > 0)
        url.AppendFormat("&shipping=" + shipping.ToString().Replace(",", "."));//邮寄费用
    url.Append("&item_name=Order Number " + order.OrderNumber);//订单号码
    url.Append("&no_shipping=1");//邮寄否
    url.Append("&first_name="+ order.ShippingAddress.FirstName);//用户名
    url.Append("&last_name=" + order.ShippingAddress.LastName);//用户姓
    url.Append("&address1=" + order.ShippingAddress.Address1);//联系地址 1
    url.Append("address2=" + order.ShippingAddress.Address2);//联系地址 2
    url.Append("&city=" + order.ShippingAddress.City);//城市
    url.Append("&state=" + order.ShippingAddress.StateOrRegion);//地区
    url.Append("&zip=" + order.ShippingAddress.Zip);//邮编
    string SuccessUrl = Utility.GetSiteRoot() + "/PayPal/PDTHandler.aspx";//支付成功页
    string CancelUrl = Utility.GetSiteRoot() + "/Checkout.aspx";//来源页
    if (SuccessUrl != null && SuccessUrl != "")
        url.AppendFormat("&return={0}", HttpUtility.UrlEncode(SuccessUrl));//成功链接
    if (CancelUrl != null && CancelUrl != "")
        url.AppendFormat("&cancel_return={0}", HttpUtility.UrlEncode(CancelUrl));//取消链接
    return url.ToString();//返回请求链接
}
```

（2）信息验证

电子结算模块的信息验证页名称为 PDTHandler.aspx，该页主要实现支付数据传输方式（PDT）的交易有效性校验。

当用户从支付数据传输页提交支付请求后，PayPal 的支付网关将完成电子银行的结算并返回支付状态编码给电子商务交易系统。信息验证页在获取编码信息后，需要向支付网关发送令牌验证请求并完成最终的校验。

信息验证页程序代码主要包括页面加载事件 Page_Load 和令牌校验方法 GetPDT。

页面加载事件 Page_Load 在页面被执行时触发，主要功能是获取支付状态编码并根据有效性验证的结果处理订单信息。

该事件获取的两个编码参数名称分别是交易编号 ppTX 和订单编号 sOrderID。交易编号将作为参数供令牌校验方法 GetPDT 进行交易有效性验证，订单编号则作为参数供业务逻辑层 OrderController 的方法 GetOrder 获取交易的订单信息。

该事件需要判断令牌校验方法返回的数据中是否包含字符串"SUCCESS",假如包含该字符串则说明结算成功并调用业务逻辑层 OrderController 的订单确认方法 CommitStandardOrder,否则显示失败信息。

页面加载事件 Page_Load 主要程序代码如下:

```
void Page_Load(object sender, EventArgs e)
    {   //当交易编号 transaction ID 为空,则说明本次交易没有通过网关验证
        //企业邮箱和 PDT 的令牌需要在配置文件 WEB.CONFIG 中确认无误
        string test = Request.QueryString["tx"];
        TestCondition.IsNotNull(Request.QueryString["tx"], "No TransactionID - Invalid");//交易号码
        TestCondition.IsNotNull(Request.QueryString["cm"], "No TransactionID - Invalid");//订单号
        string ppTX = Request.QueryString["tx"].ToString();
        string sOrderID = Request.QueryString["cm"].ToString();
        string pdtResponse = GetPDT(ppTX);// PDT 令牌码
        //获取交易标志
        if (pdtResponse.StartsWith("SUCCESS"))//是否返回成功标志
        {   string sAmount = GetPDTValue(pdtResponse, "mc_gross");
            //make sure the totals add up
            try
            {   //订单数据解码
                sOrderID = Server.UrlDecode(sOrderID);
                Order order = OrderController.GetOrder(sOrderID);//通过订单号获取订单详细信息
                if (order != null) {
                    //将成功交易的订单信息添加到订单表
                    OrderController.CommitStandardOrder(order, ppTX, decimal.Parse(sAmount));
                    //定位到收据页 receipt.asp
                    Response.Redirect("../receipt.aspx?t=" + sOrderID, true);
                } else {
                    Response.Write("Can't find the order");
                }
            }
            catch (Exception x)//捕获出错
            { Response.Write("Invalid Order: " + x.Message);
            }
        }
        else
        { Response.Write("PDT Failure: " + pdtResponse);//提示交易失败
        }
    }
```

令牌校验方法名称为 GetPDT,该方法将获取配置文件 Web.config 中的令牌信息并向支付网关发送校验请求。

该方法通过.NET 的页面请求类 WebRequest 实现对 paypal 支付网关的验证请求,并通过字节流读取类 StreamReader 获取网关的响应结果。

令牌校验方法 GetPDT 主要程序代码如下:

```
string GetPDT(string transactionID)
    {   string sOut = "";
        string PDTID = "";//令牌码
        PDTID = SiteConfig.PayPalPDTID;//通过/WEB.CONFIG 获取令牌码
        string sCmd = "_notify-synch";
        string serverURL = "";
        if (SiteConfig.UsePPStandardSandbox)
        {   serverURL = "https://www.sandbox.paypal.com/cgi-bin/webscr";//获取测试网关地址
```

```
        }
        else
        {   serverURL = "https://www.paypal.com/cgi-bin/webscr"; ;//生产网关
        }
        try
        {    string strFormValues = Request.Form.ToString();
             string strNewValue;
             string strResponse;
             HttpWebRequest req = (HttpWebRequest)WebRequest.Create(serverURL);//请求网关
             // 为请求设置值
             req.Method = "POST";
             req.ContentType = "application/x-www-form-urlencoded";
        //附件令牌信息
             strNewValue = strFormValues + "&cmd=_notify-synch&at=" + PDTID + "&tx=" +transactionID;
             req.ContentLength = strNewValue.Length;
             // Write the request back IPN strings
             StreamWriter stOut = new StreamWriter(req.GetRequestStream(), System.Text.Encoding.ASCII);
             stOut.Write(strNewValue);
             stOut.Close();
             // 获取网关响应数据
             StreamReader stIn = new StreamReader(req.GetResponse().GetResponseStream());
             strResponse = stIn.ReadToEnd();//读取响应数据
             stIn.Close();
             sOut = Server.UrlDecode(strResponse);//编码响应数据
        }
        catch (Exception x){}
        return sOut;//返回验证结果
    }
```

信息验证页 PDTHandler.aspx 的具体实现代码可以参考代码包"第 14 章\Commerce Starter Kit 21\PayPal\"文件。

14.4.5 用户自定义控件

电子商务交易系统包括一些比较重要和关键的用户自定义控件。本小节将重点介绍用户自定义控件。

用户自定义控件见表 14-56。

表 14-56 主要用户自定义控件

Modules\Admin\ProductCategories.ascx	商品分类管理控件
Modules\Admin\ProductImages.ascx	图片信息添加控件
Modules\ProductTopDisplay.ascx	商品详细信息显示控件
Modules\Checkout\PaymentBox.ascx	支付信息填写控件
Modules\RecentCategories.ascx	曾访问分类显示控件

1. 商品分类管理控件

商品分类管理控件名称为 ProductCategories.ascx,其主要功能是提供管理员选择和删除商品分类信息。该控件主要使用在商品添加页和商品信息修改页。

商品分类管理控件 ProductCategories.ascx 的设计界面如图 14-17 所示。

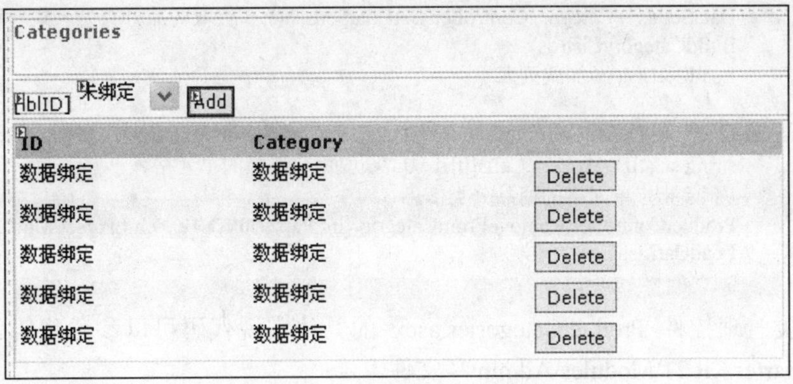

图 14-17 商品分类管理控件

商品分类管理控件的界面主要包括：1 个标签控件 Label、1 个下拉列表控件 DropDownList 和 1 个列表控件 DataGrid。其中的列表控件用于显示分类信息，绑定的字段包括分类编号 categoryID 和名称 CategoryName。

商品分类管理控件 ProductCategories.ascx 主要界面代码如下：

```
<%@ Control Language="C#" AutoEventWireup="true" CodeFile="ProductCategories.ascx.cs"
    Inherits="Modules_Admin_ProductCategories" %>
<table class="admintable">Categories</h4></td>
 <tr valign="top"><td>
<asp:Label ID="lblID" runat="server" Visible="False"></asp:Label>
  <asp:DropDownList ID="ddlCats" runat="server" CssClass="adminitem" />
  <asp:Button ID="btnCats" runat="server" Text="Add" OnClick="btnCats_Click" CssClass="frmbutton" />
  <asp:DataGrid ID="dgCats" runat="server" Width="500px" BorderColor="White" BorderWidth="0px"
    AutoGenerateColumns="False" OnDeleteCommand="DeleteCat">
  <FooterStyle ForeColor="Black" BackColor="#C6C3C6"></FooterStyle>
  <SelectedItemStyle Font-Bold="True" ForeColor="White" BackColor="Gainsboro"></SelectedItemStyle>
   <AlternatingItemStyle ForeColor="Black" BackColor="WhiteSmoke"></AlternatingItemStyle>
   <ItemStyle ForeColor="Black" BackColor="White"></ItemStyle>
  <HeaderStyle Font-Size="8pt" Font-Names="Verdana" Font-Bold="True" ForeColor="Black"
     BackColor="LightSteelBlue"></HeaderStyle><Columns>
    <asp:BoundColumn DataField="categoryID" HeaderText="ID"></asp:BoundColumn>
    <asp:BoundColumn DataField="CategoryName" HeaderText="Category"></asp:BoundColumn>
    <asp:ButtonColumn ButtonType="PushButton" CommandName="Delete"
     Text="Delete"></asp:ButtonColumn>
</Columns>
  </asp:DataGrid></td></tr>
</table>
```

商品分类管理控件的程序代码主要实现分类数据的绑定和分类信息的选择与删除。

该用户控件需要在界面的下拉列表控件中显示已有的分类名称，获取分类名称的方法为 LoadCategories。该方法将调用业务逻辑层的分类列表获取方法 GetDataSetList，并将返回的数据绑定到下拉列表控件 ddlCats。

当用户点击分类列表中的删除按钮"Delete"，将触发删除事件 DeleteCat。该事件首先获取用户选择分类信息编号，并调用业务逻辑层的删除分类方法 RemoveFromCategory。

商品分类管理控件的主要程序代码如下：

```
public void LoadCategories(int productID) {
        lblID.Text = productID.ToString();//获取商品编号
```

```
            DataSet ds = CategoryController.GetDataSetList(); ;//获取商品分类列表集
            BuildCategoryList(ds);
            LoadCatList();//加载列表
        }
        protected void DeleteCat(object source, DataGridCommandEventArgs e) {//列表删除事件
            string sCatID = e.Item.Cells[0].Text;//获取用户选择的单元格
            //删除指定单元格的商品分类信息
            ProductController.RemoveFromCategory(int.Parse(lblID.Text),int.Parse(sCatID));
            LoadCatList();
        }
```

商品分类管理控件 ProductCategories.ascx 的具体实现代码可以参考代码包"第 14 章\Commerce Starter Kit 21\Modules\Admin\"文件。

2．图片信息添加控件

图片信息添加控件名称为 ProductImages.ascx，主要功能是供管理员添加和删除商品图片信息。该控件主要使用在商品添加页和商品信息修改页。

图片信息添加控件 ProductImages.ascx 的设计界面如图 14-18 所示。

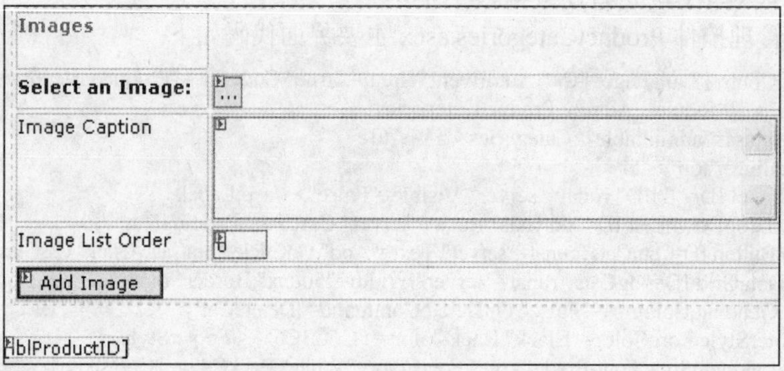

图 14-18　图片信息添加控件

图片信息添加控件的界面主要包括：1 个用户自定义控件 ImageManager.ascx、1 个添加图片的按钮控件 Button、1 个输入描述信息的文本控件 TextBox 和 1 个显示已有图片的列表控件 Repeater。

列表控件 Repeater 显示的图片信息包括：图片编号 imageID、图片画面 imagefile 和图片描述信息 caption。

图片信息添加控件 ProductImages.ascx 主要界面代码如下：

```
<%@ Control Language="C#" AutoEventWireup="true" CodeFile="ProductImages.ascx.cs"
 Inherits="Modules_Admin_ProductImages" %>
<%@ Register Src="../ImageManager.ascx" TagName="ImagePicker" TagPrefix="uc2" %>
<table class="admintable">Images</h4>
  <td class="adminlabel" style="height: 21px"><b>Select an Image:</b></td>
    <td class="adminitem" style="height: 21px">
  <uc2:imagepicker id="ImagePicker1" runat="server" imagefolder="images/productimages" /></td><tr>
    <td class="adminlabel">
    Image Caption</td>
    <td class="adminitem">
<asp:TextBox ID="txtNewImageCaption" runat="server" Width="350px" Height="60px"
  TextMode="MultiLine"></asp:TextBox></td></tr><tr>
    <td class="adminlabel">Image List Order</td><td class="adminitem">
```

开发电子商务交易系统 第14章

```
<asp:TextBox id="txtNewImageListOrder" runat="server" width="34px"text="0"></asp:TextBox>
</td><tr><td colspan="2">
<asp:Button ID="btnSaveImage" runat="server" OnClick="btnSaveImage_Click" Text="Add Image"
CssClass="frmbutton" /></td></tr></table><br />
 <asp:Label ID="lblProductID" runat="server" Visible="False"></asp:Label><br />
  <table width="650" cellspacing="0" >
    <asp:Repeater ID="rptImages" runat="server" OnItemCommand="DeleteImage">
      <ItemTemplate><tr>
        <td class="adminlabel" width="15"><b>
        <%#Eval("listorder") %></b>
        <asp:Label ID="lblImageID" runat="server" Text='<%#Eval("imageID") %>'
        Visible="false"></asp:Label></td>
        <td align="center"><img src="<%= Utility.GetSiteRoot()%>/<%#Eval("imagefile")%>"
         alt="<%#Eval("imagefile") %>" /><br />
         <%#Eval("caption")%></i> </td><td>
        <asp:Button ID="btnDelImage" runat="server" Text="Delete" CssClass="frmbutton" /></td></tr>
      </ItemTemplate>
    </asp:Repeater>
```

图片信息添加控件的程序代码主要实现图片信息的添加和删除。当用户点击添加按钮"Add Image"时，将触发点击事件 btnSaveImage_Click。该事件将获取用户已选择的图片信息和图片文件存放路径，并执行业务逻辑层的图片保存方法 Save。假如用户并未选择图片信息，则向数据库插入默认图片的文件路径。

添加按钮点击事件 btnSaveImage_Click 主要程序代码如下：

```
protected void btnSaveImage_Click(object sender, EventArgs e) {
    string imageName = ImagePicker1.GetSelectedImage();//获取用户选择的图片名
    //获取系统运行的文件路径
    string appRoot = Request.ApplicationPath;
    //假如在根目录,则其路径为"/"
    //假如是虚拟目录,则需要去掉绝对路径
    if (appRoot.Length > 1) {
        imageName = imageName.Replace(appRoot+"/", "");
    }
    Commerce.Common.Image image= new Commerce.Common.Image();//创建图片实例
    image.ImageFile = imageName;
    image.ListOrder=int.Parse(txtNewImageListOrder.Text);//图片顺序
    image.Caption=txtNewImageCaption.Text;//图片文本
    image.ProductID=int.Parse(lblProductID.Text);//商品编号
    image.Save(Page.User.Identity.Name);//保存图片信息
    LoadImages(int.Parse(lblProductID.Text));
    if (rptImages.Items.Count == 1)//假如图片数量为 1
    {   //1 表示默认图片
        SetProductDefault(image.ImageFile);//设置为默认图片
    }
}
```

当用户点击图片删除按钮"Delete"时，将触发删除事件 DeleteImage。该事件将获取用户选择的图片编号，并调用业务逻辑层的图片删除方法 Delete。假如列表控件 Repeater 中包括的图片记录值为 0，则设置图片信息为空字符。

图片删除按钮点击事件 DeleteImage 主要程序代码如下：

```
protected void DeleteImage(object source, RepeaterCommandEventArgs e) {
    Label lbl = (Label)e.Item.FindControl("lblImageID");
    if (lbl != null) {
```

```
                Commerce.Common.Image.Delete(int.Parse(lbl.Text));//删除指定单元格的图片信息
                LoadImages(int.Parse(lblProductID.Text));
            }
            //重置默认图片设置
            if (rptImages.Items.Count == 0)
            {   //为 0 则说明无图片
                SetProductDefault("");
            }
        }
```

图片信息添加控件 ProductImages.ascx 的具体实现代码可以参考代码包"第 14 章 \Commerce Starter Kit 21\Modules\Admin\"文件。

3．商品详细信息显示控件

商品详细信息显示控件名称为 ProductTopDisplay.ascx，主要功能是显示商品的描述信息，如商品价格、打折情况、商品图片和商品功能描述。该控件主要使用在商品详细信息页。

商品详细信息显示控件 ProductTopDisplay.ascx 的设计界面如图 14-19 所示。

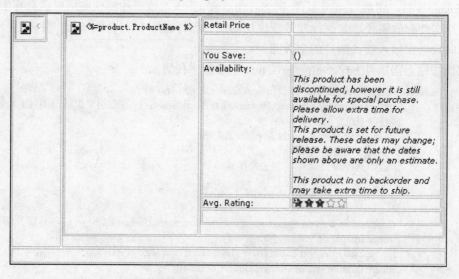

图 14-19　商品详细信息显示控件

商品详细信息显示控件的界面主要包括 1 个等级评定控件 Xpdt.Web.UI.Ratings.dll 和 1 个商品属性的自定义控件 AttributeSelection.ascx。

商品详细信息显示控件通过界面嵌入 ASP.NET 前端代码的方式显示商品详细信息。商品描述信息的数据源来自名称为 product 的商品信息实体类，商品打折信息的数据源来自名称为 discount 的打折信息实体类。

商品详细信息显示控件 ProductTopDisplay.ascx 主要界面代码如下：

```
<%@ Control Language="C#" AutoEventWireup="true" CodeFile="ProductTopDisplay.ascx.cs"
  Inherits="Modules_Products_ProductTopDisplay" %>
<%@ Register Src="AttributeSelection.ascx" TagName="AttributeSelection" TagPrefix="uc5" %>
<%@ Register Assembly="Xpdt.Web.UI.Ratings" Namespace="Xpdt.Web.UI.WebControls"
  TagPrefix="Xpdt" %>
<h4><%=product.ProductName %></h4>
<table class="productsection"><tr>
```

```
      <%if(product.Images.Count>1) {%><td valign="top" style="width: 66px"><table>
      <%foreach(Commerce.Common.Image img in product.Images){ %>
      <tr><td class="smalltext" style="cursor:hand"><img height="30" width="40"
      src="<%=Page.ResolveUrl("~/"+img.ImageFile)%>" alt="<%=img.ImageFile%>"
      onmouseover="imgProduct.src='<%=Page.ResolveUrl("~/"+img.ImageFile) %>';document.getElem
      entById('imgCaption').innerHTML='<%=img.Caption %>'" /></td></tr>
            <%} %> </table></td> <%} %>
     <td valign="top"><table width="100%"><tr><td width="180">
     <img src="<%=product.ImageFile == null   ?
     Page.ResolveUrl("~/images/ProductImages/no_image_available.gif") : Page.ResolveUrl("~/"
     + product.ImageFile) %>" name="imgProduct" id="imgProduct"
     alt="<%=product.ProductName %>"/>
        <div class="smalltext" name="imgCaption" id="imgCaption"><% if(product.Images.Count > 1)
        Response.Write(product.Images[0].Caption);%></div></td><td>
           <table>    <tr><td width="120">Retail Price</td>
            <td class="retailprice"><%=product.RetailPrice.ToString("c") %></td>
              <b><%=discount.Title %></b><br /> <i><%=discount.Description %></i></td>
          <b class="price">
            <%=discount.DiscountedPrice.ToString("C")%></b>
     <td>You Save:</td><td><%=product.YouSavePrice.ToString("C") %>
     (<%=product.YouSavePercent.ToString("p") %>)</td>
                </tr>    <tr><td style="height: 171px">Availability:</td>
                   <td style="height: 171px">
                <%=product.ShippingEstimate %>      <%
                   if (product.Status == Commerce.Common.ProductStatus.Discontinued) {%>
                <br /><i>This product has been discontinued, however it is still available for
                special purchase. Please allow extra time for delivery.</i>
     <%}   else if (product.Status == Commerce.Common.ProductStatus.FutureRelease)
                {    %> <br /><i>This product is set for future release. These dates may change; please
                be aware that the dates shown above are only an estimate.</i>
                   <%}else if(product.Status == Commerce.Common.ProductStatus.OnBackorder) {    %>
                <br /><i>This product in on backorder and may take extra time to ship.</i>
                   <%}%><td>Avg. Rating:</td>
                      <td><Xpdt:Rater ID="pRating" runat="server" DisplayOnly="true"
                ToolTipFormat="Average Rating is {0} over {1}"DisplayValue="3"></Xpdt:Rater></td>
      <%//if (product.Attributes.Count > 0){ %>
      <td colspan="2"><uc5:AttributeSelection id="attList" runat="server">
         </uc5:AttributeSelection>
                </td> </tr> <%//} %> </table></td></tr></table>
      <td colspan="2" class="hookline">
                <%=product.ShortDescription %></td></tr>
      </table>
```

商品详细信息显示控件的程序代码主要实现商品信息的获取和商品属性信息的赋值。

商品详细信息显示控件的页面初始化事件为 Page_Load，该事件将设置等级评定控件 Rating 的显示值。当商品信息实体不为空时，将调用业务逻辑层的商品价格获取方法 SetProductPricing，该方法将获取商品价格信息并赋值给折扣信息实体类 discount。

页面初始化事件 Page_Load 主要程序代码如下：

```
protected void Page_Load(object sender, EventArgs e)
    {
        pRating.DisplayValue = (double)product.Rating;
        if (product != null)//当商品信息实例非空
        {
            discount = PromotionService.SetProductPricing(product);//设置商品折扣
            attList.Product = product;//获取商品信息实体
        }
```

attList.Product = product;
}

商品详细信息显示控件 ProductTopDisplay.ascx 的具体实现代码可以参考代码包"第 14 章 \Commerce Starter Kit 21\Modules\Products\"文件。

4．支付信息填写控件

支付信息填写控件名称为 PaymentBox.ascx，主要功能是提供用户填写和选择信用卡信息。填写的信息包括信用卡类型、卡号、安全码和到期时间。该控件主要使用在结账信息页。

支付信息填写控件 PaymentBox.ascx 的设计界面如图 14-20 所示。

图 14-20　支付信息填写控件

支付信息填写控件的界面主要包括：1 个显示信用卡类型的下拉列表控件 DropDownList、两个填写卡号和安全码的文本控件 TextBox 和两个显示到期时间的下拉控件 DropDownList。

支付信息填写控件 PaymentBox.ascx 主要界面代码如下：

```
<%@ Control Language="C#" AutoEventWireup="true" CodeFile="PaymentBox.ascx.cs"
Inherits="Modules_Checkout_PaymentBox" %>
    <div class="sectionheader">Pay By Credit Card</div>
    <table width="550" cellpadding="2"><tr>
      <td class="checkoutlabel" style="width: 150px">
        Credit Card Type</td><td>
        <asp:DropDownList ID="ddlCCType" runat="server">
            <asp:ListItem Value="1" Selected="true">Visa</asp:ListItem>
            <asp:ListItem Value="0" >MasterCard</asp:ListItem>
            <asp:ListItem Value="3" >AMEX</asp:ListItem>
</asp:DropDownList></td></tr><tr>
      <td class="checkoutlabel" style="width: 150px">
        Credit Card Number</td> <td>
    <asp:TextBox runat="server" ID="txtCCNumber" Width="276px"></asp:TextBox>
<asp:RequiredFieldValidator ID="RequiredFieldValidator7" runat="server"
ControlToValidate="txtCCNumber"ErrorMessage="Required"></asp:RequiredFieldValidator>
</td></tr><tr>
      <td class="checkoutlabel" style="width: 150px">
        Security Code</td><td>
        <asp:TextBox runat="server" ID="txtCCAuthCode" Width="38px">
</asp:TextBox><asp:RequiredFieldValidator ID="RequiredFieldValidator8"
  runat="server" ControlToValidate="txtCCAuthCode"
      ErrorMessage="Required"></asp:RequiredFieldValidator></td>
<td class="checkoutlabel" style="width: 150px">Expiration</td><td>
        <asp:DropDownList ID="ddlExpMonth" runat="server" Width="49px">
            <asp:ListItem Value="1">01</asp:ListItem>
            <asp:ListItem Value="2">02</asp:ListItem>
            <asp:ListItem Value="3">03</asp:ListItem>
            <asp:ListItem Value="4">04</asp:ListItem>
```

```
            <asp:ListItem Value="5">05</asp:ListItem>
            <asp:ListItem Value="6">06</asp:ListItem>
            <asp:ListItem Value="7">07</asp:ListItem>
            <asp:ListItem Value="8">08</asp:ListItem>
            <asp:ListItem Value="9">09</asp:ListItem>
            <asp:ListItem Value="10">10</asp:ListItem>
            <asp:ListItem Value="11">11</asp:ListItem>
            <asp:ListItem Value="12">12</asp:ListItem>
        </asp:DropDownList> 
        <asp:DropDownList ID="ddlExpYear" runat="server" Width="73px" >
</asp:DropDownList></td></tr>
</table>
```

支付信息填写控件的程序代码主要实现信用卡信息的获取与填写。该控件通过属性的形式声明了信用卡的常规信息，这些属性将提供宿主功能页使用。声明的信用卡属性有：卡号 CCNumber、到期月份 ExpirationMonth、到期年份 ExpirationYear、信用卡类型 CCType 和安全码 SecurityCode。

支付信息填写控件 PaymentBox.ascx.cs 主要程序代码如下：

```
public partial class Modules_Checkout_PaymentBox : System.Web.UI.UserControl
{
    private string ccNumber;
    public string CCNumber//卡号
    {
        get { return txtCCNumber.Text; }
    }
    private int expMonth;
    public int ExpirationMonth//到期月份
    {
        get {
            int iOut = 0;
            int.TryParse(ddlExpMonth.SelectedValue, out iOut);
            return iOut;
        }
    }
    private CreditCardType ccType;//卡类型
    public CreditCardType CCType
    {
        get {
                return (CreditCardType)int.Parse(ddlCCType.SelectedValue);
        }
    }
    private int expYear;
    public int ExpirationYear//到期年份
    {
        get {
            int iOut = 0;
            int.TryParse(ddlExpYear.SelectedValue, out iOut);
            return iOut;
        }
    }
    private string securityCode;
    public string SecurityCode//安全码
    {
        get { return txtCCAuthCode.Text; }
    }
    protected void Page_Load(object sender, EventArgs e)
```

```
            {
                if (!Page.IsPostBack)
                {   #if DEBUG
                                        txtCCNumber.Text = "4978368392614864";//测试的用户信用卡
                                        txtCCAuthCode.Text = "027";//安全码
                            #endif
                        LoadExpirationYear();
                }
        }
        void LoadExpirationYear()//到期年份添加方法
        {
            if (ddlExpYear != null)//到期年份非空
            {   //从今年算起顺延 6 年
                for (int i = DateTime.UtcNow.Year; i < DateTime.UtcNow.Year + 6; i++)
                {
                    ddlExpYear.Items.Add(new  ListItem(i.ToString(),  i.ToString()));//添加年份到下拉列表
                }
            }
        }
    }
```

支付信息填写控件 PaymentBox.ascx 的具体实现代码可以参考配套代码包"第 14 章\Commerce Starter Kit 21\Modules\Checkout\"文件。

5. 曾访问分类显示控件

曾访问分类显示控件名称为 RecentCategories.ascx，主要功能是显示用户近期访问过的分类信息。该控件主要用在购物信息功能页，具体包括购物车详细信息显示页、购物车管理页和用户订单显示页。

曾访问分类显示控件 RecentCategories.ascx 的设计界面如图 14-21 所示。

图 14-21 曾访问分类显示控件

曾访问分类显示控件的界面主要包括 1 个控制可见性的面板控件 Panel 和 1 个显示分类信息的列表控件 Repeater。

曾访问分类显示控件 RecentCategories.ascx 主要界面代码如下：

```
<%@ Control Language="C#" AutoEventWireup="true" CodeFile="RecentCategories.ascx.cs"
 Inherits="Modules_RecentCategories" %>
<!-- Recent Categories -->
<asp:Panel ID="pnlCats" runat="server">
<div class="browsebox">
<asp:Image ID="imgRecentHeader" runat="server" SkinID="HeadersRecentCategories" />
<br />
<asp:Repeater ID="rptRecentCats" runat="server">
```

```
            <ItemTemplate>
                <div>
                  <a href="<%#Utility.GetRewriterUrl("catalog",Eval("categoryGUID").ToString(),"") %>" class="subcategory"><%#Eval("categoryName")%></a><br/>
                </div>
            </ItemTemplate>
        </asp:Repeater>
    </div>
</asp:Panel>
<!-- End Recent Categories -->
```

曾访问分类显示控件的程序代码主要实现分类信息的获取与绑定。

曾访问分类显示控件的页面初始化事件为 Page_Load，该事件将调用业务逻辑层的获取曾访问分类信息方法 StatsFavoriteCategories。获取的分类信息需要作为数据源绑定到列表控件 Repeater，如果分类数据的行数小于 1，则隐藏面板控件 Panel。

曾访问分类显示控件 RecentCategories.ascx.cs 主要程序代码如下：

```
protected void Page_Load(object sender, EventArgs e)
{
    if (!Page.IsPostBack)
    {
        //从数据库获取用户最近访问的分类信息
        rptRecentCats.DataSource
            = SPs.StatsFavoriteCategories(Utility.GetUserName()).GetReader();//通过存储过程查询分类
        rptRecentCats.DataBind();
        if (rptRecentCats.Items.Count < 1) {//当分类数量小于 1
            pnlCats.Visible = false;//分类面板不可见
        }
    }
}
public int GetCount()//获取数量信息
{
    return rptRecentCats.Items.Count; //返回数据条数
}
```

曾访问分类显示控件 RecentCategories.ascx 的具体实现代码可以参考配套代码包"第 14 章\Commerce Starter Kit 21\Modules\"文件。

14.4.6 母版页

电子商务交易系统包括两个母版页，分别是站点母版页 site.master 和管理系统母版页 admin.master。站点母版页的主要功能是定义前端站点功能页的整体样式和栏目布局，并设置统一的系统导航菜单。管理系统母版页的主要功能是定义后端管理功能页的整体样式和栏目布局，并设置统一的管理菜单。下面介绍它们的设计原理。

（1）站点母版页

站点母版页的名称为 site.master，该母版界面的上部将显示系统导航菜单、搜索框和用户登录状态，下部显示用户自定义信息。

站点母版页的设计界面如图 14-22 所示。

站点母版页主要使用表格定位页面的布局。在母版上部使用登录状态控件 LoginView 显示用户信息，下部自定义区域则使用占位控件 ContentPlaceHolder。

登录状态控件 LoginView 显示用户的匿名或者登录状态，包括两个模板，分别是匿名用户模板<AnonymousTemplate>和登录用户模板<LoggedInTemplate>。

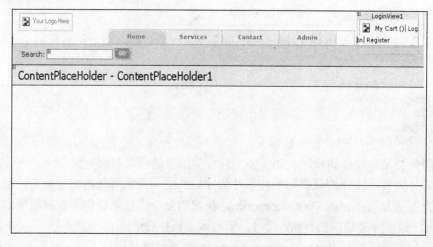

图 14-22 站点母版页

站点母版页 site.master 界面代码如下：

```
<%@ Master Language="C#" AutoEventWireup="true" CodeFile="site.master.cs" Inherits="site" %>
<!DOCTYPE html PUBLIC "-//W3C//DTD XHTML 1.0 Transitional//EN"
"http://www.w3.org/TR/xhtml1/DTD/xhtml1-transitional.dtd">
<html xmlns="http://www.w3.org/1999/xhtml">
<head id="Head1" runat="server">
    <meta http-equiv="Content-Type" content="text/html; charset=iso-8859-1" />
    <link id="Link1" rel="stylesheet" type="text/css" href='~/js/modal/subModal.css' runat="server" />
    <meta name="description" content="Description here" />
    <meta name="keywords" content="Keywords here" />
    <title></title></head><body>
<form id="elForm" runat="server" defaultbutton="btnSearch">
    <div id="header"><div id="logo">
<a href="<%=Page.ResolveUrl("~/default.aspx")%>"><img
    src="<%=Page.ResolveUrl("~/images/csklogo.gif")%>" alt="Your Logo Here"/></a></div>
    <div id="menu1">
        <asp:LoginView ID="LoginView1" runat="server">
            <AnonymousTemplate><ul><li class="first">
<a href="<%=Page.ResolveUrl("~/basket.aspx")%>">
<img src="<%=Page.ResolveUrl("~/images/icons/cart.gif")%>"  align="absmiddle" alt=""/> My Cart <%if(ShowBasket()){%>(<%=this.GetItemCount()%>)<%} %></a></li>
    <li><a href="<%=Page.ResolveUrl("~/login.aspx") %>">Log In</a></li>
    <li><a href="<%=Page.ResolveUrl("~/register.aspx") %>">Register</a></li></ul>
        </AnonymousTemplate>
<LoggedInTemplate>
    <li class="first">Welcome Back <%=Page.User.Identity.Name %>!</li>
    <li><a href="<%=Page.ResolveUrl("~/basket.aspx")%>">
<img src="<%=Page.ResolveUrl("~/images/icons/cart.gif")%>" align="absmiddle" alt=""/>
My Cart <%if (ShowBasket()) {%>(<%=this.GetItemCount()%>)<%} %></a></li>
    <li><a href="<%=Page.ResolveUrl("~/myorders.aspx")%>">My Orders</a></li>
    <li><asp:LinkButton ID="lnkLogout" CausesValidation="false" runat="server" Text="Log out" OnClick="lnkLogout_Click"></asp:LinkButton></li> </ul>
        </LoggedInTemplate> </asp:LoginView>
        <div id="mainmenu"><ul>
            <li><a href="<%=Page.ResolveUrl("~/default.aspx")%>" class="selected">Home</a></li>
```

```
            <li><a href="#">Services</a></li>
            <li><a href="#">Contact</a></li>
            <%if(Page.User.IsInRole("Administrator")){ %>
            <li><a href="<%=Page.ResolveUrl("~/admin") %>">Admin</a></li>
            <%} %></ul></div>        </div><div id="bar">
        <div id="searchbar">Search:
    <asp:TextBox ID="txtSearch" runat="server"></asp:TextBox>
    <asp:ImageButton ID="btnSearch" runat="server" SkinID="doSearch"
ImageAlign="AbsMiddle" OnClick="btnSearch_Click" /></div></div>
    <asp:contentplaceholder    id="ContentPlaceHolder1" runat="server">
    </asp:contentplaceholder>
    <!--#INCLUDE File=includes/modal_divs.aspx--></form></body></html>
```

站点母版页的程序代码主要实现用户登出操作、购物数的显示和商品搜索功能。

当用户点击母版页的搜索按钮"GO",将触发点击事件 lnkLogout_Click。该事件需要通过文本控件获取用户输入的关键字并重定向页面到搜索页 search.aspx。

母版页需要在上部显示当前用户所购商品的数量,获取数量的方法名称为 GetItemCount。通过调用业务逻辑层的方法 GetCartItemCount 获取所购商品数。

当用户点击母版页上部的登出按钮"Logout"后,将触发点击事件 lnkLogout_Click。该事件将设置 Cookies 立即到期并调用窗体验证类 FormsAuthentication 的账户注销方法 SignOut。执行完上述操作后,程序将页面重定向到系统首页 default.aspx。

站点母版页 site.master.cs 主要程序代码如下:

```
        protected void btnSearch_Click(object sender, EventArgs args) {
            if (txtSearch.Text != string.Empty) {//当用户输入关键字
                Response.Redirect(String.Format("{0}?q={1}",
Page.ResolveUrl("~/search.aspx"), txtSearch.Text));//构造查询链接字符串
            }
        }
        protected void lnkLogout_Click(object sender, EventArgs e)
        {   //注销用户信息
            if (Request.Cookies["shopperID"] != null)//当用户购物 Cookies 非空
            {   //清除 Cookies 数据
                Request.Cookies["shopperID"].Expires = DateTime.UtcNow.AddDays(-1d);//设置 Cookies 到期

                Response.Cookies["shopperID"].Value = "";
                Response.Cookies.Add(Request.Cookies["shopperID"]);//执行设置
            }
            //记录操作日志
            Tracker.Add(BehaviorType.LoggingOut);//将用户注销账户的信息记录日志
            FormsAuthentication.SignOut();
                        Response.Redirect("default.aspx", false);//通过窗体机制清除验证会话并定位到首页
        }
        protected string GetItemCount()//获取选购商品数量
        {
            string sOut = "0";
            sOut = OrderController.GetCartItemCount().ToString();//通过订单集合获取购物车集合的商品数量

            return sOut;//返回数量
        }
```

站点母版页 site.master 的具体实现代码可以参考代码包"第 14 章\Commerce Starter Kit

21\" 文件。

（2）管理系统母版页

管理系统母版页的名称为 admin.master，该母版界面的上部将显示管理系统的欢迎信息，左部显示管理系统菜单，右部显示用户自定义信息。

管理系统母版页的设计界面如图 14-23 所示。

图 14-23 管理系统母版页

管理系统母版页主要使用表格定位页面的布局。在母版界面的左部使用表格显示菜单信息和页面链接，右部的用户自定义区域则使用占位控件 ContentPlaceHolder。

管理系统母版页 admin.master 界面代码如下：

```
<%@ Master Language="C#" AutoEventWireup="true" CodeFile="admin.master.cs"
 Inherits="adminmaster" %>
<%@ Register Src="Modules/CatalogList.ascx" TagName="CatalogList" TagPrefix="uc1" %>
<!DOCTYPE html PUBLIC "-//W3C//DTD XHTML 1.1//EN"
 "http://www.w3.org/TR/xhtml11/DTD/xhtml11.dtd">
<html xmlns="http://www.w3.org/1999/xhtml">
<head id="Head1" runat="server">
  <link id="Link1" rel="stylesheet" type="text/css" href='~/js/modal/subModal.css'
 runat="server" /></head><body>
    <form id="form2" runat="server"><div id="logo">
       <img src='<%=Page.ResolveUrl("~/images/admin.gif")%>' />
      </div><div style="height: 40px"></div>
      <div id="leftcontent">
           <table width="100%" bgcolor="gainsboro" cellpadding="3" cellspacing="1"><tr>
              <td bgcolor="whitesmoke" width="180" valign="top" style="padding-left: 10px">
```

```html
                <img src="../images/icons/icon_dollar.gif" align="middle" />
                Orders</h5><div class="adminNavLink">
                <a href="admin_orders.aspx">Orders</a></div>
                <div class="adminNavLink">
                <a href="admin_campaigns.aspx">Campaigns</a></div>
                <div class="adminNavLink">
                <a href="admin_promos.aspx">Promos</a></div>
                <div class="adminNavLink">
                <a href="admin_bundles.aspx">Bundles</a></div>
                <div class="adminNavLink">
                <a href="admin_coupontypes.aspx">Coupon Types</a></div>
                <div class="adminNavLink">
                <a href="admin_coupons.aspx">Coupons</a></div>
<img src="../images/icons/icon_fav.gif" align="middle" />
                Products</h5><div class="adminNavLink">
                <a href="admin_products.aspx">Products</a></div>
                <div class="adminNavLink">
                <a href="admin_categories.aspx">Product Categories</a></div>
                <div class="adminNavLink">
                <a href="admin_manufacturers.aspx">Manufacturers</a></div>
                <div class="adminNavLink">
                <a href="admin_reviews.aspx">Product Reviews</a></div><hr /><h5>
                <img src="../images/icons/edit.gif" align="middle" />Configuration</h5>
                <div class="adminNavLink">
                <a href="paymentconfiguration.aspx">Payment Configuration</a></div>
<div class="adminNavLink">
                a href="taxconfiguration.aspx">Tax Configuration</a></div>
                <div class="adminNavLink">
<a href="shippingconfiguration.aspx">Shipping Configuration</a></div><hr />
                <img src="../images/icons/users.gif" align="middle" />Security</h5>
<div class="adminNavLink">
<a href="admin_users.aspx">Users</a></div><div class="adminNavLink">
<a href="admin_roles.aspx">Roles</a></div>
<div class="adminNavLink"><a href="admin_mailers.aspx">Mailers</a></div>
<div class="adminNavLink"><a href="admin_logs.aspx">Logs</a></div>
        <img src="../images/icons/icon_exit.gif" align="middle" />
        <a href="../default.aspx"><h5>
        Return To Site</h5></table></div>
        <asp:ContentPlaceHolder ID="AdminPlaceHolder" runat="server">
        </asp:ContentPlaceHolder>
        <!--#INCLUDE FILE=includes/modal_divs.aspx--></form></body>
</html>
```

管理系统母版页 admin.master 的具体实现代码可以参考配套代码包"第 14 章\Commerce Starter Kit 21\"文件。

14.4.7 普通功能页

电子商务交易系统的普通功能页是提供给用户进行人机交互使用的，涉及的内容包括界面设计和界面控件。

本小节将重点介绍普通功能页的设计方法。读者在掌握这些功能页的设计方法后会更容易理解整个系统的设计原理。

功能页见表 14-57。

表 14-57 主要功能页

Default.aspx	系 统 首 页
Register.aspx	注册页
Login.aspx	登录页
AddItemResult.aspx	购物车详细信息显示页
Checkout.aspx	结账信息页
Product.aspx	商品详细信息页
Admin_Product_Add.aspx	商品添加页

1. 系统首页

系统首页名称为 Default.aspx，其主要功能是汇集展示购物系统各个栏目的最新信息。包括的栏目有：系统导航菜单、商品广告信息、商品分类信息和用户最近访问记录。

系统首页在页面布局上分为上、左、中、右四块，上部显示系统导航菜单和用户信息，左边显示用户访问记录和商品分类，中部和右边显示商品广告信息。

系统首页 Default.aspx 的设计界面如图 14-24 所示。

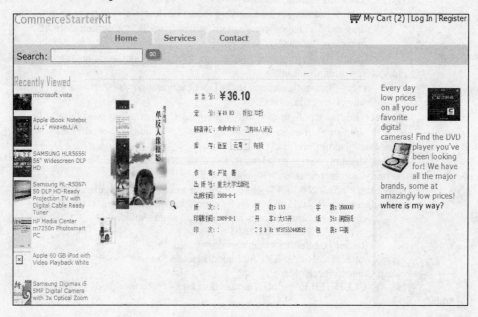

图 14-24 系统首页

系统首页界面在站点母版 site.master 的基础上设计，其中包括 1 个内容控件 Content。该内容控件含有 3 个用户自定义控件，分别是导航菜单控件 MainNavigation.ascx、内容信息双击控件 Paragraph.ascx 和广告信息显示控件 AdContainer.ascx。

系统首页 Default.aspx 界面主要代码如下：

```
<%@ Page   ValidateRequest="false" enableviewstate="false" Language="C#"
    MasterPageFile="~/site.master" AutoEventWireup="true" CodeFile="Default.aspx.cs"
    Inherits="_Default" Title="ASP.NET 4.0 Commerce Template"   %>
<%@ Register Src="Modules/MainNavigation.ascx" TagName="MainNavigation" TagPrefix="uc6" %>
<%@ Register Src="Modules/Content/Paragraph.ascx" TagName="Paragraph" TagPrefix="uc5" %>
```

```
<%@ Register Src="Modules/AdContainer.ascx" TagName="AdContainer" TagPrefix="uc4" %>
<asp:Content ID="Content1" ContentPlaceHolderID="ContentPlaceHolder1" Runat="Server">
    <div id="leftcontent">
        <uc6:MainNavigation ID="MainNavigation1" runat="server" /></div>
    <div id="centercontent">
<uc4:AdContainer id="AdContainer2" runat="server" BoxPlacement="Center" BoxCssClass="">
        </uc4:AdContainer>
        <uc5:Paragraph ID="Paragraph1" runat="server" ContentName="DefaultMiddle"/>
        <br /></div>
    <div id="rightcontent">
        <uc4:AdContainer id="AdContainer1" runat="server" BoxPlacement="Right" >
        </uc4:AdContainer></div>
</asp:Content>
```

系统首页 Default.aspx 的具体实现代码可以参考代码包"第 14 章\Commerce Starter Kit 21\"文件。

2. 注册页

注册页名称为 Register.aspx，其主要功能是提供用户填写资料并注册系统账户。

该页需要用户填写的内容包括：用户名、密码、确认密码、电子邮件、安全问题和安全答案。

注册页 Register.aspx 的设计界面如图 14-25 所示。

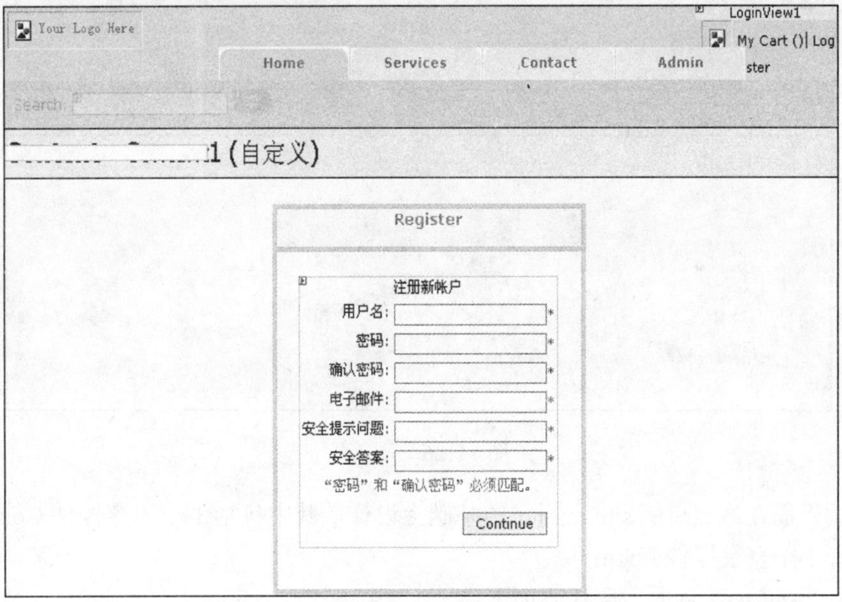

图 14-25 注册页

注册页界面在站点母版 site.master 的基础上设计，其中包括 1 个内容控件 Content。该内容控件含 1 个用户创建向导控件 CreateUserWizard，该创建向导控件包括 2 个模板，分别是创建用户模板 CreateUserWizardStep 和创建完成模板 CreateUserWizard。

注册页 Register.aspx 界面主要代码如下：

```
<%@ Page Language="C#" MasterPageFile="~/site.master" AutoEventWireup="true"
CodeFile="Register.aspx.cs" Inherits="Login" Title="Commerce Starter Kit Login" %>
<asp:Content ID="Content1" ContentPlaceHolderID="ContentPlaceHolder1" Runat="Server">
```

```
        <div id="leftcontent"></div><div id="centercontent">
          <table align="center" class="logtable">
          <tr><td class="loginheader">Register</td>
            <td class="logincell">
            <asp:CreateUserWizard ID="CreateUserWizard1" runat="server"
CreateUserButtonText="Continue" ContinueDestinationPageUrl="~/default.aspx"
            CancelDestinationPageUrl="~/default.aspx">
            <WizardSteps>
              <asp:CreateUserWizardStep runat="server">
              </asp:CreateUserWizardStep>
                <asp:CompleteWizardStep runat="server">
                </asp:CompleteWizardStep>
              </WizardSteps>
            </asp:CreateUserWizard></table> </div>
</asp:Content>
```

注册页 Register.aspx 的具体实现代码可以参考配套代码包"第 14 章\Commerce Starter Kit 21\"文件。

3. 登录页

登录页名称为 login.aspx,其主要功能是提供会员输入账号登录系统。登录页 login.aspx 的设计界面如图 14-26 所示。

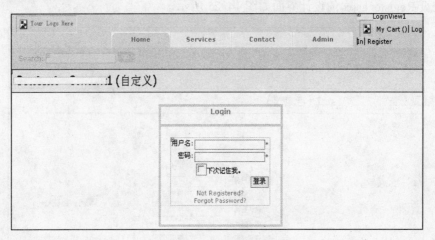

图 14-26 登录页

登录页界面在站点母版 site.master 的基础上设计,其中包括 1 个内容控件 Content。该内容控件含有 1 个登录控件 Login。

登录页 login.aspx 界面主要代码如下:

```
<%@ Page Language="C#" MasterPageFile="~/site.master" AutoEventWireup="true"
CodeFile="Login.aspx.cs" Inherits="_Login" Title="Commerce Starter Kit Login" %>
<asp:Content ID="Content1" ContentPlaceHolderID="ContentPlaceHolder1" Runat="Server">
    <div id="leftcontent"></div>
    <div id="centercontent">
        <table align="center" class="logtable"><tr>
      <td class="loginheader">Login
        <td class="logincell" align="center">
        <asp:Login ID="Login1" runat="server"PasswordRecoveryText="Forgot Password?"
          PasswordRecoveryUrl="~/PasswordRecover.aspx" CreateUserText="Not Registered?"
CreateUserUrl="Register.aspx" TitleText="" ></asp:Login></table></div>
```

</asp:Content>

登录页的程序代码主要实现用户登录和设置默认按钮。该登录页在初始化时，将触发页面加载事件 Page_Load。该事件将获取登录按钮的实例并设置当前页面的默认按钮属性 DefaultButton 为该登录按钮编号。

页面加载事件 Page_Load 代码如下：

```
protected void Page_Load(object sender, EventArgs e)
{
    Button btnLogin=(Button)Login1.FindControl("LoginButton");//获取登录按钮控件
    Page.Form.DefaultButton = btnLogin.UniqueID;//设置登录按钮为焦点
}
```

登录页 login.aspx 的具体实现代码可以参考代码包"第 14 章\Commerce Starter Kit 21\"文件。

4．购物车详细信息显示页

购物车详细信息显示页名称为 AddItemResult.aspx，其主要功能是显示当前用户购物车中的商品信息和最近浏览的商品信息，具体包括的栏目有：最新选购商品、最近浏览的商品、交叉商品、购物车信息和商品分类。

购物车详细信息显示页在页面布局上分为左、中、右 3 块，左边显示商品分类和最近浏览信息，中部显示最新添加商品和最新浏览商品和交叉商品，右边显示购物车信息。

购物车详细信息显示页 AddItemResult.aspx 的设计界面如图 14-27 所示。

图 14-27　购物车详细信息显示页

购物车详细信息显示页界面在站点母版 site.master 的基础上设计，其中包括 1 个内容控件 Content。该内容控件含有 7 个用户自定义控件，分别是：商品概况显示控件 Product

SummaryDisplay.ascx、内容信息双击控件 Paragraph.ascx、广告信息显示控件 AdContainer.ascx、小型购物车控件 MiniCart.ascx、分类列表显示控件 CatalogList.ascx、曾访问分类显示控件 RecentCategories.ascx 和曾访问商品显示控件 RecentProductsViewed.ascx。页面通过前端嵌入代码的方法将商品信息绑定到用户自定义控件。

购物车详细信息显示页 AddItemResult.aspx 界面主要代码如下：

```
<%@ Page Language="C#" MasterPageFile="~/site.master" AutoEventWireup="true"
CodeFile="AddItemResult.aspx.cs" Inherits="AddItemResult" Title="Item Added" %>
<%@ Register Src="Modules/Products/ProductSummaryDisplay.ascx"
TagName="ProductSummaryDisplay" TagPrefix="uc6" %>
<%@ Register Src="Modules/Content/Paragraph.ascx" TagName="Paragraph" TagPrefix="uc5" %>
<%@ Register Src="Modules/AdContainer.ascx" TagName="AdContainer" TagPrefix="uc4" %>
<%@ Register Src="Modules/MiniCart.ascx" TagName="MiniCart" TagPrefix="uc1" %>
<%@ Register Src="Modules/CatalogList.ascx" TagName="CatalogList" TagPrefix="uc2" %>
<%@ Register Src="Modules/RecentCategories.ascx" TagName="RecentCategories"
TagPrefix="uc2" %>
<%@ Register Src="Modules/RecentProductsViewed.ascx" TagName="RecentProductsViewed"
TagPrefix="uc3" %>
<asp:Content ID="Content1" ContentPlaceHolderID="ContentPlaceHolder1" Runat="Server">
<%if (RecentCategories1.GetCount() > 0 && RecentProductsViewed1.GetCount() > 0)   { %>
    <uc3:RecentProductsViewed ID="RecentProductsViewed1" runat="server" />
     <uc2:RecentCategories ID="RecentCategories1" runat="server" /><%} %>
 <uc2:CatalogList ID="CatalogList1" runat="server" /></div>
<div id="centercontent"><%if (drLastAdded != null) { %>
 <h4>Just Added to your cart:</h4><table><tr><td style="height: 105px">    .
 <asp:Image ID="imgJustAdded" runat="server" /></td>
    <h5><asp:Label ID="lblJustAddedName" runat="server"></asp:Label></h5>
<div>Retail Price: <asp:Label ID="lblJustAddedRetail" runat="server
" CssClass="RetailPrice"></asp:Label></div>
 <span><b>Our Price: </b></span><asp:Label ID="lblJustAddedOurPrice" runat="server"
CssClass="ourprice"></asp:Label>
    <div>Quantity: <asp:Label ID="lblJustAddedQuantity" runat="server"></asp:Label></div>
    <asp:Label ID="lblSelectedAtts" runat="server" Text='<%#Eval("attributes") %>'></asp:Label>
<div>Total: <b><asp:Label ID="lblJustAddedLineTotal" runat="server"></asp:Label>
      <%}else{ %><h4>Your cart is empty</h4>       <%}%>
        <asp:Panel ID="pnlCross" runat="server"><div    class="productsection">
        <h4>You might also be interested in...</h4><br />
        <asp:DataList ID="dtCrossProducts" runat="server"   RepeatColumns="3"
RepeatDirection="Horizontal" OnItemCommand="lnkAddCross" RepeatLayout="Table">
            <ItemTemplate>
            <uc6:ProductSummaryDisplay ID="ProductSummaryDisplay1" runat="server"
ProductID='<%#Eval("crossProductID")%>'
ProductName='<%#Eval("ProductName")%>'
RetailPrice='<%#Eval("RetailPrice")%>'
OurPrice='<%#Eval("OurPrice")%>'
ImageFile='<%#Eval("DefaultImage")%>'
Rating='<%#Eval("Rating")%>'
ProductGUID='<%#Eval("ProductGUID")%>'/>
             <asp:Label ID="lblProductID" runat="server" Text='<%#Eval("productID")%>'
Visible="false"></asp:Label></ItemTemplate></asp:DataList></div></asp:Panel>
        <asp:Panel ID="pnlRecent" runat="server">
        <h4>Recently Viewed Items</h4>
        <asp:DataList ID="dtRecent" runat="server"   RepeatColumns="3"
RepeatDirection="Horizontal" OnItemCommand="lnkAddRecent"><ItemTemplate>
            <uc6:ProductSummaryDisplay ID="ProductSummaryDisplay1" runat="server"
ProductID='<%#Eval("ProductID")%>'
ProductName='<%#Eval("ProductName")%>'
```

```
            ShippingEstimate='<%#Eval("ShippingEstimate")%>'
            RetailPrice='<%#Eval("RetailPrice")%>'
            OurPrice='<%#Eval("OurPrice")%>'
            ImageFile='<%#Eval("defaultImage")%>'
            Rating='<%#Eval("Rating")%>'
            ProductGUID='<%#Eval("ProductGUID")%>'/></ItemTemplate>
    </asp:DataList></div>
</asp:Panel><div id="rightcontent"> <div class="coreboxtop"></div>
            <div class="coreboxheader"><a href="basket.aspx">Your Cart</a></div>
    <asp:Hyperlink ID="lnkCheckoutTop" runat="server" SkinID="Checkout"
NavigateUrl="~/checkout.aspx"></asp:Hyperlink>
        <uc1:MiniCart id="MiniCart1" runat="server"></uc1:MiniCart>
            <asp:Hyperlink ID="lnkCheckout" runat="server" SkinID="Checkout"
NavigateUrl="~/checkout.aspx"></asp:Hyperlink>
    </asp:Content>
```

购物车详细信息显示页的程序代码主要实现 3 种商品信息的获取，具体包括：最新选购商品、最近浏览的商品和交叉出售的商品。

该程序代码中主要包括 3 个方法，分别是：商品列表获取方法 LoadLists、获取最新选购商品方法 LoadLists 和添加到购物车方法 AddToCart。

购物车详细信息显示页在加载页面时调用商品列表获取方法 LoadLists，该方法调用业务逻辑层的商品信息获取方法 GetPostAddPage，并获取含有 3 个数据表的数据集合。数据表的索引为 0 的数据表存储最新选购商品，1 和 2 则分别代表最近浏览信息和交叉出售的商品信息。该方法最终需要把最近浏览信息和交叉出售的商品信息通过列表控件绑定显示到界面中。

商品列表获取方法 LoadLists 主要程序代码如下：

```
void LoadLists()
{
    ds = ProductController.GetPostAddPage();
    //multi set return
    //0=最近添加商品
    //1=最近查看商品
    //2=交叉销售
    if (ds != null) {
        if (ds.Tables[0].Rows.Count > 0) {//当最近商品数大于 0
            drLastAdded = ds.Tables[0].Rows[0];
            LoadJustAdded(drLastAdded);//加载数据
        } else {
            Response.Redirect("basket.aspx", false);//定位购物车页
        }
        if (ds.Tables[2] != null) {//当交叉销售商品非空
            dtCrossProducts.DataSource = ds.Tables[2];//绑定显示此类商品信息
            dtCrossProducts.DataBind();
        }
        if (ds.Tables[1] != null) {//当最近查看商品非空
            dtRecent.DataSource = ds.Tables[1];
            dtRecent.DataBind();//绑定显示此类商品信息
        }
        pnlCross.Visible = dtCrossProducts.Items.Count > 0;//设置交叉商品显示面板
        pnlRecent.Visible = dtRecent.Items.Count > 0;//有交叉商品则显示面板
    } else {
        Response.Redirect("basket.aspx", false);
    }
}
```

显示最新选购商品的方法名称为 LoadJustAdded。该方法通过数据行参数 DataRow 获取详细的商品信息，并利用订单行处理类 OrderItem 的数据加载方法 Load 读取详细商品数据。获取的商品信息将依次赋值给标签控件显示在界面。

显示最新选购商品的方法 LoadJustAdded 程序代码如下：

```
void LoadJustAdded(DataRow dr)
{
    OrderItem item = new OrderItem();//创建购物订单实例
    item.Load(dr);
    if((item.ImageFile == null) || (item.ImageFile.Length == 0)) {//设置商品图片
        imgJustAdded.ImageUrl = "~/images/ProductImages/no_image_available.gif";
    }
    else {
        imgJustAdded.ImageUrl = item.ImageFile;
    }
    lblJustAddedLineTotal.Text = item.LineTotal.ToString("c");//划线价格
    lblJustAddedOurPrice.Text = item.PricePaid.ToString("c");//支付价格
    lblJustAddedRetail.Text = item.OriginalPrice.ToString("c");//原始价格
    lblJustAddedQuantity.Text = item.Quantity.ToString();//数量
    lblJustAddedName.Text = item.ProductName.ToString();//商品名称
    lblSelectedAtts.Text = item.Attributes;//商品属性
}
```

当用户点击商品列表的信息时，将触发购物车添加方法 AddToCart。该方法通过商品编号 productID 获取商品详细信息，并调用订单控制类 OrderController 的购物车添加方法 AddItem 将商品实体信息添加到订单表。

购物车添加方法 AddToCart 程序代码如下：

```
protected void AddToCart(int productID)
{   //获取特定商品信息
    Commerce.Common.Product prod = new Commerce.Common.Product(productID);
    prod.Quantity = 1;//设置数量
    prod.ImageFile = prod.DefaultImage;//设置图片
    //prod.SelectedAttributes = "";
    prod.PromoCode = "";//促销编码
    prod.DiscountAmount = 0;//折扣
    OrderController.AddItem(prod);//添加商品到订单数据集
}
```

购物车详细信息显示页 AddItemResult.aspx 的具体实现代码可以参考代码包"第 14 章\Commerce Starter Kit 21\"文件。

5．结账信息页

结账信息页名称为 Checkout.aspx，其主要功能是供结账的用户填写联系方式和支付信息并显示确认信息。填写的内容包括：用户名称、寄送地址、地区信息、信用卡信息和账单寄送地址。

结账信息页 Checkout.aspx 的设计界面如图 14-28 所示。

结账信息页界面在站点母版 site.master 的基础上设计，其中包括 1 个内容控件 Content。该内容控件主要含有 1 个操作向导控件 Wizard 和 ASP.NET AJAX1.0 套件。

该页面的 AJAX 套件包括 3 个控件，分别是脚本管理控件 ScriptManager、更新面板控件 UpdatePanel 和刷新提示控件 UpdateProgress。页面为实现异步执行订单结算功能需要在更新面板控件 UpdatePanel 中设置操作向导控件 Wizard。

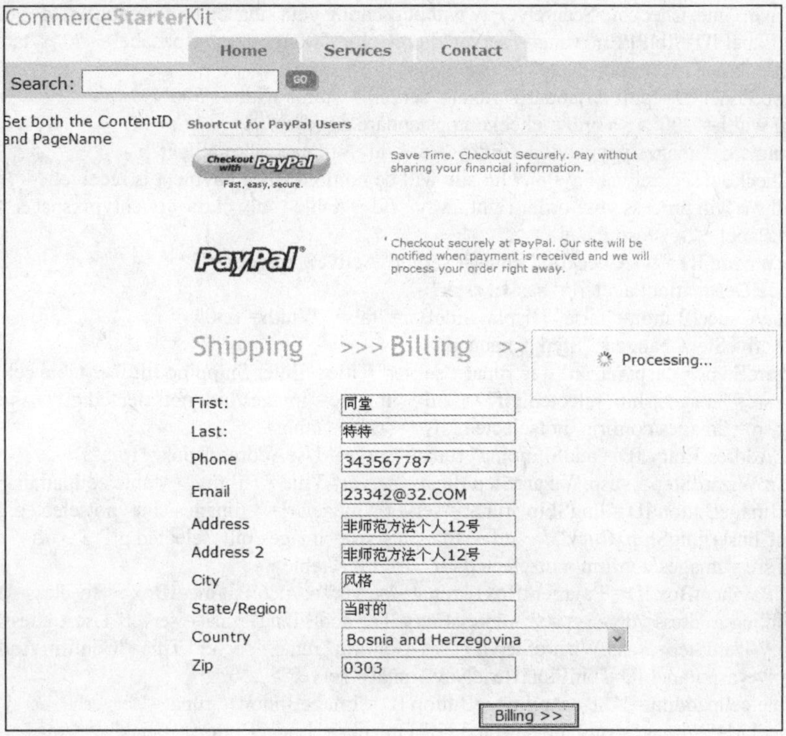

图 14-28 结账信息页

操作向导控件 Wizard 包括 3 个步骤模板，分别是：输入邮寄地址 EnterShipping Info、账单信息 Billing 和信息确认 ConfirmAndSubmitYourOrder。

页面注册并使用的用户自定义控件包括：支付信息填写控件 PaymentBox.ascx、联系信息填写控件 AddressEntry.ascx、提示信息显示控件 ResultMessage.ascx、内容信息双击控件 Paragraph.ascx、广告信息显示控件 AdContainer.ascx 和分类列表显示控件 CatalogList.ascx。

结账信息页 Checkout.aspx 界面主要代码如下：

```
<%@ Page Language="C#"   AutoEventWireup="true" CodeFile="Checkout.aspx.cs"   Inherits="Checkout" Title="Checkout" MasterPageFile="~/site.master"%>
<%@ Register Src="Modules/Checkout/PaymentBox.ascx" TagName="PaymentBox" TagPrefix="uc6" %>
<%@ Register Src="Modules/AddressEntry.ascx" TagName="AddressEntry" TagPrefix="uc2" %>
<%@ Register Src="Modules/ResultMessage.ascx" TagName="ResultMessage" TagPrefix="uc5" %>
<%@ Register Src="Modules/Content/Paragraph.ascx" TagName="Paragraph" TagPrefix="uc5" %>
<%@ Register Src="Modules/AdContainer.ascx" TagName="AdContainer" TagPrefix="uc4" %>
<%@ Register Src="Modules/CatalogList.ascx" TagName="CatalogList" TagPrefix="uc3" %>
<asp:Content ID="Content1" ContentPlaceHolderID="ContentPlaceHolder1"   Runat="Server" >
<asp:ScriptManager ID="ScriptManager" EnablePartialRendering="true" runat="server">
 </asp:ScriptManager><div id="leftcontent">
<uc5:Paragraph ID="paraLeft" runat="server" /><!--ContentName="CheckoutTopLeft" /--></div>
<div id="centercontent">
<asp:UpdatePanel ID="WizUpdatePanel" runat="server" UpdateMode="Conditional"><ContentTemplate>
<asp:Panel ID="pnlExpressCheckout" runat="server"><div class="sectionheader">
   Shortcut for PayPal Users</div><div class="tenpixspacer"><table width="500"> <td width="200">
<asp:ImageButton ID="imgPayPal" runat="server"
```

精通 ASP.NET 4.0

```
        ImageUrl="https://www.paypal.com/en_US/i/btn/btn_xpressCheckout.gif"
          OnClick="imgPayPal_Click" CausesValidation="False" /></td><td class="smalltext">
          Save Time. Checkout Securely. Pay without sharing your financial information.</td><td colspan="2">
<asp:Label ID="lblPPErr" runat="server" ForeColor="Maroon"></asp:Label></td></table>
    <div class="twentypixspacer"> </asp:Panel>
    <asp:Panel ID="pnlPPStandard" runat="server"> <table width="500">
    <td width="200"> <a href="checkoutppstandard.aspx">
    <img src="images/paypal_logo.gif" /></a></td> <td class="smalltext">
      Checkout securely at PayPal. Our site will be notified when payment is received
    and we will process your order right away.</td></table><div class="twentypixspacer">
</asp:Panel><!-- </asp:Panel> -->
<asp:Wizard ID="wizCheckout" runat="server" ActiveStepIndex="1"
  CancelDestinationPageUrl="basket.aspx"
  DisplayCancelButton="false" DisplaySideBar="false" Width="650"
  OnActiveStepChanged="Step_Changed">
<WizardSteps> <asp:WizardStep runat="server" Title="Enter Shipping Info"><table cellpadding="4">
<img src="images/ship_selected.gif" /></td><img src="images/bill_notselected.gif" /></td>
<img src="images/confirm_notselected.gif" /></td> </table>
<uc2:AddressEntry ID="addShipping" runat="server" UseAddressBook="true" />
  </asp:WizardStep> <asp:WizardStep runat="server" Title="Billing"><table cellpadding="4">
<asp:ImageButton ID="imgShip" runat="server" ImageUrl="~/images/ship_notselected.gif"
    OnClick="imgShip_Click" /></td> <td><img src="images/bill_selected.gif" /></td>
<img src="images/confirm_notselected.gif" /></td></table>
<uc6:PaymentBox ID="PaymentBox1" runat="server"></uc6:PaymentBox><div class="sectionheader">
    Billing Address</div>   <uc2:AddressEntry ID="addBilling" runat="server" UseAddressBook="true" />
</asp:WizardStep> <asp:WizardStep ID="wizConfirm" runat="server" Title="Confirm And Submit Your
Order"><asp:Panel ID="pnlFinalHeadNav" runat="server">
  <table cellpadding="4"> <asp:ImageButton ID="ImageButton1" runat="server"
  ImageUrl="~/images/ship_notselected.gif" OnClick="ImageButton1_Click" /></td>
    <asp:ImageButton ID="ImageButton2" runat="server" ImageUrl="~/images/bill_notselected.gif"
    OnClick="ImageButton2_Click" /></td><img src="images/confirm_selected.gif" /></td>
  </asp:Panel>   <asp:Panel ID="pnlReceipt" runat="server" Visible="False">
  <table width="650"> Order  Is Complete!</h4> Transaction Code: <b>
  Status: <b>Please keep this number handy as we'll ask you for it should you need to return your items.
    </asp:Panel>    <table width="100%"><div class="sectionheader">Ship To:</div>
  <asp:Label ID="lblShipTo" runat="server"></asp:Label>
    <div class="sectionheader"> Bill To:</div>
    <asp:Label ID="lblBillTo" runat="server"></asp:Label><div class="twentypixspacer">
    <div class="sectionheader">Payment Summary</div>
      <asp:Label ID="lblPaySummary" runat="server"></asp:Label><div class="twentypixspacer">
      <div class="sectionheader">   Shipping Options</div>
      <asp:RadioButtonList ID="radShipChoices" runat="server" AutoPostBack="True"
OnSelectedIndexChanged="radShipChoices_SelectedIndexChanged"BorderStyle="None">
    </asp:RadioButtonList><div class="twentypixspacer"></div>
    <asp:Panel ID="pnlCoupons" runat="server" > <div class="sectionheader">
Coupons</div> Enter Coupon Code:<asp:TextBox ID="couponCode" runat="server"
    EnableViewState="False"></asp:TextBox>
    <asp:RequiredFieldValidator ID="RequiredFieldValidator1" runat="server
" ControlToValidate="couponCode" ErrorMessage="Please enter a coupon code."
    ValidationGroup="coupon">*</asp:RequiredFieldValidator>
    <asp:Button ID="applyCoupon" runat="server" Text="Apply" OnClick="applyCoupon_Click"
      ValidationGroup="coupon" /> <br />
    <asp:Label ID="couponMessage" runat="server" EnableViewState="False" Font-Bold="True"
      ext="Label" Visible="False"></asp:Label></asp:Panel>
    <div class="sectionheader">Order Items:</div>
    <asp:Label ID="lblOrderItems" runat="server"></asp:Label></asp:WizardStep></WizardSteps>
    <FinishNavigationTemplate></FinishNavigationTemplate><StartNavigationTemplate>
    </StartNavigationTemplate><StepNavigationTemplate></StepNavigationTemplate>
```

```
    </asp:Wizard> <asp:Panel ID="pnlNav" runat="server"><table width="400">
        <td align="right"><asp:Button ID="btnPrev" runat="server" Visible="false"
OnClick="btnPrev_Click" /><asp:Button ID="btnNext" runat="server" Text="Billing >>
" OnClick="btnNext_Click" /></table> </asp:Panel>
        <asp:Panel ID="pnlComplete" runat="server" Visible="false"><td style="height: 60px;">
            <uc5:ResultMessage ID="ResultMessage1" runat="server" />
<asp:Button ID="btnComplete" runat="server" Text="Place Your Order" OnClick="btnComplete_Click"
            CausesValidation="false" /></asp:Panel></ContentTemplate>
        </asp:UpdatePanel> <asp:UpdateProgress ID="uProgress" runat="server">
            <ProgressTemplate><div class="loadingbox" style="left: 40%; top: 40%">
                <img src="images/spinner.gif" align="absmiddle" />  <asp:Label ID="lblProgress"
                    runat="server">Processing...</asp:Label></div></ProgressTemplate>
        </asp:UpdateProgress>
    </asp:Content>
```

结账信息页的程序代码主要实现订单信息的获取与汇总,主要的方法分为 4 个部分,具体包括:联系地址信息获取方法 SetAddressEntry、邮包信息获取方法 BindShipping、订单支付方法 SetExpressOrder 和页面加载事件 Page_Load。

联系地址信息获取方法 SetAddressEntry 将通过参数获取用户填写的联系信息,两个参数是:控件名称 controlName 和地址信息 address。

联系地址信息获取方法 SetAddressEntry 程序代码如下:

```
void SetAddressEntry(string controlName, Address address)
    { //获取地址信息自定义控件
        AddressEntry addBox = (AddressEntry)wizCheckout.FindControl(controlName);
        if (addBox != null)
            addBox.SelectedAddress = address;//显示用户选择的信息
    }
    Address GetAddressEntry(string controlName)//获取地址信息
    {
        Address add = null;
        AddressEntry addBox = (AddressEntry)wizCheckout.FindControl(controlName);
        if (addBox != null)
            add = addBox.SelectedAddress;
        return add;//返回地址信息实体
    }
```

邮包信息获取方法 BindShipping 将通过商品规格方法 GetOptions 获取本次购物的商品规格,并通过循环语句计算所有选购商品的总费用。

邮包信息获取方法 BindShipping 程序代码如下:

```
void BindShipping(PackageInfo package)
    { //IDataReader rdr = Commerce.Providers.ShippingService.GetShippingChoices(package);
        Commerce.Providers.DeliveryOptionCollection options =
Commerce.Providers.FulfillmentService.GetOptions(package);//获取商品规格信息
        radShipChoices.DataSource = options;
        radShipChoices.DataTextField = "Service";//服务商
        radShipChoices.DataValueField = "Rate";//税率
        radShipChoices.DataBind();//绑定数据
        radShipChoices.SelectedIndex = 0;//默认选项
        //显示税率
        decimal dRate = 0;
        foreach (ListItem l in radShipChoices.Items)//循环获取商品税费信息
        {   dRate = decimal.Parse(l.Value);
            l.Text += ": " + dRate.ToString("C");//累计显示费用
```

```
            }
            //设置邮寄信息
            Profile.CurrentOrderShipping = decimal.Parse(radShipChoices.SelectedValue);
            Profile.CurrentOrderShippingMethod = radShipChoices.SelectedItem.Text;
        }
```

订单支付方法 SetExpressOrder 在用户按下 PayPal 支付按钮后触发。该方法将获取用户订单信息并构造符合 PayPal 规范的 URL 链接,并通过 WebService 进行检查。

该方法最终将自动请求电子支付页面的 URL。假如当前订单对象 currentOrder 中没有商品记录,则不执行支付请求并重定向浏览器到购物车页 basket.aspx。

订单支付方法 SetExpressOrder 程序代码如下:

```
        void SetExpressOrder()
        {   //通过网关 API 支付订单
            int currencyDecimals = 
System.Globalization.CultureInfo.CurrentCulture.NumberFormat.CurrencyDecimalDigits;
            //获取 WEBSERVICE 实例
            APIWrapper wrapper = GetPPWrapper();
            string sEmail = "";
            if (Profile.LastShippingAddress != null)//当邮寄地址非空
            {
                if (Profile.LastShippingAddress.Email != string.Empty)//邮件非空
                {
                    sEmail = Profile.LastShippingAddress.Email;
                }
                else{
                    sEmail = "nobody@nowhere.com";}}//默认邮件
            //构造请求 URL
            string successURL = Utility.GetSiteRoot() + "/checkout.aspx";//交易成功
            string failURL = Utility.GetSiteRoot() + "/checkout.aspx";//结算
            if (currentOrder.Items.Count > 0)   {//获取令牌信息
                string ppToken = wrapper.SetExpressCheckout(sEmail, currentOrder.CalculateSubTotal(), successURL,failURL);
                if (ppToken.ToLower().Contains("error"))//假如错误
                {
                    lblPPErr.Text="PayPal has returned an error message: "+ppToken;}//显示令牌出错
                else{//定位到网关页
                    string sUrl = "https://www.paypal.com/cgi-bin/webscr?cmd=_express-checkout&token=" + ppToken;
                    if (SiteConfig.UsePPProSandbox){//测试环境
                        sUrl = 
"https://www.sandbox.paypal.com/cgi-bin/webscr?cmd=_express-checkout&token=" + ppToken;}
                        try{
                            Response.Redirect(sUrl, false);//请求网关
                        }
                        catch(Exception x){
                            ResultMessage1.ShowFail(x.Message);//捕获出错信息
                        }}}
            else{
                Response.Redirect("basket.aspx", false);//返回购物页
            }
        }
```

结账信息页在运行时首先触发加载事件 Page_Load,该事件通过方法 GetCurrentOrder 获

取当前用户订单信息并验证用户身份。由于系统需要确保用户在下订单时必须是登录状态，所以需要判定用户信息对象 User 的验证属性 IsAuthenticated 是否为 false。假如属性值为 false，则重新定向页面到登录页 login.aspx。

同时页面加载事件需要加载用户曾经填写过的账单信息和商品规格信息，具体的调用方法是地址信息设置方法 SetAddressEntry 和邮包信息获取方法 BindShipping。

页面加载事件 Page_Load 主要程序代码如下：

```
protected void Page_Load(object sender, EventArgs e)
{
    //根据支付信息显示面板
    pnlPPStandard.Visible = SiteConfig.UsePayPalPaymentsStandard;//标准支付面板
    pnlExpressCheckout.Visible = SiteConfig.UsePayPalExpressCheckout;//快速支付面板
    wizCheckout.Visible = SiteConfig.AcceptCreditCards;
    pnlNav.Visible = SiteConfig.AcceptCreditCards;
    //从数据库或者 ViewState 获取订单信息
    currentOrder = GetCurrentOrder();
    //验证页面是否通过校验
    ValidatePage();
    //为提交按钮注册 JS 提醒脚本
    this.btnComplete.Attributes.Add("onclick", "this.value='Please wait...';this.disabled = true;" +
    Page.ClientScript.GetPostBackEventReference(this.btnComplete, ""));
    if (!Page.IsPostBack)
    {
        //检测用户是否为登录
        if (SiteConfig.RequireLogin == "checkout")//判断是否为结算状态
        {
            if(!User.Identity.IsAuthenticated)//验证用户是否登录
                Response.Redirect("~/login.aspx?ReturnUrl=checkout.aspx", true);
        }
        //判断系统是否接受信用卡
        if (SiteConfig.AcceptCreditCards) {
            LoadShippingList();
            //默认地址
            if (Profile.LastShippingAddress != null)
            SetAddressEntry("addShipping", Profile.LastShippingAddress);//邮寄地址
            if (Profile.LastBillingAddress != null)
             SetAddressEntry("addBilling", Profile.LastBillingAddress);//账单地址
            //接受服务商 UPS/USPS
            PackageInfo package = LoadPackage();//加载包裹信息
            BindShipping(package);//绑定邮寄信息}
```

结账信息页 Checkout.aspx 的具体实现代码可以参考代码包"第 14 章\Commerce Starter Kit 21\"文件。

6．商品添加页

商品添加页名称为 Admin_Product_Add.aspx，其主要功能是提供用户添加商品信息，填写的内容具体包括：商品名称、商品描述信息、价格信息、商品类型、邮寄类型、购物税类型、尺寸规格和重量。

商品添加页 Admin_Product_Add.aspx 的设计界面如图 14-29 所示。

商品添加页界面在管理系统母版页 admin.master 的基础上设计，其中包括 1 个内容控件 Content。该内容控件主要含有用户输入商品信息的文本控件 TextBox、下拉列表控件 DropDownList 和 ASP.NET AJAX1.0 套件。

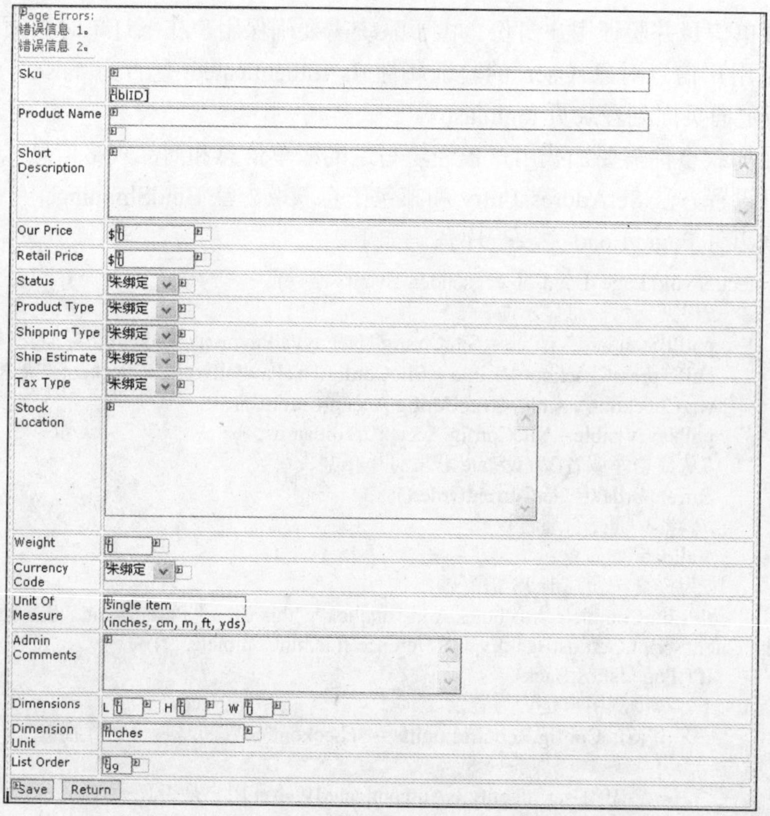

图 14-29　商品添加页

页面的 AJAX 套件包括 3 个控件，分别是：脚本管理控件 ScriptManager、更新面板控件 UpdatePanel 和刷新提示控件 UpdateProgress。

页面为实现异步添加制造商的功能需要在更新面板控件 UpdatePanel 中包含制造商信息的选择与添加按钮。

商品添加页 Admin_Product_Add.aspx 界面主要代码如下：

```
<%@ Page Language="C#" MasterPageFile="~/admin.master" AutoEventWireup="true
" CodeFile="Admin_Product_Add.aspx.cs"
 Inherits="Admin_Admin_Product_Add" Title="Product Administration" %>
<asp:Content ID="Content1" ContentPlaceHolderID="AdminPlaceHolder" runat="Server">
<asp:ScriptManager ID="ScriptManager1" EnablePartialRendering="true"   runat="server">
</asp:ScriptManager>
<asp:UpdatePanel ID="UpdatePanel1"    runat="server">
<ContentTemplate><div id="centercontent"><div id="divMain">
  <a href="admin_products.aspx">Products</a> >>> Add a Product</h4>
    <table class="admintable"><tr><td colspan="2" bgcolor="whitesmoke">
    <asp:Label ID="lblProductName" runat="server"></asp:Label>
    <uc1:ResultMessage ID="ResultMessage1" runat="server" />
      <asp:ValidationSummary runat="server" ID="vsResultMessage" DisplayMode="List"
ShowSummary="true" HeaderText="Page Errors:" CssClass="adminitem" />
   Sku</td><td class="adminitem" style="width: 465px">
    <asp:TextBox ID="txtSku" runat="server" MaxLength="50" Width="500px"></asp:TextBox>
    <asp:Label ID="lblID" runat="server" Visible="false"></asp:Label></td>
   Product Name</td><td class="adminitem" style="width: 465px">
    <asp:TextBox ID="txtProductName" runat="server"
```

```
Width="500px"></asp:TextBox><asp:RequiredFieldValidator
runat="server" ID="rfvProductName" ControlToValidate="txtProductName"
ErrorMessage="Product Name is required."Text="*" />
<td class="adminlabel">Short Description</td><td class="adminitem" style="width: 465px">
<asp:TextBox ID="txtShortDescription" runat="server" TextMode="MultiLine" Height="60px"
Width="600px" MaxLength="450"></asp:TextBox>
<td class="adminlabel">Our Price</td><td class="adminitem" style="width: 465px">
$<ew:NumericBox ID="txtOurPrice" runat="server" Width="71px"
DecimalPlaces="2">0</ew:NumericBox><asp:RequiredFieldValidator
ID="rfvOurPrice" runat="server" ControlToValidate="txtOurPrice" ErrorMessage="Our Price
is required."   Text="*"></asp:RequiredFieldValidator>
<td class="adminlabel">Retail Price</td><td class="adminitem" style="width: 465px">
$<ew:NumericBox ID="txtRetailPrice" runat="server" Width="71px"
 DecimalPlaces="2">0</ew:NumericBox><asp:RequiredFieldValidator ID="rfvRetailPrice"
 runat="server" ControlToValidate="txtRetailPrice" ErrorMessage="Retail Price is
 required."   Text="*"></asp:RequiredFieldValidator>
<td class="adminlabel">Manufacturer</td><td class="adminitem" style="width: 465px">
<asp:DropDownList ID="ddlManufacturerID" runat="server">
</asp:DropDownList><asp:RequiredFieldValidator runat="server" ID="rfvManufacturerID"
ControlToValidate="ddlManufacturerID" ErrorMessage="Manufacturer is required."Text="*" />
<asp:TextBox ID="txtQuickMan" runat="server"></asp:TextBox>
<asp:Button ID="btnQuickMan" runat="server" OnClick="btnQuickMan_Click" Text="Quick Add"
CausesValidation="false" />
<td class="adminlabel">Status</td><td class="adminitem" style="width: 465px">
<asp:DropDownList ID="ddlStatusID" runat="server">
</asp:DropDownList><asp:RequiredFieldValidator runat="server" ID="rfvStatusID"
ControlToValidate="ddlStatusID"ErrorMessage="Status is required." Text="*" />
<td class="adminlabel">Product Type</td><td class="adminitem" style="width: 465px">
<asp:DropDownList ID="ddlProductTypeID" runat="server">
</asp:DropDownList><asp:RequiredFieldValidator ID="rfvProductTypeID" runat="server"
ControlToValidate="ddlProductTypeID" ErrorMessage="Product Type is required." Text="*">
</asp:RequiredFieldValidator><td class="adminlabel">Shipping Type</td><td class="adminitem"
style="width: 465px"> <asp:DropDownList ID="ddlShippingTypeID" runat="server">
</asp:DropDownList><asp:RequiredFieldValidator ID="rfvShippingTypeID" runat="server"
ControlToValidate="ddlShippingTypeID" ErrorMessage="Shipping Type is required."Text="*">
</asp:RequiredFieldValidator><td class="adminlabel">
Ship Estimate</td><td class="adminitem" style="width: 465px">
<asp:DropDownList ID="ddlShipEstimateID" runat="server">
</asp:DropDownList><asp:RequiredFieldValidator ID="rfvShipEstimateID" runat="server"
ControlToValidate="ddlShipEstimateID" ErrorMessage="Ship Estimate is required."Text="*">
</asp:RequiredFieldValidator>
<td class="adminlabel">Tax Type</td><td class="adminitem" style="width: 465px">
<asp:DropDownList ID="ddlTaxTypeID" runat="server">
</asp:DropDownList><asp:RequiredFieldValidator ID="rfvTaxTypeID" runat="server"
ControlToValidate="ddlTaxTypeID"ErrorMessage="Tax Type is required." Text="*">
</asp:RequiredFieldValidator><td class="adminlabel" style="height: 118px">
Stock Location</td><td class="adminitem" style="height: 118px; width: 465px;">
<asp:TextBox ID="txtStockLocation" runat="server" Height="100px" TextMode="MultiLine"
Width="400px"></asp:TextBox><td class="adminlabel">
Weight</td><td class="adminitem" style="width: 465px">
<ew:NumericBox ID="txtWeight" runat="server" Width="41px"
DecimalPlaces="2">0</ew:NumericBox><asp:RequiredFieldValidator
ID="rfvWeight" runat="server" ControlToValidate="txtWeight" ErrorMessage="Weight is
required." Text="*"></asp:RequiredFieldValidator><td class="adminlabel">
Currency Code</td><td class="adminitem" style="width: 465px">
<asp:DropDownList ID="ddlCurrencyCodeID" runat="server" /><asp:RequiredFieldValidator
ID="rfvCurrencyCodeID" runat="server" ControlToValidate="ddlCurrencyCodeID"
ErrorMessage="Currency Code is required."Text="*"></asp:RequiredFieldValidator>
```

```
<asp:Button ID="btnSave" runat="server" Text="Save" OnClick="btnSave_Click"
    CausesValidation="true" CssClass="frmbutton"></asp:Button> 
<input type="button" onclick="location.href='admin_products.aspx'" value="Return"
    class="frmbutton" /></table></div>
</ContentTemplate> </asp:UpdatePanel>
    <asp:UpdateProgress ID="uProgress" runat="server">
    <ProgressTemplate>
    <div class="loadingbox" style="left: 40%; top: 40%">
    <img src="../images/spinner.gif" align="absmiddle" />  <asp:Label ID="lblProgress"
        runat="server">Processing...</asp:Label></div></ProgressTemplate>
    </asp:UpdateProgress></div>
</asp:Content>
```

商品添加页的程序代码主要实现商品基本信息的添加，主要包括的事件有：添加商品制造商事件 btnQuickMan_Click 和添加商品信息事件 btnSave_Click。

当用户点击页面上的制造商信息添加按钮"Quick Add"，将触发点击事件 btnQuickMan_Click。该事件检查用户输入的信息是否大于 0，并调用通用层的快速添加信息方法 QuickAdd。该事件在重新加载页面数据后，最终需要设置制造商信息下拉列表控件的已选索引 SelectedIndex 为当前新添加的制造商。

制造商信息添加按钮点击事件 btnQuickMan_Click 代码如下：

```
protected void btnQuickMan_Click(object sender, EventArgs e) {
    if(txtQuickMan.Text.Trim().Length > 0) {//当输入大于 0
        //向数据库填入制造商信息
        Lookups.QuickAdd("CSK_Store_Manufacturer", "manufacturer", txtQuickMan.Text.Trim());
        txtQuickMan.Text = "";
        this.LoadDropDowns();//刷新下拉列表控件
        ddlManufacturerID.SelectedIndex = ddlManufacturerID.Items.Count - 1;//设置其默认选项
    }
```

当用户点击页面的保存按钮"Save"后，将触发点击事件 btnSave_Click。该事件获取用户填写和选择的商品信息并调用商品信息数据访问层的信息保存方法 Save。

保存按钮点击事件 btnSave_Click 程序代码如下：

```
protected void btnSave_Click(object sender, EventArgs e) {
    if(Page.IsValid) {//是否通过界面验证
        try { int manufacturerId = 0;
            //转化商品信息数据为 32 位整数
            int.TryParse(ddlManufacturerID.SelectedValue, out manufacturerId);
            int statusId = 0;
            int.TryParse(ddlStatusID.SelectedValue, out statusId);
            int productTypeId = 0;
            int.TryParse(ddlProductTypeID.SelectedValue, out productTypeId);
            int shippingTypeId = 0;
            int.TryParse(ddlShippingTypeID.SelectedValue, out shippingTypeId);
            int shipEstimateId = 0;
            int.TryParse(ddlShipEstimateID.SelectedValue, out shipEstimateId);
            int taxTypeId = 0;
            int.TryParse(ddlTaxTypeID.SelectedValue, out taxTypeId);
            decimal ourPrice = 0;
            decimal.TryParse(txtOurPrice.Text.Trim(), out ourPrice);
            decimal retailPrice = 0;
            decimal.TryParse(txtRetailPrice.Text.Trim(), out retailPrice);
            decimal weight = 0;
            decimal.TryParse(txtWeight.Text.Trim(), out weight);
```

```csharp
decimal length = 0;
decimal.TryParse(txtLength.Text.Trim(), out length);
decimal height = 0;
decimal.TryParse(txtHeight.Text.Trim(), out height);
decimal width = 0;
decimal.TryParse(txtWidth.Text.Trim(), out width);
int listOrder = 0;
int.TryParse(txtListOrder.Text.Trim(), out listOrder);
//创建商品信息实体实例
Commerce.Common.Product product = new Commerce.Common.Product();
product.Sku = txtSku.Text.Trim();//sku 编号
product.ProductName = txtProductName.Text.Trim();//商品名称
product.ShortDescription = txtShortDescription.Text.Trim();//描述
product.OurPrice = ourPrice;//价格
product.RetailPrice = retailPrice;//零售价格
product.ManufacturerID = manufacturerId;//制造商 ID
product.Status = (ProductStatus)statusId;//状态编号
product.ProductType = (ProductType)productTypeId;//商品类型编号
product.ShippingType = (ShippingType)shippingTypeId;//邮寄类型编号
product.ShipEstimateID = shipEstimateId;//评估信息编号
product.TaxTypeID = taxTypeId;//数率类型编号
product.StockLocation = txtStockLocation.Text.Trim();//库存位置
product.Weight = weight;//重量
product.CurrencyCode = ddlCurrencyCodeID.SelectedValue.Trim();//货币类型编码
product.UnitOfMeasure = txtUnitOfMeasure.Text.Trim();//规格单位
product.AdminComments = txtAdminComments.Text.Trim();//管理员评论
product.Length = length;//长度
product.Height = height;//高度
product.Width = width;//宽度
product.DimensionUnit = txtDimensionUnit.Text.Trim();//尺寸
product.ListOrder = listOrder;//列表顺序
//default this to avoid division errors
product.TotalRatingVotes = 1;//总投票等级
product.RatingSum = 4;//等级总计
product.Save(Utility.GetUserName());//保存新商品信息
Response.Redirect("admin_product_details.aspx?id=" + product.ProductID.ToString(), false);
}//定位到商品详细页
catch(Exception x) {//捕获错误信息
ResultMessage1.ShowFail(x.Message);}}
}
```

商品添加页 Admin_Product_Add.aspx 的具体实现代码可以参考代码包"第 14 章\Commerce Starter Kit 21\Admin"文件。

第15章 开发博客系统

博客系统是目前移动网络上最流行的个人日志发布系统。它可以充分展示每个用户的内心世界、工作感受、技术资料等方面的信息。注册用户可以自行发表文章并归类，访问者可以抒发对该文章的感想。

本章选用的博客系统具备了常规博客系统的功能，读者通过学习可以掌握基本的博客开发方法和设计思路。通过扩展，相信读者可以设计出功能更加完善的博客系统。

15.1 系统概述

本章讲述的博客系统在功能实现和设计上尽可能地体现 ASP.NET 4.0 技术的特性。全球化多语言技术、母版、数据绑定等技术的综合运用是本章的重点。

15.1.1 系统需求分析

博客系统的需求分析主要将从该系统的用户使用场景、用户需求功能和维护部署等方面展开。博客系统最主要的特点就是其开放性。博主可以自行发表文章，添加分类等。访客则可以查看自己感兴趣的文章并发表评论。

本章的博客系统属于企业级系统，所以采用 Windows 身份证机制。通过该机制可以实现企业内部用户自动注册并自动验证用户身份。

1. 用户使用场景

（1）博主

博主的定义是：正式登录系统，可以在自属的账户下发表并管理信息的人。该群体是博客系统的主导力量。博主可以建立和管理自己的博客分类，对文章进行增加、删除、修改。博主还可以在博客发布公告信息、添加博客的标题、按照喜好设置页面表现样式等。

（2）访客

访客的定义是：所有登录或匿名的用户。该群体对博客系统的需求主要体现在：能顺利、快捷地对自己感兴趣的文章发表意见。

2. 需求功能

需求功能是根据博客系统所需要达到的目的而设计的，共分 9 个模块，具体描述如下：

1) 博客配置模块的主要功能包括：博客样式添加、博客样式重置。
2) 博客分类模块的主要功能包括：添加分类信息、更新分类信息、删除分类信息、更新密码。
3) 博客账户模块的主要功能包括：个人信息的添加、个人信息的重置。
4) 博客文章管理模块的主要功能包括：文章的编辑、文章的删除、文章的状态统计。
5) 博客文章发表模块的主要功能包括：添加新文章、文章自动分类、文章显示模式设置、文章重置。

6）搜索模块的主要功能是：接受关键字输入并搜索。
7）博客总栏目模块的主要功能是：显示已有分类并导航。
8）博客统计模块的主要功能是：显示汇总的系统状态，如注册数量、帖子数等。
9）博客排行统计模块的主要功能是：显示前20个最热门博客的用户并导航。

博客系统的总体功能模块如图 15-1 所示，通过此图读者可更加清晰地了解到本系统中所具有的功能，以及功能模块之间的关系。

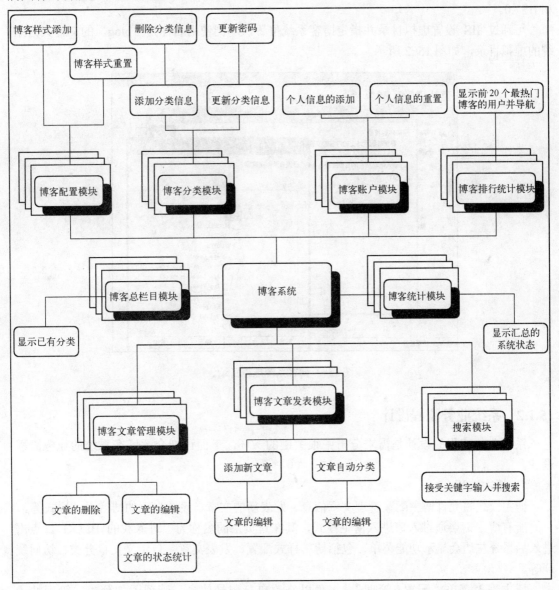

图 15-1　博客系统模块图

3．维护部署

博客系统的数据库使用 Microsoft SQL Server 2008，同使用 SQL Server Express 2008 的

读者操作步骤一致。

如果需要部署的服务器没有安装 Visual Studio 2010，则可以单独下载 SQL Server Express 并安装，安装地址为 http://go.microsoft.com/fwlink/?LinkId=65212。

SQL Server Express 和其他类型的 SQL Server 是可以无缝迁移的，当部署时，如需要改变，则可以通过执行脚本文件 BLOG.sql 创建新的俱乐部数据库。

BLOG.sql 位于代码包"第 15 章\BLOG.sql"中。

博客系统可以直接部署到安装有.Net Framework 4.0 的服务器，Web 服务器可以是 IIS6.0 和 IIS7.0。

可通过 IIS 设置虚拟目录并指定博客系统位置，本例使用名称为"blog"的文件夹为系统的虚拟目录，如图 15-2 所示。

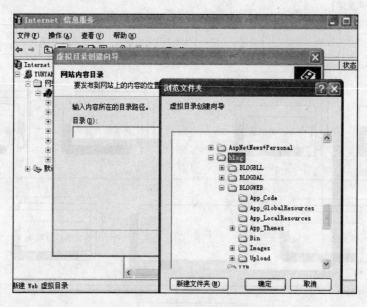

图 15-2 博客系统虚拟目录

15.1.2 系统业务流程设计

系统业务流程的设计是需求分析中很关键的一环，下面详细介绍博客系统的业务流程设计。

1．博主流程

博主模式将允许博主配置管理文章信息、发表新的文章、设置自己的博客系统样式等。

所有博主需要通过入口进入博主模式，其在首页上的名称为"进入我的 BLOG"。点击进入后系统左边会显示功能菜单，包括博客样式配置、发表文章、自定义文章分类、访问统计等。

博主进入菜单"配置&管理"，将可以修改自身账号信息、管理添加分类、管理帖子等。流程如图 15-3 所示。

2．博友流程

博友模式将允许博友根据自己的喜好查看其他用户的博客。该环节不验证用户的身份，并支持匿名发布。访客可以在访问过程中对感兴趣的文章发表评论。

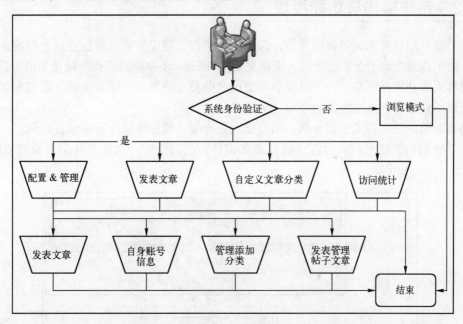

图 15-3 博主流程

访友能够直接通过首页挑选需要阅读的文章进行查看，也可以按照系统博客分类查找需要阅读的文章。访客还可以根据左边列出的热门博客或者热门话题进行阅读和参与讨论。

当博友需要针对某篇文章进行讨论时，除点击提交按钮外还可以通过按 Ctrl+Enter 键完成，便于用户快速操作。

博友还可以通过左边的栏目查看博客的公告、热门帖、热门回复等信息。

博友业务流程如图 15-4 所示。

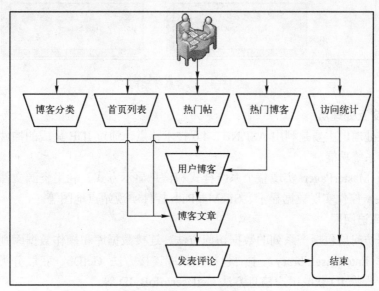

图 15-4 博友业务流程

15.2 系统架构与功能模块

本节将介绍博客系统的架构模型，帮助读者掌握如何根据需求分析建立合理的系统架构模型。由于该系统属于企业级应用，所以采用了 Windows 身份验证和全球化多语言技术。

博客系统功能并不复杂，并且主要是面向企业员工使用。在综合考虑开发成本和实际的用户使用场景后，该系统的架构采用三层模式。

博客系统的三层模式主要包括：用户交互处理层、数据库访问层和业务逻辑层。本小节将按照系统架构的组成模块分三点进行具体设计方法的讲解。系统总体架构设计如图 15-5 所示。

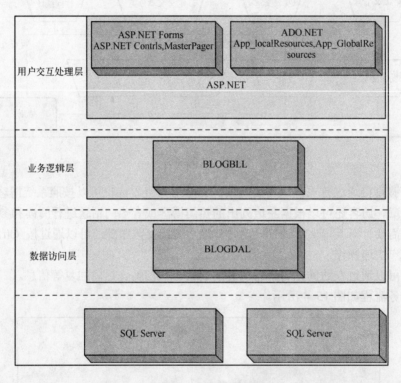

图 15-5 博客系统架构

1．用户交互处理层

用户交互处理层主要是利用 ASP.NET 4.0 技术特点，通过 IDE 集成的控件和用户控件实现大部分博客系统功能。

比如使用 MasterPager 实现整个系统样式和信息显示方式、利用资源文件实现全球化多语言、GridView 控件实现数据显示、SiteMapPath 控件实现站点地图等。

2．数据库访问层

系统数据访问层包括一系列的数据访问方法。连接数据库和操作数据库则用到了微软的数据类企业库 EnterpriseLibrary，主要包括数据库连接方法 GetDb、获取分类方法 GetBlogCategoryList、根据 ID 获取用户信息方法 GetUserInfoByID 等。

数据库访问层主要使用 DataTable 和 DataRow 作为返回给调用层的数据源。前者以表的形式存在，后者以数据行的形式存在。

数据库访问层将通过执行存储过程完成最终业务操作。数据库访问层设计兼容 SQL Server2008 Express 和 SQL Server2008 服务器版。

系统数据访问层设计的主要方法见表 15-1。

表 15-1 数据访问层

方法名称	功能说明	方法名称	功能说明
CreateComment	创建评论信息	GetPostArchiveList	获取存档信息
CreatePost	创建帖子	GetPostCategoryList	获取帖子分类信息
CreatePostCategory	创建帖子分类	GetPostComments	获取帖子评论
CreateUser	创建用户	GetPostDetail	获取帖子详细信息
DeletePost	删除用户	GetPostList	获取帖子清单
DeletePostCategory	删除帖子分类	GetStatisticInfo	获取博客信息
GetBlogCategoryList	获取博客分类	GetUserConfiguration	获取用户配置信息
GetDb	获取数据库实例	GetUserInfoByAccount	依靠账户获取用户信息
GetHotClickPostsList	获取热点信息	GetUserInfoByID	依靠 ID 获取用户
GetHotCommentsPostsList	获取评论信息	GetUserOriginalInfoByAccount	依靠账户获取原始用户信息
GetHotPostsList	获取热帖信息	GetUserRankList	获取用户等级
GetLatestComments	获取最近评论信息	ModifyPost	修改帖子信息
GetLatestPostsList	获取最新帖子信息	ModifyPostCategory	修改帖子分类
GetLatestUpdatedBloggerList	获取最新更新的博客信息	ModifyUser	修改用户信息
GetMyStatisticInfo	获取静态信息	ModifyUserConfiguration	修改用户配置信息

系统数据访问层部分代码如下：

```
public class DataAccess
{
    private SqlDatabase GetDb()//创建数据库连接实例
    {
        SqlDatabase db = new
        SqlDatabase(System.Configuration.ConfigurationManager.AppSettings["conn"]);
        return db;
    }
    public DataTable GetBlogCategoryList()//获取博客分类列表
    {
        SqlDatabase db = this.GetDb();
        DataSet ds = new DataSet();
        DataTable dt = new DataTable();
        DbCommand cmd = db.GetStoredProcCommand("GetBlogCategoryList");
        ds = db.ExecuteDataSet(cmd);
        dt = ds.Tables[0];
        if (dt != null)
            return dt;
        else
            return null;
    }
    public DataTable GetPostCategoryList(string sAccount)//获取文章分类列表
```

```csharp
        {
            SqlDatabase db = this.GetDb();
            DataSet ds = new DataSet();
            DataTable dt = new DataTable();
            DbCommand cmd = db.GetStoredProcCommand("GetPostCategoryList");
            db.AddInParameter(cmd, "Account", DbType.String, sAccount);
            ds = db.ExecuteDataSet(cmd);
            dt = ds.Tables[0];
            if (dt != null)
                return dt;
            else
                return null;
        }
        public DataTable GetPostArchiveList(string sAccount)//获取存档列表
        {
            SqlDatabase db = this.GetDb();
            DataSet ds = new DataSet();
            DataTable dt = new DataTable();
            DbCommand cmd = db.GetStoredProcCommand("GetPostArchive");
            db.AddInParameter(cmd, "Account", DbType.String, sAccount);
            ds = db.ExecuteDataSet(cmd);
            dt = ds.Tables[0];
            if (dt != null)
                return dt;
            else
                return null;
        }
        public DataTable GetHotPostsList(int iRecords)//获取文章列表
        {
            SqlDatabase db = this.GetDb();
            DataSet ds = new DataSet();
            DataTable dt = new DataTable();
            DbCommand cmd = db.GetStoredProcCommand("GetHotPostsList");
            db.AddInParameter(cmd, "Records", DbType.Int16, iRecords);
            ds = db.ExecuteDataSet(cmd);
            dt = ds.Tables[0];
            if (dt != null)
                return dt;
            else
                return null;
        }
        public DataTable GetLatestPostsList(int iRecords)//获取最近文章列表
        {
            SqlDatabase db = this.GetDb();
            DataSet ds = new DataSet();
            DataTable dt = new DataTable();
            DbCommand cmd = db.GetStoredProcCommand("GetLatestPostsList");
            db.AddInParameter(cmd, "Records", DbType.Int16, iRecords);
            ds = db.ExecuteDataSet(cmd);
            dt = ds.Tables[0];
            if (dt != null)
                return dt;
            else
                return null;
        }
        public DataTable GetLatestUpdatedBloggerList(int iRecords)//获取最新更新的博客列表
        {
            SqlDatabase db = this.GetDb();
```

```csharp
            DataSet ds = new DataSet();
            DataTable dt = new DataTable();
            DbCommand cmd = db.GetStoredProcCommand("GetLatestUpdatedBloggerList");
            db.AddInParameter(cmd, "Records", DbType.Int16, iRecords);
            ds = db.ExecuteDataSet(cmd);
            dt = ds.Tables[0];
            if (dt != null)
                return dt;
            else
                return null;
        }
        public DataTable GetUserRankList(int iRecords)//获取用户等级列表
        {
            SqlDatabase db = this.GetDb();
            DataSet ds = new DataSet();
            DataTable dt = new DataTable();
            DbCommand cmd = db.GetStoredProcCommand("GetUserRankList");
            db.AddInParameter(cmd, "Records", DbType.Int16, iRecords);
            ds = db.ExecuteDataSet(cmd);
            dt = ds.Tables[0];
            if (dt != null)
                return dt;
            else
                return null;
        }
…
```

数据库访问层的具体实现代码可以参考代码包"第15章\BLOG\DataAccess.cs"文件。

3．业务逻辑层

系统业务逻辑层主要包括验证用户身份和验证用户管理权限等。具体方法见表15-2。

表 15-2 业务逻辑层

方 法 名 称	功 能 说 明
IsRegistered	验证用户是否有效
CheckAccountManagePost	检查用户文章管理权限
CheckAccountManagePostCategory	检查用户文章分类权限

系统业务逻辑层主要代码如下：

```csharp
namespace BLOGBLL
{
    public class Security
    {
        public bool IsRegistered(string sAccount)//判断用户是否注册
        {
            SqlDatabase db = this.GetDb();
            DbCommand cmd = db.GetStoredProcCommand("CheckUserIsRegistered");
            db.AddInParameter(cmd, "Account", DbType.String, sAccount);
            return Convert.ToBoolean(db.ExecuteScalar(cmd));
        }
        public bool CheckAccountManagePost(string sAccount, string sPostID)//检查账户管理权限
        {
            SqlDatabase db = this.GetDb();
            DbCommand cmd = db.GetStoredProcCommand("CheckAccountManagePost");
            db.AddInParameter(cmd, "Account", DbType.String, sAccount);
            db.AddInParameter(cmd, "PostID", DbType.String, sPostID);
```

```
            return Convert.ToBoolean(db.ExecuteScalar(cmd));
        }
        //检查用户文章分类权限
        public bool CheckAccountManagePostCategory(string sAccount, string sPostID)
        {
            SqlDatabase db = this.GetDb();//打开数据库
            DbCommand cmd = db.GetStoredProcCommand("CheckAccountManagePostCategory");
            db.AddInParameter(cmd, "Account", DbType.String, sAccount);
            db.AddInParameter(cmd, "CategoryID", DbType.String, sPostID);
            return Convert.ToBoolean(db.ExecuteScalar(cmd));//返回执行结果
        }
    }
}
```

业务逻辑层的具体实现代码可以参考代码包"第 15 章\BLOG\BLOGBLL\"文件。

15.3 数据库设计与实现

博客系统的数据库设计遵循无冗余和信息孤岛的原则，每一个表和每一个字段都强调其规范性。本节将通过 SQL Server 数据库来分析数据源的总体设计和具体的表设计。

15.3.1 数据库需求分析

博客系统的数据库名称为 blog，设计包括 7 个表，分别是博客系统状态表 tb_Blog、总分类表 tb_BlogCategory、用户博客配置表 tb_Configure、帖子信息表 tb_Post、帖子分类表 tb_PostCategory、评论信息表 tb_Comment 和用户信息表 tb_User。

从功能角度分析，大部分功能都是围绕博客的帖子展开的。所以主要的 5 张表需要建立主外键关系，分别是总分类表 tb_BlogCategory、帖子分类表 tb_PostCategory、帖子信息表 tb_Post、评论信息表 tb_Comment 和用户信息表 tb_User。

博客系统的数据库结构如图 15-6 所示。

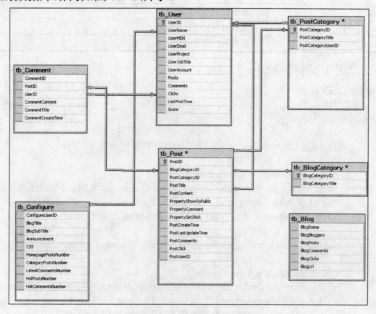

图 15-6 数据库表关系

15.3.2 数据表设计

博客系统数据库各表结构如下。

(1) 系统状态表 tb_Blog

系统状态表存储的范围主要是博客系统的基本配置信息,结构见表 15-3。

表 15-3 系统状态表 tb_Blog

字段名称	数据类型	功能说明
BlogName	varchar(50)	博客系统站点名称
BlogBloggers	int	博客系统所含博客数
BlogPosts	int	帖子数
BlogComments	int	评论数
BlogClicks	int	点击数
BlogUrl	varchar(50)	站点地址

(2) 总分类表 tb_BlogCategory

总分类表存储的范围主要是博客系统的总分类信息,结构见表 15-4。

表 15-4 总分类表 tb_BlogCategory

字段名称	数据类型	功能说明
BlogCategoryID	int	分类 ID 编号
BlogCategoryTitle	varchar(50)	分类名称

(3) 用户博客配置表 tb_Configure

用户博客配置表存储的范围主要是用户博客的配置样式、公告、标题等信息,结构见表 15-5。

表 15-5 用户博客配置表 tb_Configure

字段名称	数据类型	功能说明
ConfigureUserID	varchar(50)	用户编号
BlogTitle	varchar(250)	用户博客标题
BlogSubTitle	varchar(250)	用户博客子标题
Announcement	varchar(500)	公告信息
CSS	varchar(500)	CSS 样式表
HomepagePostsNumber	int	帖子数
CategoryPostsNumber	int	用户博客分类
LatestCommentsNumber	int	最近评论数
HotPostsNumber	int	热帖数
HotCommentsNumber	int	热点评论数

(4) 帖子信息表 tb_Post

帖子信息表存储的范围主要是用户在其博客发表的文章信息,结构见表 15-6。

表 15-6　帖子信息表 tb_Post

字段名称	数据类型	功能说明
PostID	int	帖子编号
BlogCategoryID	int	所属博客分类编号
PostCategoryID	int	所属用户博客分类编号
PostTitle	varchar(100)	帖子标题
PostContent	text	帖子内容
PropertyShowToPublic	varchar(10)	是否公开
PropertyComment	varchar(10)	是否评论
PropertySetStick	varchar(10)	是否置顶
PostCreateTime	datetime	创建时间
PostLastUpdateTime	datetime	更新时间
PostComments	int	评论数量
PostClick	int	点击数量
PostUserID	varchar(50)	用户编号

（5）帖子分类表 tb_PostCategory

帖子分类表存储的范围主要是用户博客分类信息，结构见表 15-7。

表 15-7　帖子分类表 tb_PostCategory

字段名称	数据类型	功能说明
PostCategoryID	int	分类编号
PostCategoryTitle	varchar(50)	分类名称
PostCategoryUserID	varchar(50)	所属用户编号

（6）评论信息表 tb_Comment

评论信息表存储的范围主要是用户对某篇文章的评价信息，结构见表 15-8。

表 15-8　评论信息表 tb_Comment

字段名称	数据类型	功能说明
CommentID	varchar(50)	评论编号
PostID	int	所属帖子编号
UserID	varchar(50)	所属用户 ID 编号
CommentContent	text	评论内容
CommentTitle	varchar(100)	评论标题
CommentCreateTime	datetime	创建时间

（7）用户信息表 tb_User

用户信息表存储的范围主要是博客系统所有的用户信息，结构见表 15-9。

表 15-9 用户信息表 tb_User

字段名称	数据类型	功能说明
UserID	varchar(50)	用户编号
UserName	varchar(50)	用户名称
UserMSN	varchar(50)	用户 MSN
UserEmail	varchar(50)	用户邮件地址
UserProject	varchar(50)	用户项目组
UserJobTitle	varchar(50)	用户职位
UserAccount	varchar(50)	用户账号
Posts	int	用户帖子数
Comments	int	参与评论数
Clicks	int	点击次数
LastPostTime	datetime	最后发帖时间
Score	int	积分

15.3.3 存储过程设计

博客系统与数据库之间通过存储过程进行数据交互。博客系统总共包括 34 个存储过程,其中的每一个存储过程都对应实现某功能所需要完成的数据库操作。

下面重点介绍其中 9 个比较有代表性的存储过程和相关脚本。

1. 验证用户是否有效——CheckUserIsRegistered

验证用户是否有效的存储过程名称为 CheckUserIsRegistered,该存储过程将根据账户信息参数对用户表 tb_User 进行查询并返回符合条件的数据。脚本代码如下:

```
set ANSI_NULLS ON
set QUOTED_IDENTIFIER ON
go

ALTER PROCEDURE [dbo].[CheckUserIsRegistered]
@Account varchar(50)
As
Select count(*) from tb_User where UserAccount=@Account
```

2. 创建新用户——CreateUser

创建新用户的存储过程名称为 CreateUser,该存储过程将根据页面获取的用户信息执行插入操作。脚本代码如下:

```
set ANSI_NULLS ON
set QUOTED_IDENTIFIER ON
go
ALTER PROCEDURE [dbo].[CreateUser]
@UserID varchar(50),
@UserName varchar(50),
@UserMSN varchar(50),
@UserEmail varchar(50),
@UserProject varchar(50),
@UserJobTitle varchar(50),
@UserAccount varchar(50)
As
```

```
begin tran
set xact_abort on
Insert into tb_User
(UserID,UserName,UserMSN,UserEmail,UserProject,UserJobTitle,UserAccount,Posts,Comments,Clicks,Score)
Values(@UserID,@UserName,@UserMSN,@UserEmail,@UserProject,@UserJobTitle,@UserAccount,0,0,0,0)
Insert into tb_Configure
(ConfigureUserID,BlogTitle,BlogSubTitle,Announcement,CSS,HomepagePostsNumber,CategoryPostsNumber,LatestCommentsNumber,HotPostsNumber,HotCommentsNumber)
values (@UserID,'','','',30,30,10,10,10)
Update tb_Blog Set BlogBloggers=BlogBloggers+1
commit tran
```

3. 更新博客系统配置信息——ModifyUserConfiguration

更新博客系统配置信息的存储过程名称为 ModifyUserConfiguration，该存储过程将通过页面获取对应的更新参数并对配置表 tb_Configure 执行更新操作。脚本代码如下：

```
set ANSI_NULLS ON
set QUOTED_IDENTIFIER ON
go
ALTER PROCEDURE [dbo].[ModifyUserConfiguration]
@Account varchar(40),
@BlogTitle varchar(250),
@BlogSubTitle varchar(250),
@Announcement varchar(500),
@CSS varchar(500),
@HomepagePostsNumber int,
@CategoryPostsNumber int,
@LatestCommentsNumber int,
@HotPostsNumber int,
@HotCommentsNumber int
As
Update tb_Configure set
    BlogTitle=@BlogTitle,BlogSubTitle=@BlogSubTitle,Announcement=@Announcement,CSS=@CSS,HomepagePostsNumber=@HomepagePostsNumber,CategoryPostsNumber=@CategoryPostsNumber,LatestCommentsNumber=@LatestCommentsNumber,HotPostsNumber=@HotPostsNumber,HotCommentsNumber=@HotCommentsNumber   Where ConfigureUserID=(Select UserID from tb_User where UserAccount=@Account)
```

4. 获取博客系统分类——GetBlogCategoryList

获取博客系统分类的存储过程名称为 GetBlogCategoryList，该存储过程将查询系统分类信息表 tb_BlogCategory。脚本代码如下：

```
set ANSI_NULLS ON
set QUOTED_IDENTIFIER ON
go

ALTER PROCEDURE [dbo].[GetBlogCategoryList]
As
Select * from tb_BlogCategory
```

5. 获取博客系统统计信息——GetMyStatisticInfo

获取博客系统统计信息的存储过程名称为 GetMyStatisticInfo，该存储过程将查询用户信息表 tb_User 并获取所需的统计字段。脚本代码如下：

```
set ANSI_NULLS ON
set QUOTED_IDENTIFIER ON
go
ALTER PROCEDURE [dbo].[GetMyStatisticInfo]
@Score int out,
@Rank int out,
@Posts int out,
@Comments int out,
@Clicks int out,
@Account varchar(50)
As
Set @Score=(Select Score from tb_User where UserAccount=@Account)
Set @Rank=(Select 1+(Select Count(1) from tb_User Where Score>A.Score) from tb_User A  where
   UserAccount=@Account)
Set @Posts=(Select Posts from tb_User where UserAccount=@Account)
Set @Comments=(Select Comments from tb_User where UserAccount=@Account)
Set @Clicks=(Select Clicks from tb_User where UserAccount=@Account)
```

6. 创建新帖——CreatePost

创建新帖的存储过程名称为 CreatePost，该存储过程将获取用户在发帖页填写和选取的参数信息。根据账户信息查询用户表 tb_User 获取用户编号。存储过程根据获取的参数信息对帖子信息表 tb_Post 执行插入操作，并更新用户表 tb_User 和博客信息表 tb_Blog 的相关数据统计字段。

该存储过程脚本代码如下：

```
set ANSI_NULLS ON
set QUOTED_IDENTIFIER ON
go
ALTER PROCEDURE [dbo].[CreatePost]
@Account varchar(50),
@BlogCategoryID varchar(50),
@PostCategoryID varchar(50),
@Title varchar(100),
@Content text,
@ShowToPublic varchar(10),
@Comment varchar(10),
@SetStick varchar(10)
As
Declare @UserID varchar(50)
begin tran
set xact_abort on
Set @UserID=(Select UserID from tb_User where UserAccount=@Account)
Insert into tb_Post
(BlogCategoryID,PostCategoryID,PostTitle,PostContent,PropertyShowToPublic,PropertyComment,PropertyS
etStick,PostComments,PostClick,PostUserID)Values
(@BlogCategoryID,@PostCategoryID,@Title,@Content,@ShowToPublic,@Comment,@SetStick,0,0,@User
ID)
Update tb_User Set
  Posts=Posts+1,Score=(Posts+1)*1000+Comments*100+Clicks*10,LastPostTime=getdate()
  where UserAccount=@Account
Update tb_Blog Set BlogPosts=BlogPosts+1
commit tran
```

7. 更新帖子——ModifyPost

更新帖子的存储过程名称为 ModifyPost。该存储过程将根据用户在更新帖子页填写和选取的参数信息来更新帖子信息表 tb_Post。脚本代码如下：

```
set ANSI_NULLS ON
set QUOTED_IDENTIFIER ON
go
ALTER PROCEDURE [dbo].[ModifyPost]
@PostID varchar(50),
@BlogCategoryID varchar(50),
@PostCategoryID varchar(50),
@Title varchar(100),
@Content text,
@ShowToPublic varchar(10),
@Comment varchar(10),
@SetStick varchar(10)
As
Update tb_Post set
BlogCategoryID=@BlogCategoryID,PostCategoryID=@PostCategoryID,PostTitle=@Title,PostContent=@Content,PropertyShowToPublic=@ShowToPublic,PropertyComment=@Comment,PropertySetStick=@SetStick,PostLastUpdateTime=getdate() where PostID=@PostID
```

8. 删除帖子——DeletePost

删除帖子的存储过程名称为 DeletePost。该存储过程将根据账号参数获取用户编号。通过用户编号更新用户统计数据，并从帖子信息表 tb_Post 中删除符合编号的数据。脚本代码如下：

```
set ANSI_NULLS ON
set QUOTED_IDENTIFIER ON
go
ALTER PROCEDURE [dbo].[DeletePost]
@PostID varchar(50)
As
Declare @UserID varchar(50)
Set @UserID=(Select PostUserID from tb_Post where PostID=@PostID)
begin tran
set xact_abort on
Delete tb_Post where PostID=@PostID
Update tb_User Set Posts=Posts-1,Score=(Posts-1)*1000+Comments*100+Clicks*10 where
    UserID=@UserID
Update tb_Blog Set BlogPosts=BlogPosts-1
commit tran
```

9. 添加评论信息——CreateComment

添加评论信息的存储过程名称为 CreateComment。该存储过程将根据帖子编号、账户等参数更新相关信息统计字段。最后向评论信息表 tb_Comment 插入新数据。

该存储过程脚本代码如下：

```
set ANSI_NULLS ON
set QUOTED_IDENTIFIER ON
go
ALTER PROCEDURE [dbo].[CreateComment]
@PostID varchar(50),
@Account varchar(50),
```

```
@Title varchar(100),
@Content text
As
Declare @CommentUserID varchar(50)
Declare @PostUserID varchar(50)
begin tran
set xact_abort on
Set @CommentUserID=(Select UserID from tb_User where UserAccount=@Account)
Set @PostUserID=(Select PostUserID from tb_Post where PostID=@PostID)
Update tb_Post Set PostComments=PostComments+1 where PostID=@PostID
Update tb_Blog Set BlogComments=BlogComments+1
Update tb_User Set Comments=Comments+1,Score=(Posts+1)*1000+Comments*100+Clicks*10 where
   UserID=@PostUserID
Insert into tb_Comment (PostID,UserID,CommentContent,CommentTitle) values
   (@PostID,@CommentUserID,@Content,@Title)
commit tran
```

上面是数据库具有代表性的存储过程,全部存储过程可以查看脚本文件,不再赘述。

为了方便读者搭建数据库,博客系统的数据库文件即配套的脚本创建文件 BLOG.sql 可以在代码包"第 15 章\BLOG.sql"中获取。

15.4 用户交互处理层设计与实现

博客系统的用户交互处理层主要包括用户交互 UI 界面、用户自定义控件和多语言资源文件包等。

下面将具体介绍用户交互处理层,对其中的大部分界面、操作逻辑、多语言显示、数据处理等技术进行详细介绍。

15.4.1 用户交互处理层结构

用户交互处理层主要分为 3 个部分:公用代码、用户控件和交互界面。具体内容和说明见表 15-10。

表 15-10 用户交互处理层结构

文件/文件夹名称	功能说明	文件/文件夹名称	功能说明
App_Code	系统通用代码文件夹	NavigationBar.ascx	站点导航控件
App_Data	数据库文件夹	PostArchive.ascx	已发表文章显示控件
images	系统图片文件夹	Posts.ascx	帖子显示控件
App_GlobalResources	全局资源文件	PostSearch.ascx	帖子搜索控件
App_LocalResources	本地资源文件	PostsList.ascx	帖子列表控件
BlogAnnouncement.ascx	公告控件	Stat.ascx	博客信息显示控件
CategoryList.ascx	分类控件	TopAndBottom.master	页头母版页
ConfigureMenu.ascx	菜单配置控件	MyBlog.master	博客主体母版页
Function.ascx	导航控件	Default.aspx	系统首页
GetUserRank.ascx	用户等级显示控件	Blog.aspx	用户博客首页
HotClickPosts.ascx	高点击帖显示控件	ConfigureBlog.aspx	博客配置页
HotCommentsPost.ascx	热点评论显示控件	ManageCategory.aspx	分类管理页
HotPosts.ascx	热点帖显示控件	ManagePost.aspx	帖子管理页

(续)

文件/文件夹名称	功能说明	文件/文件夹名称	功能说明
LatestComments.ascx	最近评论显示控件	ModiInfo.aspx	用户信息修改页
LatestUpdatedBlogger.ascx	最近更新博客显示控件	NewPost.aspx	帖子发表页
MyBlogFunction.ascx	功能菜单控件	Posts.aspx	帖子显示页
MyCategory.ascx	用户博客分类显示控件	Reg.aspx	注册页
MyInfo.ascx	用户私人信息显示控件	Web.config	系统配置文件
MyStat.ascx	用户状态显示控件	Web.sitemap	站点地图页

15.4.2 多语言本地化

博客系统为了适应更加广阔的应用环境采用了 ASP.NET 4.0 的多语言技术，该技术支持用户在本地语言环境改变的情况下自动转换系统文字资源。

ASP.NET 4.0 允许开发人员不用编写一行代码就可以本地化一个 Web 应用程序。博客系统通过运用隐式表达和本地资源进行本地化。由于该技术运用到几乎所有的博客系统页面，因此为便于讲解特选用首页 Default.aspx 为例。

首页 Default.aspx 包括两个资源文件：中文和英文。名称分别是 Default.aspx.zh-cn.resx 和 Default.aspx.resx。

首页的具体设置内容暂时不考虑，对于本地化技术需要了解其声明字符的含义。

首先是页面声明中必须添加 Culture="auto" 和 UICulture="auto" 这两个属性。ASP.NET15.0 将通过上述属性为页面选择符合条件的资源文件。

完成后的声明类似如下的代码：

```
<%@ Page Language="C#" MasterPageFile="~/TopAndBottom.master" AutoEventWireup="true"
CodeFile="Default.aspx.cs" Inherits="_Default" Title="Untitled Page" Culture="auto"
meta:resourcekey="PageResource1" UICulture="auto" %>
```

其次，页面的指令及每个控件都包括了由 meta:resourcekey 来指定的资源标识符。这种由 meta:resourcekey 来指定资源标识符的方法就是隐式表达。除此之外，本地资源文件必须保存在名称为 App_LocalResource 的文件夹中。资源文件以页面文件名加上扩展名.resx 为它的文件名。在解决方案浏览器中，双击资源文件即可打开已有的资源文件，这里以 Default.aspx.zh-cn.resx 和 Default.aspx.resx 为例，如图 15-7 和图 15-8 所示。

图 15-7　资源文件 Default.aspx.zh-cn.resx

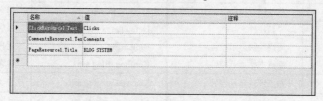

图 15-8　资源文件 Default.aspx.resx

在实际的开发时，一个资源文件对应一种语言，开发人员可以针对不同的语言提供更多的本地化资源文件。例如：
- 提供繁体中文的资源文件，则将资源文件命名为：Default.aspx.hk.resx。
- 提供日语的资源文件，则将资源文件命名为：Default.aspx.ja.resx。
- 提供法语的资源文件，则将资源文件命名为：Default.aspx.fr.resx。
- ……

15.4.3 用户自定义控件

博客系统的设计中包括一些比较重要和关键的用户自定义控件。在本小节将重点介绍用户自定义控件。读者在掌握这些自定义控件的设计方法后会更容易掌握功能页的设计方法和特点。

本小节将介绍的用户自定义控件见表 15-11。

表 15-11 主要用户自定义控件

Posts.ascx	发表评论控件
PostSearch.ascx	搜索控件
PostsList.ascx	帖子列表控件
MyInfo.ascx	用户信息控件
HotPosts.ascx	热点帖显示控件

1．发表评论控件

发表评论控件名称为 Posts.ascx，主要作用是供用户填写并提交帖子主题、内容等信息。当已经含有评论信息则显示评论信息相关内容，如名称、时间、点击数等。

用户在发表评论时可以通过按下 Ctrl+Enter 键提交信息，简化用户的操作。该控件主要使用在帖子显示页 Posts.aspx 中。

发表评论控件 Posts.ascx 的设计界面如图 15-9 所示。

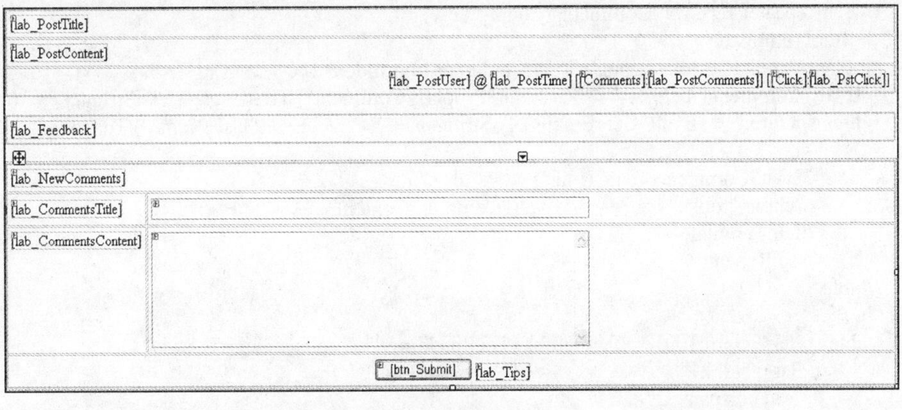

图 15-9 发表评论控件

发表评论控件主要包括两个提供输入标题和内容的文本控件、1 个提交按钮控件、6 个显示评论信息状态的标签控件。

实现简化提交的脚本函数名称为presskey，该脚本将触发提交按钮的点击事件。

发表评论控件 Posts.ascx 界面代码如下：

```
<%@ Control Language="C#" AutoEventWireup="true" CodeFile="Posts.ascx.cs" Inherits="Posts" %>
<script language="JavaScript" type="text/JavaScript">
function presskey(eventobject)//用户回车响应
{
    if(event.ctrlKey && window.event.keyCode==13)
    {
        this.document.all.<%=this.btn_Submit.ClientID%>.click();
    }
}
</script>
  <table style="width:100%" class="tbbk1" cellpadding="5" cellspacing="1" >
      <tr class="tdbk1"><td>
<asp:Label ID="lab_PostTitle" runat="server"
  meta:resourcekey="lab_PostTitleResource1"></asp:Label></td>
      <tr class="tdbk4">
      <td>
<asp:Label ID="lab_PostContent" runat="server"
  meta:resourcekey="lab_PostContentResource1"></asp:Label></td>
      <tr class="tdbk3">
          <td align="right">
<asp:Label ID="lab_PostUser" runat="server"
  meta:resourcekey="lab_PostUserResource1"></asp:Label>
    @ <asp:Label ID="lab_PostTime" runat="server"
  meta:resourcekey="lab_PostTimeResource1"></asp:Label>
[<asp:Label runat="server" ID="Comments"
  meta:resourcekey="CommentsResource1"></asp:Label>:<asp:Label runat="server"
    ID="lab_PostComments" meta:resourcekey="lab_PostCommentsResource1"></asp:Label>]
  [<asp:Label runat="server" ID="Click" meta:resourcekey="ClickResource1"></asp:Label>:<asp:Label
runat="server" ID="lab_PstClick" meta:resourcekey="lab_PstClickResource1"></asp:Label>]
</td></tr>
  </table><br />
  <table style="width:100%" class="tbbk1" cellpadding="5" cellspacing="1" >
      <tr class="tdbk1"><td>
<asp:Label ID="lab_Feedback" runat="server"
  meta:resourcekey="FeedbackResource1"></asp:Label></td>
  <asp:Repeater ID="rpt_Comments" runat="server">
   <ItemTemplate>
<tr class="tdbk3"><td><strong>-<%# Container.ItemIndex+1%>-</strong> <%#
  Eval("CommentTitle") %> - <%# Eval("PropertyComment").ToString()[1].ToString() == "0" ? "<a
  href='mailto:" + Eval("UserEmail").ToString() + "'>" + Eval("UserName").ToString() + "</a>" :
"####"%>
  @ <%# Eval("CommentCreateTime") %> </td></tr>
      <tr class="tdbk4"><td><%# Eval("CommentContent") %></td></tr>
      </ItemTemplate>
      </asp:Repeater>
</table>
<br />
<table style="width:100%" class="tbbk1" cellpadding="5" cellspacing="1" >
    <tr class="tdbk1">
        <td colspan="2">
<asp:Label ID="lab_NewComments" runat="server"
  meta:resourcekey="NewCommentsResource1"></asp:Label>
          </td>
      </tr>
      <tr class="tdbk4">
```

```
<td width="100"><asp:Label ID="lab_CommentsTitle" runat="server"
    meta:resourcekey="CommentsTitleResource1"></asp:Label></td>
        <td>
<asp:TextBox ID="tb_CommentsTitle" runat="server" Width="500px"></asp:TextBox></td>
</tr>
<tr class="tdbk4">
<td valign="top" width="100"><asp:Label ID="lab_CommentsContent" runat="server"
meta:resourcekey="CommentsContentResource1"></asp:Label></td>
<asp:TextBox ID="tb_CommentContent" runat="server" Height="120px"
    TextMode="MultiLine" Width="500px"></asp:TextBox></td>
</tr>
<tr class="tdbk3"><td colspan="2" align="center">
<asp:Button ID="btn_Submit" runat="server" meta:resourcekey="SubmitResource1"
OnClick="btn_Submit_Click"/>
<asp:Label ID="lab_Tips" runat="server"
meta:resourcekey="TipsResource1"></asp:Label></td></tr></table>
```

发表评论控件程序代码主要实现评论信息的获取、显示和提交。评论内容和相关信息的显示在事件 Page_Load 完成。获取评论内容和相关信息需要调用数据访问层的两个方法，分别是 GetPostDetail 和 GetPostComments。在读取评论信息的过程中，如果出现数据错误则调用错误处理方法 UrlError。

用户点击提交按钮将触发事件 btn_Submit_Click，该事件将添加新评论信息到数据库，通过调用数据访问层的方法 CreateComment 完成。添加过程如果发生错误，则界面将提示用户错误信息，该方法的名称为 Alert。

发表评论控件 Posts.ascx 程序代码如下：

```
using BLOGBLL;
using BLOGDAL;
public partial class Posts : System.Web.UI.UserControl
{
    protected void Page_Load(object sender, EventArgs e)
    {
        if (!Page.IsPostBack)
        {
            this.tb_CommentContent.Attributes.Add("onkeydown","presskey()");//添加页面脚本
            DataAccess da = new DataAccess();
            string PostID = Request.QueryString["PostID"] == null ? "" : Request.QueryString["PostID"];
            if (PostID != "")//文章编号不为空
            { //显示文章详细信息
                da.PostClick(PostID);
                DataRow dr = da.GetPostDetail(PostID);
                if (dr != null)
                {
                    this.lab_PostComments.Text = dr["PostComments"].ToString();//评论数
                    this.lab_PostContent.Text = dr["PostContent"].ToString();//内容
                    this.lab_PostTime.Text = dr["PostCreateTime"].ToString();//时间
                    this.lab_PostTitle.Text = dr["PostTitle"].ToString();//标题
                    this.tb_CommentsTitle.Text = "RE:" + dr["PostTitle"].ToString();//评论标题
                    this.lab_PostUser.Text = dr["UserName"].ToString();//用户名
                    this.lab_PstClick.Text = dr["PostClick"].ToString();// 文章点击数
                    this.rpt_Comments.DataSource=da.GetPostComments(PostID);//获取评论信息
                    this.rpt_Comments.DataBind();//绑定显示
```

```
                }
                else
                {
                    UrlError();
                }
            }
            else
            {
                UrlError();
            }
        }
        private void UrlError()//出错页地址
        {
            WebHelper.AlertAndRedirect(Resources.Resource.URLError,"Default.aspx");
        }
        protected void btn_Submit_Click(object sender, EventArgs e)//提交按钮
        {
            DataAccess da = new DataAccess();//连接数据库
            string PostID = Request.QueryString["PostID"] == null ? "" : Request.QueryString["PostID"];
            DataRow dr = da.GetPostDetail(PostID);//获取文章详细信息数据源
            if (dr["PropertyComment"].ToString()[0].ToString() == "1")
            {
                if (da.CreateComment(PostID, WebHelper.GetPcAccount(),
        WebHelper.Encode(this.tb_CommentsTitle.Text), WebHelper.Encode(this.tb_CommentContent.Text)))
                {
                    WebHelper.AlertAndRefresh(Resources.Resource.CreateCommentDone);//显示执行
                                                                                    //结果
                }
                else
                {
                    WebHelper.Alert(Resources.Resource.CreateCommentFailed);//创建失败提示
                }
            }
            else
            {
                WebHelper.Alert(Resources.Resource.PostCommentDenied);//拒绝提示
            }
        }
    }
```

发表评论控件 Posts.ascx 的具体实现代码可以参考代码包 "第 15 章\BLOG\BLOGWEB \" 文件。

2．搜索控件

搜索控件名称为 PostSearch.ascx，主要作用是让用户通过关键字查询帖子信息。查询的信息通过参数形式传递给内容显示页 Default.aspx 和 Blog.aspx。

搜索控件 PostSearch.ascx 的设计界面如图 15-10 所示。

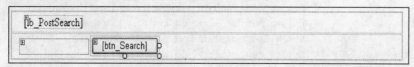

图 15-10　搜索控件

搜索控件主要包括 1 个提供输入关键字的文本控件和 1 个提交按钮控件。

搜索控件 PostSearch.ascx 界面代码如下：

```
<%@ Control Language="C#" AutoEventWireup="true" CodeFile="PostSearch.ascx.cs"
Inherits="PostSearch" %>
<table style="width:100%" class="tbbk1" cellpadding="5" cellspacing="1" >
    <tr class="tdbk1">
               
            <asp:Label ID="lb_PostSearch" runat="server"
   meta:resourcekey="lb_PostSearchResource1"></asp:Label></td>
    <tr class="tdbk2">
        <td>
             
            <asp:TextBox ID="tb_SearchWord" runat="server"
   meta:resourcekey="tb_SearchWordResource1" Width="116px"></asp:TextBox>
            <asp:Button ID="btn_Search" runat="server" meta:resourcekey="btn_SearchResource1"
   OnClick="btn_Search_Click" /></td>
    </tr>
</table>
```

搜索控件程序代码主要实现关键字的输入和提交。用户点击提交按钮将触发事件 btn_Search_Click，该事件将获取关键字信息并传递参数到宿主页。

搜索控件 PostSearch.ascx 程序代码如下：

```
protected void btn_Search_Click(object sender, EventArgs e)
{
    string url = Request.Url.ToString();//获取请求页地址
    if (url.IndexOf('?') > 0)
    {
        if (url.IndexOf("?Search=") > 0)
            Response.Redirect(url.Remove(url.LastIndexOf('?')) + "?Search=" +
            this.tb_SearchWord.Text);//构造并定向查询地址
        else if (url.IndexOf("&Search=") > 0)
            Response.Redirect(url.Remove(url.LastIndexOf('&')) + "&Search=" +
            this.tb_SearchWord.Text); //构造并定向查询地址
        else
            Response.Redirect(url + "&Search=" + this.tb_SearchWord.Text); }
    else
    {
        Response.Redirect(url + "?Search=" + this.tb_SearchWord.Text);
    }
}
```

搜索控件 PostSearch.ascx 的具体实现代码可以参考代码包"第 15 章\BLOG\BLOG WEB\"文件。

3．帖子列表控件

帖子列表控件名称为 PostsList.ascx，主要作用是显示所有帖子的标题及其相关状态信息，如发帖用户名、评论数、点击数等。该控件主要使用在博客列表页 Blog.aspx 中。

帖子列表控件 PostsList.ascx 的设计界面如图 15-11 所示。

帖子列表控件主要使用 GridView 显示博客文章标题、发布人、评论数等信息。当用户点击标题链接则会导航到相应的文章详细页 Posts.aspx。

表格控件 GridView 在该页中通过模板项 ItemTemplate 实现自定义显示形式。每一个标题右下部将显示对应的帖子状态信息。

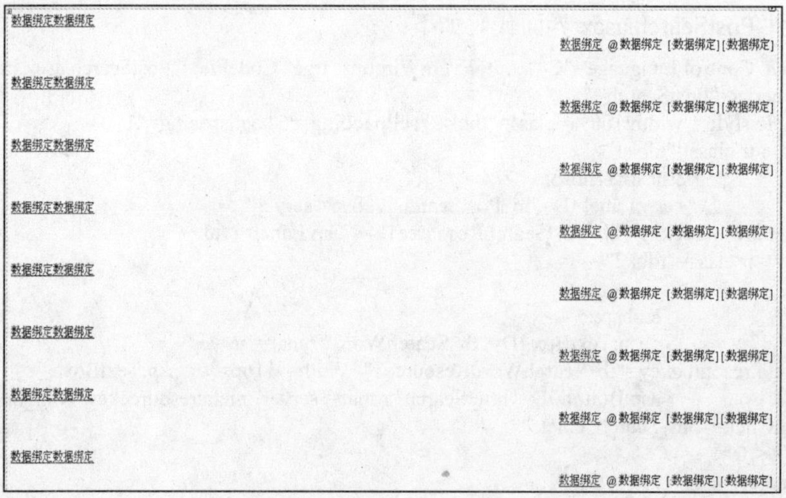

图 15-11 帖子列表控件

数据绑定时需要判断帖子是不是置顶的。当帖子置顶字段 PropertySetStick 第 1 个元素为 1 并且分类字段 PostCategoryID 为空，则表示该帖为首页置顶帖。

当帖子置顶字段 PropertySetStick 第 2 个元素为 1 并且分类字段 PostCategoryID 不为空，则表示该帖为分类置顶帖。

帖子列表控件 PostsList.ascx 界面代码如下：

```
<%@ Control Language="C#" AutoEventWireup="true" CodeFile="PostsList.ascx.cs" Inherits="PostsList" %>
    <asp:GridView ID="gv_PostLists" runat="server" AutoGenerateColumns="False" AllowPaging="True"
        Width="100%" ShowHeader="False" EnableTheming="False" BorderWidth="0px"
        OnPageIndexChanging="gv_PostLists_PageIndexChanging"
meta:resourcekey="gv_PostListsResource1">
    <Columns>
        <asp:TemplateField meta:resourcekey="TemplateFieldResource1">
            <ItemTemplate>
                <table width="100%" class="tbbk2" cellpadding="5" cellspacing="1" >
                    <tr class="tdbk2"><td><a
                        href="Posts.aspx?UserID=<%=Request.QueryString["UserID"]%>
&PostID=<%# Eval("PostID") %>"><%#
                        (Eval("PropertySetStick").ToString()[0].ToString() == "1" &&
                        Request.QueryString["PostCategoryID"] == null) ||
                        (Eval("PropertySetStick").ToString()[1].ToString() == "1" &&
                        Request.QueryString["PostCategoryID"] != null) ? "[TOP] " : ""%><%#
                        Eval("PostTitle") %></a></td></tr>
                    <tr class="tdbk3"><td align="right"><a href='mailto:<%#
Eval("UserEmail") %>'><%# Eval("UserName") %></a> @ <%# Eval("PostCreateTime") %>
[<asp:Label
                        runat="server" ID="Comments" meta:resourcekey="CommentsResource1"></asp:Label>:<%#
                            Eval("PostCOmments") %>] [<asp:Label runat="server" ID="Click"
                            meta:resourcekey="ClickResource1"></asp:Label>:<%#  Eval("PostClick")  %>]</td>
</tr>
                </table>
                <br/>
            </ItemTemplate>
        </asp:TemplateField>
    </Columns>
```

```
            <PagerStyle HorizontalAlign="Right" CssClass="tdbk4"/>
        </asp:GridView>
```

帖子列表控件程序代码主要实现帖子信息的获取和显示。数据获取和显示的方法名称为 SetBind()。该方法首先根据用户 ID 获取博客初始化设置信息，如分页显示数、分类显示数等。获取配置信息将作为属性值赋予表格控件 GridView 的分页属性。

其次 SetBind 方法还将循环检查字段 PropertyShowToPublic，当值为 0 则表明该帖属于隐藏帖，不显示在首页。最后将处理过的数据源绑定到表格控件 gv_PostLists 并显示给用户。

帖子列表控件 PostsList.ascx 主要程序代码如下：

```csharp
private void SetBind()//数据绑定方法
{
    DataAccess da = new DataAccess();
    DataRow dr = da.GetUserConfiguration(WebHelper.GetCurrentAccount());//获取配置信息源
    int iHomepagePostsNumber = 10;
    if (dr != null)
    {
        iHomepagePostsNumber = Convert.ToInt32(dr["HomepagePostsNumber"]);//获取文章数
    }
    int iCategoryPostNumber = 10;
    if (dr != null)
    {
        iCategoryPostNumber = Convert.ToInt32(dr["CategoryPostsNumber"]);//获取分类数
    }
    string PostCategoryID = Request.QueryString["PostCategoryID"] == null ? "" : Request.QueryString["PostCategoryID"];
    if (PostCategoryID=="")
        this.gv_PostLists.PageSize = iHomepagePostsNumber;//设置文章数
    else
        this.gv_PostLists.PageSize = iCategoryPostNumber;
    string Archive = Request.QueryString["Archive"] == null ? "" : Request.QueryString["Archive"];
    string Search = Request.QueryString["Search"] == null ? "" : Request.QueryString["Search"];
    DataTable dt = da.GetPostList(WebHelper.GetCurrentAccount(), "", PostCategoryID, Archive, Search);
    foreach (DataRow drr in dt.Rows)//循环查找并删除非公开文章
    {
        if (drr["PropertyShowToPublic"].ToString()[1].ToString() == "0")
            drr.Delete();
    }
    this.gv_PostLists.DataSource = dt;
    this.gv_PostLists.DataBind();//绑定数据
}
protected void gv_PostLists_PageIndexChanging(object sender, GridViewPageEventArgs e)
{
    this.gv_PostLists.PageIndex = e.NewPageIndex;//获取新分页索引
    SetBind();
}
```

帖子列表控件 PostsList.ascx 的具体实现代码可以参考代码包 "第 15 章\BLOG\BLOGWEB \" 文件。

4．用户信息控件

用户信息控件名称为 MyInfo.ascx，主要作用是显示用户详细个人信息，如用户名、

MSN 邮件、工作职位等。该控件主要使用在博客列表页 Blog.aspx 中。

用户信息控件 MyInfo.ascx 的设计界面如图 15-12 所示。

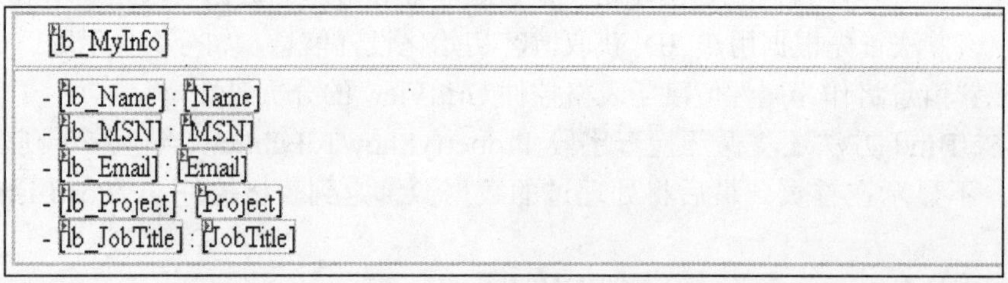
[lb_MyInfo]
- [lb_Name] : [Name]
- [lb_MSN] : [MSN]
- [lb_Email] : [Email]
- [lb_Project] : [Project]
- [lb_JobTitle] : [JobTitle]

图 15-12　用户信息控件

用户信息控件主要使用标签控件 label 显示博客主人的个人信息。用户信息控件 MyInfo.ascx 界面代码如下：

```
<%@ Control Language="C#" AutoEventWireup="true" CodeFile="MyInfo.ascx.cs" Inherits="MyInfo"
%>
<table style="width:100%" class="tbbk1" cellpadding="5" cellspacing="1" >
    <tr class="tdbk1">
        <asp:Label ID="lb_MyInfo" runat="server"
meta:resourcekey="lb_MyInfoResource1"></asp:Label></td>
    <tr class="tdbk2">
        <td>- <asp:Label ID="lb_Name" runat="server" meta:resourcekey="lb_NameResource1">
</asp:La zbel>
        <asp:Label ID="Name" runat="server" meta:resourcekey="NameResource2"></asp:Label>
<br/>
          
        - <asp:Label ID="lb_MSN" runat="server" meta:resourcekey="lb_MSNResource1"></asp:Lab
el>
        <asp:Label ID="MSN" runat="server" meta:resourcekey="MSNResource2"></asp:Label><br/>
          
        - <asp:Label ID="lb_Email" runat="server" meta:resourcekey="lb_EmailResource1"></asp:Lab
el>
        <asp:Label ID="Email" runat="server" meta:resourcekey="EmailResource2"></asp:Label><br />
          
        <asp:Label ID="lb_Project" runat="server"meta:resourcekey="lb_ProjectResource1"></asp:Lab
el>
        <asp:Label ID="Project" runat="server" meta:resourcekey="ProjectResource2"></asp:Label><br />
           -
        <asp:Label ID="lb_JobTitle" runat="server"meta:resourcekey="lb_JobTitleResource1"></asp:Lab
el>
        <asp:Label ID="JobTitle" runat="server" meta:resourcekey="JobTitleResource2"></asp:Label></td >
</table>
```

用户信息控件程序代码主要实现博客主人信息的获取和显示。数据获取和显示都在 Page_Load 事件完成。

该事件通过调用数据访问层方法 GetUserInfoByAccount 得到具体的个人数据，并按照字段把相应的数据赋值给标签控件。

用户信息控件 MyInfo.ascx 主要程序代码如下：

```
using BLOGBLL;
using BLOGDAL;
public partial class MyInfo : System.Web.UI.UserControl
{   protected void Page_Load(object sender, EventArgs e)
```

```
            if (!IsPostBack)
            {
                DataAccess da = new DataAccess();//创建数据库实例
                DataRow dr = da.GetUserInfoByAccount(WebHelper.GetCurrentAccount());
                if (dr != null)
                {
                    this.Name.Text = dr["UserName"].ToString();//用户名
                    this.MSN.Text = dr["UserMSN"].ToString();//msn 地址
                    this.Email.Text = "<a href='mailto:'" + dr["UserEmail"].ToString() + "'>" +
dr["UserEmail"].ToString() + "</a>";//邮件
                    this.Project.Text = dr["UserProject"].ToString();//工作类型和团队
                    this.JobTitle.Text = dr["UserJobTitle"].ToString();//工作名称
                }
            }
        }
```

用户信息控件 MyInfo.ascx 的具体实现代码可以参考代码包"第 15 章\BLOG\BLOGWEB \"文件。

5. 热点帖显示控件

热点帖显示控件名称为 HotPosts.ascx，主要作用是显示热点帖。热点帖的选择原则是根据其在过去 24h 内被用户点击的次数从高到低排列。

热点帖显示控件只显示帖子的标题信息，当访客点击标题则跳转到帖子详细页 Posts.aspx。该控件使用在博客首页 Default.aspx 中。

热点帖显示控件 HotPosts.ascx 的设计界面如图 15-13 所示。

```
[lb_HotPostsList]
 • 数据绑定（数据绑定）
 • 数据绑定（数据绑定）
 • 数据绑定（数据绑定）
 • 数据绑定（数据绑定）
 • 数据绑定（数据绑定）
```

图 15-13　热点帖显示控件

热点帖显示控件主要使用 Repeater 控件逐一显示每篇帖子的标题和地址。热点帖显示控件 HotPosts.ascx 界面代码如下：

```
<%@ Control Language="C#" AutoEventWireup="true" CodeFile="HotPosts.ascx.cs" Inherits="HotPosts" %>
<table style="width:100%" class="tbbk1" cellpadding="5" cellspacing="1" >
    <tr class="tdbk1"><td>
        <asp:Label ID="lb_HotPostsList" runat="server"
            meta:resourcekey="lb_HotPostsListResource1"></asp:Label></td>
    <tr class="tdbk2">
        <td align="left">
            <asp:Repeater ID="rpt_HostPostsList" runat="server">
                <ItemTemplate>
                       &middot;<a href="Posts.aspx?UserID=<%#
Eval("PostUserID") %>&PostID=<%# Eval("PostID") %>"><%# Eval("PostTitle")
%> (<%#
```

```
                    Eval("PostClick") %>)</a><br>
                </ItemTemplate>
            </asp:Repeater>
        </td>
    </tr>
</table>
```

热点帖显示控件程序代码主要实现热门帖数据的获取和绑定。Page_Load 事件通过调用数据访问层方法 GetHotPostsList 得到所有热门帖数据，并将其绑定到 Repeater 控件。

热点帖显示控件 HotPosts.ascx 主要程序代码如下：

```
using BLOGBLL;
using BLOGDAL;
public partial class HotPosts : System.Web.UI.UserControl
{
    protected void Page_Load(object sender, EventArgs e)
    {
        if (!Page.IsPostBack)
        {
            DataAccess da = new DataAccess();//创建数据库实例
            this.rpt_HostPostsList.DataSource = da.GetHotPostsList(10);//获取10条热点文章
            this.rpt_HostPostsList.DataBind();
        }
    }
}
```

热点帖显示控件 HotPosts.ascx 的具体实现代码可以参考配套代码包"第 15 章\BLOG\BLOGWEB \"文件。

15.4.4 系统母版页

系统母版页名称为 MyBlog.master，主要作用是规范页面布局和风格。界面的上部将显示该博客的标题和副标题，中部预留为自定义区域，下部则包括版权等信息。

系统母版页的设计界面如图 15-14 所示。

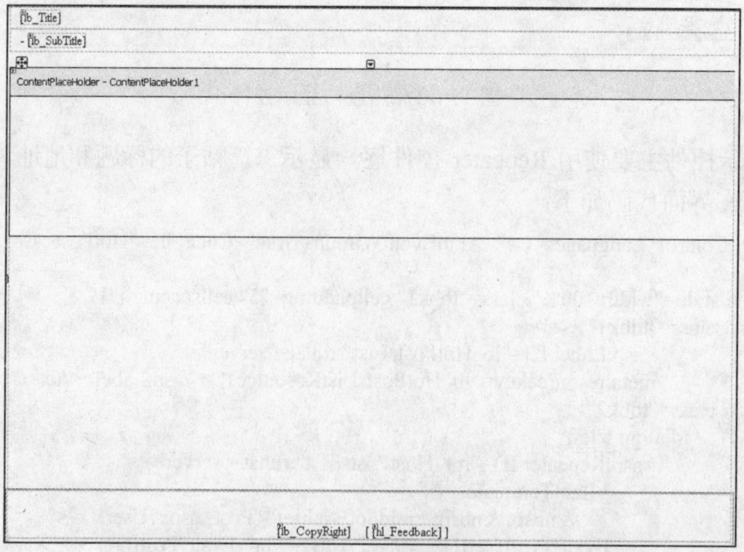

图 15-14 系统母版页

系统母版页主要使用表格定位页面的布局。在上部包括两个标签控件，分别显示博客的主标题和副标题。中部的自定义区域则使用占位控件 ContentPlaceHolder。

系统母版页使用的样式表名称为 css.css，该样式表定义了表格的颜色、字体和背景等信息。

系统母版页 MyBlog.master 界面代码如下：

```
<%@ Master Language="C#" AutoEventWireup="true" CodeFile="MyBlog.master.cs" Inherits="MyBlog" %>
<!DOCTYPE html PUBLIC "-//W3C//DTD XHTML 1.0 Transitional//EN" "http://www.w3.org/TR/xhtml1/DTD/xhtml1-transitional.dtd">
<html xmlns="http://www.w3.org/1999/xhtml" >
<head runat="server">
<title>无标题页</title>
</head>
<body>
    <form id="form1" runat="server">
    <table border="0" cellpadding="5" cellspacing="0" style="width: 950px;" align="center" class="tbbk 1">
        <tr class="tdbk1"><td>
            <asp:Label ID="lb_Title" runat="server" meta:resourcekey="lb_TitleResource1"></asp:Label></td></tr>
        <tr class="tdbk2">
            <asp:Label ID="lb_SubTitle" runat="server" meta:resourcekey="lb_SubTitleResource1"></asp:Label></td>
    </tr></table><br />
    <table border="0" cellpadding="0" cellspacing="0" style="width: 950px; height: 100%" align="center">
        <td valign="top" style="height: 3px">
            <asp:ContentPlaceHolder ID="ContentPlaceHolder1" runat="server">
            </asp:ContentPlaceHolder>
        <tr style="width: 100%; height: 20px">
        <td style="height: 6px"><br />
        <table style="width:100%" cellpadding="2" cellspacing="1" >
    <tr class="tdbk4">
    <td align="center">
        <asp:Label ID="lb_CopyRight" runat="server" meta:resourcekey="lb_CopyRightResource1"></asp:Label>
            [
        <asp:HyperLink ID="hl_Feedback" runat="server" meta:resourcekey="hl_FeedbackResource1"
            NavigateUrl=""></asp:HyperLink><a href="mailto:Zhu Ye"></a> ]</td></table>
        </td></tr>
        </table>
    </form>
</body>
</html>
```

系统母版页程序代码主要实现用户身份验证和博客信息显示。用户身份验证功能在 Page_Load 事件执行，对于未登录用户则重新获取用户机器号并查询博客配置信息，对于已登录用户则直接查询博客配置信息。查询博客配置信息是通过调用数据访问层的方法 GetUserConfiguration 实现的，该方法将通过用户账号获取博客主标题 BlogTitle 和副标题 BlogSubTitle 等字段信息。假如获取当前用户信息失败，则页面将重新定位到博客首页 Default.aspx。

系统母版页 MyBlog.master 主要程序代码如下：

```
using BLOGBLL;
using BLOGDAL;
public partial class MyBlog : System.Web.UI.MasterPage
```

```csharp
{
    protected void Page_Load(object sender, EventArgs e)
    {
        if (!Page.IsPostBack)
        {
            DataAccess da = new DataAccess();//创建数据库实例
            string UserID = Request.QueryString["UserID"] == null ? "" : Request.QueryString["UserID"];
            //获取用户编号
            Security s = new Security();//创建安全实例
            if (UserID == "")
            {
                if (!s.IsRegistered(WebHelper.GetPcAccount()))//判断用户是否注册
                {   //执行注册页
                    WebHelper.AlertAndRedirect(Resources.Resource.PleaseRegisterFirst, "Reg.as px");
                }
                else
                {
                    DataRow dr = da.GetUserConfiguration(WebHelper.GetPcAccount());//获取用
                                                                                 //户信息
                    if (dr != null)
                    {
                        this.lb_Title.Text = dr["BlogTitle"].ToString();//博客标题
                        this.lb_SubTitle.Text = dr["BlogSubTitle"].ToString();//子标题
                    }
                }
            }
            else
            {
                da.PageClick(UserID);
                DataRow dr1 = da.GetUserInfoByID(UserID);//获取用户信息
                if(dr1 != null)
                {
                    DataRow dr2 = da.GetUserConfiguration(dr1["UserAccount"].ToString());//获
                                                                                        //取用户信息
                    if (dr2 != null)
                    {
                        this.lb_Title.Text = dr2["BlogTitle"].ToString();
                        this.lb_SubTitle.Text = dr2["BlogSubTitle"].ToString();
                    }
                    else
                    {
                        WebHelper.AlertAndRedirect(Resources.Resource.URLError, "Default.aspx");
                    }
                }
            }
        }
    }
```

系统母版页 MyBlog.master 的具体实现代码可以参考配套代码包"第 15 章\BLOG\BLOGWEB \"文件。

15.4.5 普通功能页

博客系统的普通功能页是提供给用户进行人机交互使用的,涉及的用户自定义控件、母版页、页面控件等都将在这些功能页进行注册和组装。

本小节将重点介绍普通功能页的设计方法。读者在掌握这些功能页的设计方法后会更容易理解整个系统的设计原理。

本小节将介绍的功能页见表 15-12。

表 15-12　主要功能页

Default.aspx	系统首页
Blog.aspx	用户博客页
NewPost.aspx	新帖发表页
Posts.aspx	帖子详细信息显示页
Configure.aspx	配置菜单页
ConfigureBlog.aspx	用户博客配置页
ManageCategory.aspx	分类管理页
ManagePost.aspx	帖子管理页
ModiInfo.aspx	用户信息修改页

1．系统首页

系统首页为 Default.aspx，主要作用是汇集展示博客各个栏目的最新信息。包括的栏目有：博客总分类、用户搜索、访问统计、热门帖展示、最近更新的博客和博客排行。

系统首页在页面布局上分为左右两块，左边显示各栏目信息，右边显示最新帖子信息。

系统首页 Default.aspx 的设计界面如图 15-15 所示。

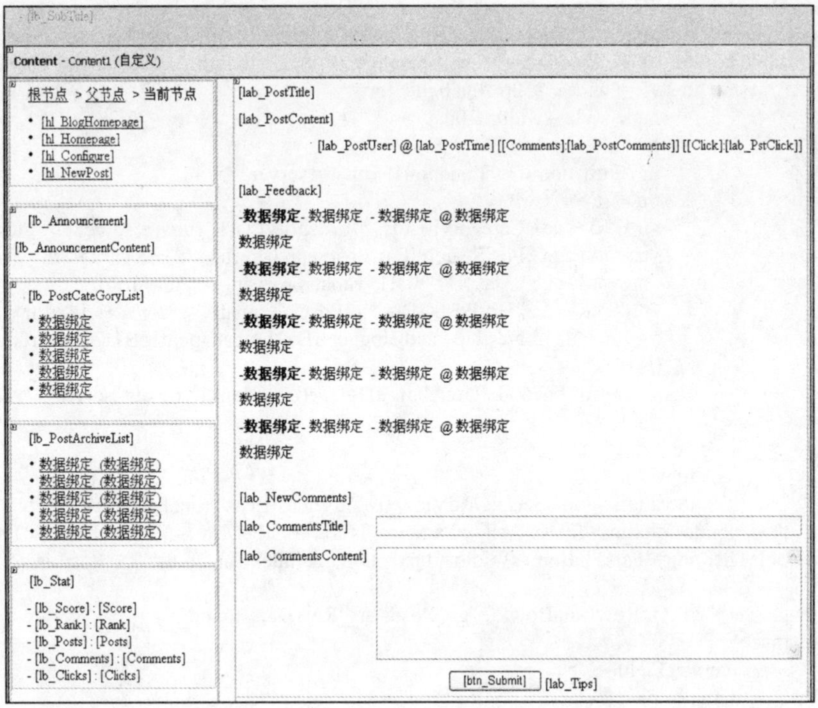

图 15-15　系统首页

系统首页是系统主要功能和信息的汇集页，所以其中包括了大部分的用户自定义控件。在系统首页中注册并使用的用户自定义控件见表 15-13。

表 15-13 首页的用户自定义控件

控件	说明
Function.ascx	功能导航显示控件
GetUserRank.ascx	用户等级控件
LatestUpdatedBlogger.ascx	最近更新博客显示控件
HotPosts.ascx	热帖显示控件
PostSearch.ascx	搜索控件
CategoryList.ascx	总分类显示控件
Stat.ascx	用户个人信息显示控件

系统首页界面在母版的基础上设计，其中的内容控件 Content 被划分为左右两个区域。左边包括用户自定义控件，右边通过表格控件 GridView 显示帖子信息。

系统首页 Default.aspx 界面代码如下：

```
<%@ Page Language="C#" MasterPageFile="~/TopAndBottom.master" AutoEventWireup="true"
 CodeFile="Default.aspx.cs" Inherits="_Default" Title="Untitled Page" Culture="auto"
 meta:resourcekey="PageResource1" UICulture="auto" %>
<%@ Register Src="Function.ascx" TagName="Function" TagPrefix="uc7" %>
<%@ Register Src="GetUserRank.ascx" TagName="GetUserRank" TagPrefix="uc6" %>
<%@ Register Src="LatestUpdatedBlogger.ascx" TagName="LatestUpdatedBlogger" TagPrefix="uc5" %>
<%@ Register Src="HotPosts.ascx" TagName="HotPosts" TagPrefix="uc4" %>
<%@ Register Src="Stat.ascx" TagName="Stat" TagPrefix="uc3" %>
<%@ Register Src="PostSearch.ascx" TagName="PostSearch" TagPrefix="uc2" %>
<%@ Register Src="CategoryList.ascx" TagName="CategoryList" TagPrefix="uc1" %>
<asp:Content ID="Content1" ContentPlaceHolderID="ContentPlaceHolder1" Runat="Server">
    <table border="0" cellpadding="0" cellspacing="0" style="width: 100%; height: 100%">
        <tr><td style="width: 250px" valign="top">
            <table style="width: 100%">
            <tr><td>
            <uc7:Function ID="Function1" runat="server" />
            </td></tr>
             <tr><td><uc1:CategoryList ID="CategoryList1" runat="server" /></td></tr>
              <tr><td><uc2:PostSearch ID="PostSearch1" runat="server" /></td></tr>
               <tr><td><uc3:Stat ID="Stat1" runat="server" /></td></tr>
                <tr><td><uc4:HotPosts ID="HotPosts1" runat="server" /></td></tr>
                 <tr><td><uc5:LatestUpdatedBlogger ID="LatestUpdatedBlogger1" runat="server" /></td></tr>
                  <tr><td><uc6:GetUserRank ID="GetUserRank1" runat="server" /></td></tr>
            </table>
        </td>
        <td width="20"></td>
        <td valign="top"><asp:GridView ID="gv_PostLists" runat="server"
       AutoGenerateColumns="False" AllowPaging="True" Width="100%" ShowHeader="False"
       EnableTheming="False" BorderWidth="0px" OnPageIndexChanging="gv_PostLists_PageIndexChanging"
       PageSize="20" OnRowDataBound="gv_PostLists_RowDataBound">
    <Columns>
        <asp:TemplateField>
            <ItemTemplate>
                <table width="100%" class="tbbk2" cellpadding="5" cellspacing="1">
                    <tr class="tdbk2"><td><a href="Posts.aspx?UserID=<%#
```

```
                    Eval("PostUserID") %>&PostID=<%# Eval("PostID") %>"><%# Eval("PostTitle") %></a></td></tr>
                       <tr class="tdbk3"><td align="right"><%# Eval("UserName") %> @ <%#
                            Eval("PostCreateTime") %> [<asp:Label runat="server" ID="Comments"
                    meta:resourcekey="CommentsResource1"></asp:Label>:<%# Eval("PostCOmments") %>]
[<asp:Label runat="server" ID="Click" meta:resourcekey="ClickResource1"></asp:Label>:<%#
                       Eval("PostClick") %>]</td></tr>
                    </table>
                    <br/>
                 </ItemTemplate>
              </asp:TemplateField>
           </Columns>
              <PagerStyle HorizontalAlign="Right" CssClass="tdbk4"/>
        </asp:GridView></td></tr>
           </table>
</asp:Content>
```

系统首页程序代码主要实现博客帖子信息的获取、绑定和显示。页面的 Page_Load 事件调用绑定方法 SetBind，该方法通过博客分类编号 BlogCategoryID 获取相应的帖子数据并提供表格控件 gv_PostLists 显示给用户。

系统首页 Default.aspx 程序代码如下：

```
using BLOGBLL;
using BLOGDAL;
public partial class _Default : System.Web.UI.Page
{
    protected void Page_Load(object sender, EventArgs e)
    {
        if (!IsPostBack)
        {
            SetBind();//绑定数据
        }
    }
    private void SetBind()
    {
        DataAccess da = new DataAccess();//创建数据库实例
        string BlogCategoryID = Request.QueryString["BlogCategoryID"] == null ? "" : Request.QueryString["BlogCategoryID"];//判断博客分类编号是否为空
        string Search = Request.QueryString["Search"] == null ? "" : Request.QueryString["Search"];
        DataTable dt = da.GetPostList("", BlogCategoryID, "", "", Search);//获取博客分类信息
        foreach(DataRow dr in dt.Rows)
        {
            if(dr["PropertyShowToPublic"].ToString()[0].ToString()=="0")//删除其中的隐藏信息
                dr.Delete();
        }
        this.gv_PostLists.DataSource = dt;
        this.gv_PostLists.DataBind();//绑定显示数据
    }
    protected void gv_PostLists_PageIndexChanging(object sender, GridViewPageEventArgs e)
    {
        this.gv_PostLists.PageIndex = e.NewPageIndex;//获取分页索引
        SetBind();//数据绑定
    }
}
```

系统首页 Default.aspx 的具体实现代码可以参考代码包"第 15 章\BLOG\BLOG WEB \"文件。

2. 用户博客页

用户博客首页为 Blog.aspx，该页将显示指定用户的博客信息。包括的栏目有：博客管理、公告信息、博主个人信息、用户博客分类、搜索、热门帖、热门回复。

用户博客首页的页面布局分为左右两块，左边显示各栏目信息，右边显示博主发表的帖子信息。

用户博客首页 Blog.aspx 的设计界面如图 15-16 所示。

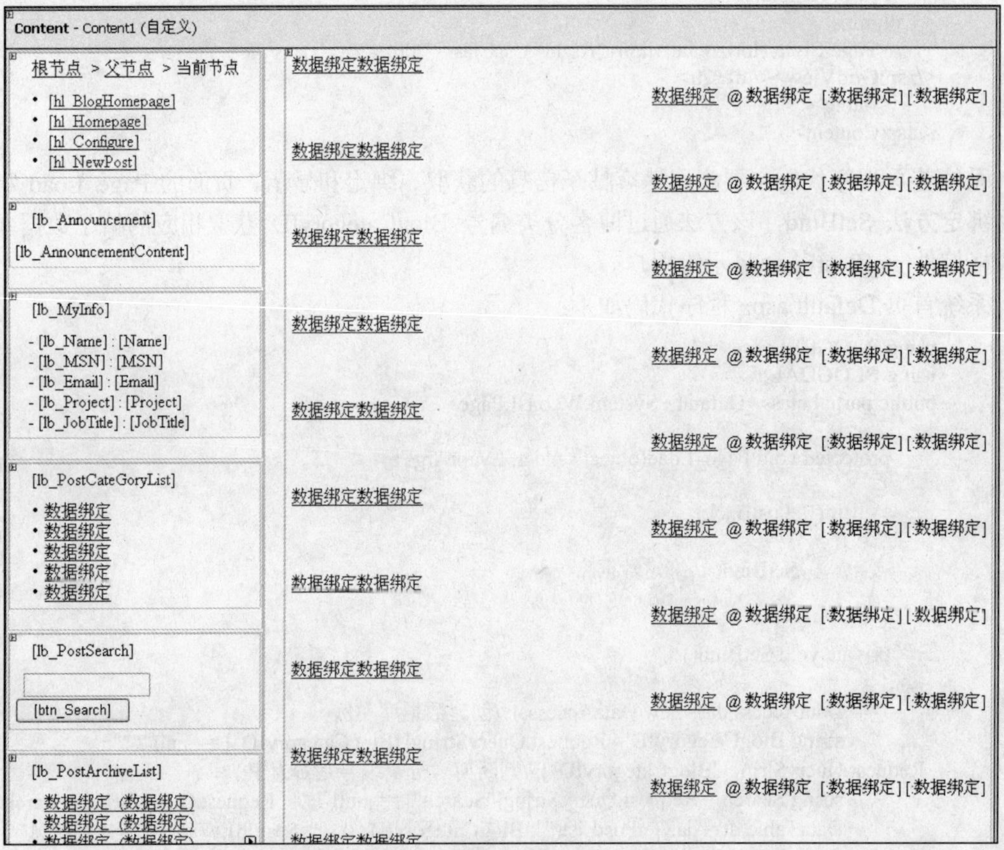

图 15-16 用户博客首页

用户博客首页是用户博客信息汇总的页面，涉及的博主帖子、博主个人信息、公告、分类、热门帖等栏目都调用用户自定义控件。

用户博客首页中注册并使用的用户自定义控件见表 15-14。

表 15-14 用户博客首页的自定义控件

MyInfo.ascx	博主个人信息显示控件
PostSearch.ascx	搜索控件
PostsList.ascx	博主帖子列表控件
HotClickPosts.ascx	热帖显示控件
HotCommentsPost.ascx	热评显示控件

(续)

LatestComments.ascx	最新评论显示控件
MyStat.ascx	用户博客访问统计控件
PostArchive.ascx	旧帖归档显示控件
MyCategory.ascx	用户博客分类控件
BlogAnnouncement.ascx	博客公告显示控件
MyBlogFunction.ascx	博客菜单显示控件

用户博客首页界面在母版页的基础上设计，其中的内容控件 Content 被划分为左右两个区域。左边包括各个栏目的用户自定义控件，右边则通过博主帖子列表控件 PostsList.ascx 显示帖子信息。

用户博客首页 Blog.aspx 界面代码如下：

```
<%@ Page Language="C#" MasterPageFile="~/MyBlog.master" AutoEventWireup="true"
 CodeFile="Blog.aspx.cs" Inherits="Blog" Title="Untitled Page" Culture="auto"
 meta:resourcekey="PageResource1" UICulture="auto" %>
<%@ Register Src="MyInfo.ascx" TagName="MyInfo" TagPrefix="uc11" %>
<%@ Register Src="PostSearch.ascx" TagName="PostSearch" TagPrefix="uc10" %>
<%@ Register Src="PostsList.ascx" TagName="PostsList" TagPrefix="uc9" %>
<%@ Register Src="HotClickPosts.ascx" TagName="HotClickPosts" TagPrefix="uc8" %>
<%@ Register Src="HotCommentsPost.ascx" TagName="HotCommentsPost" TagPrefix="uc7" %>
<%@ Register Src="LatestComments.ascx" TagName="LatestComments" TagPrefix="uc6" %>
<%@ Register Src="MyStat.ascx" TagName="MyStat" TagPrefix="uc5" %>
<%@ Register Src="PostArchive.ascx" TagName="PostArchive" TagPrefix="uc4" %>
<%@ Register Src="MyCategory.ascx" TagName="MyCategory" TagPrefix="uc3" %>
<%@ Register Src="BlogAnnouncement.ascx" TagName="BlogAnnouncement" TagPrefix="uc2" %>
<%@ Register Src="MyBlogFunction.ascx" TagName="MyBlogFunction" TagPrefix="uc1" %>
<asp:Content ID="Content1" ContentPlaceHolderID="ContentPlaceHolder1" Runat="Server">
    <table border="0" cellpadding="0" cellspacing="0" style="width: 950px; height: 100%" align="center"><tr>
        <td style="width: 250px;" valign="top">
        <table style="width: 100%">
        <tr><td style="width: 247px">
            <uc1:MyBlogFunction ID="MyBlogFunction1" runat="server" />
        </td></tr>
        <tr><td style="width: 247px">
            <uc2:BlogAnnouncement ID="BlogAnnouncement1" runat="server" />
        </td></tr>
        <tr><td style="width: 247px">
            <uc11:MyInfo ID="MyInfo1" runat="server" />
        </td></tr>
        <tr><td style="width: 247px">
            <uc3:MyCategory ID="MyCategory1" runat="server" />
        </td></tr>
        <tr><td style="width: 247px">
            <uc10:PostSearch ID="PostSearch1" runat="server"/>
        </td></tr>
        <tr><td style="width: 247px">
            <uc4:PostArchive ID="PostArchive1" runat="server" />
        </td></tr>
        <tr><td style="width: 247px">
            <uc5:MyStat id="MyStat1" runat="server">
            </uc5:MyStat></td></tr>
        <tr><td style="width: 247px">
```

```
                    <uc6:LatestComments ID="LatestComments1" runat="server" />
                </td></tr>
            <tr><td style="width: 247px"> <uc8:HotClickPosts id="HotClickPosts1" runat="server">
                    </uc8:HotClickPosts>
                </td></tr>
            <tr><td style="width: 247px">
                    <uc7:HotCommentsPost ID="HotCommentsPost1" runat="server" />
                </td></tr>
        </table> </td>
        <td width="20">
             </td>
        <td valign="top">
            <uc9:PostsList ID="PostsList1" runat="server" />
        </td>
    </tr>
</table>
</asp:Content>
```

用户博客首页 Blog.aspx 的具体实现代码可以参考代码包"第 15 章\BLOG\BLOG WEB \"文件。

3．新帖发表页

新帖发表页为 NewPost.aspx，该页为博主提供发表新帖子和更新帖子所需的全部功能。包括的元素有：帖子标题、内容编辑、帖子分类、帖子是否显示于首页、帖子是否可以匿名评论、帖子是否置顶。

新帖发表页的页面布局分为左右两块，左边显示导航菜单，右边显示帖子编辑区域。

新帖发表页 NewPost.aspx 的设计界面如图 15-17 所示。

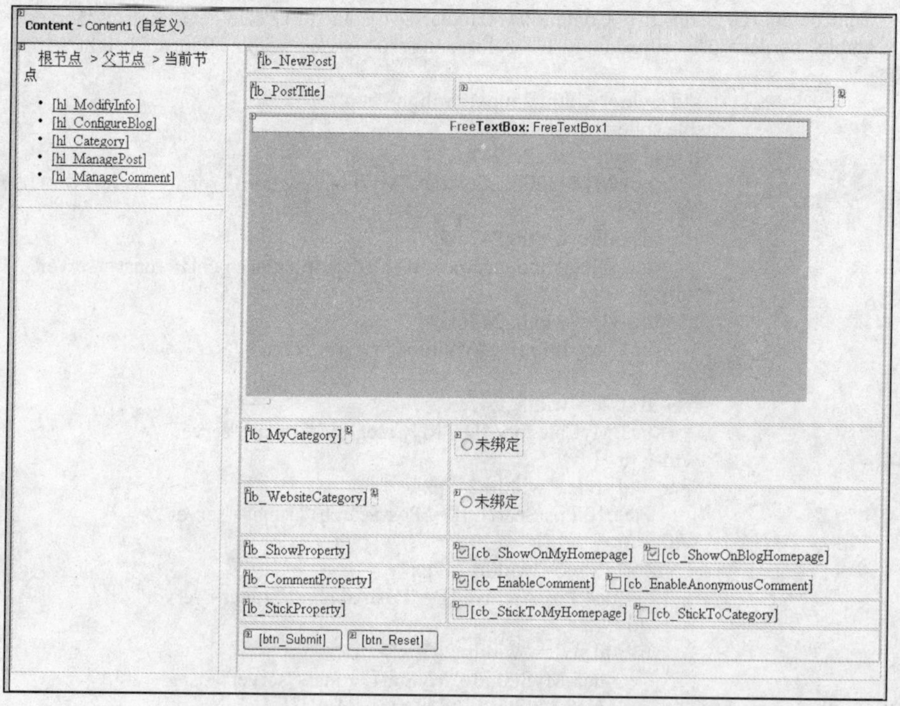

图 15-17　新帖发表页

新帖发表页界面在母版的基础上设计，其中的内容控件 Content 被划分为左右两个区域。左边包括导航菜单控件 MyBlogFunction.ascx，右边则通过文本控件 TextBox 实现帖子标题添加，通过编辑控件 FreeTextBox 实现帖子内容编辑，通过 6 个单选控件 CheckBox 实现帖子是否显示于首页、帖子是否可以匿名评论、帖子是否置顶，底部是提交与重置按钮。

新帖发表页 NewPost.aspx 界面代码如下：

```
<%@ Page Language="C#" MasterPageFile="~/MyBlog.master" AutoEventWireup="true"
 CodeFile="NewPost.aspx.cs" Inherits="NewPost" Title="Untitled Page" Culture="auto"
 meta:resourcekey="PageResource1" UICulture="auto" %>
<%@ Register Assembly="FreeTextBox" Namespace="FreeTextBoxControls" TagPrefix="FTB" %>
<%@ Register Src="ConfigureMenu.ascx" TagName="ConfigureMenu" TagPrefix="uc1" %>
<asp:Content ID="Content1" ContentPlaceHolderID="ContentPlaceHolder1" Runat="Server">
<table border="0" cellpadding="0" cellspacing="0" style="width: 950px; height: 100%" align="center">
    <tr><td style="width: 260px;" valign="top">
        <table style="width: 100%" cellpadding="0" cellspacing="0" >
          <tr><td>
            <uc1:ConfigureMenu ID="ConfigureMenu1" runat="server" />
          </td></tr>
        </table></td>
        <td width="30"></td>
        <td><table style="width:700px" class="tbbk1" cellpadding="5" cellspacing="1" >
          <tr class="tdbk1"><td colspan="2">
             
            <asp:Label ID="lb_NewPost" runat="server"
              meta:resourcekey="lb_NewPostResource1" ></asp:Label></td>
          </tr><tr class="tdbk2">
            <td style="width: 218px">
              <asp:Label ID="lb_PostTitle" runat="server"
                meta:resourcekey="lb_PostTitleResource1"></asp:Label></td><td >
              <asp:TextBox ID="tb_PostTitle" runat="server" Width="400px"
                meta:resourcekey="tb_PostTitleResource1"></asp:TextBox>
              <asp:RequiredFieldValidator ID="RequiredFieldValidator1" runat="server"
                ControlToValidate="tb_PostTitle"ErrorMessage="*"
                meta:resourcekey="RequiredFieldValidator1Resource1"
                SetFocusOnError="True"></asp:RequiredFieldValidator></td>
          </tr> <tr class="tdbk2">
            <td colspan="2">
              <FTB:FreeTextBox                                              ID="FreeTextBox1"
                runat="server"ButtonPath="images/ftb/office2003/">
              </FTB:FreeTextBox>
            </td></tr>
          <tr class="tdbk2">
            <td valign="top" style="width: 218px; height: 55px;">
              <asp:Label ID="lb_MyCategory" runat="server"
                meta:resourcekey="lb_MyCategoryResource1"></asp:Label>
              <asp:RequiredFieldValidator ID="RequiredFieldValidator2" runat="server"
                ControlToValidate="rbl_MyCategory"
                ErrorMessage="*"></asp:RequiredFieldValidator></td><td style="height: 55px">
              <asp:RadioButtonList ID="rbl_MyCategory" runat="server"
                meta:resourcekey="rbl_MyCategoryResource1">
              </asp:RadioButtonList> 
            </td></tr>
          <tr class="tdbk2">
            <td valign="top" style="width: 218px">
              <asp:Label ID="lb_WebsiteCategory" runat="server"
                meta:resourcekey="lb_WebsiteCategoryResource1"></asp:Label>
              <asp:RequiredFieldValidator ID="RequiredFieldValidator3" runat="server"
```

```
                    ControlToValidate="rbl_WebsiteCategory"
                        ErrorMessage="*"></asp:RequiredFieldValidator></td><td>
                        <asp:RadioButtonList ID="rbl_WebsiteCategory" runat="server"
                        meta:resourcekey="rbl_WebsiteCategoryResource1">
                        </asp:RadioButtonList></td></tr>
            <tr class="tdbk2">
              <td style="width: 218px">
                    <asp:Label ID="lb_ShowProperty" runat="server"
                    meta:resourcekey="lb_ShowPropertyResource1"></asp:Label></td><td>
                      <asp:CheckBox ID="cb_ShowOnMyHomepage" runat="server" Checked="True"
                      meta:resourcekey="cb_ShowOnMyHomepageResource1" />
                      <asp:CheckBox ID="cb_ShowOnBlogHomepage" runat="server" Checked="True"
                      meta:resourcekey="cb_ShowOnBlogHomepageResource1" /></td>
            </tr><tr class="tdbk2">
              <td style="width: 218px">
                    <asp:Label ID="lb_CommentProperty" runat="server"
    meta:resourcekey="lb_CommentPropertyResource1"></asp:Label></td><td>
                        <asp:CheckBox ID="cb_EnableComment" runat="server" Checked="True"
                        meta:resourcekey="cb_EnableCommentResource1" />
                        <asp:CheckBox ID="cb_EnableAnonymousComment" runat="server"
                        meta:resourcekey="cb_EnableAnonymousCommentResource1" /></td>
            </tr> <tr class="tdbk2">
              <td style="width: 218px">
                    <asp:Label ID="lb_StickProperty" runat="server"
    meta:resourcekey="lb_StickPropertyResource1"></asp:Label></td><td>
                            <asp:CheckBox ID="cb_StickToMyHomepage" runat="server"
                        meta:resourcekey="cb_StickToMyHomepageResource1" /> 
                            <asp:CheckBox ID="cb_StickToCategory" runat="server"
                        meta:resourcekey="cb_StickToCategoryResource1" /></td></tr>
             <tr class="tdbk2">
               <td colspan="2">
                    <asp:Button ID="btn_Submit" runat="server" meta:resourcekey="btn_SubmitResource1"
       OnClick="btn_Submit_Click"  />
                    <asp:Button ID="btn_Reset" runat="server" CausesValidation="False"
    meta:resourcekey="btn_ResetResource1" OnClick="btn_Reset_Click"/> 
                </td></tr>
        </table></td>
     </tr></table>
     </asp:Content>
```

新帖发表页程序代码主要实现博客帖子信息的添加、更新、分类信息的获取和绑定。页面的 Page_Load 事件实现页面信息的初始化,包括分类信息的获取和绑定、6 个单选控件 CheckBox 的预选值设定。分类信息的获取和绑定需要通过调用数据访问层方法 GetPostCategoryList,该方法的数据返回类型为 DataTable。获取的分类信息将分别绑定到分类选择控件 rbl_WebsiteCategory 和 rbl_MyCategory。代表传递参数的变量 PostID 为空则表示该页是添加模式,否则为更新模式。

当发帖页为添加模式时,初始化事件将获取相关帖子的原始信息并根据帖子编号调用数据访问层的方法 GetPostDetail,该方法获取的帖子信息将被绑定到帖子标题、内容、分类、置顶等对应控件。

假如用户无添加权限则拒绝操作并重定向到 ManagePost.aspx。

初始化事件 Page_Load 主要代码如下:

```
protected void Page_Load(object sender, EventArgs e)
{     if (!Page.IsPostBack)
```

```csharp
        {
            DataAccess da = new DataAccess();//创建数据实例
            //获取文章分类列表
            this.rbl_MyCategory.DataSource = da.GetPostCategoryList(WebHelper.GetPcAccount());
            this.rbl_MyCategory.DataTextField = "PostCategoryTitle";
            this.rbl_MyCategory.DataValueField = "PostCategoryID";
            this.rbl_MyCategory.DataBind();//绑定用户分类信息
            this.rbl_WebsiteCategory.DataSource = da.GetBlogCategoryList();//获取博客分类列表
            this.rbl_WebsiteCategory.DataTextField = "BlogCategoryTitle";//博客标题
            this.rbl_WebsiteCategory.DataValueField = "BlogCategoryID";//博客分类编号
            this.rbl_WebsiteCategory.DataBind();//绑定显示博客分类信息
            string PostID = Request.QueryString["ID"] == null ? "" : Request.QueryString["ID"];
            if (da.GetPostCategoryList(WebHelper.GetPcAccount()).Rows.Count < 1)
            {//当文章分类信息小于1，则进入分类管理页
                WebHelper.AlertAndRedirect(Resources.Resource.CreatePostCategoryFirst, "ManageCategory.aspx");
            }
            else
            {   if (PostID != "")
                {   Security s = new Security();
                    if (s.CheckAccountManagePost(WebHelper.GetPcAccount(), PostID))//检查用户身份
                    {
                        DataRow dr = da.GetPostDetail(PostID);//获取文章详细信息
                        if (dr != null)//非空
                        {   this.tb_PostTitle.Text = dr["PostTitle"].ToString();//标题
                            this.FreeTextBox1.Text= dr["PostContent"].ToString();//内容
                            this.rbl_WebsiteCategory.SelectedValue = dr["BlogCategoryiD"].ToString ();
                            this.rbl_MyCategory.SelectedValue = dr["PostCategoryID"].ToString();
                            string  sPostPropertyShowToPublic  =  dr["PropertyShowToPublic"].ToString();
                            if (sPostPropertyShowToPublic.Length == 2)
                            {this.cb_ShowOnMyHomepage.Checked = sPostPropertyShowToPublic[0].ToString() == "1" ? true : false;//是否公开
                                this.cb_ShowOnBlogHomepage.Checked = sPostPropertyShowToPublic[1].ToString() == "1" ? true : false;
                            }
                            string sPostPropertyComment = dr["PropertyComment"].ToString();
                            if (sPostPropertyComment.Length == 2){
                                this.cb_EnableComment.Checked = sPostPropertyComment[0].ToString() == "1" ? true : false;
                                this.cb_EnableAnonymousComment.Checked = sPostPropertyComment[1].ToString() == "1" ? true : false;
                            string sPostPropertyStick = dr["PropertySetStick"].ToString();
                            if (sPostPropertyStick.Length == 2){
                                this.cb_StickToMyHomepage.Checked = sPostPropertyStick[0].ToString() == "1" ? true : false;
                                this.cb_StickToCategory.Checked = sPostPropertyStick[1].ToString() == "1" ? true : false;
                            }
                        }
                    }
                    else{//拒绝访问页
                        WebHelper.AlertAndRedirect(Resources.Resource.ManagePostDenied, "ManagePost.aspx");
                    }
                }
```

        }
    }

当用户点击"提交"按钮添加和更新帖子信息时，将触发提交按钮的点击事件 btn_Submit_Click。该事件通过 6 个单选控件获取用户选择的帖子特性，包括帖子是否显示于首页、帖子是否可以匿名评论、帖子是否置顶。当用户需要该帖显示于首页或置顶则值为"1"，否则为"0"。

当帖子编号 PostID 为空，则该页为添加模式。添加帖子信息到数据库则调用数据访问层的方法 CreatePost，该方法需要传递帖子相关数据参数，包括标题、内容、分类编号和帖子特性。反之则该页为修改模式，需调用数据访问层的方法 ModifyPost，该方法需要传递更新过的帖子的相关数据参数，包括标题、内容、分类编号和帖子特性。

提交按钮的点击事件 btn_Submit_Click 主要代码如下：

```
        protected void btn_Submit_Click(object sender, EventArgs e)//提交按钮
        {    //获取用户选择状态
string sShowToPubic = "";
            sShowToPubic += this.cb_ShowOnMyHomepage.Checked ? "1":"0";//是否公开
            sShowToPubic += this.cb_ShowOnBlogHomepage.Checked ? "1":"0";
            string sComment = "";
            sComment += this.cb_EnableComment.Checked ? "1":"0";//是否接受评论
            sComment += this.cb_EnableAnonymousComment.Checked ? "1":"0";
            string sStick = "";
            sStick += this.cb_StickToMyHomepage.Checked ? "1":"0";//是否显示在首页
            sStick += this.cb_StickToCategory.Checked ? "1":"0";
            DataAccess da = new DataAccess();
            string PostID = Request.QueryString["ID"] == null ? "" : Request.QueryString["ID"];//获取文章编号
            if (PostID == "")
            {    if (da.CreatePost(
                    WebHelper.GetPcAccount(),
                    this.rbl_WebsiteCategory.SelectedValue,
                    this.rbl_MyCategory.SelectedValue,
                    WebHelper.Encode(this.tb_PostTitle.Text),
                    this.FreeTextBox1.Text,
                    sShowToPubic,
                    sComment,
                    sStick
                    ))//创建方法
                {//定位到文章管理页
                    WebHelper.AlertAndRedirect(Resources.Resource.CreatePostDone, "ManagePost.aspx");
                }
                else
                { WebHelper.AlertAndRefresh(Resources.Resource.CreatePostFailed);//定位拒绝页
                }
            }
            Else   //修改文章信息
            {    if (da.ModifyPost(
                    this.rbl_WebsiteCategory.SelectedValue,
                    this.rbl_MyCategory.SelectedValue,
                    this.tb_PostTitle.Text,
                    this.FreeTextBox1.Text,
                    sShowToPubic,
                    sComment,
                    sStick,
                    PostID
```

```
        ))
        {WebHelper.AlertAndRedirect(Resources.Resource.ModifyDone, "ManagePost.aspx");//管理页
        }
        else
        { WebHelper.AlertAndRefresh(Resources.Resource.ModifyFailed);//拒绝页
        }
    }
}}
```

新帖发表页 NewPost.aspx 的具体实现代码可以参考配套代码包"第 15 章\BLOG\BLOG WEB\"文件。

4．用户博客配置页

用户博客配置页为 ConfigureBlog.aspx，博主可在该页设置自己的博客系统样式和标题名称。包括的元素有：博客主标题、博客副标题、公告信息、CSS 样式、每页显示的帖子数即评论数。

用户博客配置页的页面布局分为左右两块，左边显示配置菜单，右边为配置信息添加区域。

用户博客配置页 ConfigureBlog.aspx 的设计界面如图 15-18 所示。

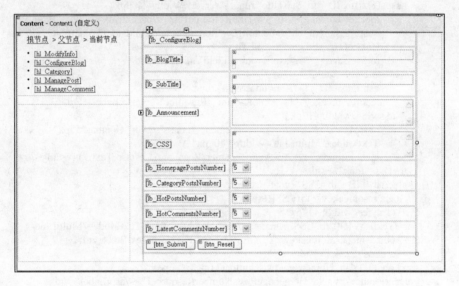

图 15-18　用户博客配置页

用户博客配置页界面在母版页的基础上设计，其中的内容控件 Content 被划分为左右两个区域。左边包括导航菜单控件 ConfigureMenu.ascx，右边则通过文本控件 TextBox 实现配置信息的填写。使用 5 个下拉选择控件 DropDownList 显示帖子数量信息，选项为固定的 4 个，分别是 5、10、15、20。

用户博客配置页 ConfigureBlog.aspx 界面代码如下：

```
<%@ Page Language="C#" MasterPageFile="~/MyBlog.master" AutoEventWireup="true"
    CodeFile="ConfigureBlog.aspx.cs" Inherits="ConfigureBlog" Title="Untitled Page"
    Culture="auto" meta:resourcekey="PageResource1" UICulture="auto" %>
<%@ Register Src="ConfigureMenu.ascx" TagName="ConfigureMenu" TagPrefix="uc1" %>
<asp:Content ID="Content1" ContentPlaceHolderID="ContentPlaceHolder1" Runat="Server">
    <table border="0" cellpadding="0" cellspacing="0" style="width: 950px; height: 100%"
```

```
                    align="center"><tr>
                        <td style="width: 250px;" valign="top">
                            <table style="width: 100%" cellpadding="0" cellspacing="0" >
                            <uc1:ConfigureMenu ID="ConfigureMenu1" runat="server" />
                            </td></tr></table></td>
                            <td width="30"></td>
                            <td><table style="width:600px" class="tbbk1" cellpadding="5" cellspacing="1" >
                            <tr class="tdbk1"><td colspan="2">
                    <asp:Label ID="lb_ConfigureBlog" runat="server"
meta:resourcekey="lb_ConfigureBlogResource1"></asp:Label></td></tr>
                    <tr class="tdbk2"><td>
                    <asp:Label ID="lb_BlogTitle" runat="server"
meta:resourcekey="lb_BlogTitleResource1"></asp:Label></td>
                            <td style="width: 417px">
                    <asp:TextBox ID="tb_BlogTitle" runat="server" Width="400px"
                            meta:resourcekey="tb_BlogTitleResource1"></asp:TextBox>
                    <asp:RequiredFieldValidator ID="RequiredFieldValidator1" runat="server"
                            ControlToValidate="tb_BlogTitle" ErrorMessage="*"></asp:RequiredFieldValidator></td>
                    </tr><tr class="tdbk2"><td>
                            <asp:Label ID="lb_SubTitle" runat="server"
                            meta:resourcekey="lb_SubTitleResource1"></asp:Label></td>
                        <td style="width: 417px">
                            <asp:TextBox ID="tb_SubTitle" runat="server" Width="400px"
                            meta:resourcekey="tb_SubTitleResource1"></asp:TextBox>
                                <asp:RequiredFieldValidator ID="RequiredFieldValidator2" runat="server"
                                ControlToValidate="tb_SubTitle"
                            ErrorMessage="*"></asp:RequiredFieldValidator></td>
                    </tr><tr class="tdbk2">
                            <td><asp:Label ID="lb_Announcement" runat="server"
                            meta:resourcekey="lb_AnnouncementResource1"></asp:Label></td>
                        <td style="width: 417px">
                            <asp:TextBox ID="tb_Announcement" runat="server" Height="50px"
                            TextMode="MultiLine" Width="400px"
                            meta:resourcekey="tb_AnnouncementResource1"></asp:TextBox></td></tr>
                    <tr class="tdbk2"><td>
                    <asp:Label ID="lb_CSS" runat="server"
                            meta:resourcekey="lb_CSSResource1"></asp:Label></td>
                        <td style="width: 417px">
                    <asp:TextBox ID="tb_CSS" runat="server" Height="50px" TextMode="MultiLine
" Width="400px" meta:resourcekey="tb_CSSResource1"></asp:TextBox></td>
                    </tr><tr class="tdbk2"><td>
                        <asp:Label ID="lb_HomepagePostsNumber" runat="server"
                        meta:resourcekey="lb_HomepagePostsNumberResource1"></asp:Label></td>
                            <td style="width: 417px">
                            <asp:DropDownList ID="ddl_HomepagePostsNumber" runat="server"
meta:resourcekey="ddl_HomepagePostsNumberResource1">
                                <asp:ListItem meta:resourcekey="ListItemResource1" Text="5"></asp:ListItem>
                                <asp:ListItem meta:resourcekey="ListItemResource2" Text="10"></asp:ListItem>
                                <asp:ListItem meta:resourcekey="ListItemResource3" Text="15"></asp:ListItem>
                                <asp:ListItem meta:resourcekey="ListItemResource4" Text="20"></asp:ListItem>
                                <asp:ListItem>25</asp:ListItem>
                                <asp:ListItem>30</asp:ListItem>
                            </asp:DropDownList></td>
                        <tr class="tdbk2"><td>
                            <asp:Label ID="lb_CategoryPostsNumber" runat="server"
                            meta:resourcekey="lb_CategoryPostsNumberResource1"></asp:Label></td>
                        <td style="width: 417px">
                            <asp:DropDownList ID="ddl_CategoryPostsNumber" runat="server"
```

```
                    meta:resourcekey="ddl_CategoryPostsNumberResource1">
                        <asp:ListItem meta:resourcekey="ListItemResource5">5</asp:ListItem>
                        <asp:ListItem meta:resourcekey="ListItemResource6">10</asp:ListItem>
                        <asp:ListItem meta:resourcekey="ListItemResource7">15</asp:ListItem>
                        <asp:ListItem meta:resourcekey="ListItemResource8">20</asp:ListItem>
                        <asp:ListItem>25</asp:ListItem>
                        <asp:ListItem>30</asp:ListItem>
                    </asp:DropDownList></td>
                    <asp:Label ID="lb_HotPostsNumber" runat="server"
                      meta:resourcekey="lb_HotPostsNumberResource1"></asp:Label></td>
            <td style="width: 417px">
                    <asp:DropDownList ID="ddl_HotPostsNumber" runat="server"
                      meta:resourcekey="ddl_HotPostsNumberResource1">
                        <asp:ListItem meta:resourcekey="ListItemResource9">5</asp:ListItem>
                        <asp:ListItem meta:resourcekey="ListItemResource10">10</asp:ListItem>
                        <asp:ListItem meta:resourcekey="ListItemResource11">15</asp:ListItem>
                        <asp:ListItem meta:resourcekey="ListItemResource12">20</asp:ListItem>
                        <asp:ListItem>25</asp:ListItem>
                        <asp:ListItem>30</asp:ListItem>
                    </asp:DropDownList></td>
                    <asp:Label ID="lb_HotCommentsNumber" runat="server"
                      meta:resourcekey="lb_HotCommentsNumberResource1"></asp:Label></td>
            <td style="width: 417px">
                    <asp:DropDownList ID="ddl_HotCommentsNumber" runat="server"
                       meta:resourcekey="ddl_HotCommentsNumberResource1">
                        <asp:ListItem meta:resourcekey="ListItemResource13">5</asp:ListItem>
                        <asp:ListItem meta:resourcekey="ListItemResource14">10</asp:ListItem>
                        <asp:ListItem meta:resourcekey="ListItemResource15">15</asp:ListItem>
                        <asp:ListItem meta:resourcekey="ListItemResource16">20</asp:ListItem>
                        <asp:ListItem>25</asp:ListItem>
                        <asp:ListItem>30</asp:ListItem>
                    </asp:DropDownList></td>
                    <asp:Label ID="lb_LatestCommentsNumber" runat="server"
                        meta:resourcekey="lb_LatestCommentsResource1"></asp:Label></td>
            <td style="width: 417px">
                    <asp:DropDownList ID="ddl_LatestCommentsNumber" runat="server">
                        <asp:ListItem>5</asp:ListItem>
                        <asp:ListItem>10</asp:ListItem>
                        <asp:ListItem>15</asp:ListItem>
                        <asp:ListItem>20</asp:ListItem>
                        <asp:ListItem>25</asp:ListItem>
                        <asp:ListItem>30</asp:ListItem>
                    </asp:DropDownList></td>
                    <asp:Button ID="btn_Submit" runat="server" meta:resourcekey="btn_SubmitResource1
" OnClick="btn_Submit_Click" />
                    <asp:Button ID="btn_Reset" runat="server" CausesValidation="False"
       meta:resourcekey="btn_ResetResource1" OnClick="btn_Reset_Click"/> 
</table></td>
            </table>
</asp:Content>
```

用户博客配置页程序代码主要实现博客配置信息的获取和更新。页面的 Page_Load 事件实现配置信息的初始化，需要获取的内容包括博客主题、博客副主题、公告信息和每页帖子数。该初始化过程调用数据访问层方法 GetUserConfiguration，该方法获取相关配置信息字段数据并绑定到标题文本控件和下拉选择控件。

初始化事件 Page_Load 主要代码如下：

```csharp
protected void Page_Load(object sender, EventArgs e)
{
    if (!Page.IsPostBack)
    {
        DataAccess da = new DataAccess();//创建数据库实例
        DataRow dr = da.GetUserConfiguration(WebHelper.GetPcAccount());//获取用户配置信息
        if (dr != null)//数据非空
        {
            this.tb_BlogTitle.Text = dr["BlogTitle"].ToString();//标题
            this.tb_SubTitle.Text = dr["BlogSubtitle"].ToString();//子标题
            this.tb_Announcement.Text = dr["Announcement"].ToString();//公告信息
            this.tb_CSS.Text = dr["CSS"].ToString();//CSS 样式信息
            this.ddl_HomepagePostsNumber.SelectedValue =
                dr["HomepagePostsNumber"].ToString();//文章显示数量
            this.ddl_HotCommentsNumber.SelectedValue =
                dr["HotCommentsNumber"].ToString();//评论显示数量
            this.ddl_CategoryPostsNumber.SelectedValue =
                dr["CategoryPostsNumber"].ToString();//分类数量
            this.ddl_HotPostsNumber.SelectedValue = dr["HotPostsNumber"].ToString();
            this.ddl_LatestCommentsNumber.SelectedValue =
                dr["LatestCommentsNumber"].ToString();//最近评论数量
        }
    }
}
```

当用户点击"提交"按钮更新配置信息时，将触发提交按钮的点击事件 btn_Submit_Click。该事件获取用户填写的标题、公告、帖子数等信息并更新数据库。具体实现则通过调用数据访问层的方法 ModifyUserConfiguration 完成，该方法需要传递博客配置信息的相关数据参数，包括标题、公告和帖子显示数。

提交按钮的点击事件 btn_Submit_Click 主要代码如下：

```csharp
protected void btn_Submit_Click(object sender, EventArgs e)
{
    DataAccess da = new DataAccess();
    if (da.ModifyUserConfiguration(
        WebHelper.GetPcAccount(),
        this.tb_BlogTitle.Text,
        this.tb_SubTitle.Text,
        this.tb_Announcement.Text,
        this.tb_CSS.Text,
        this.ddl_HomepagePostsNumber.SelectedValue,
        this.ddl_CategoryPostsNumber.SelectedValue,
        this.ddl_LatestCommentsNumber.SelectedValue,
        this.ddl_HotPostsNumber.SelectedValue,
        this.ddl_HotCommentsNumber.SelectedValue
    ))//配置信息修改方法
    {
        WebHelper.AlertAndRedirect(Resources.Resource.ModifyConfigureDone,"Configure.aspx");
    }
    else //提示拒绝信息
    {WebHelper.AlertAndRefresh(Resources.Resource.ModifyConfigureFailed);
    }
}
```

用户博客配置页 ConfigureBlog.aspx 的具体实现代码可以参考代码包"第15章\BLOG\BLOGWEB\"文件。

5. 分类管理页

分类管理页为 ManageCategory.aspx，该页提供博主对分类信息进行添加、编辑和删除。

分类管理页在页面布局上分为左右两块，左边显示配置菜单，右边为分类信息编辑区域。

分类管理页 ManageCategory.aspx 的设计界面如图 15-19 所示。

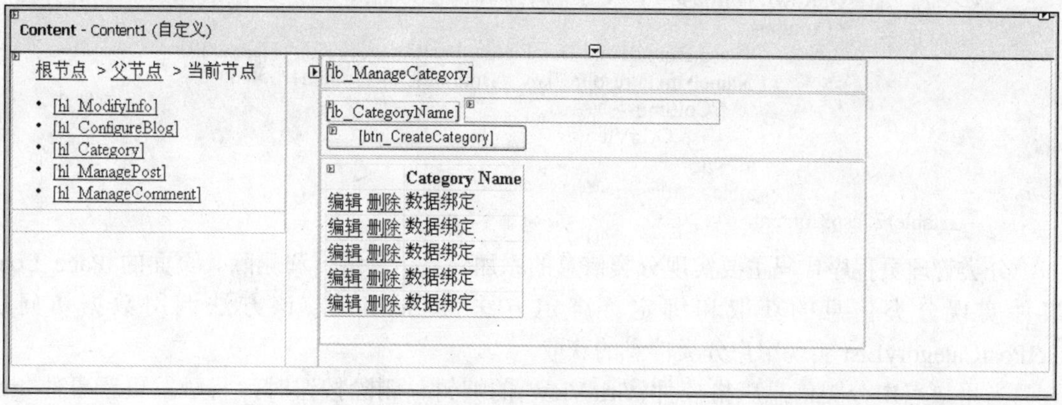

图 15-19 分类管理页

分类管理页界面在母版页的基础上设计，其中的内容控件 Content 被划分为左右两个区域。左边包括导航菜单控件 ConfigureMenu.ascx，右边则通过文本控件 TextBox 实现新分类信息的输入。1 个表格控件 GridView 负责显示已存在的分类信息，并允许博主通过一侧的选项编辑和删除相应分类信息。

分类管理页 ManageCategory.aspx 界面代码如下：

```
<%@ Page Language="C#" MasterPageFile="~/MyBlog.master" AutoEventWireup="true
" CodeFile="ManageCategory.aspx.cs" Inherits="ManageCategory" Title="Untitled Page"
 Culture="auto" meta:resourcekey="PageResource1" UICulture="auto" %>
<%@ Register Src="ConfigureMenu.ascx" TagName="ConfigureMenu" TagPrefix="uc1" %>
<asp:Content ID="Content1" ContentPlaceHolderID="ContentPlaceHolder1" Runat="Server">
<table border="0" cellpadding="0" cellspacing="0" style="width: 950px; height: 100%" align="center">
    <tr><td style="width: 250px;" valign="top">
            <table style="width: 100%" cellpadding="0" cellspacing="0" >
                <tr><td>
                    <uc1:ConfigureMenu ID="ConfigureMenu1" runat="server" />
                </td></tr>
            </table>
            </td>
            <td width="30"></td>
        <td><table style="width:500px" class="tbbk1" cellpadding="5" cellspacing="1" >
         <tr class="tdbk1"><td colspan="2">
            asp:Label ID="lb_ManageCategory" runat="server"
meta:resourcekey="lb_ManageCategoryResource1"></asp:Label></td></tr>
               <tr class="tdbk2"><td>
            <asp:Label ID="lb_CategoryName" runat="server"
               meta:resourcekey="lb_CategoryNameResource1"></asp:Label>
            <asp:TextBox ID="tb_CategoryName" runat="server" Width="226px"
                meta:resourcekey="tb_CategoryNameResource1"></asp:TextBox>
            <asp:Button ID="btn_CreateCategory" runat="server"
             meta:resourcekey="btn_CreateCategoryResource1" OnClick="btn_CreateCategory_Click"/>
</td></tr><tr class="tdbk2"><td>
            <asp:GridView ID="gv_Category" runat="server" AutoGenerateColumns="False"
CssClass="tbbk1" AutoGenerateDeleteButton="True" AutoGenerateEditButton="True"
              AllowSorting="True" EnableSortingAndPagingCallbacks="True"
             meta:resourcekey="gv_CategoryResource1" OnRowDeleting="gv_Category_RowDeleting"
```

```
                    OnRowEditing="gv_Category_RowEditing"
OnRowUpdating="gv_Category_RowUpdating"
            DataKeyNames="PostCategoryID" OnRowCancelingEdit="gv_Category_RowCancelingEdit"
                    OnRowDataBound="gv_Category_RowDataBound">
                    <Columns>
                            <asp:BoundField DataField="PostCategoryTitle" HeaderText="Category
                        Name" meta:resourcekey="BoundFieldResource1" />
                            </Columns>
                            </asp:GridView>
                </td></tr>
                </table></td></tr>
    </table></asp:Content>
```

分类管理页程序代码主要实现分类信息的添加、显示、编辑和删除。页面的 Page_Load 事件实现分类信息的获取和绑定。绑定方法为 SetBind，该方法调用数据访问层 GetPostCategoryList 实现用户分类信息的获取。

当用户点击分类信息表格控件 GridView 的编辑、删除按钮时，将触发更新事件 gv_Category_RowUpdating 或者删除事件 gv_Category_RowDeleting。

更新事件 gv_Category_RowUpdating 实现分类信息的更新，通过调用数据访问层的方法 ModifyPostCategory 实现。

删除事件 gv_Category_RowDeleting 负责删除用户选择的分类信息，通过调用数据访问层的方法 DeletePostCategory 实现。

分类信息添加功能则允许博主添加新的分类信息。添加按钮的点击事件为 btn_CreateCategory_Click，该事件将获取博主填写的分类名称并调用数据访问层方法 CreatePostCategory 插入数据。

分类管理页 ManageCategory.aspx 主要程序代码如下：

```
        using BLOGBLL;
        using BLOGDAL;
        public partial class ManageCategory : System.Web.UI.Page
    {       protected void Page_Load(object sender, EventArgs e)//页面加载事件
            {   if(!IsPostBack)
                    SetBind();//数据绑定
            }
            private void SetBind()
            {
                DataAccess da = new DataAccess();//创建数据库实例
                this.gv_Category.DataSource = da.GetPostCategoryList(WebHelper.GetPcAccount());//获取显示分类信息
                this.gv_Category.DataBind();
            }
            protected void gv_Category_RowEditing(object sender, GridViewEditEventArgs e)//分类编辑事件
            {   this.gv_Category.EditIndex = e.NewEditIndex;//获取分类编辑索引
                SetBind();
            }
            protected void gv_Category_RowDeleting(object sender, GridViewDeleteEventArgs e)
            {
                if (this.gv_Category.EditIndex == -1)//当索引值为-1
                {   Security s = new Security();
                    if (s.CheckAccountManagePostCategory(WebHelper.GetPcAccount(),
            this.gv_Category.DataKeys[e.RowIndex].Value.ToString()))//检查用户身份
                    {   DataAccess da = new DataAccess();
```

删除分类

拒绝信息
```
                    //获取用户选择的索引
                if (da.DeletePostCategory(this.gv_Category.DataKeys[e.RowIndex].Value.ToString()))//
                {       WebHelper.AlertAndRefresh(Resources.Resource.DeletePostCategoryDone);
                }
                else
                {
                    WebHelper.AlertAndRefresh(Resources.Resource.DeletePostCategoryFailed);//
                }
            }
            else
            {       //定向到分类管理页
                    WebHelper.AlertAndRedirect(Resources.Resource.ManagePostCategoryDenied,
"ManageCategory.aspx");
            }
        }
        else
        {
            WebHelper.Alert(Resources.Resource.PleaseFinishEditingFrist);
        }
    }
    protected void gv_Category_RowUpdating(object sender, GridViewUpdateEventArgs e)//更新分类
```
信息
```
    {   Security s = new Security();
        if (s.CheckAccountManagePostCategory(WebHelper.GetPcAccount(),
        this.gv_Category.DataKeys[e.RowIndex].Value.ToString()))//验证用户身份
        {   DataAccess da = new DataAccess();
            TextBox tb = this.gv_Category.Rows[e.RowIndex].Cells[1].Controls[0] as TextBox;//获
```
取文本控件
```
            if (da.ModifyPostCategory(tb.Text,
            this.gv_Category.DataKeys[e.RowIndex].Value.ToString()))//更新用户的分类信息
            {
                WebHelper.AlertAndRefresh(Resources.Resource.ModifyConfigureDone);
            }
            else
            {
                WebHelper.AlertAndRefresh(Resources.Resource.ModifyConfigureFailed);//拒绝信息
            }
        }
        else
        {WebHelper.AlertAndRedirect(Resources.Resource.ManagePostCategoryDenied,
"ManageCategory.aspx");//定位分类管理页
        }
    }
    protected void btn_CreateCategory_Click(object sender, EventArgs e)//创建分类
    {   DataAccess da = new DataAccess();
        if(da.CreatePostCategory(this.tb_CategoryName.Text, WebHelper.GetPcAccount()))//创建新分
```
类
息
```
        {
            WebHelper.AlertAndRefresh(Resources.Resource.CreatePostCategoryDone);//提示创建信
        }
        else
        {
            WebHelper.AlertAndRefresh(Resources.Resource.CreatePostCategoryFailed);//提示失败信息
```

```
            }
        }
        protected void gv_Category_RowDataBound(object sender, GridViewRowEventArgs e)//行绑定事件
        {   if ((e.Row.RowState == DataControlRowState.Normal || e.Row.RowState ==
            DataControlRowState.Alternate) && e.Row.RowType == DataControlRowType.DataRow)
            {   //为每一行的点击按钮添加 JS 提示脚本
                LinkButton l = e.Row.Cells[0].Controls[2] as LinkButton;
                l.Attributes.Add("onclick", "return
confirm('"+Resources.Resource.DeletePostCategoryAlert+"')");
            }
        }
        protected void gv_Category_RowCancelingEdit(object sender, GridViewCancelEditEventArgs e)
        {   this.gv_Category.EditIndex = -1;//设置编辑索引为-1
            SetBind();
        }
    }
```

分类管理页 ManageCategory.aspx 的具体实现代码可以参考代码包"第 15 章\BLOG\BLOGWEB\"文件。

6. 帖子管理页

帖子管理页为 ManagePost.aspx，该页提供博主对已发表的帖子进行搜索、查看、修改和删除。帖子管理页在页面布局上分为左右两块，左边显示配置菜单，右边为帖子编辑区域。

帖子管理页 ManagePost.aspx 的设计界面如图 15-20 所示。

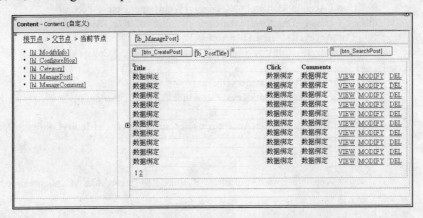

图 15-20　帖子管理页

帖子管理页界面是在母版页的基础上设计的，其中的内容控件 Content 被划分为左右两个区域。左边是导航菜单控件 ConfigureMenu.ascx，右边则通过文本控件 TextBox 实现预搜索关键字的输入。1 个表格控件 GridView 负责显示帖子信息，并允许博主通过一侧的选项查看、修改和删除相应的帖子信息。

帖子管理页 ManagePost.aspx 界面代码如下：

```
        <%@ Page Language="C#" MasterPageFile="~/MyBlog.master" AutoEventWireup="true CodeFile=
"ManagePost.aspx.cs" Inherits="ManagePost" Title="Untitled Page" Culture="auto meta:resourcekey="PageResourc
e1" UICulture="auto" %>
        <%@ Register Src="ConfigureMenu.ascx" TagName="ConfigureMenu" TagPrefix="uc1" %>
        <asp:Content ID="Content1" ContentPlaceHolderID="ContentPlaceHolder1" Runat="Server">
        <table border="0" cellpadding="0" cellspacing="0" style="width: 950px; height: 100% align="center">
<tr>
```

```aspx
                    <td valign="top" style="width: 250px;" >
                        <table style="width: 100%" cellpadding="0" cellspacing="0" ><tr><td>
                            <uc1:ConfigureMenu ID="ConfigureMenu1" runat="server" />
                        </td></tr></table></td>
                            <td width="30"></td>
                            <td><table style="width:100%" class="tbbk1" cellpadding="5" cellspacing="1" >
                              <tr class="tdbk1"><td colspan="2">
                                <asp:Label ID="lb_ManagePost" runat="server"
                                    meta:resourcekey="lb_ManagePostResource1"></asp:Label></td></tr>
                                    <tr class="tdbk2"><td>
                                <asp:Button ID="btn_CreatePost" runat="server"
                                    meta:resourcekey="btn_CreatePostResource1" OnClick="btn_CreatePost_Click"/>
                                <asp:Label ID="lb_PostTitle" runat="server"
                                    meta:resourcekey="lb_PostTitleResource1"></asp:Label>
                                <asp:TextBox ID="tb_PostTitle" runat="server" Width="226px"
                                    meta:resourcekey="tb_PostTitleResource1"></asp:TextBox>
                                <asp:Button ID="btn_SearchPost" runat="server"
                                    meta:resourcekey="btn_SearchPostResource1" OnClick="btn_SearchPost_Click"/>
                                </td></tr><tr class="tdbk2"><td>
                               <asp:GridView ID="gv_Post" runat="server" AutoGenerateColumns="False"
                                    CssClass="tbbk1" AllowPaging="True" Width="100%" PageSize="10"
                                    OnPageIndexChanging="gv_Post_PageIndexChanging"
meta:resourcekey="gv_PostResource1"
                                    OnRowCommand="gv_Post_RowCommand"
OnRowDataBound="gv_Post_RowDataBound"
                                    DataKeyNames="PostID">
                                    <Columns>
                                        <asp:BoundField DataField="PostTitle" HeaderText="Title"
            meta:resourcekey="BoundFieldResource1">
                                        <HeaderStyle HorizontalAlign="Left" />
                                        </asp:BoundField>
                                         <asp:BoundField DataField="PostClick"  ItemStyle-Width="80"
                    HeaderText="Click" meta:resourcekey="BoundFieldResource2">
                                         <HeaderStyle HorizontalAlign="Left" />
                                         </asp:BoundField>
                                          <asp:BoundField DataField="PostComments" ItemStyle-Width="80"
                        HeaderText="Comments" meta:resourcekey="BoundFieldResource3">
                                          <HeaderStyle HorizontalAlign="Left" />
                                          </asp:BoundField>
                                           <asp:HyperLinkField Text="VIEW"
                    DataNavigateUrlFormatString="Posts.aspx?PostID={0}" DataNavigateUrlFields="PostID"
                       Target="_blank" meta:resourcekey="HyperLinkFieldResource1" ItemStyle-Width="50"
                        ItemStyle-HorizontalAlign="Center"/>
                                           <asp:HyperLinkField Text="MODIFY
"DataNavigateUrlFormatString="NewPost.aspx?ID={0}"
DataNavigateUrlFields="PostID"
                         meta:resourcekey="HyperLinkFieldResource2"    ItemStyle-Width="50"
                           ItemStyle-HorizontalAlign="Center"/>
                                            <asp:ButtonField Text="DEL" CommandName="del"
                        meta:resourcekey="ButtonFieldResource1"    ItemStyle-Width="50"
                        ItemStyle-HorizontalAlign="Center"/>
                                    </Columns>
                                </asp:GridView>
                            </td></tr></table></td></tr>
                        </table>
                </asp:Content>
```

帖子管理页程序代码主要实现帖子信息的搜索、查看、修改和删除。页面的 Page_Load

事件实现帖子信息的获取和绑定。绑定方法为 SetBind，通过调用数据访问层方法 GetPostList 实现帖子信息的获取。

当用户点击帖子信息表格控件 GridView 的删除按钮将弹出删除确认窗口，该确认窗口的绑定事件为 gv_Post_RowDataBound。该事件为按钮注册客户端点击事件 onclick，当返回值为 True 则触发删除事件。

删除事件名称为 gv_Post_RowCommand。该事件调用数据访问层方法 DeletePost 删除帖子信息，在删除过程中出现任何错误则重定向到帖子管理页 ManagePost.aspx。

帖子搜索按钮的点击触发事件为 btn_SearchPost_Click，该事件从文本控件 tb_PostTitle 获取用户输入的关键字并向本页传递关键字数据。

帖子管理页 ManagePost.aspx 主要程序代码如下：

```
using BLOGBLL;
using BLOGDAL;
public partial class ManagePost : System.Web.UI.Page
{   protected void Page_Load(object sender, EventArgs e)
    {   if (!IsPostBack)
            SetBind();
    }
    private void SetBind()//数据绑定
    {   DataAccess da = new DataAccess();
        DataRow dr = da.GetUserConfiguration(WebHelper.GetCurrentAccount());//获取当前用户配置信息
        int iHomepagePostsNumber = 10;
        if (dr != null)
        { iHomepagePostsNumber = Convert.ToInt32(dr["HomepagePostsNumber"]);}//设置文章显示数
        string Search = Request.QueryString["Search"] == null ? "" :
        Request.QueryString["Search"];//查询参数
        this.gv_Post.PageSize = iHomepagePostsNumber;
        this.gv_Post.DataSource = da.GetPostList(WebHelper.GetPcAccount(),"","","",Search);//获取文章列表
        this.gv_Post.DataBind();
    }
    protected void gv_Post_PageIndexChanging(object sender, GridViewPageEventArgs e)
    {   this.gv_Post.PageIndex = e.NewPageIndex;//设置分页索引
        SetBind();
    }
    protected void btn_CreatePost_Click(object sender, EventArgs e)//创建文章按钮
    {   Response.Redirect("NewPost.aspx");}
    protected void gv_Post_RowDataBound(object sender, GridViewRowEventArgs e)
    { if ((e.Row.RowState == DataControlRowState.Normal || e.Row.RowState ==
    DataControlRowState.Alternate) && e.Row.RowType == DataControlRowType.DataRow)
    //为每一行的点击按钮添加 JS 提示脚本
        {   LinkButton l = e.Row.Cells[5].Controls[0] as LinkButton;
            l.Attributes.Add("onclick", "return confirm('" +
    Resources.Resource.DeletePostAlert + "')");
        }
    }
    protected void gv_Post_RowCommand(object sender, GridViewCommandEventArgs e)//删除事件
    {   if (e.CommandName == "del")//是否删除
        {   Security s = new Security();
            if (s.CheckAccountManagePost(WebHelper.GetPcAccount(),
```

```csharp
                    this.gv_Post.DataKeys[Convert.ToInt32(e.CommandArgument)].Value.ToString()))//检查用户身份
                {
                    DataAccess da = new DataAccess();
                    if (da.DeletePost(this.gv_Post.DataKeys
[Convert.ToInt32(e.CommandArgument)].Value.ToString()))//删除文章帖子
                    { WebHelper.AlertAndRefresh(Resources.Resource.DeletePostDone);}
                    else
                    {WebHelper.AlertAndRefresh(Resources.Resource.DeletePostFailed);//失败提示
                    }
                }
                else
                    {WebHelper.AlertAndRedirect(Resources.Resource.ManagePostDenied,
"ManagePost.aspx");
                    }
            }
        }
        protected void btn_SearchPost_Click(object sender, EventArgs e)//查询按钮
        {   string url = Request.Url.ToString();//获取请求地址
            if (url.IndexOf('?') > 0)
            {   if (url.IndexOf("?Search=") > 0)
                    Response.Redirect(url.Remove(url.LastIndexOf('?')) + "?Search=" +
this.tb_PostTitle.Text);//构建并定位查询链接
                else if (url.IndexOf("&Search=") > 0)
                    Response.Redirect(url.Remove(url.LastIndexOf('&')) + "&Search=" +
                this.tb_PostTitle.Text);
                else
                    Response.Redirect(url + "&Search=" + this.tb_PostTitle.Text);
            }
            else
                {Response.Redirect(url + "?Search=" + this.tb_PostTitle.Text);
                }
            }
        }
```

帖子管理页 ManagePost.aspx 的具体实现代码可以参考代码包"第 15 章\BLOG\BLOGWEB\"文件。

7．用户信息修改页

用户信息修改页为 ModiInfo.aspx，该页提供博主修改详细个人信息。包括名称、邮件、MSN 和职位。

用户信息修改页的页面布局分为左右两块，左边显示配置菜单，右边为帖子编辑区域。

用户信息修改页 ModiInfo.aspx 的设计界面如图 15-21 所示。

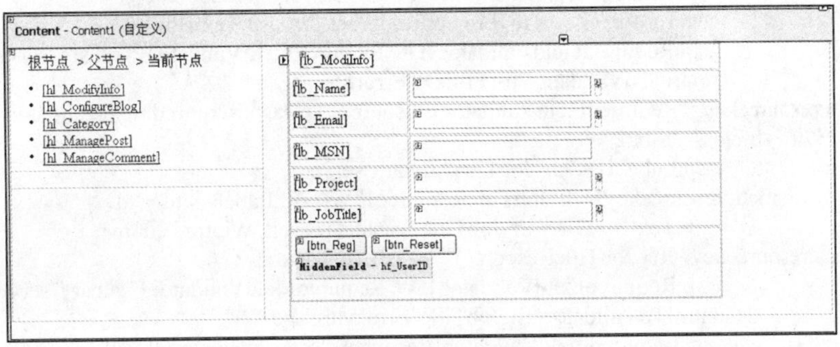

图 15-21　用户信息修改页

用户信息修改页界面是在母版页的基础上设计的,其中的内容控件 Content 被划分为左右两个区域。左边是导航菜单控件 ConfigureMenu.ascx,右边则通过文本控件 TextBox 实现个人信息的输入,包括名称、邮件、MSN 和职位。底部为提交和重置按钮。

用户信息修改页 ModiInfo.aspx 界面代码如下:

```
<%@ Page Language="C#" MasterPageFile="~/MyBlog.master" AutoEventWireup="true"
    CodeFile="ModiInfo.aspx.cs" Inherits="ModiInfo" Title="Untitled Page" Culture="auto"
    meta:resourcekey="PageResource1" UICulture="auto" %>
<%@ Register Src="ConfigureMenu.ascx" TagName="ConfigureMenu" TagPrefix="uc1" %>
<asp:Content ID="Content1" ContentPlaceHolderID="ContentPlaceHolder1" Runat="Server">
<table border="0" cellpadding="0" cellspacing="0" style="width: 950px; height: 100%" align="center">
    <td valign="top">
        <table style="width: 100%" cellpadding="0" cellspacing="0" ><tr><td>
            <uc1:ConfigureMenu ID="ConfigureMenu1" runat="server" /></td></tr>
        </table></td><td width="30"></td>
            <td><table style="width:500px" class="tbbk1" cellpadding="5" cellspacing="1" >
                <tr class="tdbk1"><td colspan="2">
                    <asp:Label ID="lb_ModiInfo" runat="server"
                        meta:resourcekey="lb_ModiInfoResource1"></asp:Label></td>
                </tr><tr class="tdbk2">
        <td><asp:Label ID="lb_Name" runat="server"
            meta:resourcekey="lb_NameResource1"></asp:Label></td>
        <td><asp:TextBox ID="tb_Name" runat="server" Width="200px"
            meta:resourcekey="tb_NameResource1"></asp:TextBox>
            <asp:RequiredFieldValidator ID="RequiredFieldValidator1" runat="server"
            ControlToValidate="tb_Name"ErrorMessage="*"
meta:resourcekey="RequiredFieldValidator1Resource1"></asp:RequiredFieldValidator></td>
        </tr><tr class="tdbk2">
        <td><asp:Label ID="lb_Email" runat="server"
            meta:resourcekey="lb_EmailResource1"></asp:Label></td><td>
            <asp:TextBox ID="tb_Email" runat="server" Width="200px"
meta:resourcekey="tb_EmailResource1"></asp:TextBox>
            <asp:RequiredFieldValidator ID="RequiredFieldValidator2" runat="server"
            ControlToValidate="tb_Email"ErrorMessage="*"
meta:resourcekey="RequiredFieldValidator2Resource1"></asp:RequiredFieldValidator></td>
        </tr><tr class="tdbk2">
        <td><asp:Label ID="lb_MSN" runat="server"
            meta:resourcekey="lb_MSNResource1"></asp:Label></td>
        <td><asp:TextBox ID="tb_MSN" runat="server" Width="200px"
meta:resourcekey="tb_MSNResource1"></asp:TextBox></td>
        </tr><tr class="tdbk2">
        <td><asp:Label ID="lb_Project" runat="server"
            meta:resourcekey="lb_ProjectResource1"></asp:Label></td>
        <td><asp:TextBox ID="tb_Project" runat="server" Width="200px"
            meta:resourcekey="tb_ProjectResource1"></asp:TextBox>
            <asp:RequiredFieldValidator ID="RequiredFieldValidator3" runat="server"
            ControlToValidate="tb_Project"ErrorMessage="*"
meta:resourcekey="RequiredFieldValidator3Resource1"></asp:RequiredFieldValidator></td>
        </tr><tr class="tdbk2">
        <td><asp:Label ID="lb_JobTitle" runat="server"
            meta:resourcekey="lb_JobTitleResource1" ></asp:Label></td><td>
            <asp:TextBox ID="tb_JobTitle" runat="server" Width="200px"
    meta:resourcekey="tb_JobTitleResource1"></asp:TextBox>
            <asp:RequiredFieldValidator ID="RequiredFieldValidator4" runat="server"
            ControlToValidate="tb_JobTitle"ErrorMessage="*"
meta:resourcekey="RequiredFieldValidator4Resource1"></asp:RequiredFieldValidator></td>
        </tr><tr class="tdbk2">
```

```
            <td colspan="2">
                <asp:Button ID="btn_Reg" runat="server" meta:resourcekey="btn_RegResource1"
                    OnClick="btn_Reg_Click" />
                <asp:Button ID="btn_Reset" runat="server" CausesValidation="False"
                    meta:resourcekey="btn_ResetResource1" OnClick="btn_Reset_Click"/>
                <asp:HiddenField ID="hf_UserID" runat="server" />
            </td></tr>
    </table></td></tr></table>
</asp:Content>
```

用户信息修改页程序代码主要实现博主个人信息的获取和更新。页面的 Page_Load 事件实现博主个人信息的获取和显示。获取个人信息通过调用数据访问层方法 GetUserInfoByAccount 实现，获取的个人信息将按照对应字段赋值给文本控件。

当用户点击更新按钮将触发点击事件 btn_Reg_Click，该方法获取用户最新填写的个人信息并调用数据访问层方法 ModifyUser 更新数据。更新过程中如出现任何错误，则页面会重定向到菜单页 Configure.aspx。

用户信息修改页 ModiInfo.aspx 主要程序代码如下：

```
using BLOGBLL;
using BLOGDAL;
public partial class ModiInfo : System.Web.UI.Page
{
    protected void Page_Load(object sender, EventArgs e)
    {
        if (!Page.IsPostBack)
        {
            DataAccess da = new DataAccess();
            DataRow dr = da.GetUserInfoByAccount(WebHelper.GetPcAccount());//获取用户信息
            if (dr != null)
            {
                this.tb_Name.Text = dr["UserName"].ToString();//名称
                this.tb_MSN.Text = dr["UserMSN"].ToString();//msn
                this.tb_Email.Text = dr["UserEmail"].ToString();//邮件
                this.tb_JobTitle.Text = dr["UserJobTitle"].ToString();//工作标题
                this.tb_Project.Text = dr["UserProject"].ToString();//项目
                this.hf_UserID.Value = dr["UserID"].ToString();//用户编号
            }
        }
    }
    protected void btn_Reg_Click(object sender, EventArgs e)//注册按钮
    {
        DataAccess da = new DataAccess();
        if (da.ModifyUser(
            this.hf_UserID.Value,
            this.tb_Name.Text,
            this.tb_MSN.Text,
            this.tb_Email.Text,
            this.tb_Project.Text,
            this.tb_JobTitle.Text
        ))//修改用户信息
        {   WebHelper.AlertAndRedirect(Resources.Resource.ModifyDone, "Configure.aspx");//定位到配置页
        }
        else
        {   WebHelper.AlertAndRefresh(Resources.Resource.ModifyFailed);//失败提示
        }
    }
    protected void btn_Reset_Click(object sender, EventArgs e)
    {   this.tb_Name.Text = "";
        this.tb_Email.Text = "";
```

```
            this.tb_MSN.Text = "";
            this.tb_JobTitle.Text = "";
            this.tb_Project.Text = "";
        }
    }
```

　　用户信息修改页 ModiInfo.aspx 的具体实现代码可以参考代码包"第 15 章\BLOG\BLOGWEB\"文件。

参考文献

[1] Microsoft 2004-2010 内部 MVP 专属开发资料.

[2] 张昌龙，辛永平. ASP.NET 4.0 从入门到精通[M]. 北京：机械工业出版社，2012.

[3] 王毅. .NET Framework 3.5 开发技术详解[M]. 北京：人民邮电出版社，2010.

[4] 杨云. ASP.NET 2.0 程序开发详解[M]. 北京：人民邮电出版社，2007.